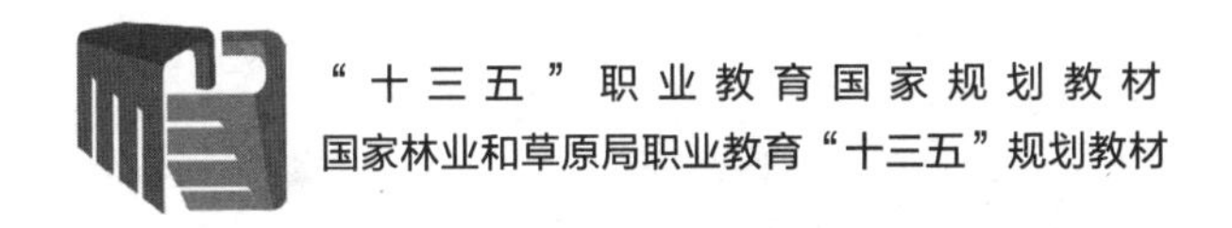

"十三五"职业教育国家规划教材
国家林业和草原局职业教育"十三五"规划教材

家具设计（第3版）

Furniture Design

龙大军　冯昌信　主编

中国林业出版社

内 容 简 介

本教材的编写遵循“任务驱动，项目导向”新理念，建构项目、工作任务层层相扣的新体例，基于家具设计工作过程设计了8个项目，分别是家具设计实务、家具类别与推荐、家具造型设计、家具装饰及色彩设计、家具功能尺寸设计、家具结构设计、家具成本核算。8个项目共设置了20个任务，每个任务都精心挑选与实际应用紧密相关的知识点、案例及学习性工作任务，并收集整理了大量的案例、图片、技术资料，尽量采用图表将贴近生产一线的主要技术进行分解，叙述深入浅出，方便教师的教与学生的学。

本教材兼顾专业与普及两个层次，适应面较广，可作为高等职业院校家具设计与制造、家具艺术设计、木材加工技术、建筑室内设计、环境艺术设计等专业的家具设计课程教材，也可以作为家具企业培训教材，还可以供从事家具行业人员及广大热衷于家居美化的人们作参考。

图书在版编目（CIP）数据

家具设计 / 龙大军, 冯昌信主编. － 3版. － 北京: 中国林业出版社, 2019.10（2025.1 重印）

“十三五”职业教育国家规划教材

国家林业和草原局职业教育“十三五”规划教材

ISBN 978-7-5219-0411-6

Ⅰ. ①家… Ⅱ. ①龙… ②冯… Ⅲ. ①家具－设计－高等职业教育－教材
Ⅳ. ①TS664.01

中国版本图书馆CIP数据核字（2019）第284519号

中国林业出版社 · 教育分社

策划编辑：杜　娟

责任编辑：杜　娟　田夏青

电　话：（010）83143553　传　真：（010）83143516

E-mail：jiaocaipublic@163.com

出版发行：中国林业出版社（100009　北京西城区刘海胡同7号）
http://www.lycb.forestry.gov.cn/lycb.html

制　　版：北京美光设计制版有限公司

印　　刷：北京中科印刷有限公司

版　　次：2019年10月第3版
2015年9月第2版（共印2次）
2007年1月第1版（共印3次）

印　　次：2025年1月第5次印刷

开　　本：787mm × 1092mm　1/16

印　　张：18

字　　数：467千字

定　　价：58.00元

《家具设计》（第3版）编写人员

主　　编

龙大军　冯昌信

副主编

陈　年　邵　静

编写人员（以姓氏拼音为序）

陈　年　江西环境工程职业学院

冯昌信　广西生态工程职业技术学院

贾淑芳　黑龙江林业职业技术学院

蒋佳志　中山市尚志企业服务有限公司

金苗苗　杨凌职业技术学院

李浩天　云南林业职业技术学院

李志光　广西志光家具集团有限公司
　　　　广西柳州家具商会

龙大军　广西生态工程职业技术学院

罗名春　广东阅生活家居科技有限公司

覃　强　广西志光家具集团有限公司

邵　静　湖北生态工程职业技术学院

曾俊钦　广西生态工程职业技术学院

主　　审

李赐生　中南林业科技大学

数字资源

数字资源使用说明

PC端使用方法：

步骤一：刮开封底涂层获取数字资源授权码；

步骤二：注册/登录小途教育平台：https://edu.cfph.net；

步骤三：在“课程”中搜索教材名称，打开对应教材，点击“激活”，输入激活码即可阅读。

手机端使用方法：

步骤一：刮开封底涂层获取数字资源授权码；

步骤二：扫描上方的数字资源二维码，进入小途“注册/登录”界面；

步骤三：在“未获取授权”界面点击“获取授权”输入授权码激活课程；

步骤四：激活成功后跳转至数字资源界面即可进行阅读。

第3版前言

时光荏苒，转瞬间，由冯昌信、龙大军主编，中国林业出版社出版的“十二五”职业教育国家规划教材《家具设计》（第2版）已经发行了整整四年。令人欣慰的是，该教材自发行以来广受欢迎，成为众多高职院校家具设计与制造、建筑室内设计等专业家具设计课程教材和相当一部分家具企业培训的重要参考书。教材内容及编写形式获得老师、学生及广大读者的好评并于2019年重印。由于受当时编者水平及其他方面存在的局限性，教材在使用过程中发现了一些亟待解决的问题，而且随时间的推移日渐凸显。为了顺应行业发展需要，保证内容与时俱进，依据有关院校教师、读者在应用实践中提出的意见、建议及社会对本行业领域的岗位知识技能需求、信息化教学的需要等，本次修订对第2版教材进行了完善。

第3版教材沿袭了第2版的基本思路，遵循“任务驱动，项目导向”理念，建构项目、工作任务层层相扣的新体例。基于家具设计工作实践设计了8个项目20个任务。精心挑选与实际应用紧密相关的知识点、案例及学习性工作任务，根据信息化教学需要收集整理了大量的案例、图片、技术资料，提供完整的数字化教学资源，尽量采用图表，将贴近生产一线的主要技术进行分解，叙述深入浅出，方便教师的教与学生的学。除了内容与时俱进之外，教材最大的变化在于提供完整数字化教学资源，满足信息化教与学的需求。

本教材由龙大军、冯昌信任主编，陈年、邵静任副主编。龙大军负责项目1、项目5、项目8及任务3.1的编写和统稿工作，冯昌信负责编写大纲、设计教材的内容体系和统稿，陈年编写项目2及任务4.1，邵静编写任务4.2，金苗苗编写任务3.2，贾淑芳编写任务6.2、任务6.3，李浩天编写项目7，曾俊钦编写任务6.1，李志光、覃强、蒋佳志、罗名春参与项目知识目标、技能目标及任务目标、任务描述等内容的编写，并提供图片资源及设计案例。

本教材的编写沿用了第2版的部分内容，在此谨向第2版编写人员致以诚挚的感谢。此外，本教材在编写过程中广西生态工程职业技术学院庞瑶、梁明、唐雪梅、谢津等老师积极协助做好统稿工作；同时参考了国内外众多专家、学者的观点及其他一些资料，在此特致谢意。

教材编写过程虽然也力求进行了较多有益的尝试与探索，但由于编者学术水平、研究能力和教学经验诸方面的限制，仍有诸多缺憾，书中错误和不足之处恳请有关专家和读者批评指正。

编　者

2019年8月

第2版前言

改革开放以来，中国的家具发展取得了巨大成绩，已初步形成了现代家具工业生产体系，家具业成为了一个市场巨大、发展迅猛的行业，对家具专业的教育也起到了推动的作用，许多高等院校尤其是高等职业技术学院相继设置家具专业，或在木材加工技术、室内设计技术、工业产品设计、环境艺术设计等专业开设家具设计课程，培养家具设计与制造专业技术人才。广大师生迫切希望得到一本符合职业教育特点，注重技能培养的好教材。本书由7所院校联合编写，提纲经各校专家开会讨论确定。本书针对职业教育的学生特点和岗位能力培养这一重点，根据《全国高职高专木材加工技术专业（家具设计技术方向）人才培养方案》要求，并参照了有关行业的职业技能鉴定规范，在冯昌信教授2007年主编的教育部高职高专教育林业类专业教学指导委员会规划教材《家具设计》基础上，依据7年来有关职业院校教师、读者在应用实践中提出的意见、建议及社会对本行业领域的岗位知识技能需求，结合多年的教学与家具设计与制造实践工作所积累的专业知识和实际经验，编写了这本高等职业教育教材。

本书的编写坚持理论知识“必需”“够用”“管用”为度，突出职业能力的培养，以家具设计工作过程为导向、以岗位工作任务为内容，根据家具设计岗位需要进行知识结构的重建，内容包括8个项目20个任务，具有以下鲜明的特点与创新之处：

一是满足教与学需要，体现与时俱进的原则。本书编写摒弃传统教材“章、节”的架构体例，遵循“任务驱动，项目导向”新理念，建构项目、工作任务层层相扣的新体例，采用任务驱动的教学结构形式“【知识目标】→【技能目标】→【任务目标】→【任务描述】→【工作情景】→【知识准备】→【任务实施】→【总结评价】→【巩固练习】”进行编写。

二是满足就业需要，体现校企深度融合。本教材的编写邀请广西柳州家具商会会长、广西志光办公家具有限公司董事长李志光先生参与，每个项目任务都精心挑选与实际应用紧密相关的知识点、案例和学习性工作任务，从而让学生在完成某个项目任务后，能够在实践中运用从该项目任务中学到的技能。

三是满足学生学习兴趣需要，体现工学结合学习过程。坚持理论知识“必需”“够用”“管用”为度，突出职业能力的培养，严格控制各项目任务的难易程度，尽量让教师在很短的时间内将“知识准备”内容讲完，然后让学生自己动手完成相关任务，教学过程实现“学中做、做中学”，增强学生的学习兴趣，让学生轻松掌握相关技能。

四是满足学生自我学习的需要，体现学生学习能力的培养。本教材拥有巩固训练等内容，为学生课后的学习指明了方向，方便学生的自我学习与提高。

本书由冯昌信、龙大军任主编。冯昌信负责编写大纲、设计教材的内容体系和统稿，龙大军负责项目1、8及任务3.2的编写和统稿工作，曾俊钦编写任务2.1，陈年编写任务2.2，司阳编写任务3.1，金苗苗编写任务4.1，沈阳编写任务4.2，饶鑫编写项目5，李丹丹编写项目6，陈伟红编写项目7，李志光负责项目知识目标、技能目标及任务目标、任务描述等内容的审定。统稿完毕有幸得到中南林业科技大学李赐生教授悉心审阅，在此特表谢意！此外，在本书编写过程中，还得到了广西生态工程职业技术学院、黑龙江林业职业技术学院、云南林业职业技术学院、江西环境工程职业学院、江苏农林职业技术学院、杨凌职业技术学院、湖北生态工程职业技术学院、广西志光办公家具有限公司、广东东莞市永和家具制造有限公司、广西桂林市金鹰家俬制造有限公司、广西柳州市柏豪办公家具有限公司、广西柳州市家具商会等院校、企业及行业协会的大力支持，在此一并表示诚挚的感谢！本书参考与选编了大量的资料与图片，书中已经注明，少量作品因资料不全未能详细注明，特此致歉，待修订时再补正。

由于编者水平有限，书中错误和不足之处恳请有关专家和读者批评指正。

编　者

2015年6月

第1版前言

改革开放以来，中国的家具业取得了巨大成绩，已初步形成了现代家具工业生产体系，家具业成为了一个市场巨大、发展迅猛的行业，对家具专业的教育也起到了推动的作用，许多高等院校尤其是高等职业技术学院相继设置家具专业，或在木材加工技术、室内设计技术、工业产品设计、环境艺术设计等专业开设家具设计课程，培养家具设计与制造专业技术人才。广大师生迫切希望得到一本符合职业教育特点，注重技能培养的好教材。结合教育部教研课题“高职高专教育林业工程类专业教学内容与实践教学体系研究”中的家具设计技术专业方向的研究与开发项目，针对职业教育的学生特点和岗位能力培养这一重点，结合多年的教学和家具设计与制造实践工作所积累的专业知识和实际经验，编写了这本高等职业教育教材。

本教材第1、3章从理论指导的角度简述了家具设计的理论基础知识，与家具设计密切相关的家具分类知识。第2章以案例的形式有机地将家具设计的方法、步骤、工作内容及家具新产品开发等内容整合成家具设计实务。第4~8章以通俗实用为原则，从家具功能、造型、色彩、结构、装饰、经济等要素详尽地叙述了家具设计的方法原理和基本技能。

本教材除了具有一般教材的内容全面性、系统性之外，还具有实用性与工具性等特点，注入了本行业的许多新知识，配以大量贴近生产实际的图片和图例，并加以诠释和启发，内容直观易懂。教材注重实务，充实了家具设计的方案图、生产图的绘制技能要求和家具制造单的填写方法。特别是本书的各章都阐明了学习的知识目标、技能目标，注重学生应用技能的培养，配备了与家具行业实际工作岗位能力接口的技能训练与训练考核标准，强调学习效果过程控制的理论与训练一体化。本教材各章还配备了思考与练习、推荐阅读书目和相关网站链接，更加便于教学和自学。

本教材由冯昌信任主编。冯昌信编写第1~4章，曾俊钦编写第5章，李丹丹编写第6章，曾传柯编写第7、8章。统稿完毕有幸得到刘文金教授悉心审阅，在此深表谢意。

本教材参考与选编了大量的资料与图片，教材上已经注明，在此向所有提供参考资料与图片的单位与个人表示诚挚的感谢！

由于编者水平有限，书中不足之处，恳请专家和广大读者批评指正。

冯昌信

2006年6月

目 录

项目1 家具设计实务

知识目标

1. 了解家具的含义、特性及常用名词术语；
2. 了解家具设计的含义、性质、内涵、原则及评价标准；
3. 了解家具设计人员的岗位能力和提高设计能力的学习途径；
4. 了解家具设计业务开发的途径与方法；
5. 熟悉家具设计工作的程序及工作任务；
6. 掌握家具设计的表达方法。

技能目标

1. 能够运用规范的家具设计名词术语进行专业性的家具产品介绍，并从实用性、艺术性、工艺性和经济性等方面科学、合理地评价家具产品；
2. 能够分析、阐述家具设计业务开发的途径；
3. 能够绘制家具设计工程程序及工作任务流程图；
4. 能够进行家具设计的表达。

任务1.1
家具设计入门

工作任务

任务目标

通过本任务的学习，了解家具、家具设计、家具设计评价标准等方面有关知识及家具设计人员的岗位能力和提高设计能力的学习途径，能够运用所学知识进行口头介绍、评价家具产品。

任务描述

本任务为通过知识准备部分内容的学习完成学习性工作任务——家具产品介绍与评价。要求选择椅子、沙发、床、桌子、柜子等家具各1件，从家具类型与名称、家具特性与家具设计性质内涵的体现、家具零部件名称等方面介绍家具，并从实用性、艺术性、工艺性和经济性等方面科学、合理地评价家具产品。

工作情景

工作地点：家具展示理实一体化实训室或家具商场。

工作场景：采用学生现场介绍、评价，教师引导的学生为主体、理实一体化教学方法，教师以某个家具为例，进行家具介绍与评价演示，学生根据教师演示操作和教材设计步骤完成学习性工作任务。完成本次任务后，教师对学生工作过程和成果进行评价和总结，学生根据教师的指导进一步完善。

任务实施

（1）布置学习任务

明晰学习任务的内容、目标、要求，特别是学习性工作任务的内容、目标、要求及完成学习性工作任务所需要掌握的理论知识、方法、途径和步骤，明确可利用的学习与工作资源，要求学生课前按思考与练习要求完成知识准备部分内容的预习。

（2）理论知识的引导学习

采用教师引导、学生为主体、理实一体化的教学方法完成知识准备部分理论知识的学习。

（3）家具产品介绍与评价演示

教师以某个家具为例，结合所学理论知识进行家具介绍与评价演示。

（4）家具产品介绍与评价

学生以个人或小组的形式，选择椅子、沙发、床、桌子、柜子等家具各1件，从家具类型与名称、家具特性与家具设计性质内涵的体现、家具零部件名称等方面介绍家具，并从实用性、艺术性、工艺性和经济性等方面科学、合理的评价家具产品。如果以小组的形式要求每个学生最少介绍、评价1件以上家具。

知识链接

1. 家具的定义

“家具”一词在我国最早出现于隋唐五代时期，是家用的器具之意，华南地区又称之为家俬。传统的家具是指家庭中可移动的家用器具，现代家具的概念已带有广义性，超出了家庭范围，扩展到商业店铺、学校等室内公共场所及户外，家具也不一定非移动不可。家具至今尚无严密的标准释义，只能依据传统意义的含义及逻辑的延伸，分为广义和狭义的家具。广义的家具是指人们日常生活、工作、学习和社会交往中不可缺少的一类器具。狭义的家具是指人们在生活、工作、学习和社会交往中，供人们坐、卧或支承与贮存物品和作为装饰的一类器具。

2. 家具的特性

（1）家具的使用具有普遍性

人类无论是先前的跪坐、席地而坐还是后来的垂足而坐，家具都一直被人们广泛地使用，在当今社会中家具更是必不可少。家具以其独特的功能贯穿于人们的衣、食、住、行之中（表1.1-1），并且随着社会的发展和科技进步以及生活方式的变化而变化。如我国改革开放以来发展的商业家具、旅游家具、办公家具以及民用家具中的音像柜、厨用家具、卫生器具等便是我国家具发展中涌现的新品种，它们以各自独特的功能满足不同时期、不同群体的不同需求。

家具的普遍性也可以理解为群众性，人人都是家具的使用者、欣赏者甚至是设计者。

（2）家具的功能具有二重性

家具既是物质产品，又是精神产品，既有具体明确的使用功能，又有供人观赏产生审美快感和引发丰富联想的精神功能，也就是人们常说的家具二重性特点（表1.1-2）。它既涉及材料、工艺、设备等技术领域，又与社会学、行为学、关系学、心理学、造型艺术等社会科学密切相关。设计家具必须掌握好功能、物质技术条件和造型三者的关系，使家具能全面地体现自己的价值。

（3）家具的发展具有社会性

家具的类型、数量、形式、风格、功能、结构和加工水平以及社会对家具的需求情况，是随着社会的发展而发展的，可以在很大程度上反映一个国家和一个地区的技术水平、物质文明程度、历史文化特征，以及生活方式和审美趣味。例如，目前流行的现代橱柜款式设计突出与追求时代感，讲究环保化、智能化、多功能化和表面装饰多元化及造型的时尚和前卫的文化内涵，充分体现了当今社会的创新理念和科技水平。

3. 家具常用名词术语

（1）现代家具常用名词术语

在家具设计中，为了更好地表达，常用一些专业名词术语，表1.1-3至表1.1-5就是家具设计常涉及的家具类型、家具品种、家具零部件三方面名词术语及英汉对照。

表1.1-1　家庭日常生活与家具

活动内容		相关家具	使用成员	相关居室
食	进餐	餐桌、餐椅、餐柜	全家	餐厅
	烹调	灶柜、冷藏柜、吊柜、配餐台	主妇等	厨房
寝	睡眠	单人床、双人床、儿童床	全家	卧室
	贮衣	衣柜、壁柜、橱、组合柜	全家	卧室
	梳妆	梳妆台、凳、墩、椅	全家	卧室
工作	学习或办公	写字台、电脑台、椅子、书柜	全家	书房或卧室
	制作	工作台	部分成员	工作室
其他	聚会 娱乐	沙发、茶几、酒吧、电视柜	家人 客人	起居室 客厅

表1.1-2　家具二重性的内涵

二重性	涉及要素	操作性质	作用	认识类型
物质性	材料、结构、工艺、设备等	制作产品	功能用途	理性认识
精神性	造型、色彩、肌理、装饰	创作作品	艺术观赏	感性认识

表1.1-3　家具设计（家具类型）常用名词术语（摘自GB/T 28202—2011）

名词术语	英　文	解　释
木家具	Wooden furniture	主要零部件中装饰件、配件除外，其余采用木材、人造板等木质材料制成的家具
金属家具	Metal furniture	以金属管材、板材等其他型材为主组成的构架或构件，配以木材、人造板、皮革、纺织面料、塑料、玻璃、石材等辅助材料制作零部件的家具，或全部由金属材料制作的家具
塑料家具	Plastic furniture	全部由塑料材料制作的家具，或以塑料板材、管材、异型材等为主组成的构架或构件，配以金属、皮革、纺织面料等辅助材料制作的家具
竹家具	Bamboo furniture	主要部件由原竹或竹制材料制成的家具
藤家具	Rattan furniture	用藤材包制或以藤为主要材料制成的家具
框式家具	Frame-type furniture	以框架为主体结构的家具
板式家具	Panel-type furniture	以木质人造板为基材，以板件和五金件接合为主体结构的家具
组合家具	Combination furniture	由可独立使用的单体组成的家具
成套家具或套装家具	Complete set furniture	按室内使用功能而配置的整套家具
曲木家具或弯曲木家具	Curved laminated wood furniture	主要部件采用木材或木质人造板材料弯曲成型或模压成型工艺制造的家具
折叠家具或折叠式家具	Folding furniture	采用翻转或折合连接结构而形成的可收展或叠放以改变形状的家具
民用家具或家用家具	Household furniture	供住宅卧室、客厅、餐厅、厨房、书房、卫生间、门厅等地点使用的家具
办公家具	Office furniture	供机关、团体、企业、事业、公共娱乐等单位办公场所使用的家具

（续）

名词术语	英　文	解　释
酒店家具或宾馆家具	Hotel furniture	在宾馆、旅馆、酒店、饭店等公共场所中供顾客住宿、餐饮和休闲等使用的各类家具
商用家具或商业家具	Business furniture or commercial furniture	供商店、商场、博览厅、展览馆、服务行业等场所使用的家具
学校用家具或校用家具	School furniture	供教室、课堂等场所使用的课桌、椅凳，以及学生公寓、食堂等场所使用的家具
公共家具或公共场所家具	Public furniture	在影剧院、礼堂、报告厅、体育馆、车站、码头、机场等公共场所供大众使用的家具，主要是座椅类家具

表1.1-4　家具设计（家具品种）常用名词术语（摘自GB/T 28202—2011）　　mm

名词术语		英　文	解　释
柜类或橱柜类	大衣柜	Wardrobe	柜内挂衣空间高度不小于1400，深度不小于530，用于挂大衣或存放衣物的柜子
	小衣柜	Chest of drawers	柜内挂衣空间高度不小于900，深度不小于530，外形总高不大于1200，用于挂短衣或叠放衣物的柜子
	床头柜或床边柜	Bedside cabinet	紧靠床头两侧放置，用于存放零物且高度一般不大于700的柜子
	书柜	Bookcase	放置书籍和刊物等的柜子
	文件柜	Filing cabinet	放置文件、资料的柜子
柜类或橱柜类	餐边柜或配餐柜	Kitchen cabinet	放置食品、餐具等的柜子
	陈设柜	Glass cabinet	陈列工艺品或存放物品的柜子
	箱柜	Dress case or dress box	一种矮型、常为长方形并带有盖子的用于容纳物件，也可供人坐的柜子
床类或卧具类	双人床	Double bed	宽度大于1200的床
	单人床	Single bed	宽度不大于1200，但也不小于800的床
	双层床	Bunk bed	在高度方向上有上下层铺面的床或下层为衣柜、书架、写字-电脑桌等功能于一体的床
	儿童床	Child cot	供婴儿、儿童用的小床，有固定式和伸长式
	榻床	Couch-bed	只有床身，上面没有任何装置或构件的卧具
	罗汉床	Arhat bed	床上后背及左右三面安装围子的卧具
桌几类或凭倚类	餐桌	Dining table	供人们餐饮时使用的桌子，常分为方桌、圆桌、椭圆桌、折叠桌等，并与餐椅配套使用
	办公桌或写字台	Desk or office table	供书写、办公、阅读时使用的桌子，现代办公桌下部通常带有抽屉、键盘架、柜体、电脑台等功能部件，也有办公自动化设施的存放和安装
	课桌	School table	在教室中用于听课、书写和阅读的桌子，根据不同年龄阶段的使用常分为大、中、小学校及托幼机构的课桌
	梳妆桌或梳妆台	Dressing table	供人们生活中整理仪容、梳妆时使用的桌台，台面上常设有梳妆镜，并可分为立式梳妆台和坐式梳妆台（常与梳妆凳配套使用）
	茶几	Tea table or coffee table	在起居室、客厅、接待室等场所中与沙发或扶手椅配套使用的小型桌台，放在沙发或扶手椅前的一般较为低矮，放在沙发或扶手椅中间或两侧的则较高，一般与扶手高平齐

（续）

名词术语		英 文	解 释
坐具类	沙发	Sofa	一般使用软质材料、木质材料或金属材料制成，具有弹性软包，且有靠背和扶手的坐具
	木扶手沙发	Wooden arms sofa	表面露出木制扶手的沙发
	全包沙发	Upholstered sofa	表面不显露框架或扶手的沙发
	多用沙发或多功能沙发	Multi-purposes sofa	除具有坐具功能外，还兼有如睡床等其他功能的多用沙发
	靠背椅	Chair	有靠背的坐具
	扶手椅	Armchair	有扶手的椅子
	转椅	Rotary chair	座面可水平方向转动的椅子，通常还能调节高度
	折叠椅	Folding chair	可折叠的椅子，常为腿足相交可以折叠的椅子
	凳	Bench or stool	无靠背、无扶手的坐具
支架类	衣帽架	Clothes stand or clothes tree	搭挂衣服、帽子等物品的架子，式样有竖式和横式，竖式衣架是在竖立的柱杆上搭挂衣物，横式衣架是在横杆上搭挂衣物
	书架	Book shelves	放置书籍、期刊、文件资料用的高型架子，一般没有门或不封闭或四面透空，但有数层搁板
	花架	Flower stand	放置花卉盆景用的架子
	屏风	Screen or folding screen	用于室内分隔空间、遮蔽视线及装饰功能的立式平面家具，有时还起装饰用的可移动的一组片状用具

表1.1-5　家具设计（家具零部件）常用名词术语（摘自GB/T 28202—2011）

名词术语		英 文	解 释
部件	旁板或侧板	Side	箱体或柜体两侧垂直的板件
	中隔板或隔板	Vertical dividing partition	箱体或柜体内部分隔空间的垂直板件
	搁板或层板	Shelf	箱体或柜体内部分隔空间的水平板件，用于分层陈放物品
	开门	Pivoted door	绕垂直轴线转动而启闭的门，有单开门、双开门和三开门等
	翻门或翻板	Flap	绕水平轴线转动而启闭的门
	移门或推拉门	Sliding door	沿滑到横向移动而开闭的门
	卷门	Roll front or flexible door	沿着导向轨道滑动而卷曲开闭并置入柜体的帘状移门
	顶板或顶帽	Top	箱体或柜体顶部连接旁板，且高于视平线（大于1500mm）的顶水平板件
	面板或台板、台面板	Top	箱体或柜体、桌子顶部低于视平线的水平板件
	底板	Bottom	封闭箱体或柜体底部的水平板件
	背板	Back	封闭箱体或柜体背面的板件，也有加固柜体的作用
	脚架	Base or under door	由脚和望板（或横档）或全部由板件构成的用于支撑家具主体的（落地或着地）部件
	脚盘或底盘	Base or pedestal	由脚架和底板相连后构成的部件
	抽屉或抽斗	Drawer	在家具中可灵活抽出或推入的盛放物品的匣形部件

（续）

名词术语		英　文	解　释
零件	立挺或立柱	Stile	框架两边呈直立或纵向的零件
	帽头	Top or bottom rail	框架上、下两端呈水平或横向的零件
	竖档	Mullion or middle stile	框架中间呈直立或纵向的零件
	横档	Middle rail	框架中间呈水平或横向的零件
	装板或嵌板	Inserting panel	装嵌在框架内槽口中的薄板零件
	腿	Leg	直接支撑面板（或顶板）、座面等的着地零件
	脚	Leg or foot	家具底部支承主体的落地零件
	望板	Apron or skirting board	与脚（或腿）和面板（或底板）连接的水平板件
	拉档	Cross rail	望板下面连接脚与脚（或腿与腿）的横档
	屉面板	Drawer front	抽屉的面板或前板
	屉旁板	Drawer side	抽屉两侧的侧板
	屉后板	Drawer back	抽屉的背板或后板
	屉底板	Drawer bottom	抽屉的底板
	塞角	Block or corner block	用于加固角部强度的零件

（2）明式家具构件常用名词术语（图1.1–1）

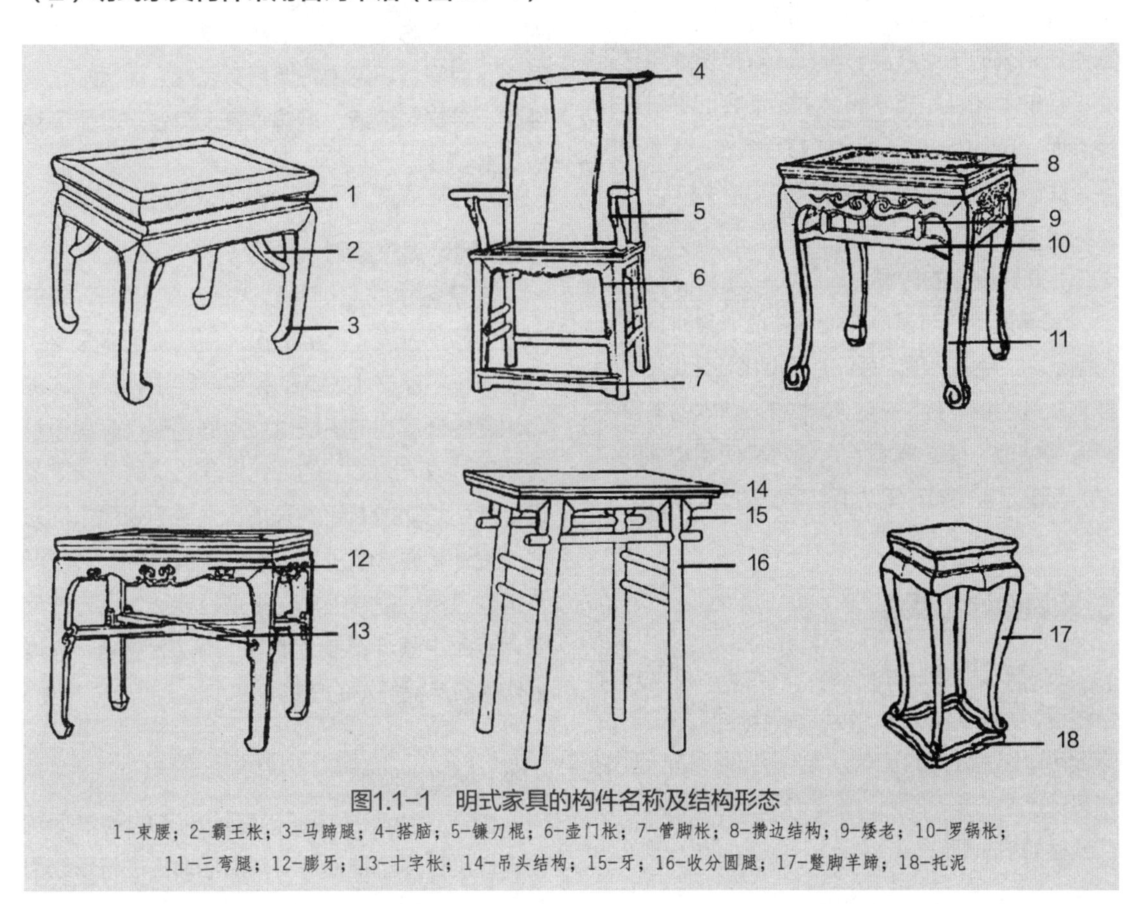

图1.1–1　明式家具的构件名称及结构形态

1–束腰；2–霸王枨；3–马蹄腿；4–搭脑；5–镰刀棍；6–壶门枨；7–管脚枨；8–攒边结构；9–矮老；10–罗锅枨；11–三弯腿；12–膨牙；13–十字枨；14–吊头结构；15–牙；16–收分圆腿；17–鳖脚羊蹄；18–托泥

4. 家具设计的定义

设计（design）的英文意为计划、设计、构思、绘制、草图、预定、指定等，其实质是一个思维、创造过程，是一种为实现某一目的而设想、筹划和提出方案，以及将这种设想方案通过一定手段使之视觉化的过程。比如，通过设计赋予家具一定的形状、结构与色彩，并通过图纸或模型与样品予以表达。

家具设计是为满足人们使用的、心理的、视觉的需要，在投产前所进行的创造性的构思与规划，并通过图纸、模型或样品表达出来的劳动过程。

5. 家具设计的性质与内涵

（1）家具设计的性质

绝大多数的现代家具是利用现代工业原材料，经人们高效率地操作高精度的工业设备而批量生产出来的工业产品。因此，家具设计属于工业设计的范围，是技术和艺术相结合的学科，并受市场、心理、人体工效学、材料结构、工艺、美学、民俗、文化等诸多方面的制约和影响。

（2）家具设计的内涵

家具设计是对家具的使用功能、材料构造、造型艺术、色彩肌理、装饰、智能化、环保化等诸要素从社会的、经济的、技术的、艺术的角度进行综合处理，使之既满足人们对其使用功能的需求，又满足人们对环境功能与审美功能的需求。

6. 家具设计的原则

为使设计达到最高目标，设计者必须在设计全过程，尤其在做出每一具体设计抉择之时，时刻牢记可以作为公允的基本标准，即如何评价一项家具设计优劣的基本原则。具体说来，现代家具设计应遵循如下原则。

（1）人体工程学原则

为使设计的家具很好地为人服务，设计家具时应以人体工程学的原理指导家具设计。根据人体的尺寸、四肢活动的极限范围，人体在进行某项操作时能承受负荷及由此产生的生理和心理变化，以及各种生理特征等因素确定家具的尺度和人机界面。并且根据使用功能的性质，如人们是在作业还是休息的不同要求分别进行不同的处理。最终设计出使用者操作方便、舒适、稳定、安全且高效的，人和家具间处于最佳状态，使人的生理和心理均得到最大的满足。

（2）辩证构思原则

辩证构思的原则是应用辩证思维的设计原理与方法进行构思，要求综合各种设计要素进行设计。做到物质与精神、形式与功能、艺术与技术等的统一，不仅设计要符合造型的审美艺术要求，又要考虑到用材、结构、设备和工艺，不但形态、色彩、质感要协调且有美感，而且加工、装配、装饰、包装、运输等在现有生产水平下也应能得到满足。

（3）满足需求原则

满足需求的原则是以人们新的需求、新的市场为目标开发新产品的设计原则。需求是人类进步过程不断产生的新的欲望与要求，并且人的需求是由低层次向高层次发展的。现代家具设计应适用“以人为本”的现代理念，优秀的新产品设计就要求功能有新的开拓，适合于现代生活方式。设计者要从需求者、消费者群体中，通过调查得到直接的需求信息，特别是要从生活方式的变化迹象中预测和推断出潜在的社会需求，并以此作为新产品开发的依据。

（4）创造性原则

创造性原则是在现代设计科学的基本理论和现代设计方法基础上，创造性地去进行新产品的开发工作。设计过程就是创造过程，不断进行家具新功能的拓展，大量采用对人体无害的绿色新材料、新工艺，在造型上讲究时尚与前卫，在技术上应用计算机实现智能化，使整体个性、品牌、功能一体化。

（5）流行性原则

设计的流行性原则，就是要求设计的产品表现明显的时代特征，在造型、结构、材料、色彩等的运用上符合流行的潮流；要求设计者能经常地及时地推出适销对路的产品，以满足市场的需要。现代家具设计的流行款式，要求造型上突出与追求时代感，表面艺术装饰多元化，产品要求环保化、智能化、多功能化等。

要成功地应用流行性原则，就必须研究有关流行规律与理论，新材料新工艺的应用往往是新产品形态发展的先导，新的生活方式的变化和当代文化思想的影响，是新形式新特点的动因。经济的发展与社会的安定是产生流行的条件。

（6）资源可持续利用原则

可持续发展是所有现代工业必须遵循的基本原则，家具工业也不例外。目前，“节约材料，保护环境”的呼声愈来愈强烈，为此，家具设计必须考虑材料资源持续利用的原则。首先，设计时要做到减量，即减少产品的体积和用料，简化和消除不必要的功能，尽量减少产品制造和使用的能源消耗。对于木家具而言，要尽量利用速生材、小径材和人造板为原料，对于珍贵木材应以薄木贴面形式提高利用率。其次是考虑产品的再使用，设计成容易维护、可再次或重复使用、可以部分更替的家具。再次，可考虑回收再利用，设计时在用料上注意统一性，减少分类处理的不便，降低回收成本。

7. 家具设计的评价标准

评价家具设计优劣的标准（表1.1-6）要从实用性、艺术性、工艺性和经济性入手。为了使设计达到所有设计者都追求的最高目标，必须在设计的全过程中把设计的评价标准置于首位。设计的家具要同时兼备四项，但以实用性和艺术性更为重要。

8. 家具设计人员的知识领域与技能要求

家具设计是一项技术工作，尽管在人类文明的发展初期没有这个名称，但该项技术却是潜藏在设计之中。所以，家具设计具有自身的知识领域，家具设计人员需要具有相应的技能要求。

（1）家具设计人员需要研究的问题

①设计理论

从现代工业设计和艺术设计的本质来看，没有设计理论作为基础的设计技术是没有前途的技术。在设计理论中，最基本的领域是设计文化、设计思想、设计历史、设计方法等。

②设计技术

设计技术不一定是手头的工作，也不一定仅仅是依靠手的灵活进行的工作，其靠动脑筋进行

表1.1-6　评价家具设计的标准

评价项目	解　释	主要内容
实用性	家具对实用要求的适应性	使用的方便性、舒适性、稳定性、安全性、结构的牢固性
艺术性	家具的美观性	形态、色彩、质感的协调美感，包括家具本身、配套家具间以及家具与建筑、家具与环境的协调
工艺性	家具制造的难易	加工、装配、装饰、包装、运输的难易程度
经济性	家具造价的高低	原辅材料成本、制造成本

理智处理的成分占主要地位，是做设计的技法或者实用技术。包括思维方式、创作技法、管理技术、表现技术等。在设计的初期阶段，必须在认知感觉活动上下大工夫，使感觉和判断力的敏感性得到加强和提高，无论如何都必须反复进行实际技术的练习。

③家具的设计语言、家具式样和装饰技巧

要使家具设计语言达到“群众性”“民族性”，家具式样达到“时代性”“多样性”，家具装饰技巧达到“装饰性”“适应性”。

④家具的功能使用要求

要研究家具的功能使用要求，同时熟悉家具生产的新材料、新装备、新工艺，以充分发挥家具艺术的独创性。

（2）家具设计人员的技能要求

设计与艺术有着与生俱来的“血缘”关系。家具设计人员首先需要掌握艺术与设计知识技能，这是所有家具设计人员必备的首要条件，包括造型基础技能、专业设计技能、与设计相关的理论知识，主要应具备以下十大能力：

①徒手绘制设计草图的能力。

②运用制图工具进行设计制图的能力。

③运用计算机进行设计绘图能力（会使用像素绘画软件Photoshop、二维绘画软件AutoCAD、造型及效果渲染软件3ds MAX等）。

④制模技术、制样技术。

⑤表达能力与沟通技巧（能换位思考与理解问题）。

⑥具备写作设计报告能力。

⑦在形态上具有鉴赏力，对正负空间的架构有敏锐的感受。

⑧能绘制设计图样，会做家具设计方案。

⑨对产品从设计制造到走向市场的全过程应有足够的了解。

⑩安排合理设计流程和控制时间进度。

总结评价

学生完成家具产品介绍与评价后，在学生进行自评与互评的基础上，由教师依据家具产品介绍与评价的评价标准对学生的表现进行评价（表1.1-7），肯定优点，并提出改进意见。

思考与练习

1. 家具的含义、特性。
2. 家具设计的含义、性质、内涵及原则。
3. 家具设计的常用名词术语。
4. 家具设计的评价标准。
5. 家具设计人员的技能要求和提高设计能力的学习途径。

巩固训练

选择不同家具，从家具类型与名称、家具特性与家具设计性质内涵的体现、家具零部件名称等方面分析家具，并从实用性、艺术性、工艺性和经济性等方面评价家具产品。

表1.1-7　家具产品介绍与评价任务评价标准

<table>
<tr><th>考核项目</th><th>考核内容</th><th>考核标准</th><th>备　注</th></tr>
<tr><td>1.家具类型</td><td>（1）木家具
（2）金属家具
（3）塑料家具
（4）竹藤家具
（5）框式家具
（6）板式家具
（7）组合家具
（8）曲木家具
（9）折叠家具</td><td rowspan="6">优：名词术语正确，名词解释准确熟练，描述准确到位、善于沟通表达
良：名词术语正确，名词解释较准确，描述较准确，能沟通表达
及格：名词术语、名词解释基本准确，描述无大错误，可以沟通表达
不及格：考核达不到及格标准</td><td></td></tr>
<tr><td>2.家具品种类型</td><td>（1）柜类
（2）床类
（3）桌类
（4）坐具类
（5）箱、架类</td><td></td></tr>
<tr><td>3.家具零、部件名称</td><td>（1）零件名称
（2）部件名称</td><td></td></tr>
<tr><td>4.明式家具构件名称及其结构形态</td><td>（1）构件名称
（2）结构形态</td><td></td></tr>
<tr><td>5.家具特性</td><td>（1）使用的普遍性
（2）功能的二重性
（3）发展的社会性</td><td></td></tr>
<tr><td>6.家具设计评价</td><td>（1）实用性
（2）艺术性
（3）工艺性
（4）经济性</td><td></td></tr>
</table>

任务1.2
家具设计业务开发

工作任务

任务目标

通过本任务的学习，了解家具设计业务开发的途径，能够口头描述家具设计开发的种类、特点及其工作要点。

任务描述

本任务为通过知识准备部分内容的学习，完成学习性工作任务——家具设计业务开发途径的描述。要求采用口头描述的形式，介绍家具设计业务开发的途径、特点及其业务工作要点。

工作情景

工作地点：普通教室或多媒体教室。

工作场景：采用学生现场介绍、评价，教师引导的学生为主体、理实一体化教学方法，教师以某种家具设计开发为例，进行家具设计业务开发途径的描述，学生根据教师演示和教材设计步骤完成学习性工作任务。完成本次任务后，教师对学生描述过程和成果进行评价和总结，学生根据教师的指导进一步完善。

任务实施

（1）布置学习任务

明晰学习任务的内容、目标、要求，特别是学习性工作任务的内容、目标、要求及完成学习性工作任务所需要掌握的理论知识、方法、途径和步骤，明确可利用的学习与工作资源，要求学生课前按思考与练习要求完成知识准备部分内容的预习。

（2）理论知识的引导学习

采用教师引导、学生为主体、理实一体化的教学方法完成知识准备部分理论知识的学习。

（3）家具设计业务开发途径的描述演示

教师以某种家具设计业务开发途径为例，结合所学理论知识进行家具设计业务开发途径的描述演示。

（4）家具设计业务开发途径的描述

学生以小组的形式对家具设计业务开发的途径进行讨论，形成统一意见，选出小组代表以口头描述的形式在课堂上就家具设计业务开发的途径、特点及其业务要点进行介绍。

知识链接

1. 订货加工

订货加工产品也需要设计，但通常只包括结构设计与生产设计，可以称之为再设计或二次设计，即根据企业实际情况，在不影响产品功能、外在效果及其他有关要求的前提下，对原有设计方案进行分解，为产品的高质、高效生产提供技术服务与指导。

2. 竞标业务

根据《中华人民共和国政府采购法》《中华人民共和国招标投标法》规定，大型基础设施、公用事业等关系社会公共利益、公共安全的项目，全部或者部分使用国有资金投资或者国家融资的项目和使用国际组织或者外国政府贷款、援助资金的项目，必须进行招投标。所以家具公司开发业务特别是办公家具业务的另一种形式是参与政府招投标项目投标活动，通过竞标而中标取得家具业务权。招标形式有公开招标、邀请招标和竞争性谈判三种形式，当家具采购金额在一定范围时也可以通过定点采购的形式进行。招标人根据自身的条件（公众形象、市场定位、经济能力、人员数量）定位好需要采购家具的档次，明确初步要求（品种、数量、质量），并依据现有的自然条件(房间大小、装修风格、部门性质、使用人的地位）作出平面布置设计、规格尺寸、款式设计，编制招标文件报有关部门会签，然后发出招标公告。投标人取得招标文件后，根据招标文件要求在规定时间内完成投标文件撰写及样品制作和实物摆样。参与这种业务开发形式需要对招标项目标底、技术要求等信息有充分的了解，搜集并系统地分析处理，拿出优秀的设计方案和合适的工程报价及样品来争取中标。

3. 设计开发

设计开发又可分为旧产品改造、工程项目设计和市场产品开发。

（1）旧产品改造

旧产品改造是在原有产品基础上使之更趋完善的一条途径，其改造依据来自自己发现或客户反馈，通常是有针对性地作局部更改或材料重新选择，或者装配结构难易的调整等，目标相对明确，比较容易把握。

（2）工程项目设计

工程项目设计是指承接工程项目时与室内环境进行配套设计，此时需要直接考虑与室内环境功能相统一。同时，客户往往会提出明确的要求或意向，比较容易找到设计的依据和对话的对象，无须做定向策划工作。但设计思路容易受客户主观意识的影响，需要有足够的耐心和技巧去引导和说服客户，通过沟通，使双方意图相对一致地走到正确的道路上。

（3）市场产品开发

设计策划确定为市场产品开发，就意味着困难的来临，难在市场的把握上，因为客户的需求往往是隐含的，而且我们偏偏需要寻求有一定共性的需求，因此市场分析和预测就成了需要解决的问题。

任何建立在个人幻想抑或是纯美学理论上的、指望引导消费的设计其有效性都是未知的、冒险的。然而，设计师也不能完全被动地接受市场的引导。因此，必须亲自去感受，对市场信息进行有效的摄取与处理，做出短期需求的估计和未来需求的预测。

4. 家具设计的创新方法

（1）创造性思维方法

创造性思维方法有很多，在此列举一些较实用、易掌握的方法供大家学习。

① 发散思维

针对所给问题，寻求尽可能多的解答，这种思维过程即发散思维，或称辐散思维、求异思维。《创造心理学》文献中有名的“砖头问题”是：“试列举砖头的各种用途。”答案至少有以下几种：可以造房、筑墙、砸人、当锤子，等等。这类答案就是具有思维发散性，因为它可以无止境、无主向地蔓延开来。分析上述答案可以看出，前4个答案属建筑类，对砖的用途来说是习常性的。设计师要运用发散思维，多作非习常性联想，化近似、无关为有联系，以引发更广阔的设计新思路。

发散思维主要用在寻求某一问题的各种不同答案过程中。然而，当许多不同的可能性答案提出之后，会遇到选优问题，这又要过渡到收敛思维。因此，发散思维和收敛思维在实际中是相辅相成的。

② 5W/2H法

5W/2H是英文What（何物）、Why（为何）、Who（何人）、When（何时）、Where（何地）与How（如何）、How much（水平）的缩写。5W/2H法有时也不一定能涵盖所有的设计思路，但可以帮助分析，使许多隐性的要求明朗化。此时，再加上用材、工艺等必要的项目就可以逐步形成一个隐约的设计轮廓。以椅子设计为例，5W/2H法可以派生出以下内容：

a.何物：办公椅、休闲椅、沙滩椅、沙发椅、摇椅等。

b.为何：处理公务、进餐、上课、郊游等。

c.何人：男性、女性、老人、少年、儿童、公务员、教师、学生、作家等。

d.何时：临时用、长期、白天、夜晚等。

e.何地：南方、北方、住宅、公共阅览室、户外、书房、客厅等。

f.如何：拆装、固定、可折叠、可移动、可调节、多功能、能放置杂物等。

g.水平：好用的、好看的、打动人的、创新的、亲和的、好卖的等。

③ 特征列举法

该法的基本过程包括4个阶段：第一，选择需要改进的对象；第二，编制改进对象组成部分表；第三，编制改进对象组成部分的本质特征表；第四，改进需要改进的问题（特征），使改进对象臻于完善或面貌一新。

利用特征列举法时，一般考虑事物3个方面的特征：第一，名词特征——事物的组成部分、材料、要素等；第二，形容词的特征——事物的性质、颜色、状态等；第三，动词的特征——事物的功能，特别是使事物具有存在意义的功能。以便从不同角度将事物分解为一系列特征，使问题简单化、具体化，及时地发现和解决问题。

④ 缺点列举法

缺点列举法是创造学的一种方法。缺点列举法着眼于从事物的缺点进行分析，以寻求解决目标。它的理论基础是：认为改进旧事物主要就是改进旧事物的缺点，列举旧事物的缺点，即可发现存在的问题，找到解决的目标。该法主要围绕旧事物的缺点做文章，它一般不触动原事物的本质和整体，属于被动型思维方法，所以难以产生本质上的创造。利用该法列举事物的缺点时，也和特征列举法一样，要从表述事物的名词、形容词和动词的特征3个方面来分析。

⑤ 中山法

该法的特点是：把感性知识用类比思维机制转化为理性知识，产生大量新观念。基本过程可简化为4个阶段：第一，主持人把课题写在卡片上，置于桌上，把与会者提出的想法记在卡片上；第二，把与会者的卡片按各种逻辑关系进行横向排列；第三，以每张卡片的内容为议题，用类比启发法讨论，把与会者用4种类比（即直接、拟人、象征、幻想）得到的观念记在卡片上，并竖排于有关横排卡片之下，将全部卡片类比完毕之后，让与会者纵观全部卡片，找出观念之间的联系；第四，若找到联系或获得启发，就记在卡片上，排在卡片阵下端，然后再将纵列的卡片分类组合以获得新观念，最后汇总即可形成现实解决方案。

⑥ 头脑风暴法

头脑风暴法是创造学中的一种重要方法。其形式是由一组人员针对某一特定问题各抒己见、互相启发、自由讨论，从多角度寻求解决问题的方法。头脑风暴法也称智力激励法、脑轰法等。该方法的理论基础是：第一，联想反应，在集体讨论问题时，每提出一个新观念，都能引起他人的联想，产生连锁反应，形成联想反应堆；第二，热情感染，在不受任何限制的情况下，集体讨论问题能激发人的热情、相互感染、竞相发言，形成热潮，提出更多的新观念；第三，竞争意识，在有竞争意识的情况下，人的心理活动效率可增加50%或更多；第四，个人欲望，在集体讨论解决问题过程中，个人的欲望自由，不受任何干扰和控制，是非常重要的。头脑风暴法有一条原则，不得批评仓促的发言，甚至不许有任何怀疑的表情、动作、神色。这就能使每个人畅所欲言，提出大量的新观念。该法以小组形式进行，可分别建立两个小组：观念组（设想组）和专家组（评价组）。观念组组员最好由富有抽象能力和幻想能力、不同职业、不同文化水平、无隶属关系的人组成。专家组应由有分析和评价能力的人组成。各组人数为5～10人（课堂教学也可以班为单位），两组分组活动。头脑风暴法应遵守以下原则：第一是庭外判决原则，观念组对问题展开讨论，然后专家组对提出的各种观念进行分析、评价、判断。与会原则是对观念不要过早判断，以免扼杀新观念的产生。第二是欢迎各抒己见、自由鸣放原则，鼓励“自由联想”，允许提出看来是荒唐可笑的观点，因为其中很可能具有极有价值的新思路。第三是追求数量，以量求质，提出的新观念越多，解决问题的可能性越大。第四是探索取长补短和改进办法，欢迎借题发挥，与会者可以把他人的观念加以综合，再提出自己的观念，也可以发挥或改造他人的观念。上述四项基本原则中，推迟判断与以量求质原则尤为重要。

（2）创新设计方法

① 沿用设计

与家具新产品开发设计有所不同，沿用设计是在已获成功产品的启发下，学习、借鉴他人成功的经验和已有的成果展开设计。家具新产品开发设计是经过广泛调查和综合研究，创造性地进行设计；沿用设计则是对同类家具产品进行改良。现实中尽管创新产品层出不穷，但沿用设计的产品却占大多数。如自从弯曲板技术发明以来，许多家具生产厂家都在各自的产品系列中使用了这一技术，又如办公椅中海星脚的结构形式被广泛地使用，如图1.2-1所示。

② 模仿设计

模仿是人类创造活动中必不可少的初级阶段，也是涉入新型产品的第一步。通过模仿，可以启发思维，提供方法，少走弯路，省时、省资金，能迅速达到同等水平，从而赢得市场。

模仿设计不等于抄袭。抄袭既不合法，也没有出路。现实中，许多独创的产品或产品的某个部分往往受专利保护，但其经验、方法却是可以共享的。将他人的智慧转化为可以利用的资源，这是社会进步必然、必要的过程。

图1.2-1　海星脚在工作椅的应用 / 广西志光办公家具

模仿设计的方法是多样的，基本上可归纳为直接模仿和间接模仿，其实质就是接受启发，通过模仿而设计出完全不同的产品。

直接模仿——即对同类产品进行模仿。设计出一系列符合大众生活的同类产品，甚至在此基础上加以创造，这将使模仿设计更有意义，如图1.2-2所示。

间接模仿——即对不同类型的产品或事物进行模仿，如图1.2-3所示。如将常见的摩托车车避震设计用于自行车上，将摄像机的自动变焦方式用于照相机等。日常生活中常常可以见到模仿其他产品的某些原理、方式、特点，并在此基础上进行发挥、完善，而产生的不同功能或不同类型的产品。

间接模仿设计中的另一种仿生，古已有之，是现在常见的模仿方式。

③ 仿生设计

自然界的一切生命在漫长的进化过程中能生存下来，其重要条件之一就是使自己的躯体适应生存环境。这种在功能上自成体系，在形式上丰富多彩的生命形式，为设计师创造性的思维开辟了途径，也为家具设计提供了原型。这种用模仿生物系统的原理来建造技术系统，或者使人造技术系统具有类似于生物系统特征的手段便是仿生。

模仿生物合理存在的原理与形式，为家具设计带来了强度更大、结构更合理、省工省料、形式新颖的新产品，如图1.2-4、图1.2-5所示。

仿生设计一般是先从生物的现存形态受到启发，在原理方面进行深入研究，然后在理解的基础上再应用于产品中相关部位的结构与形态。如蜂窝结构，蜂房的六角形结构不仅质轻，而且强度高，造型规整，连数学家都为之折服。人们利用蜂窝结构原理设计、生产了蜂窝板并用于家具制造工业。纸质蜂窝板使家具的重量降低了一半以上，且具有足够的刚性与强度，可减少铰链的负荷，因而特别适合制造柜门和台面部件。

又如海星结构，它的放射状的多足形体，特

图1.2-2　模仿圈椅设计的椅子

图1.2-3　模仿购物车设计的椅子

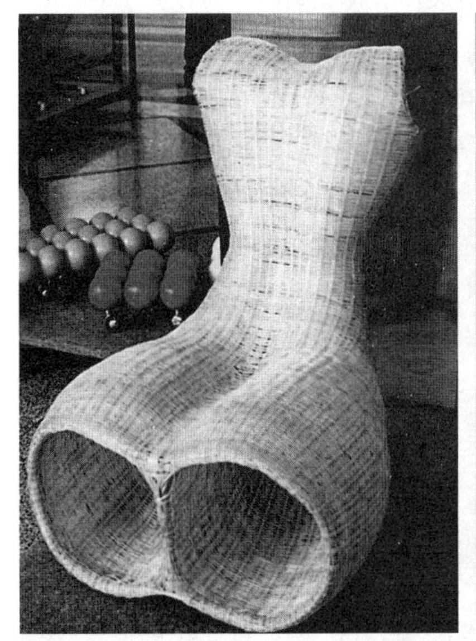

图1.2-4　模仿人体设计的靠背椅

图1.2-5　模仿向日葵设计的椅子

别具有稳定性。人们利用海星的这一特殊结构，设计出了办公椅的海星脚。这种结构的座椅，移动自如，而且特别稳定，人体重心转向任何一个方向都不会引起倾倒。

此外，仿造人体结构，特别是人的脊椎骨结构，设计支撑人体家具的靠背曲线，使其与人体完全吻合，无疑也是仿生的原理，如仿造人体形体设计与人体尺度一致的坐具。按仿生原理设计的坐具，可以是任意风格与任何形状，关键是与人体接触的坐具表面的形状，要使其符合人体工程学的原理，使用起来更加舒适。当然直接塑造成人体也是可能的，那就是模拟与仿生的完美结合。

设计的仿生与科技的仿生有相似之处，两者都是受天然事物和生物中合理因素的启发，并对其进行模仿。模仿的内容往往是生物的构造、运动原理和形态，既有功能的模仿，又有形式的模仿。形式的模仿是产品设计中最多见的手段，目的是通过仿生设计传达文化的、象征的产品寓意。

在应用模拟与仿生手法时，除了保证实现家具的使用功能外，还必须同时注意结构、材料与工艺的科学性与合理性，实现形式与功能的统一，结构与材料的统一，设计与生产的统一，使所模仿的家具造型设计能转化为成功的产品。

④ 移植设计

移植设计类同于模仿设计，但不是简单的模仿。移植设计是沿用已有的技术成果，进行新的目的要求下的移植、创造，是移花接木之术。其方法可分为几种类型：

纵向移植设计——即在不同层次、类别的产品之间移植，与前面提到的间接模仿设计有些类似。如将手提箱部分移植到柜子上去，如图1.2-6所示。

横向移植设计——即在同一层次、类别的家具形态间进行移植设计。如将沙发的靠背移植到床屏中去，如图1.2-7所示。

综合移植设计——即把多层次和多类型的家具概念、原理、功能及方法综合并入统一设计对象中。如电动按摩椅，它是在满足坐具基本功能的同时，增加了保健的功能，如图1.2-8所示。

技术移植设计——即在同一技术领域的不同研究对象或不同技术领域的各种研究对象之间进行的移植设计。如将电视机移植到休闲椅上，扩展了休闲椅的使用功能，如图1.2-9所示。

移植设计的方法通常有原理移植、功能移植、结构移植、材料移植、工艺移植等。移植最终的目的在于创新。在具体实施中，一般是将事物中最独特、最新奇和最有价值的部分移植到其他事物中去。如将气动原理用于吧椅、床架的助力支撑。

⑤ 替代设计

在家具开发设计中，用某一事物替代另一事物的设计为替代设计。通常替代设计有以下几种：

材料替代——在家具设计中通常使用的材料无外乎木材、金属、塑料、竹、藤、玻璃、石材、皮革、织物等。在改变其材料属性的同时，对替代设计都会产生新的要求，如图1.2-10所示。

零部件替代——在大工业生产的要求下，经常会遇到零部件替代的问题，这种替代的目的是改进连接方式、生产工艺以及节省运输空间等，使产品更加优化，资源利用更加合理，如图1.2-11所示。

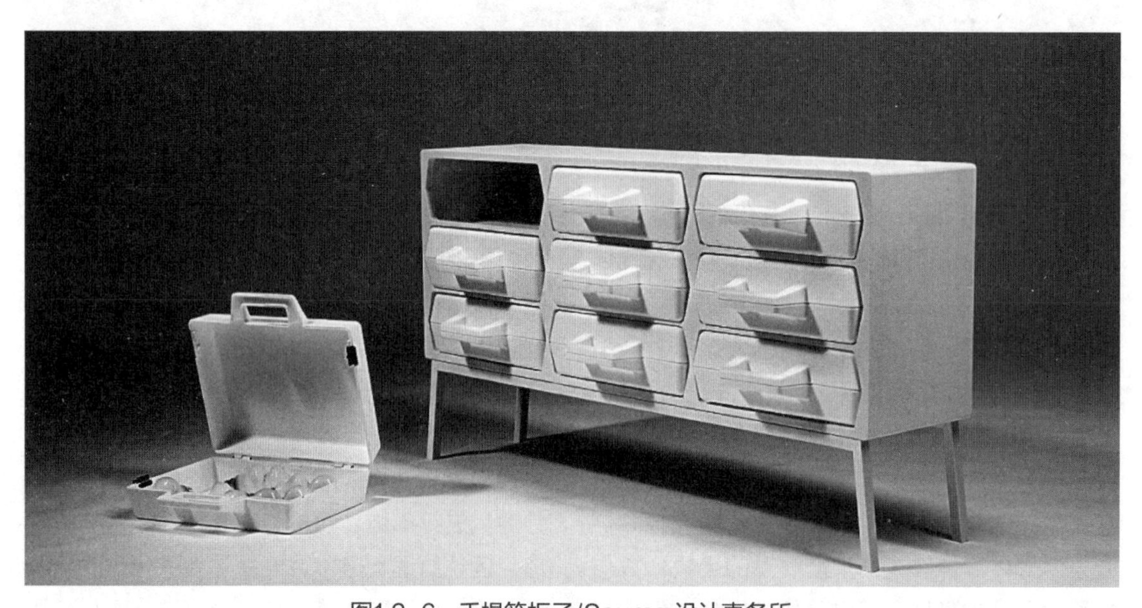

图1.2-6　手提箱柜子/Sauma 设计事务所

图1.2-7　将沙发的靠背移植到床屏设计的床 / 东莞市永和家具

图1.2-8　电动按摩椅

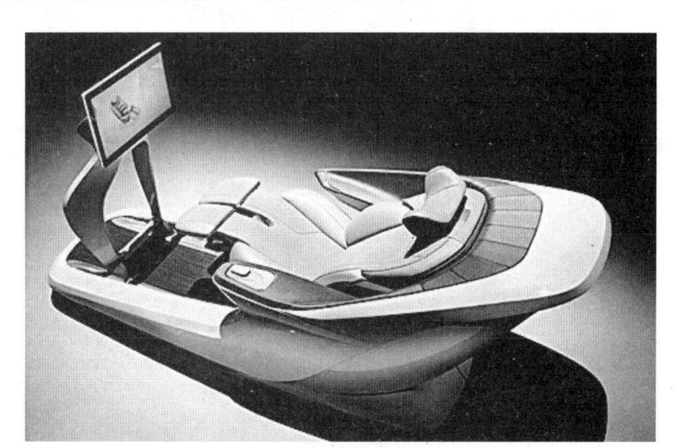

图1.2-9　休闲椅

图1.2-10　塑料古典椅子

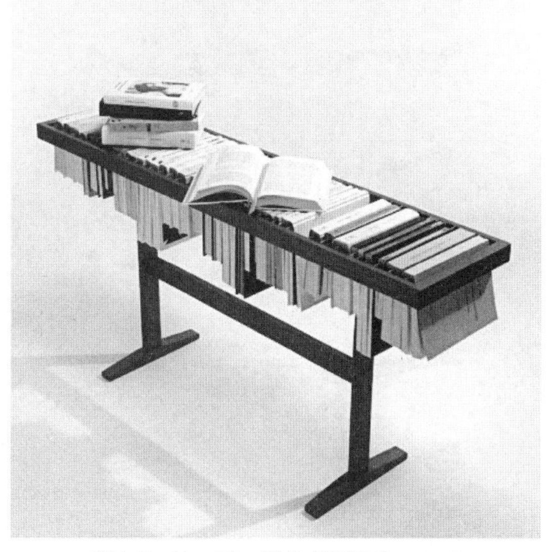

图1.2-11　不一样的书柜/Likecool

方法替代——通过设计，用新的方法替代老的方法，以实现既定功能，满足视觉审美需求或达成其他目标。

技术替代——对具有相同功能的家具，用不同的技术手段加以完善，其优势在于可提高产品品质、降低物耗、节约成本、方便运输。新技术的应用是推动家具革命的关键因素之一，如图1.2-12所示。

⑥ 集约化设计

有的家具系列产品尤其是成套系列产品需要进行可拆装的集约化设计，目的在于方便使用、方便运输、易于收纳、易于展示，如图1.2-13所示。具体手段有：

第一，通过设计，使系列产品本身具有集约功能。

第二，通过中介物，使产品集约化。例如，采用合理的包装形式使产品集约化或利用构造物使零落的产品归纳在一起。

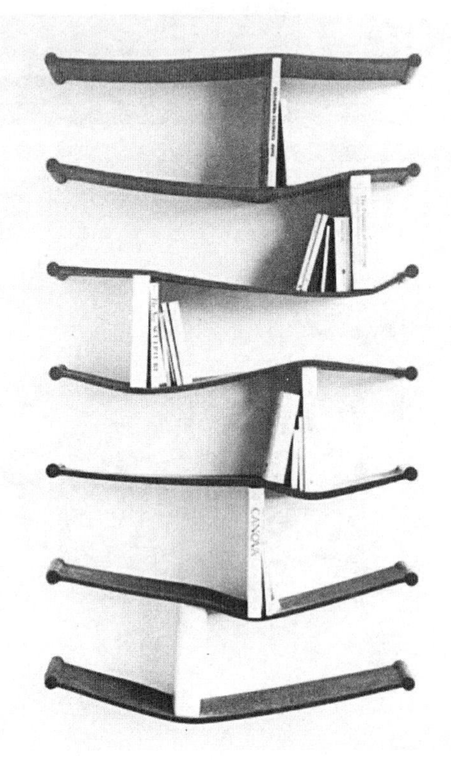

图1.2-12　橡皮书架/Luke Hart

⑦ 概念创新设计

在人类的发展史中，家具始终扮演着重要的角色。人类在从事生产、生活的过程中离不开家具；同时，家具也是人类在生产、生活的过程中创造出来的。因此，家具在不同的时代有着不同的含义，需要设计师去创造，创新是设计永恒不变的主题。家具设计的创新也意味着生活方式的创新，如图1.2-14所示。

图1.2-13　子母柜/ kamkam

图1.2-14　聊天椅

总结评价

学生完成家具设计业务开发的途径描述后，在学生进行自评与互评的基础上，由教师依据家具设计开发业务的途径描述的评价标准对学生的表现进行评价（表1.2–1），肯定优点，并提出改进意见。

表1.2–1 家具设计开发的途径描述任务评价标准

<table>
<tr><th>考核项目</th><th>考核内容</th><th>考核标准</th><th>备 注</th></tr>
<tr><td>1.家具设计业务开发的类型</td><td>（1）订货加工
（2）竞标业务
（3）设计开发</td><td rowspan="3">优：名词术语正确，名词解释准确熟练，描述准确到位，善于沟通表达
良：名词术语正确，名词解释较准确，描述较准确，能沟通表达
及格：名词术语、名词解释基本准确，描述无大错误，可以沟通表达
不及格：考核达不到及格标准</td><td></td></tr>
<tr><td>2.家具设计业务开发的特点</td><td>（1）订货加工
（2）竞标业务
（3）设计开发</td><td></td></tr>
<tr><td>3.家具设计业务开发的工作要点</td><td>（1）订货加工
（2）竞标业务
（3）设计开发</td><td></td></tr>
</table>

思考与练习

1. 家具设计业务开发的类型。
2. 订货加工、竞标业务、设计开发的特点。
3. 订货加工、竞标业务、设计开发的业务工作要点。

巩固训练

根据教师对家具设计业务开发的途径描述工作性任务的评价与总结，进一步理解、熟悉家具设计业务开发的途径、特点及其业务工作要点。

任务1.3
家具设计工作程序与工作任务

工作任务

任务目标

通过本任务的学习，熟悉家具设计的方法、步骤，掌握家具设计的工作内容。

任务描述

本任务为通过知识准备部分内容的学习，完成学习性工作任务——家具设计流程图的绘制。要求根据家具设计的方法、步骤及工作内容完成家具设计流程图的绘制，并提交学习报告1份。

工作情景

工作地点：普通教室或多媒体教室。

工作场景：采用教室引导的以学生为主体行动导向教学方法，教师引导学生完成知识准备部分内容的学习，明确家具设计流程图的绘制方法与要求，学生以小组为单位讨论完成家具设计流程图的绘制，选出代表对家具设计流程图进行展示、介绍。完成本次任务后，教师对学生工作成果——家具设计流程图进行评价和总结，学生根据教师的指导进一步完善家具设计流程图，并每人提交学习报告1份。

任务实施

（1）布置学习任务

明晰学习任务的内容、目标、要求，特别是学习性工作任务的内容、目标、要求及完成学习性工作任务所需要掌握的理论知识、方法、途径和步骤，明确可利用的学习与工作资源，要求学生课前按思考与练习要求完成知识准备部分内容的预习。

（2）理论知识的引导学习

采用教师引导的以学生为主体的行动导向教学方法完成知识准备部分理论知识的学习，明确家具设计流程图的绘制方法与要求。

（3）家具设计流程图的绘制

学生以小组的形式，讨论家具设计的方法、步骤及工作内容，并依据家具设计流程图的绘制方法与要求，完成家具设计流程图的绘制。

（4）成果展示

每组同学以民主的形式选出小组的代表，对本组所形成的家具设计流程图进行展示与介绍。

（5）总结评价

教师依据“家具设计流程图的绘制任务评价标准”，在学生进行自评与互评的基础上对学生的学习性工作任务成果——家具设计流程图进行评价，并提出改进意见。

（6）学习报告的提交

要求每个学生利用课余时间根据教师的总结与评价对学习性工作任务成果——家具设计流程图进行修改、完善，以学习报告的形式完成学习性工作任务——家具设计流程图的绘制，并在下一次授课时提交学习报告。

知识链接

目前，中国家具业已经发展到了必须高度重视新产品开发与设计的阶段。产品开发与设计除了应具备宽广的专业基础、创造的思维方法外，还应具备科学的设计方法、具体的设计实践，家具的开发与设计工作从开始到完成必然有一定的进程，依照程序层层递进，才能提高设计的效率。本任务依据家具新产品开发与设计实务的经验介绍可操作性强、可遵循的一般规律和方法，便于在学习设计过程和实训中与具体实践相结合，创造性地灵活应用。

家具设计步骤与方法虽然不尽相同，但家具设计不仅是人们简单理解的制图，而是包括了前后密切联系的一系列过程。这一过程是从设计实践中总结出来的一般规律和方法。我们学习和掌握它，对于正确、完整地表达设计内容和提高设计效果，避免走弯路都是十分必要的。现将家具设计步骤归结为设计准备阶段、设计构思阶段、设计评估阶段、设计完成阶段和设计后续阶段，并将各设计方法和工作内容糅合到各阶段之中，依次加以叙述。

1. 设计准备阶段

工作目的：全面掌握资讯，确立设计项目。

工作内容：设计策划、设计调查及汇集资料、调查资料的整理与分析。

工作方法：对互联网、专业期刊、家具展览、家具企业、家具商场、消费者等进行调查掌握资讯；突出新视点、追求最佳目标、定性定量分析。

（1）设计策划

设计策划就是对设计产品进行定位、确定设计目标。设计师可以进行自由创作，也可以接受委托设计，设计师可能是一名自由职业者，也可能是家具厂员工。策划因情况而定，就企业情况而言，一般可分为3种，即订货加工、竞标业务和设计开发。

（2）设计调研

设计策划一经确定，首先应当进行设计调查，从汇集资料工作着手，使汇集工作在家具设计过程中起着重要的“参谋”作用，并为制订设计方案打下基础。具体可从以下方面进行：

①设计理论

人员对所需设计的家具，围绕设计项目，深入到有关场合开展调查研究，了解家具的使用要求和使用环境的特点，以及家具材料的供应、生产工艺等条件，记录可供利用的资料和分清资料可供利用的时限。

②设计技术

广泛收集各种有关的参考资料，包括各地家具设计经验，国内外家具科技情报与动态、图集、期刊、工艺技术资料，以及市场动态等，以供引发、开阔和丰富设计构思的内容。

③家具的设计语言、家具式样和装饰技巧

采用重点解剖典型实例的方式，着重于实物资料的掌握和设计深度的理解，可以借助于实地参观或实物测绘等多种手段，从多种多样的家具产品中，分析它们的实际效果，取得各种解决问题的途径，有助于设计构思推敲过程中借鉴。

（3）设计调研资料的整理与分析

经过必要的研究以后，将各种有关的资料进行整理和分析，分别汇编成册，以便用于指导设计。

2. 设计构思阶段

工作目的：设计产品的形象概念。

工作内容：设计创意与设计定位。

工作方法：设计概念草图、初步草图、提炼正草图；独立构思与集体讨论。

家具设计方案可以用不同的方法来确定，但一开始的构思，将在整个设计过程中起主导作用，这是一个深思熟虑的过程，通常称为“创造性”的形象构思。这就意味着形象的活动不止一次，而是多次反复的艰苦的思维劳动，即构思—评价—构思不断重复直到满意结果的过程。

（1）明确设计意图

在进行设计前，必须先了解有关要求，列出所要解决的设计内容，通过明确设计内容，使许多隐性的要求明朗化，逐步形成一个隐约的设计轮廓。

以设计一张新潮的休闲椅为例，可将全部设计内容分析如下：

①简洁明快，现代感强，追求时尚，具个性化。

②用途：单人休闲。

③使用对象：无性别和职业的要求。

④适用空间：室内空间。

⑤档次：高品位，保值。

⑥材料：红花梨等名贵木材，有红木效果。

⑦表面装饰：透明涂饰，显自然纹理。

⑧结构：榫结构，非拆装式。

⑨构件：标准化，批量化。

⑩运输：互相叠放。

（2）构思方案的形成

这一过程是设计人员提出解决问题的尝试性方法，即按设计意图，通过综合性的思考后得出各种设想。这一过程的形成是复杂的、顽强的、精细的，而又富于灵感的劳动。一般按常规程序来说，它是从产品的使用要求着手，全面考虑功能、材料、结构、造型及成本等综合性问题。但也有根据个人习惯或特殊情况下，由局部入手，考虑家具的尺寸、用料、质感、装饰、色彩等微细处理。不管构思的方案是含糊的，还是明确而具体的，都要多方推敲其是否符合设计意图要求。

（3）构思的记录

草图是家具设计中表现构思意图的一种重要手段，它能将设计人员头脑中的构思记录为可见的、有形的图样。草图不仅可以使人观察到具体设想，而且表达方法简便、迅速、易于修改，还便于复印和保管。一件家具的设计往往是由几张，甚至几十张的草图开始的。具体方法如下：

① 工具

铅笔是做草图常用工具，因为它便于擦去和修改。另外，钢笔、圆珠笔和彩色笔也常用作绘图工具。做草图的纸无需太讲究，方格坐标纸能显示一定尺度关系，是一种较为理想的草图纸，也可在它上面覆以透明的薄草图纸，就更显方便、快速与准确。

② 图形

如图1.3-1所示，草图一般用立体图或三视图中的主视图来表示，草图又可分为理念草图、式样草图、结构草图等。理念草图仅仅是一个大体形态。式样草图是从理念草图而来，不但有大体的形态，还有概略的细部处理或色彩表达。结构草图则是内部细节的构思。三种草图在构思过程中完成从外到内的全部构想。

（4）标准

草图可以不受制图标准的限制，并且一般不需要按精确的尺寸来画，但在草图开始时就引进尺度的概念，便于使草案与实际使用尺寸相符合。

（5）作图法

任何设计人员都应善于用徒手画草图这种快速而简便的技巧，练习画草图的方法可以由直线开始，画直线时，眼睛不要看笔尖的移动，而应看着直线的终点，这样才能画出平直的线条，先练习画水平线，后画垂线、斜线、角度和圆。徒手画立体图的主要方法是依靠判别来确定家具各部分在透视图中的关系。作图时先画水平线作为视平线，同时按假定视点高度把基线表示出来，再根据透视规律先画出家具轮廓，再完成各部分

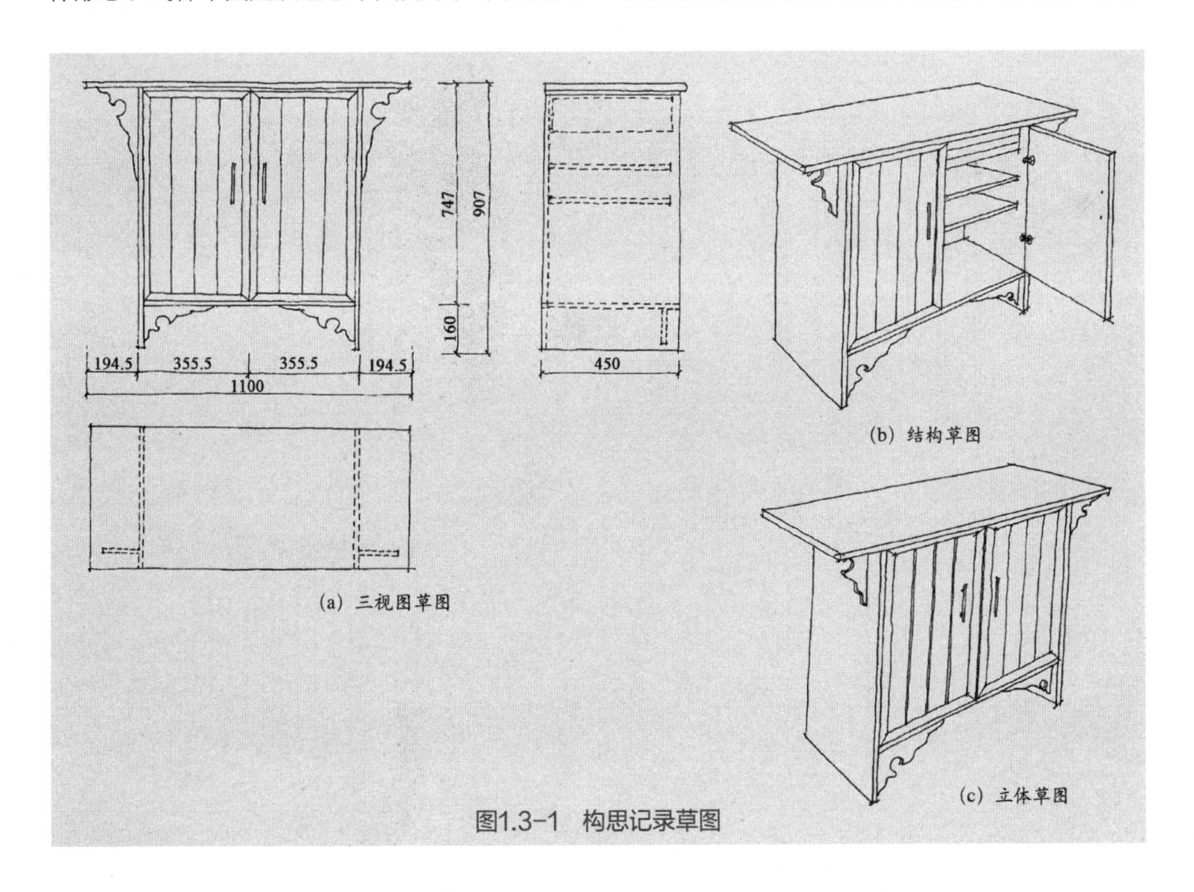

图1.3-1　构思记录草图

图形，最后再画出各细节内容。

3. 初步设计阶段

工作目的：产品造型初步设计，并深入研究使方案成熟。

工作内容：画出设计方案图（三视图、透视图和效果图）。

工作方法：深入设计与细节研究完成家具造型，认真绘制三视图、透视图和效果图。

初步设计是在对草图进行筛选的基础上画出方案图（三视图、透视图和效果图）。初步设计应绘出多个方案以便进行评估，选出最佳方案。如图1.3-2所示。方案图应按比例绘出三视图并标注主要尺寸，还要画出体现立体效果的透视图，以及体现主要用材和表面装饰材料与装饰工艺要求的效果图。

设计效果图如图1.3-3所示，是在方案图的透视图基础上以各种不同的表现技法，表现产品在空间或环境中的视觉效果。效果图常用水粉、水彩、喷绘、计算机辅助设计等不同手段进行表达。设计效果图还包括构成分解图，即以拆开的透视效果表现产品的内部结构。

由于某些家具设计方案的空间结构较为复杂，一些组合或多用式的家具有时在纸面上很难表达其空间关系，因此，可以制作仿真模型，常用简单的材料，如厚质纸、吹塑纸、纸板、金属丝、软木、硬质泡沫塑料、金属皮、薄木、木纹纸等，一般采用1：2、1：5、1：8等比例制作，模型比效果图更真实可信，便于评估审定。

4. 设计评估阶段

工作目的：使方案完全成熟，得到甲方的认可。

工作内容：与甲方共同审定或投标、议标。

工作方法：与甲方进一步确定，作必要的修正。

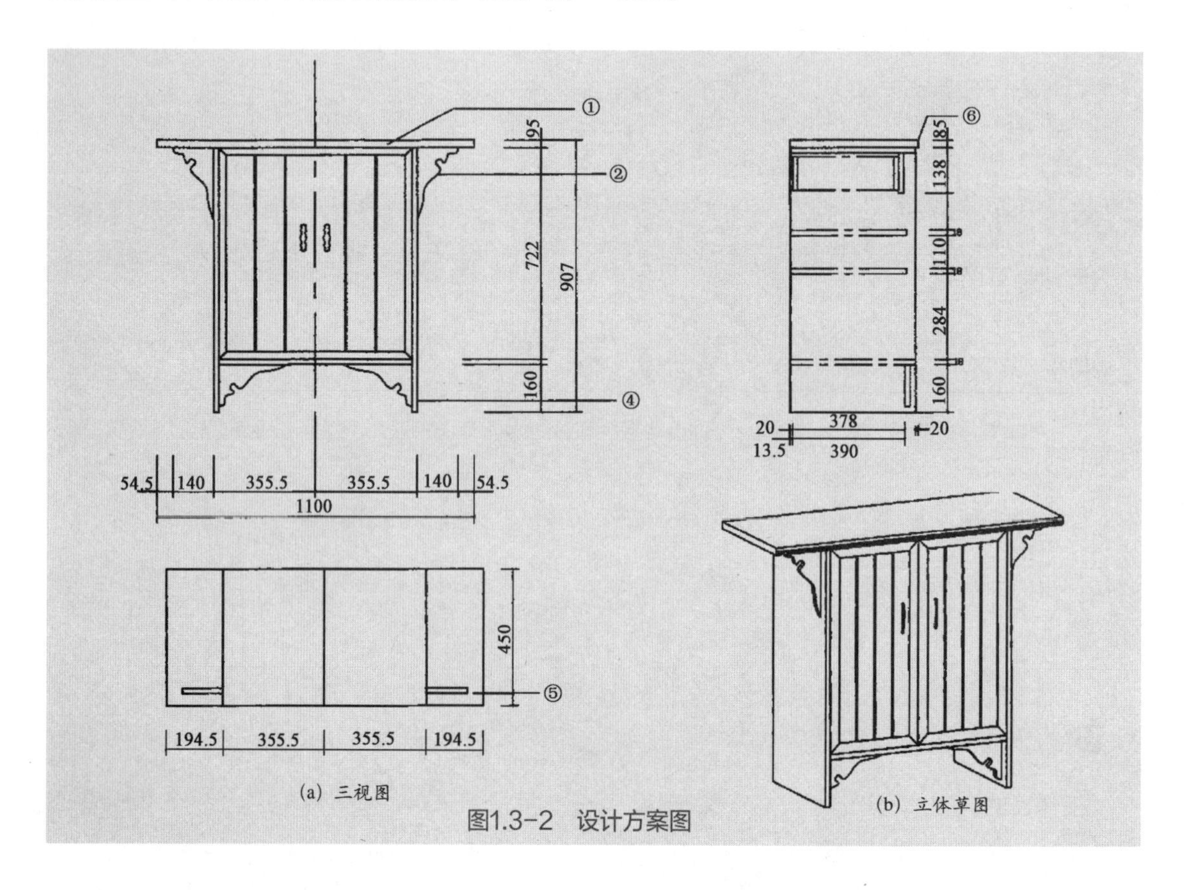

图1.3-2　设计方案图

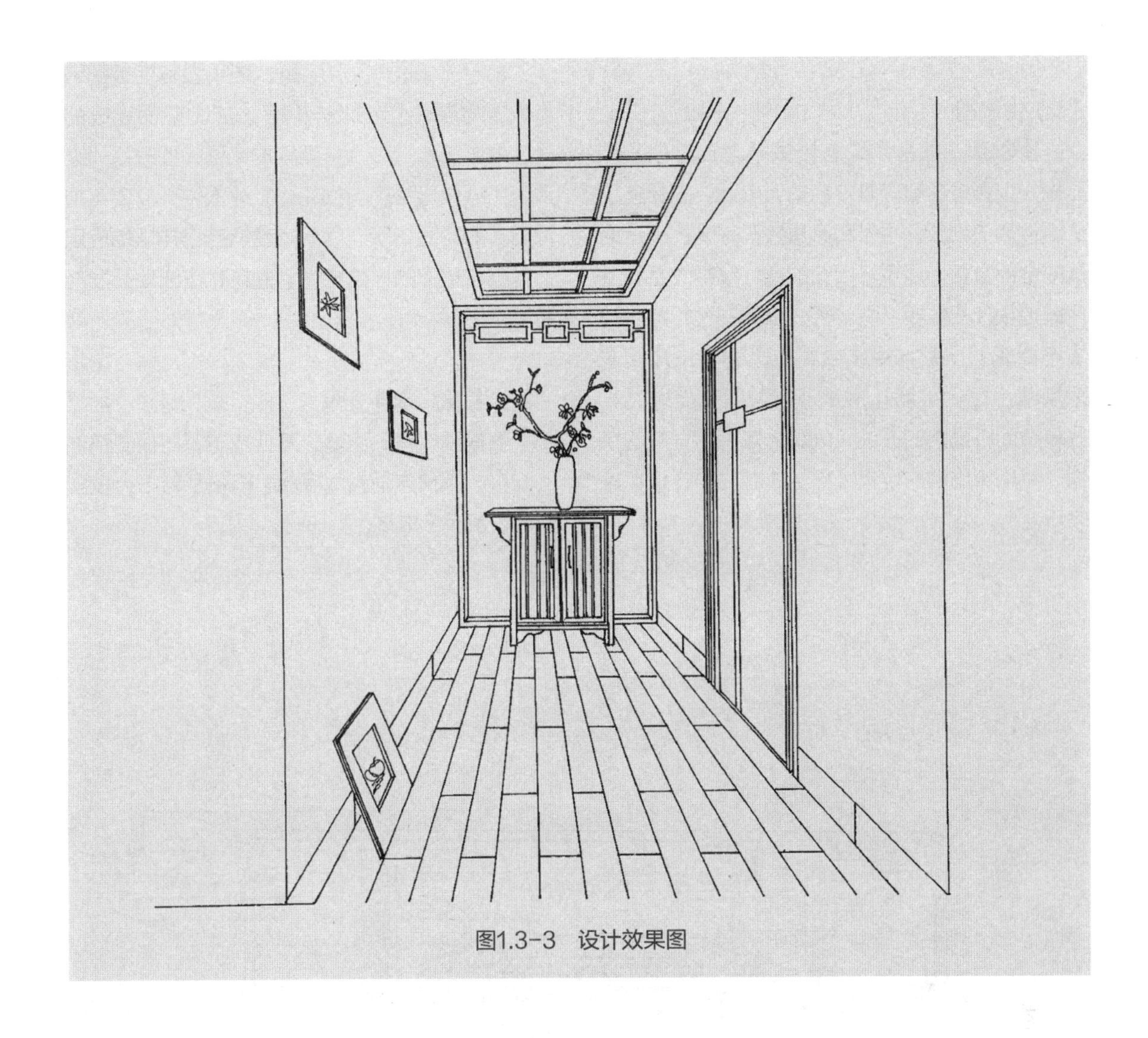
图1.3-3　设计效果图

无论是草图或方案图（造型图），还是模型，仅仅是一种设计方案的设想，总是要通过不同的途径或方式，经过多次反复研究与讨论作出评价。评审可以用讨论的形式，也可以在确定目标的前提下由评审小组成员进行打分，评估方法有外观评价法、综合评价法等，以确定最佳方案。并将别人提出的正确意见或设计人员自己的新构想赋予到设计方案中去，作必要的修正。

5. 设计完成阶段

工作目的：完成制造工艺与方法、装配方法、成本核算。

工作内容：与生产部门确定生产工艺技术图纸、零部件分解。

工作方法：绘制家具生产图和编制材料与成本预算。

当家具设计方案确定以后，就可以进入技术设计的阶段，即全面考虑家具的结构细节，具体确定各个零件、部件的尺寸、大小和形状，以及它们的结合方式和方法，包括绘制家具生产图和编制材料与成本预算等内容，完成全部设计文件。文件包括的主要内容如下：

（1）生产图

家具生产图是整个家具生产工艺过程和产品规格、质量检验的基本依据，因此，它具备了从零件加工到部件生产和家具装配等生产上所必需的全部数据，显示了所有的家具结构关系。生产图是设计的重要文件，务必根据制图标准，按生产要求，严密地绘出全套生产图。生产图多采用缩小比例绘制，只是一些关键节点处，一些复杂而不规则的曲线，以及一些不易理解的结构，采用原比例的足尺大样图或制成“样板”来表示。

生产图（图1.3-4至图1.3-10）包括装配结构图、零部件图、大样图等，加上前面完成的设计效果图和拆装示意图构成完整的图纸系列文件，用以指导生产。要完成上述图件，需要花去相当多的时间，所以目前家具设计已广泛地应用计算机与相关的技术软件，并正在不断地开发与发展着。

（2）裁板（排料）图

为提高板材利用率，降低成本，对板式部件的配料，应预先画出裁板图，以便下料工人按图裁切，裁板（排料）图形式如图1.3-11所示。

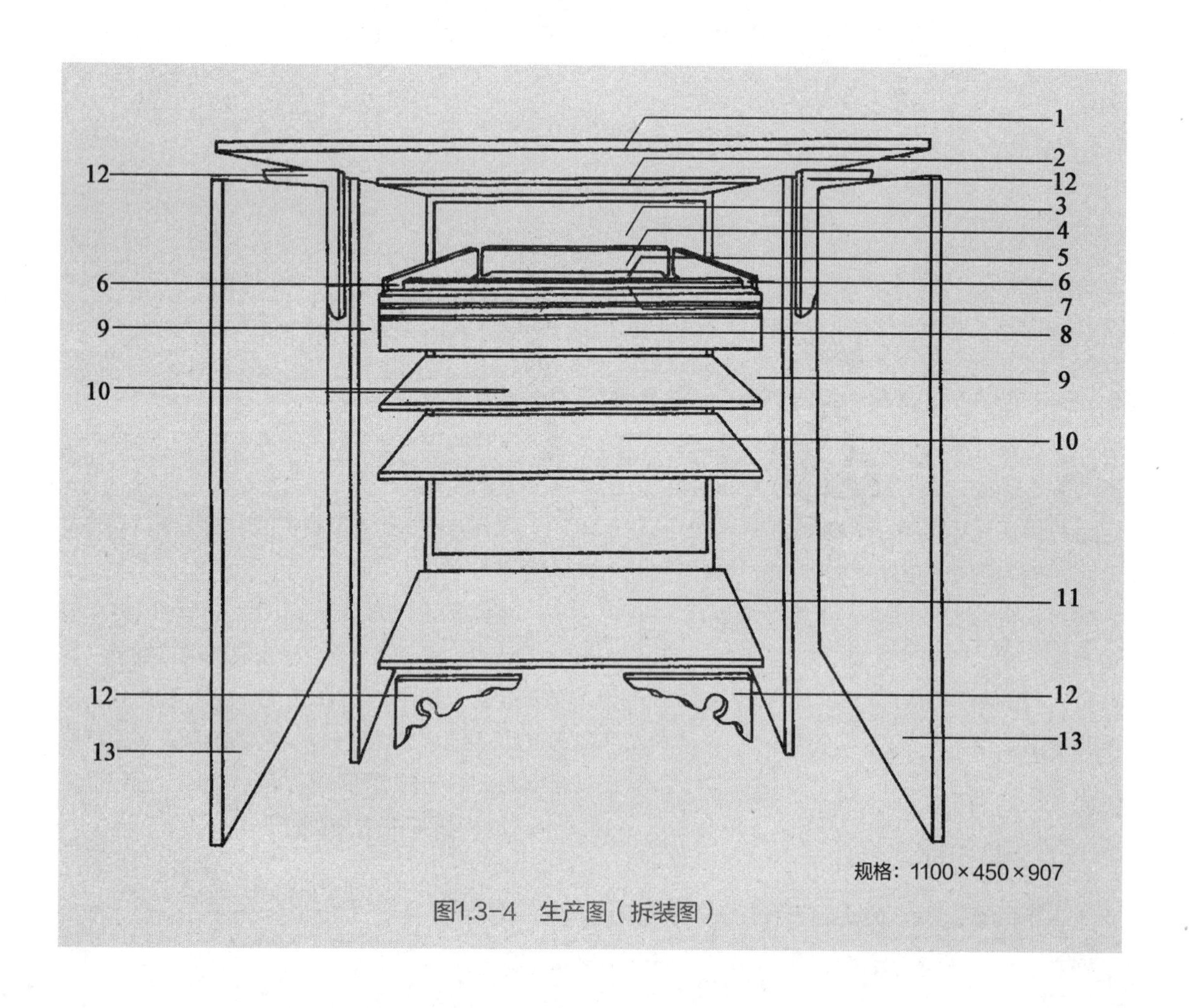

图1.3-4　生产图（拆装图）

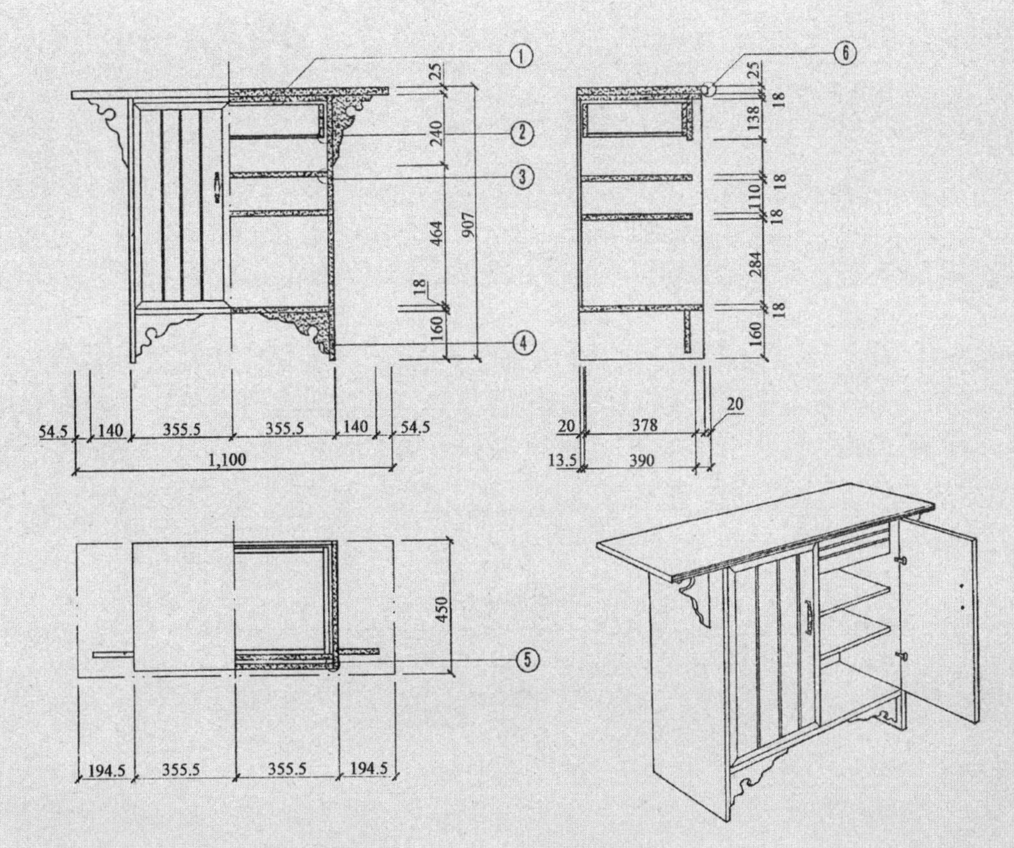

图1.3-5　生产图（结构装配图-1）

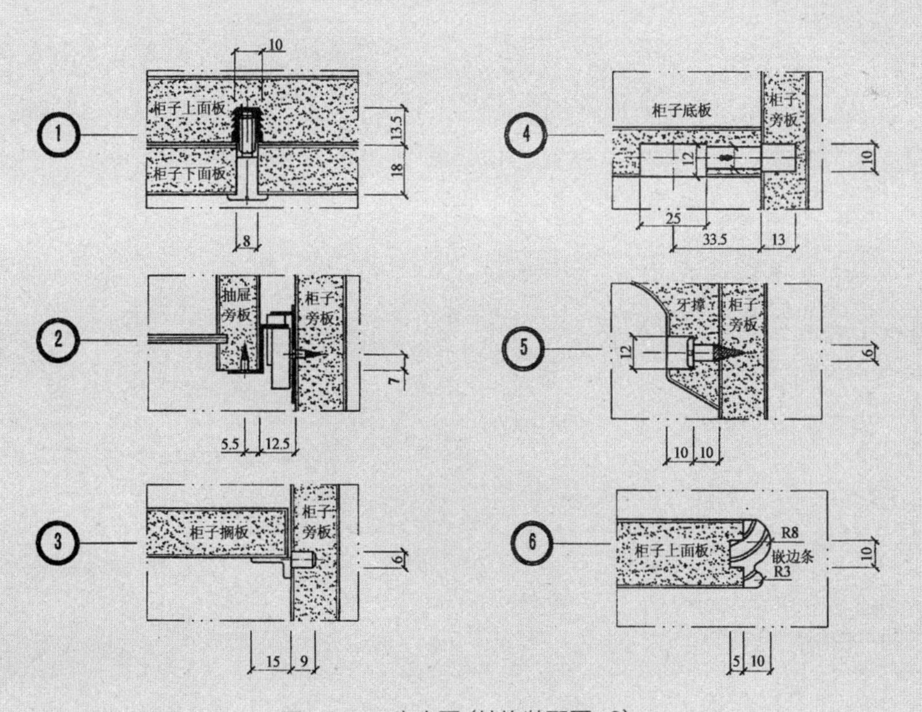

图1.3-6　生产图 (结构装配图-2)

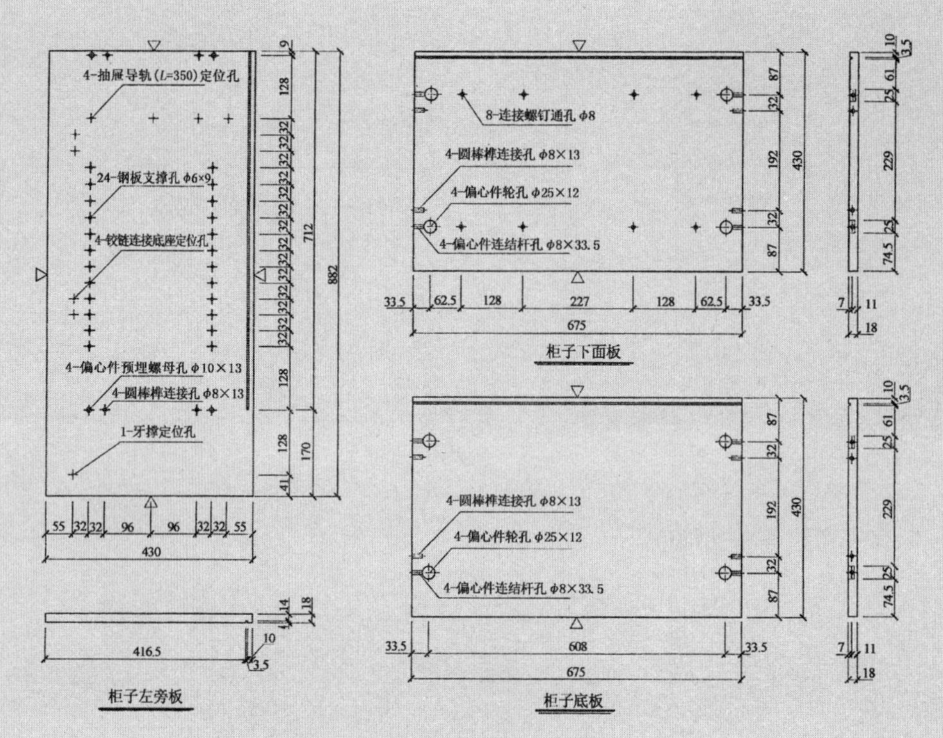

图1.3-7　生产图（零件图-1）

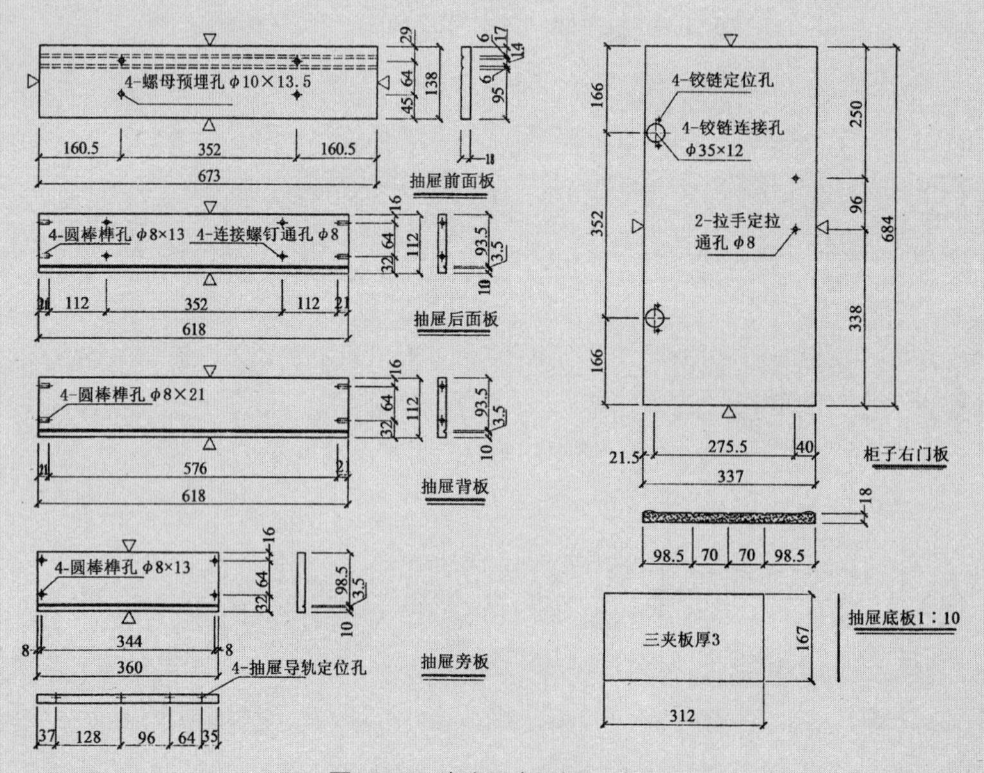

图1.3-8　生产图（零件图-2）

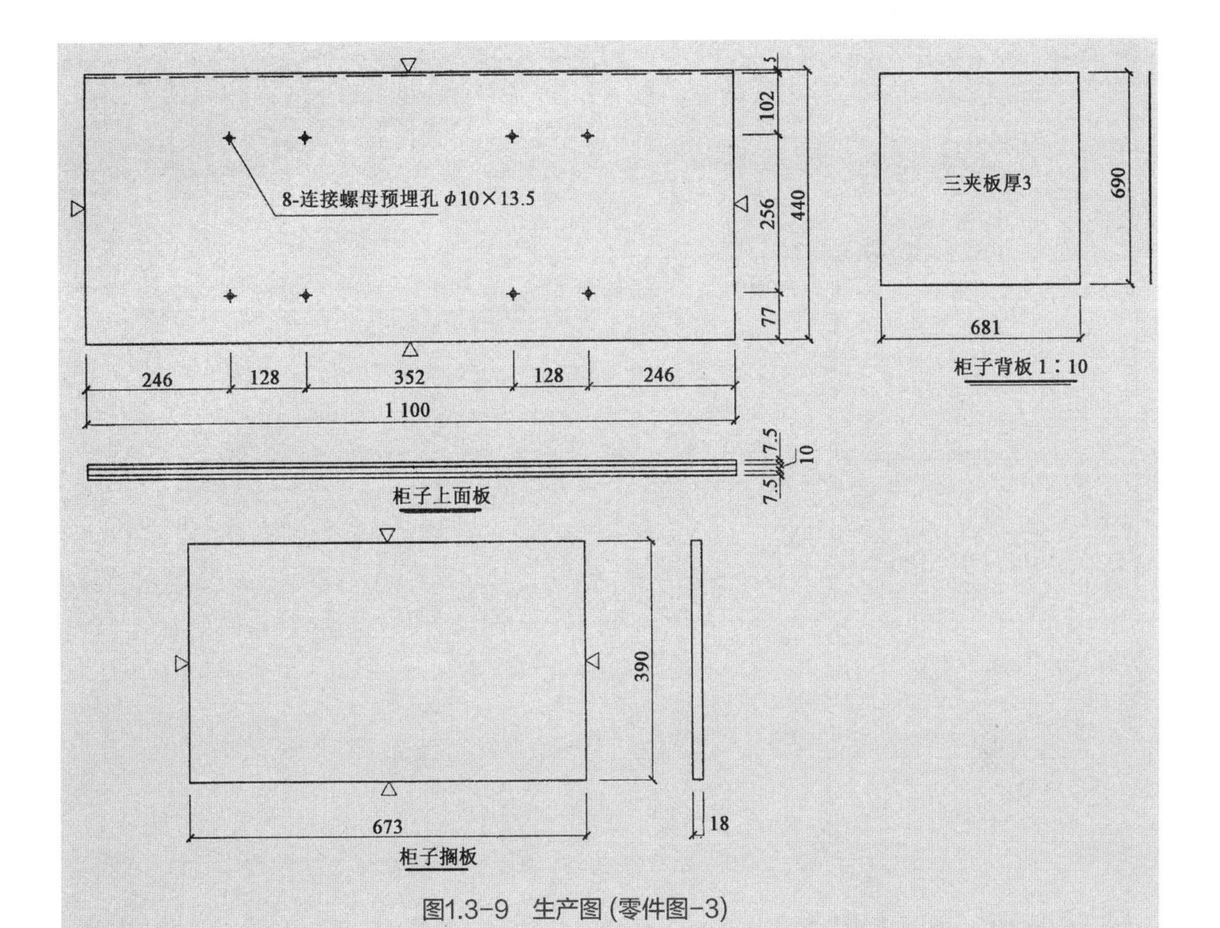

图1.3-9 生产图 (零件图-3)

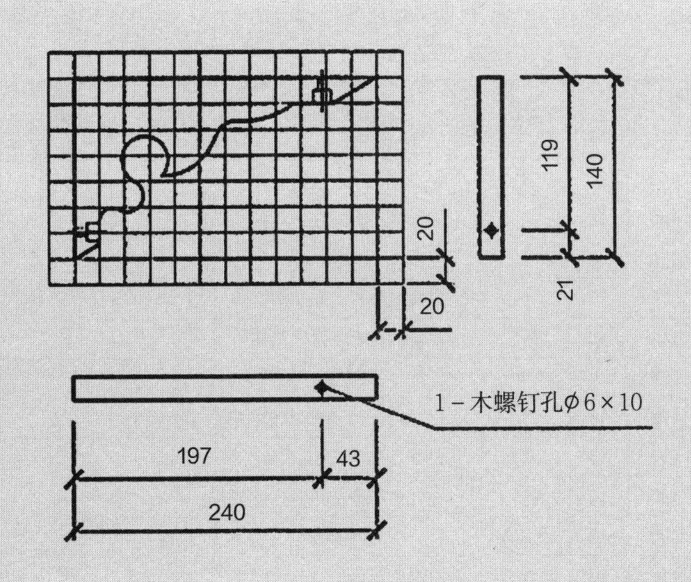

图1.3-10 生产图 (大样图)

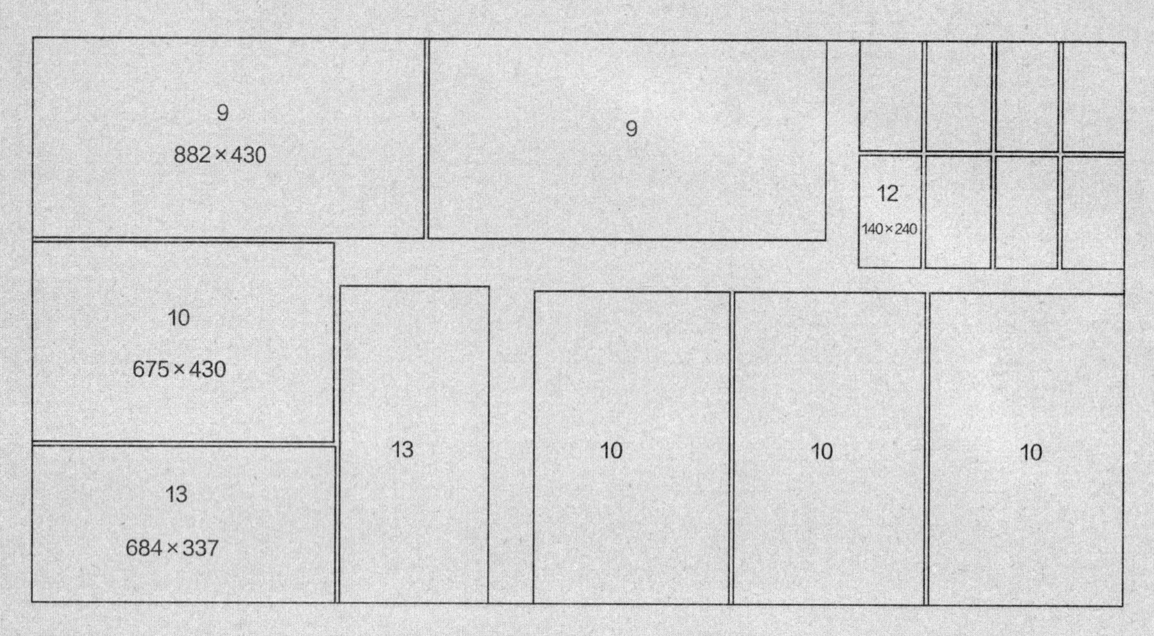

材料名称：贴面刨花板　材料规格：2440×1220　锯缝：3　用料数量：1
9号零件　882×430　2块　13号零件　684×337　2块
10号零件　673×390　4块　12号零件　140×240　6块

图1.3-11　裁板（排料）图

（3）配料规格材料表（表1.3-1）

表1.3-1　配料规格材料表

规格：L1100×W450×H907　　mm

序号	部件名称	精截尺寸			数量	材质、备注	页数
		长	宽	厚			
1	上面板	1100	440	25	1	贴面刨花板、左右对称	
2	下面板	675	430	18	1	贴面刨花板、左右对称	
3	背板	690	619	3	1	三夹板	
4	抽屉背板	618	112	16	1	贴面刨花板、左右对称	
5	抽左右旁板	360	112	16	各1	贴面刨花板、两板对称	
6	抽屉底板	624	364	3	1	三夹板	
7	抽屉后面板	618	112	16	1	贴面刨花板、左右对称	
8	抽屉前面板	673	138	18	1	贴面刨花板、左右对称	
9	左右旁板	882	430	18	各1	贴面刨花板、两板对称	
10	内搁板	673	390	18	2	贴面刨花板	
11	底板	675	430	18	1	贴面刨花板、左右对称	
12	四边牙撑	140	240	18	4	贴面刨花板、加工成型	
13	左右门板	684	337	18	各1	贴面刨花板、两板对称	

制表：　　审核：　　日期：

（4）外加工件与五金配件明细表（表1.3-2）

表1.3-2　外加工件与五金配件明细表

序号	配件名称	单位、数量（每件、套）	规格	材料	备注
1	连接螺钉	8	$\phi 8\times 29$	金属	配合使用
2	预埋连接螺母	8	$\phi 10\times 13$	金属	
3	抽屉导轨	2对	L=350	金属	
4	搁板支承	8	ϕ =6	塑料	
5	偏心连接轮	8	$\phi 25\times 12$	金属	配合使用
6	偏心连接杆	8	$\phi 7\times 36.5$	金属	
7	预埋螺母	8	$\phi 10\times 13$	金属	
8	圆棒榫	16	$\phi 8\times 13$	实木	
9	木螺钉	8	$\phi 6\times 10$	金属	
10	木拉手	2	L=96	实木	
11	门铰链	2	$\phi 35\times 12$	金属	开启107°
12	铰链连接底座	2	H=7	金属	开启107°

（5）材料计算明细表（表1.3-3）

表1.3-3　材料计算明细表

产品名称：＿＿＿＿＿＿　规格：＿＿＿＿＿＿　代号：＿＿＿＿＿＿

材料类别	材料名称	规格	单位	数量（单件/套）	批量	总量	备注

成本汇总包括原材料、辅助材料、五金配件、工资、管理费等。

（6）包装设计及零部件包装清单

当今多数拆装结构家具，都是用专用五金件进行连接和拆装，是板块纸箱包装或部件包装，进行现场装配。包装时要考虑一套家具的包装件数，内外包装用料，以及包装规格和标识。每一件包装箱内都应有包装清单，其内容见表1.3-4。

表1.3-4　零部件包装清单

产品名称：＿＿＿＿＿＿　规格：＿＿＿＿＿＿　代号：＿＿＿＿＿＿

序号	层位	零部件名称	规格	数量（单件/套）	备注

（7）产品装配说明书

产品装配说明书要求大体说明产品的拆装过程，给用户一目了然、方便易行的感觉。详细画出各连接件的拆装图解（包括步骤、方法、工具、注意事项），并附详细的装配示意图，以及部分有代表性的总体效果图。

（8）产品设计说明书

对于一套完整的设计技术文件，没有说明书就不能算是一项完美的设计，编写产品的说明书既有商业性又有技术性，其主要内容包括：产品的名称、型号、规格；产品的功能特点与使用对象；产品外观设计的特点；产品对选材用料的规定；产品内外表面装饰内容、形式等要求；产品的结构形式；产品的包装要求；注意事项等。

6. 设计后续阶段

工作目的：完成样品制作、生产准备、试产试销。

工作内容：样品制作、营销策划。

工作方法：与生产部门合作制作样品，注意试销信息反馈。

从企业生产全局来看，施工图纸与设计文件完成后，产品开发设计还须继续，还应完成如下各个阶段。

（1）样品制作阶段

根据施工图加工出来的第一件产品就是样品。样品制作既可在样品制作间进行，也可在车间生产线上逐台机床加工，最后进行装配。样品制作之后应进行试制小结，这一阶段的主要内容如下：

①样品试制：选材、配料、加工、装配、涂饰、修整。

②试制小结：零部件加工情况、材料使用情况、尺寸审查评议、外观审查评议、性能检测、提出存在问题。

（2）生产准备阶段

生产准备阶段的工作包括：原材料与辅助材料的订购；设备的增补与调试；专用模具、刀具的设计与加工；质量检控点的设置；专用检测量具与器材的准备等。

（3）试产试销阶段

这一阶段是该产品设计工作的延伸，设计者可以不完全参与，但必须十分关心，不管产品销售情况如何均必须注意信息反馈，不断进行分析总结，在进一步改进的同时即着手构思下一步的产品。

总结评价

学生完成家具设计流程图的展示、介绍后，在进行自评与互评的基础上，由教师依据家具设计流程图的绘制评价标准对学生的表现进行评价（表1.3-5），肯定优点，并提出改进意见。

表1.3-5　家具设计流程图的绘制任务评价标准

<table>
<tr><th>考核项目</th><th>考核内容</th><th>考核标准</th><th>备注</th></tr>
<tr><td>1.家具设计的步骤</td><td>（1）设计准备阶段
（2）设计构思阶段
（3）初步设计阶段
（4）设计评估阶段
（5）设计完成阶段
（6）后续设计阶段</td><td rowspan="3">优：家具设计流程图绘制简洁、美观，家具设计的步骤、工作内容、方法等内容完整、简明、扼要、准确，对家具设计流程图的介绍思路清晰，描述准确到位，善于沟通表达，团队成员积极参与，团队协作精神突出
良：家具设计流程图绘制简洁、美观，家具设计的步骤、工作内容、方法等内容比较完整，对家具设计流程图的介绍思路清晰，描述较为准确到位，善于沟通表达，团队成员积极参与，团队协作精神突出
及格：能够绘制出家具设计流程，家具设计的步骤、工作内容、方法等内容基本准确，能够对家具设计流程图进行介绍，内容描述基本准确、无大错，具有一定的沟通表达能力，团队成员能够有效参与，具有一定的团队协作精神
不及格：考核达不到及格标准</td><td></td></tr>
<tr><td>2.家具设计的工作内容</td><td>（1）设计准备阶段
（2）设计构思阶段
（3）初步设计阶段
（4）设计评估阶段
（5）设计完成阶段
（6）后续设计阶段</td><td></td></tr>
<tr><td>3.家具设计的方法</td><td>（1）设计准备阶段
（2）设计构思阶段
（3）初步设计阶段
（4）设计评估阶段
（5）设计完成阶段
（6）后续设计阶段</td><td></td></tr>
<tr><td>4.家具设计流程图的绘制</td><td>（1）流程图表达的完整性
（2）流程图表达的美观性</td><td rowspan="3"></td><td></td></tr>
<tr><td>5.家具设计流程图的介绍</td><td>（1）家具设计的步骤
（2）家具设计的内容
（3）家具设计的方法</td><td></td></tr>
<tr><td>6.小组成员的团结、协作</td><td>（1）团队成员参与积极性
（2）团队协作精神</td><td></td></tr>
</table>

思考与练习

1. 家具设计的步骤。
2. 家具设计准备阶段的工作内容及工作方法。
3. 家具设计构思阶段的工作内容及工作方法。
4. 家具初步设计阶段的工作内容及工作方法。
5. 家具设计评估阶段的工作内容及工作方法。
6. 家具设计完成阶段的工作内容及工作方法。
7. 家具设计后续阶段的工作内容及工作方法。
8. 家具设计流程图的绘制。

巩固训练

按家具设计的步骤、工作内容与方法，探索完成一把椅子的开发设计。

任务1.4
家具设计的技术文件

工作任务

任务目标

通过本任务的学习，熟悉家具设计的技术文件内容，掌握家具设计技术文件的表达方法。

任务描述

本任务为通过知识准备部分内容的学习，完成学习性工作任务——家具设计案例的抄绘。要求学生以个人为单位，利用1周的课余时间，通过手工绘图、计算机辅助设计等方式，采用A4图纸，按横向幅面布局，完整抄绘本任务中的家具设计案例，内容包括家具设计手绘效果图、三维立体效果图、工艺流程图、三视图、拆装图、零部件明细表（配料规格材料表）、外加工及五金配件明细表、材料成本核算表、零部件加工图、零部件生产工艺流程表或生产工艺路线表等，装订成册。

工作情景

工作地点：多媒体教室、机房或学生宿舍。

工作场景：采用教师引导的学生为主体、理实一体化教学方法，教师引导学生完成知识准备部分内容的学习，熟悉家具设计的技术文件内容及表达方法，明确学习性工作任务——家具设计案例的抄绘的工作方法与要求。学生以个人为单位，利用1周课余时间，完成家具设计案例的抄绘，装订成册并提交。

任务实施

（1）布置学习任务

明晰学习任务的内容、目标、要求，特别是学习性工作任务的内容、目标、要求及完成学习性工作任务所需要掌握的理论知识、方法、途径和步骤，明确可利用的学习与工作资源，要求学生课前按思考与练习要求完成知识准备部分内容的预习。

（2）理论知识的引导学习

采用教师引导的以学生为主体的行动导向教学方法完成知识准备部分理论知识的学习，明确家具设计表达的内容、方法及要求。

（3）家具设计案例的抄绘

学生以个人为单位，在宿舍或机房利用1周课余时间，通过手工绘图、计算机辅助设计等方式，利用A4图纸，按横向幅面布局，完整抄绘本任务中的实木家具——花架设计案例、板式家具——四门衣柜设计案例，装订成册。

（4）家具设计案例的抄绘成果提交

学生将抄绘好的家具设计案例装订成册，于第2周上课时提交。

（5）总结评价

教师依据“家具设计案例的抄绘任务评价标准”，在学生进行自评与互评的基础上对学生的学习性工作任务成果——家具设计案例抄绘图册进行评价，并提出改进意见。

（6）家具设计案例抄绘图册的改进与完善

要求每个学生利用1周的课余时间根据教师的总结与评价对学习性工作任务成果——家具设计案例抄绘图册进行修改、完善，并于第2周提交修改后的电子版。

知识链接

实木家具、板式家具是现代家具中常见的产品，本任务选择1个实木家具——花架、1个板式家具——四门衣柜为案例展示了家具设计工艺技术文件，内容主要包括家具手绘效果图、三维立体效果图、工艺流程图、三视图、拆装图或结构装配图、配料规格材料表、外加工及五金配件清单、材料成本计算表、零部件加工图、生产工艺路线表、零部件生产工艺流程表等，以便给初学者一个直观的、完整的临摹学习案例。

1. 实木家具——花架设计案例

花架手绘效果图如图1.4-1。

花架三维立体效果图如图1.4-2。

花架工艺流程图如图1.4-3所示。

花架三视图如图1.4-4所示。

花架拆装图如图1.4-5所示。

花架配料规格材料表见表1.4-1。

花架外加工及五金配件明细表见表1.4-2。

花架材料成本核算表见表1.4-3。

花架脚部件加工图：

① 花架脚零件加工图(图1.4-6)；

② 花架横档零件加工图(图1.4-7)；

③ 花架面横1零件加工图(图1.4-8)；

④ 花架面横2零件加工图(图1.4-9)；

⑤ 花架横条零件加工图(图1.4-10)。

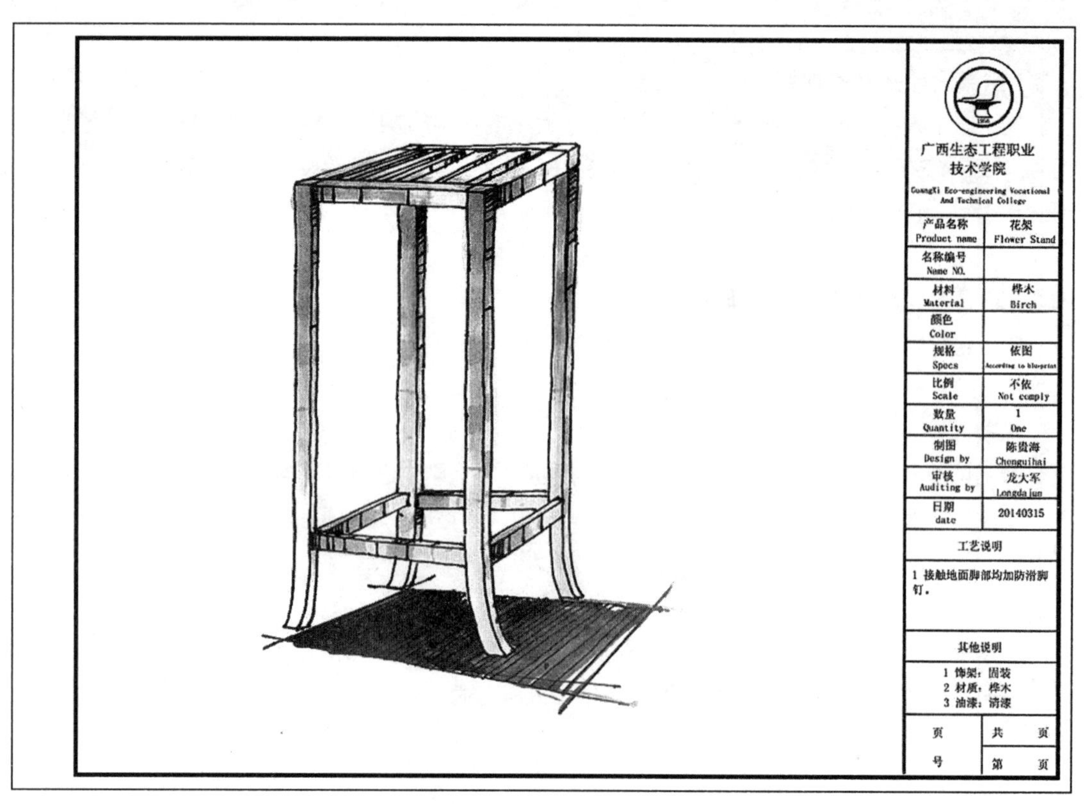

图1.4-1　花架手绘效果图

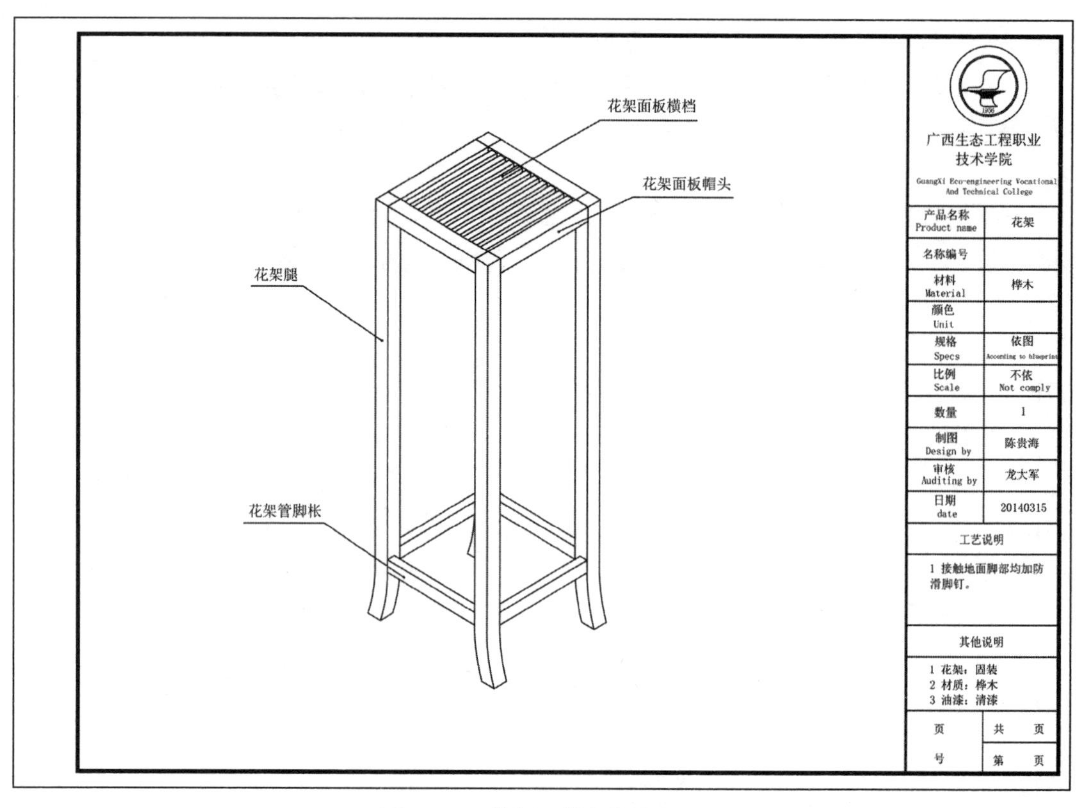

图1.4-2　花架三维立体效果图

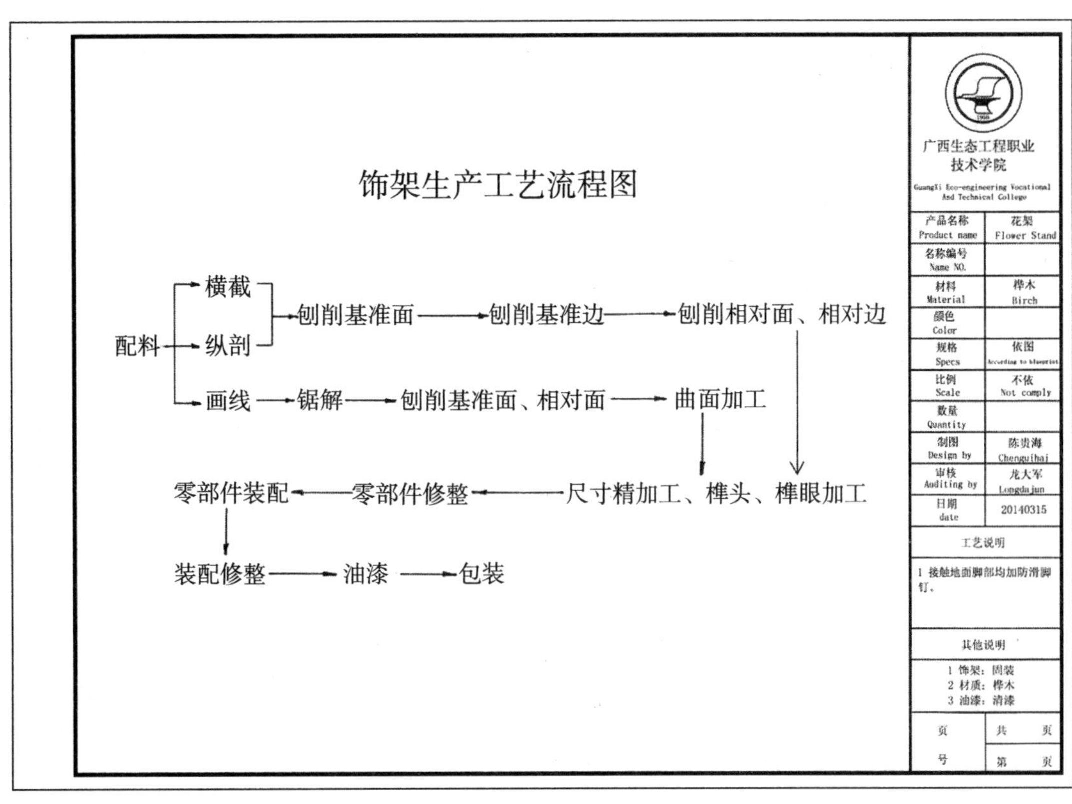

图1.4-3 花架工艺流程图

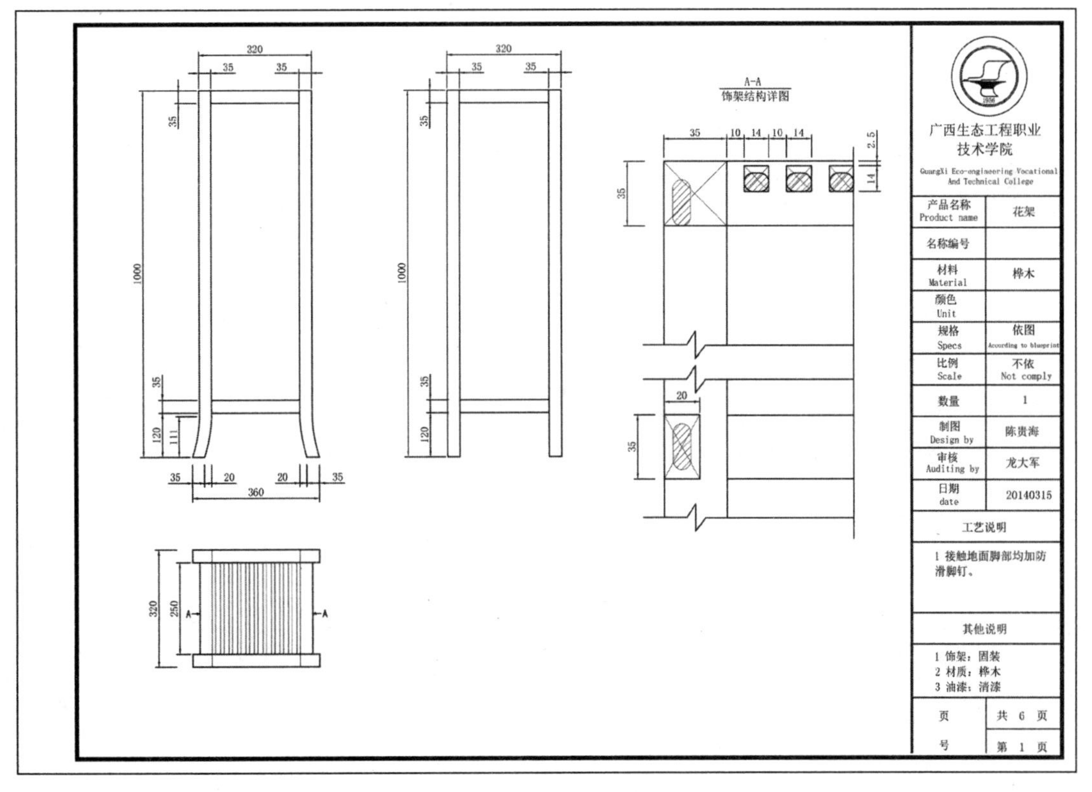

图1.4-4 花架三视图

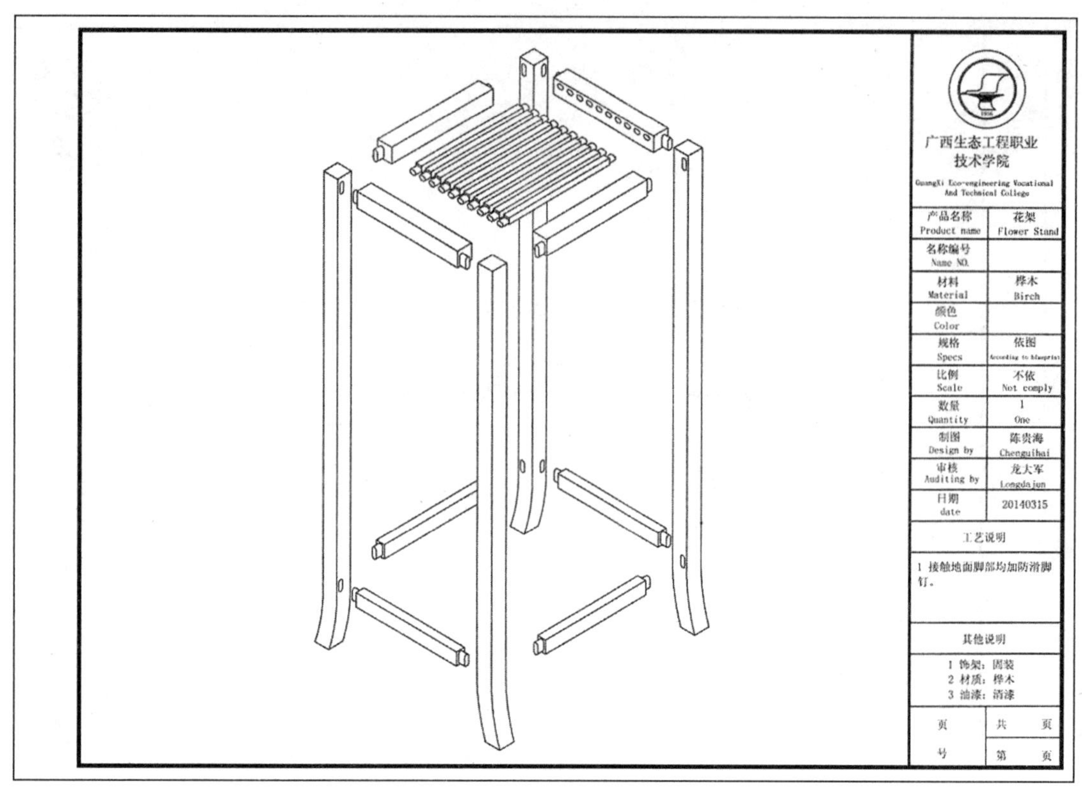

图1.4-5 花架拆装图

表1.4-1 花架配料规格材料表

规格：$L360\times W320\times H1000$ mm

序号	零部件名称	精截尺寸			数量	材质、备注	页数
		长	宽	厚			
1	脚	1000	35	35	4	桦木，按模加工	
2	面横	280	35	35	4	桦木	
3	横条	280	14	14	10	桦木	
4	横档	280	30	20	4	桦木	

制表：　　审核：　　日期：

表1.4-2 花架外加工及五金配件明细表

序号	名称	规格	数量	要求	简图	备注
1	地脚钉	$\phi 15\times 12$	4			

制表：　　审核：　　日期：

花架生产工艺路线表见表1.4-4。

花架零部件生产工艺流程表：

① 花架脚零件生产工艺流程表（表1.4-5）；

② 花架面横1生产工艺流程（表1.4-6）；

③ 花架面横2生产工艺流程表（表1.4-7）；

④ 花架横条生产工艺流程表（表1.4-8）；

⑤ 花架横档生产工艺流程表（表1.4-9）。

表1.4-3　花架材料成本核算表

序号	名称	材料	规格（件数）	零件/耗材数量	原料数量	单价（元）	金额（元）	备注
1	脚	桦木	1000×35×35（4）	$0.0049m^3$	$0.0082m^3$	2500.00	20.42	1.原料数量=零件材积÷原料利用率（原料利用率按60%计） 2.油漆按每家具表面面积计算 3.人工工资按件计算，包含配料、木工、油漆、安包装等人工工资，按成本的20%左右计算 4.管理费用按件计算，按成本的8%左右计算 5.毛利润按件计算，按成本价的20%左右计算
2	面横	桦木	280×35×35（4）	$0.0014m^3$	$0.0023m^3$	2500.00	5.83	
3	横条	桦木	280×14×14（10）	$0.0006m^3$	$0.0006m^3$	2500.00	2.50	
4	横档	桦木	280×30×20（4）	$0.0007m^3$	$0.0012m^3$	2500.00	2.92	
5	油漆	大宝漆		$1m^2$	$1m^2$	30.00	30.00	
6	辅助材料	白乳胶		0.2kg	0.2kg	6.00	1.20	
7		砂纸		$1m^2$	$1m^2$	3.00	3.00	
8	五金材料	地脚钉	$\phi 15\times 12$	4只	4只	0.10	0.40	
9		商标		1只	1只	1.00	1.00	
10	包装材料	纸箱		1个	1个	25.00	25.00	
11		珍珠棉		$1.5m^2$	$1.5m^2$	0.50	0.75	
12		泡沫塑料		$1.2m^2$	$1.2m^2$	1.00	1.20	
13		护角		8只	8只	0.20	1.60	
14		透明胶		0.2卷	0.2卷	5.00	1.00	
15	人工工资（元）		360×320×1000	1件	1件	20.00	20.00	
16	管理费用（元）		360×320×1000	1件	1件	10.00	10.00	
17	毛利润（元）		360×320×1000	1件	1件	25.00	25.00	
18	合计（元）						151.82	

制表：　审核：　日期：

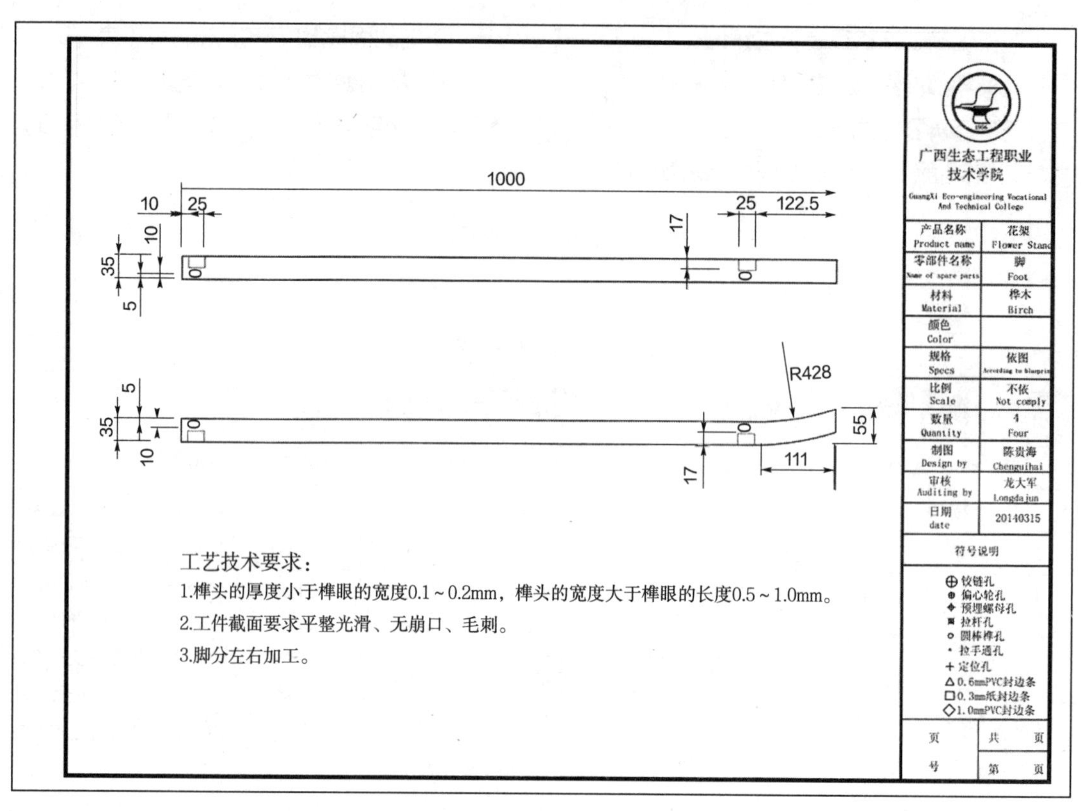

图1.4-6 花架脚零件加工图

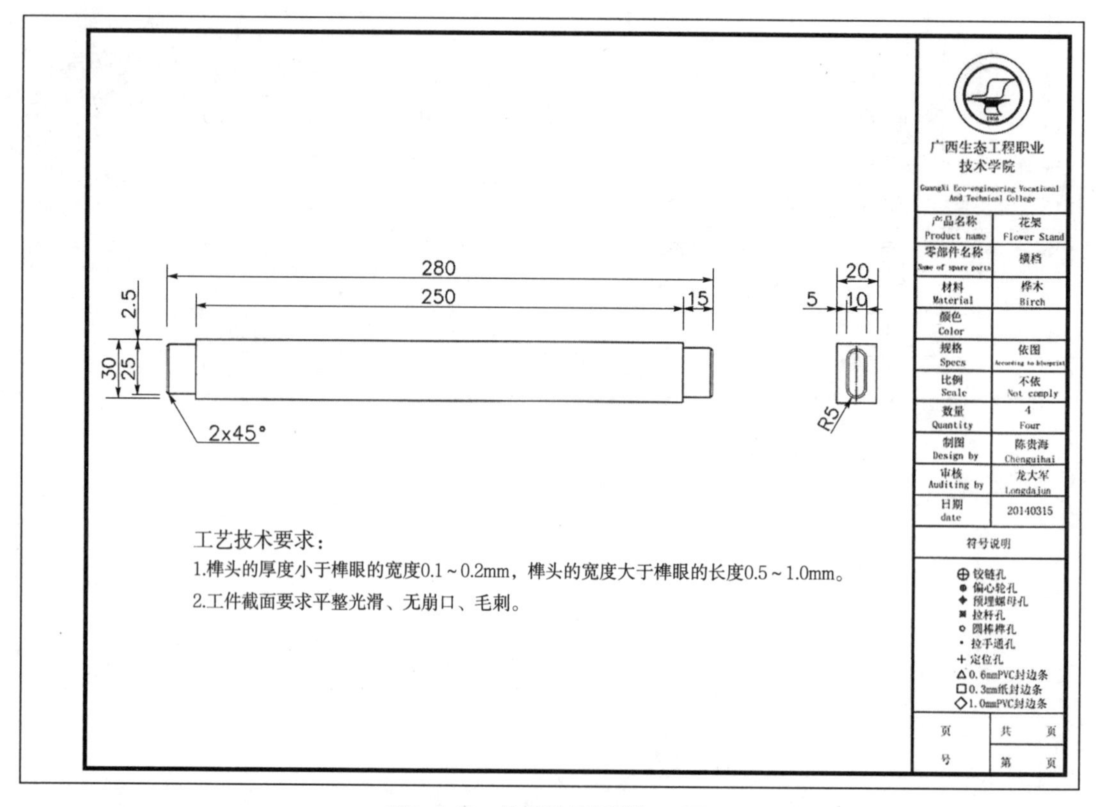

图1.4-7 花架横档零件加工图

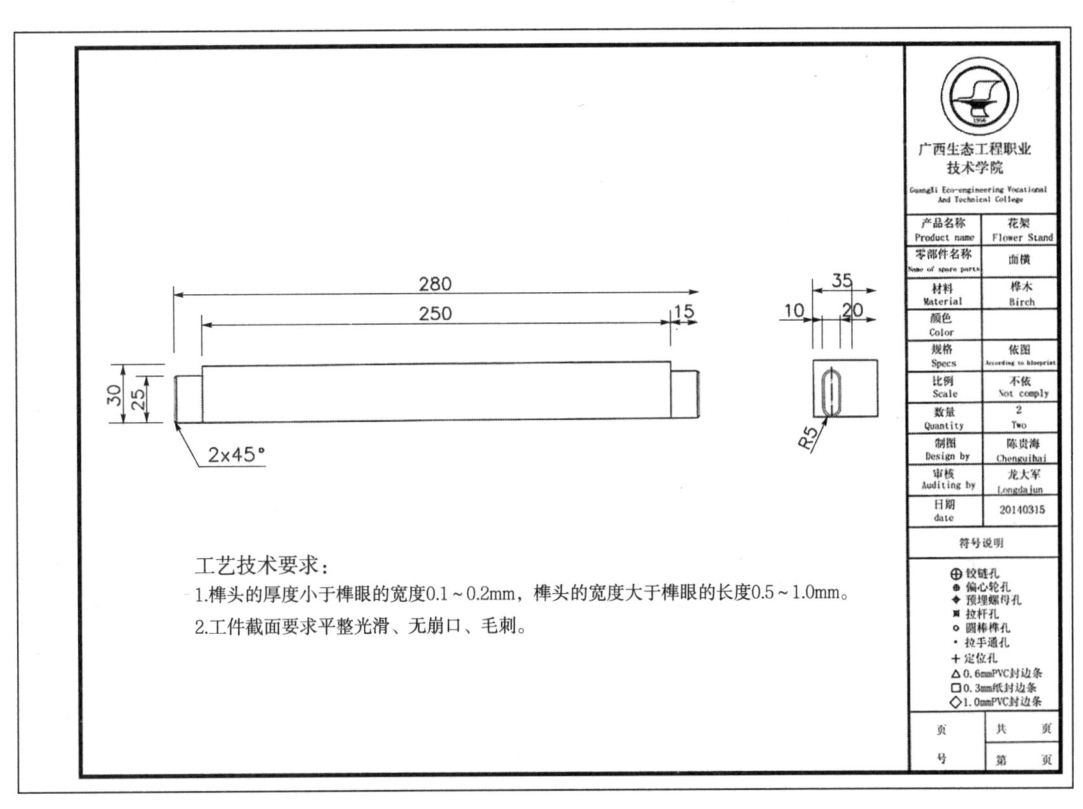

图1.4-8　花架面横1零件加工图

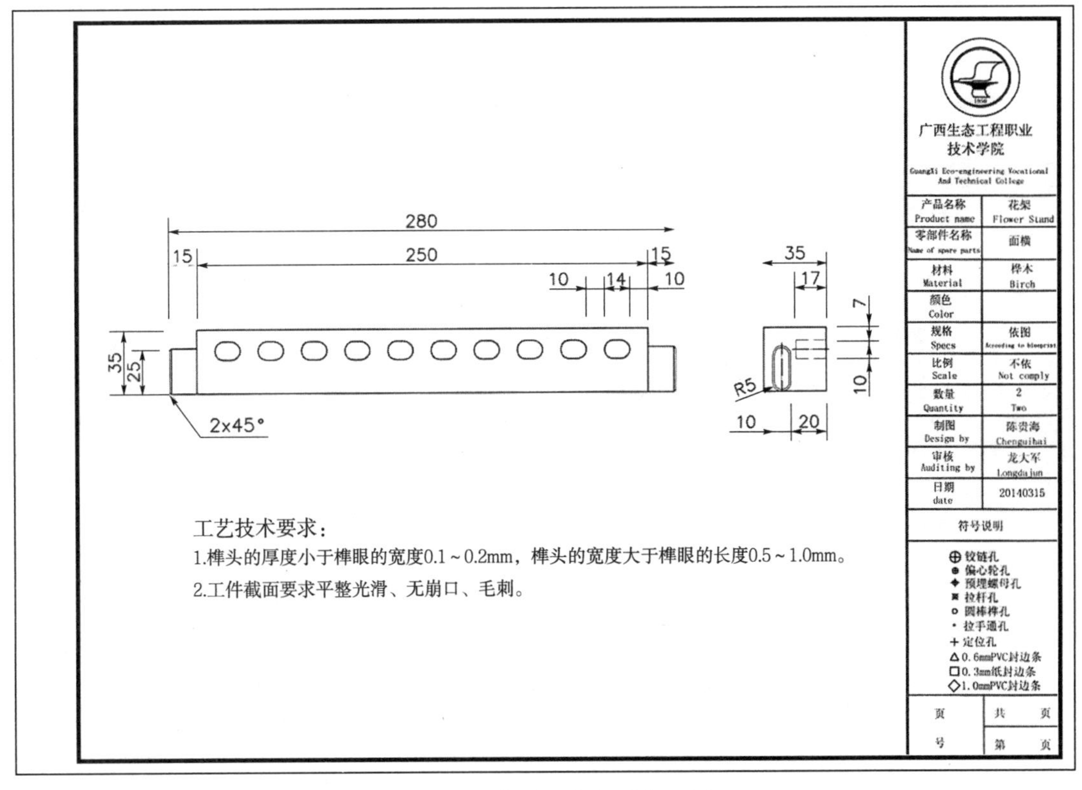

图1.4-9　花架面横2零件加工图

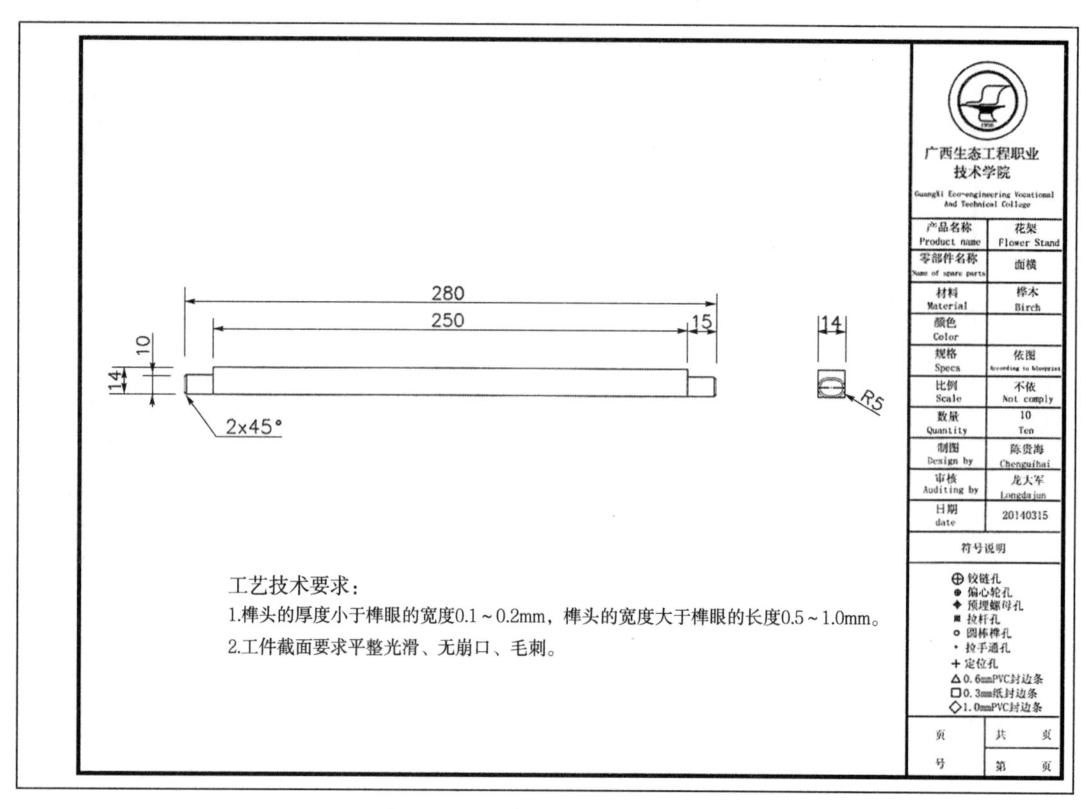

图1.4-10　花架横条零件加工图

表1.4-4　花架生产工艺路线表

家具名称：花架　　尺寸规格：$L360\times W320\times H1000$　　单位：mm　　家具代码：HJ2013-01

编号	零部件名称	零部件尺寸			工作位置														
		长	宽	厚	横截锯	纵锯机	拼板机	双面压刨	画线	带锯机	木工平刨	木工压刨	木工铣床	四面压刨	精密锯	榫眼做榫机	椭圆形榫开榫机	镂边机	砂光机
1	脚	1 000	35	35	○	○	○	○	○	○	○	○	○→	→	○	○→	→	○	○
2	面横1	280	35	35	○	○→	→	→	→	→	→	→	→	○	○→	→	○	○	○
3	面横2	280	35	35	○	○→	→	→	→	→	→	→	→	○	○	○	○	○	○
4	横条	280	14	14	○	○→	→	→	→	→	→	→	→	○	○→	→	○	○	○
5	横档	280	30	20	○	○→	→	→	→	→	→	→	→	○	○→	→	○	○	○

表1.4-5　花架脚零件生产工艺流程表

零件尺寸规格：*L*1 000×*W*35×*D*35　　单位：mm　　零件代码：HJ2013-01-01　　零件数量：视批量而定

序号	工序名称	工作位置	毛料尺寸			净料尺寸			数量	材料	备注
			长	宽	厚	长	宽	厚			
1	原料	仓库	1100	—	45	1100	—	45	—	桦木	宽度依原料而定
2	干燥	干燥窑	1100	—	45	1100	—	42	—	桦木	宽度依原料而定
3	横截	横截锯	1100	—	42	1020	—	42	—	桦木	宽度依原料而定
4	纵剖	纵锯机	1020	—	42	1020	—	42	—	桦木	宽度依原料而定
5	拼板	拼板机	1020	—	42	1020	500	42	—	桦木	纵剖宽度依原料而定
6	粗刨	双面压刨	1020	500	42	1020	500	40	—	桦木	
7	画线	—	1020	500	40	1020	500	40	—	桦木	按模画线
8	锯解	带锯机	1020	500	40	1020	40	40	—	桦木	按线锯解
9	基准面刨削	木工平刨	1020	40	40	1020	40	38	—	桦木	
10	相对面刨削	木工压刨	1020	40	38	1020	40	36	—	桦木	
11	弯曲面刨削	木工铣床	1020	40	36	1020	36	36	—	桦木	按模加工
12	精截	精密锯	1020	36	36	1000	36	36	—	桦木	
13	榫眼加工	榫眼做榫机	1000	36	36	1000	36	36	—	桦木	按零件图加工
14	镂边	镂边机	1000	36	36	1000	36	36	—	桦木	按零件图加工
15	砂光	砂光机	1000	36	36	1000	35	35	—	桦木	

表1.4-6　花架面横1生产工艺流程表

零件尺寸规格：*L*280×*W*35×*D*35　　单位：mm　　零件代码：HJ2013-01-02　　零件数量：视批量而定

序号	工序名称	工作位置	毛料尺寸			净料尺寸			数量	材料	备注
			长	宽	厚	长	宽	厚			
1	原料	仓库	2000	230	42	2000	230	42	—	桦木	
2	干燥	干燥窑	2000	230	42	2000	220	38	—	桦木	
3	横截	横截锯	2000	220	38	300	220	38	—	桦木	一截为六
4	纵剖	纵锯机	300	220	38	300	38	38	—	桦木	一剖为五
5	四面刨削	四面压刨	300	38	38	300	36	36	—	桦木	
6	精截	精密锯	300	36	36	280	36	36	—	桦木	
7	椭圆形榫加工	椭圆形榫开榫机	280	36	36	280	36	36	—	桦木	按零件图加工
8	镂边	镂边机	280	36	36	280	36	36	—	桦木	按零件图加工
9	砂光	砂光机	280	36	36	280	35	35	—	桦木	

表1.4-7　花架面横2生产工艺流程表

零件尺寸规格：L280×W35×D35　单位：mm　零件代码：HJ2013-01-03　零件数量：视批量而定

序号	工序名称	工作位置	毛料尺寸			净料尺寸			数量	材料	备注
			长	宽	厚	长	宽	厚			
1	原料	仓库	2000	230	42	2000	230	42	—	桦木	
2	干燥	干燥窑	2000	230	42	2000	220	38	—	桦木	
3	横截	横截锯	2000	220	38	300	220	38	—	桦木	一截为六
4	纵剖	纵锯机	300	220	38	300	38	38	—	桦木	一剖为五
5	四面刨削	四面压刨	300	38	38	300	36	36	—	桦木	
6	精截	精密锯	300	36	36	280	36	36	—	桦木	
7	椭圆形榫眼加工	榫眼做榫机	280	36	36	280	36	36	—	桦木	按零件图加工
8	椭圆形榫头加工	椭圆形榫开榫机	280	36	36	280	36	36	—	桦木	按零件图加工
9	镂边	镂边机	280	36	36	280	36	36	—	桦木	按零件图加工
10	砂光	砂光机	280	36	36	280	35	35	—	桦木	

表1.4-8　花架横条生产工艺流程表

零件尺寸规格：L280×W14×D14　单位：mm　零件代码：HJ2013-01-04　零件数量：视批量而定

序号	工序名称	工作位置	毛料尺寸			净料尺寸			数量	材料	备注
			长	宽	厚	长	宽	厚			
1	原料	仓库	2000	130	20	2000	130	20	—	桦木	
2	干燥	干燥窑	2000	130	20	2000	120	17	—	桦木	
3	横截	横截锯	2000	120	17	300	120	17	—	桦木	一截为六
4	纵剖	纵锯机（多片锯）	300	120	17	300	17	17	—	桦木	一剖为五
5	四面刨削	四面压刨	300	17	17	300	15	15	—	桦木	
6	精截	精密锯	300	15	15	280	15	15	—	桦木	
7	椭圆形榫加工	椭圆形榫开榫机	280	15	15	280	15	15	—	桦木	按零件图加工
8	镂边	镂边机	280	15	15	280	15	15	—	桦木	按零件图加工
9	砂光	砂光机	280	15	15	280	14	14	—	桦木	

表1.4-9　花架横档生产工艺流程表

零件尺寸规格：L280×W30×D20　单位：mm　零件代码：HJ2013-01-05　零件数量：视批量而定

序号	工序名称	工作位置	毛料尺寸			净料尺寸			数量	材料	备注
			长	宽	厚	长	宽	厚			
1	原料	仓库	2000	220	28	2000	220	28	—	桦木	
2	干燥	干燥窑	2000	220	28	2000	210	25	—	桦木	
3	横截	横截锯	2000	210	25	300	210	25	—	桦木	一截为六
4	纵剖	纵锯机	300	210	25	300	35	25	—	桦木	一剖为五
5	四面刨削	四面压刨	300	35	25	300	32	22	—	桦木	
6	精截	精密锯	300	32	22	280	32	22	—	桦木	
7	椭圆形榫加工	椭圆形榫开榫机	280	32	22	280	32	22	—	桦木	按零件图加工
8	镂边	镂边机	280	32	22	280	32	22	—	桦木	按零件图加工
9	砂光	砂光机	280	32	22	280	30	20	—	桦木	

2. 板式家具——四门衣柜设计案例

四门衣柜手绘效果图如图1.4-11所示。

四门衣柜三维立体效果图如图1.4-12所示。

四门衣柜生产工艺流程图如图1.4-13所示。

四门衣柜排板图如图1.4-14至图1.4-17所示。

四门衣柜三视图如图1.4-18所示。

四门衣柜拆装图如图1.4-19所示。

四门衣柜裁板、配料规格材料表见表1.4-10。

四门衣柜外加工及五金配件明细表见表1.4-11。

四门衣柜材料成本核算表见表1.4-12。

四门衣柜背板零件加工图：

① 四门衣柜左右侧板零件加工图（图1.4-20）；

② 四门衣柜中隔侧板零件加工图（图1.4-21）；

③ 四门衣柜层板零件加工图（图1.4-22）；

④ 四门衣柜门板零件加工图（图1.4-23）；

⑤ 四门衣柜顶板零件加工图（图1.4-24）；

⑥ 四门衣柜底板零件加工图（图1.4-25）；

⑦ 四门衣柜小背板零件加工图（图1.4-26）；

⑧ 四门衣柜背板零件加工图（图1.4-27）；

⑨ 四门衣柜踢脚板零件加工图（图1.4-28）。

四门衣柜生产工艺路线表见表1.4-13。

四门衣柜安装示意图如图1.4-29所示。

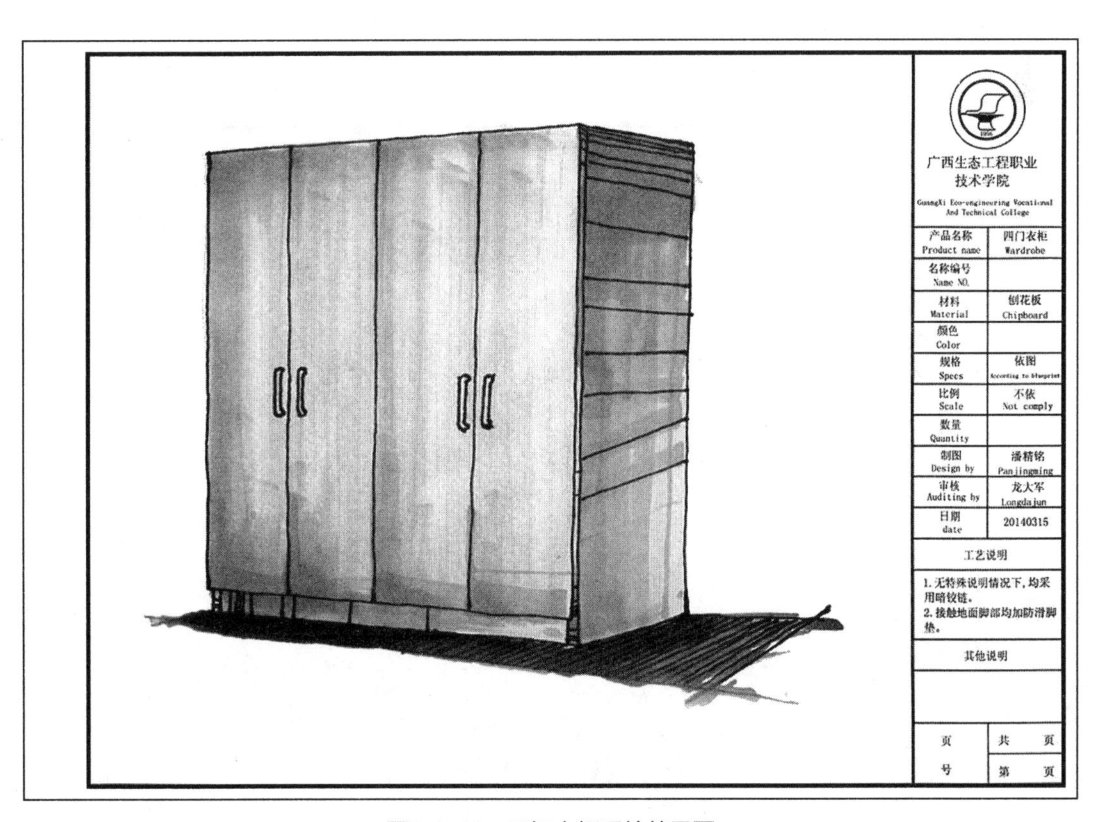

图1.4-11　四门衣柜手绘效果图

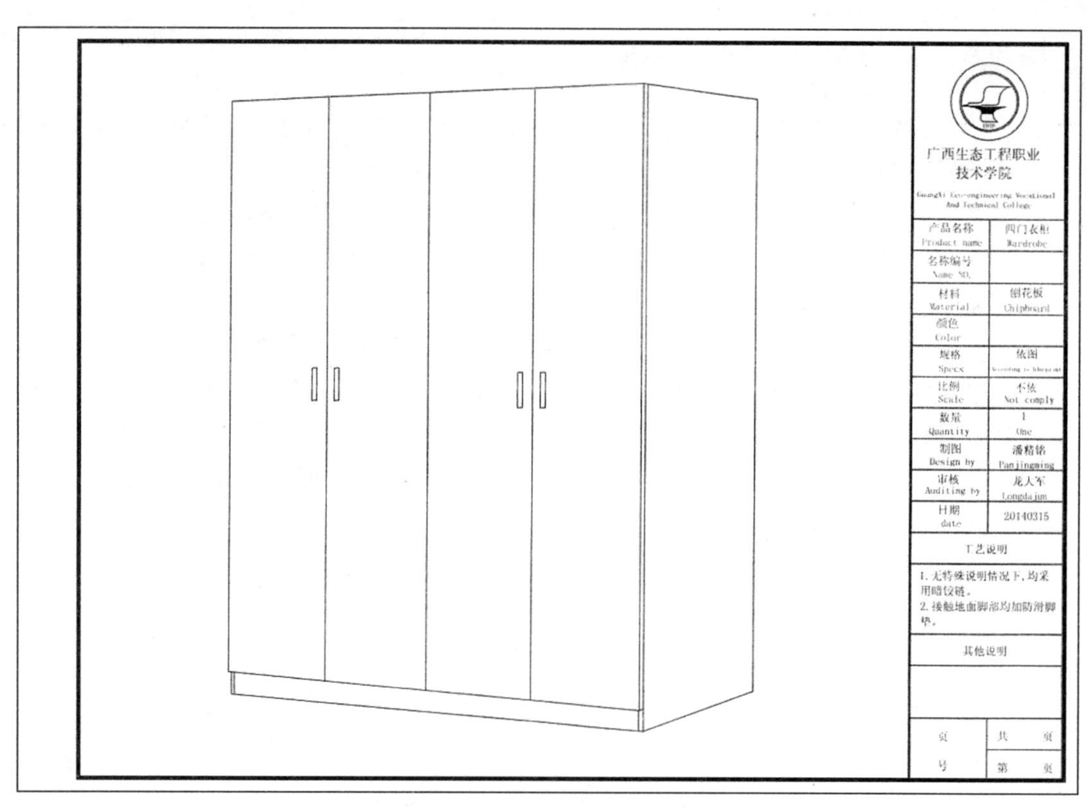

图1.4-12　四门衣柜三维立体效果图

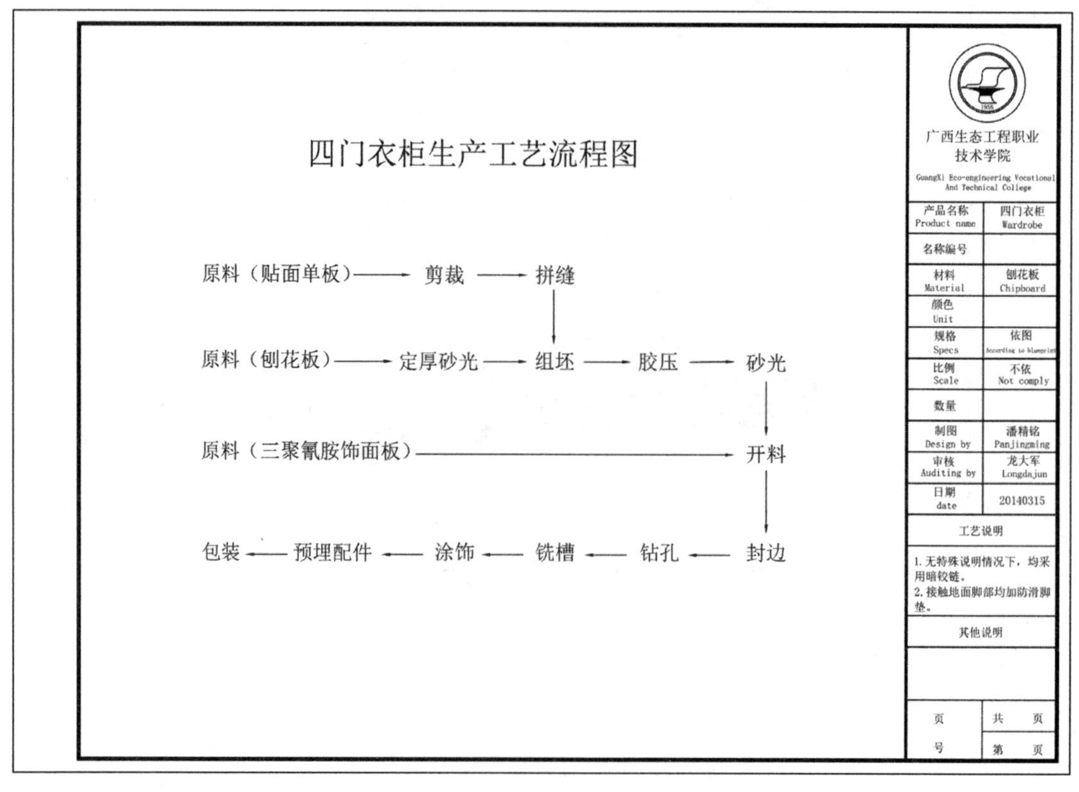

图1.4-13　四门衣柜生产工艺流程图

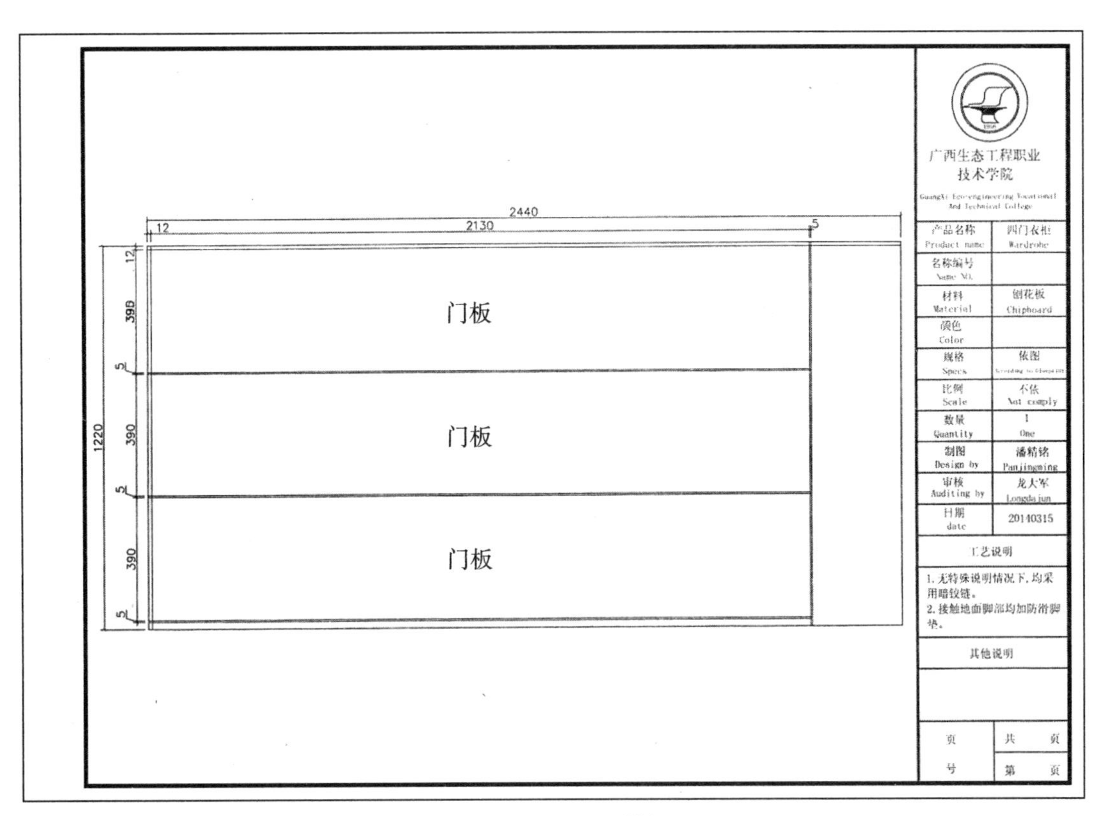

图1.4-14　四门衣柜排板图

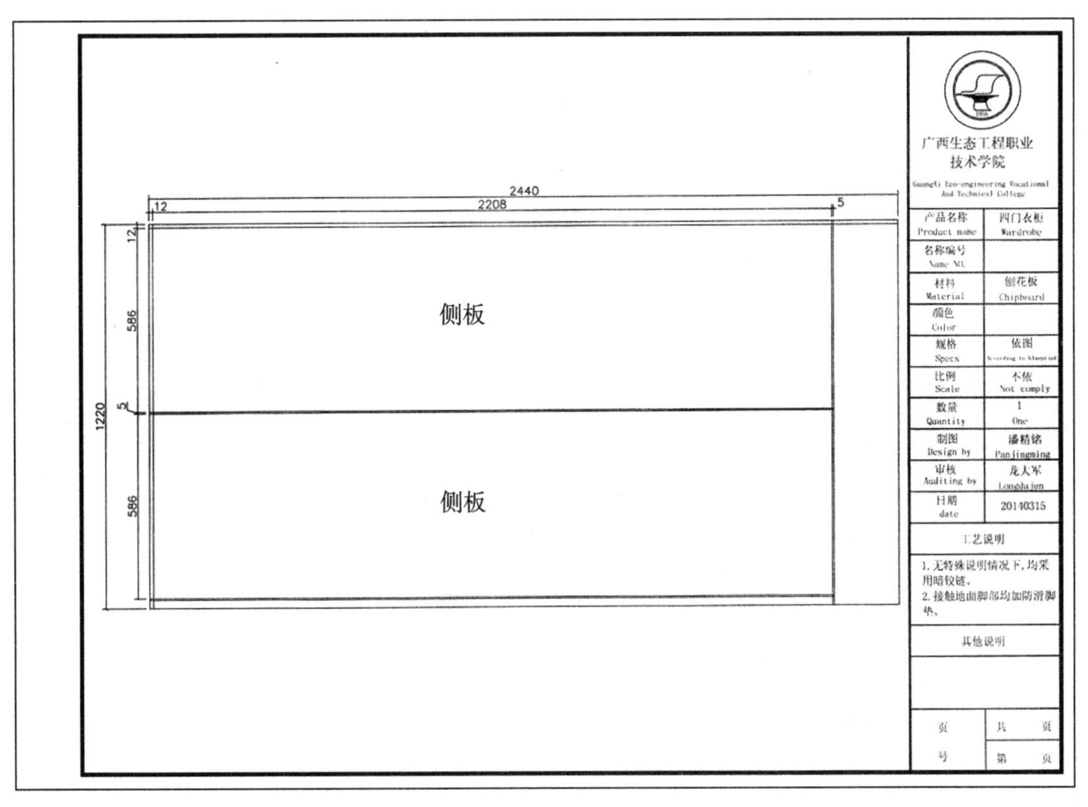

图1.4-15　四门衣柜排板图

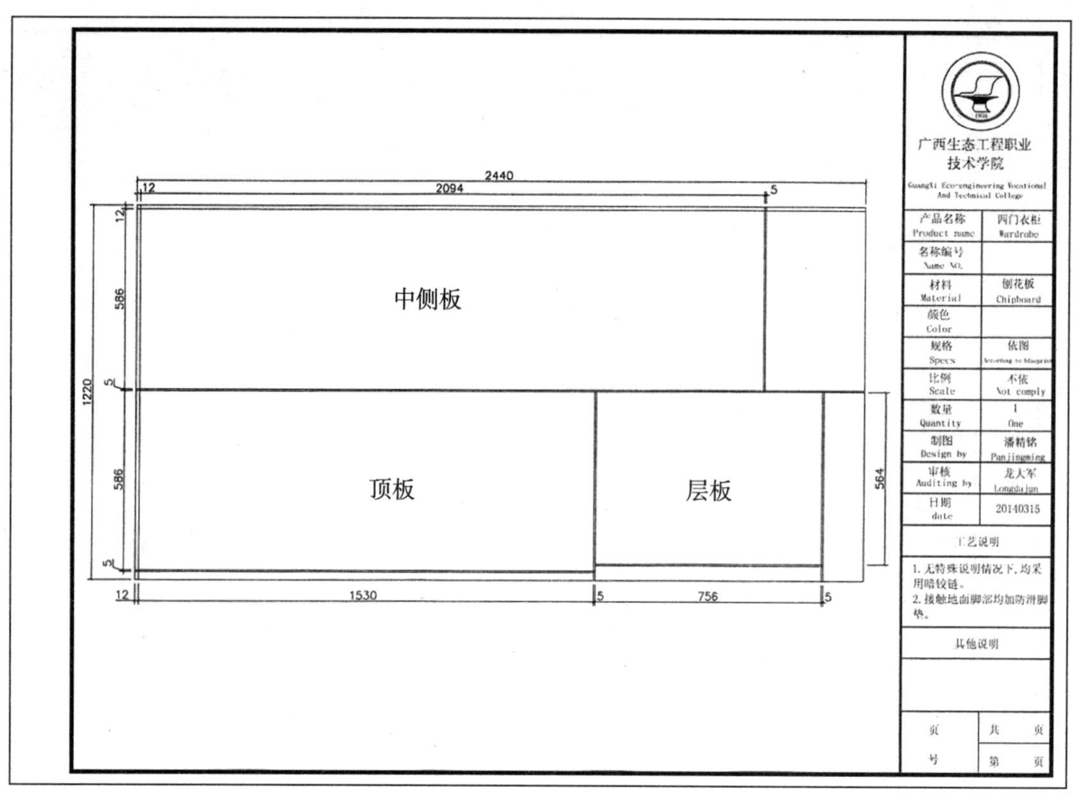

图1.4-16 四门衣柜排板图

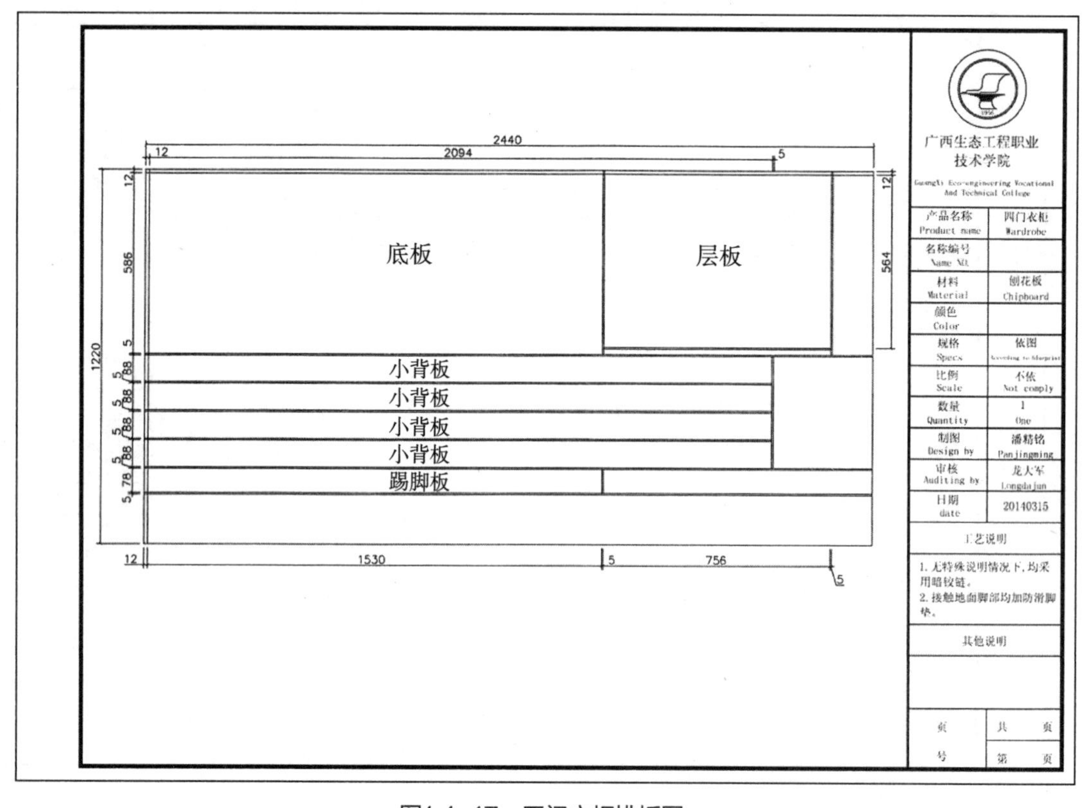

图1.4-17 四门衣柜排板图

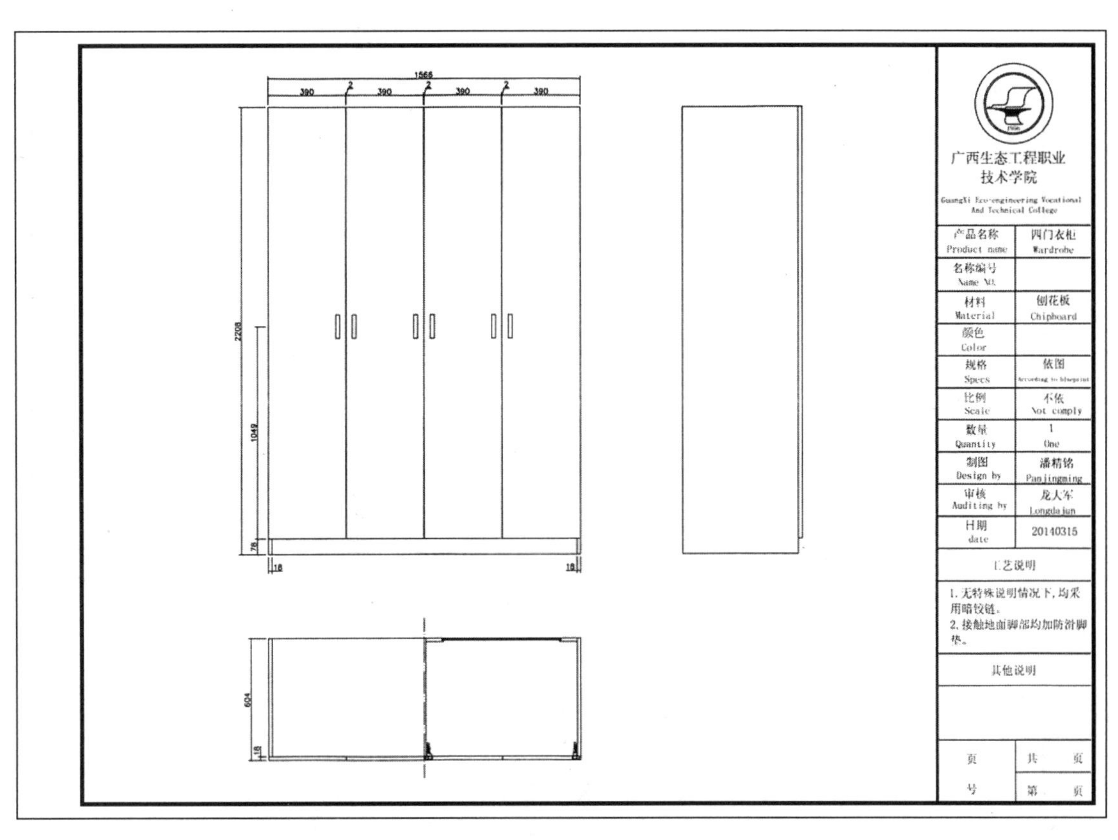

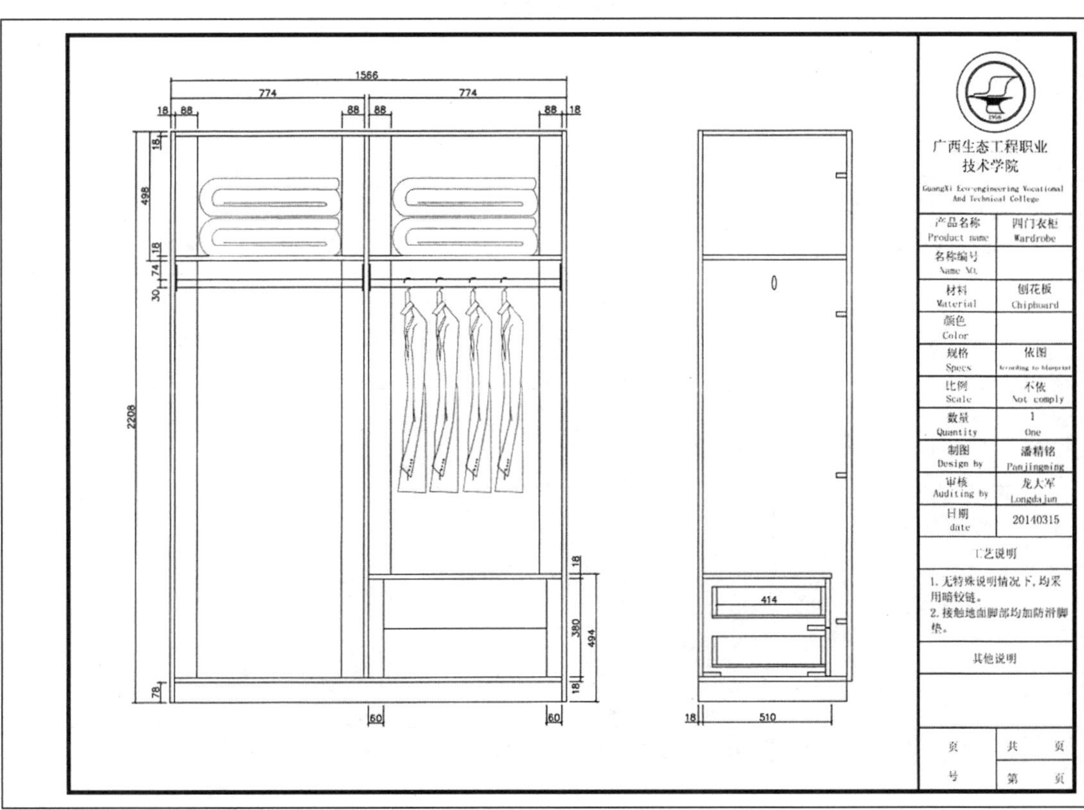

图1.4-18　四门衣柜三视图

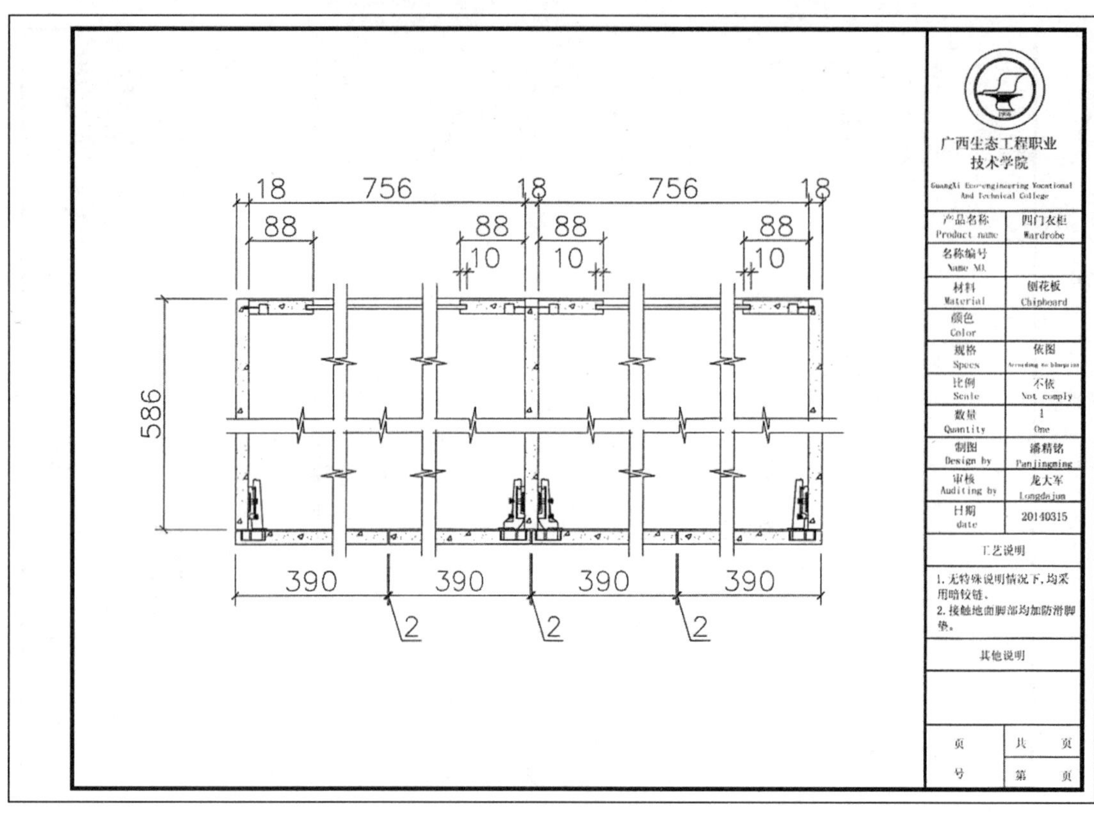

图1.4-19　四门衣柜拆装图

表1.4-10　四门衣柜裁板、配料规格材料表

规格：$L1566 \times W604 \times H2208$　　mm

序号	零部件名称	精截尺寸			数量	材质、备注	页数
		长	宽	厚			
1	顶板	1530	586	18	1	中密度刨花双面榉木三聚氰胺板，两长边封 0.5 厚胶封边条	
2	底板	1530	586	18	1	中密度刨花双面榉木三聚氰胺板，两长边封 0.5 厚胶封边条	
3	侧板	2208	586	18	2	中密度刨花双面榉木三聚氰胺板，四边封 0.5 厚胶封边条	
4	踢脚板	1530	78	18	1	中密度刨花双面榉木三聚氰胺板，一长边封 0.5 厚胶封边条	
5	层板	756	564	18	2	中密度刨花双面榉木三聚氰胺板，一长边封 0.5 厚胶封边条	
6	中隔板	2094	586	18	1	中密度刨花双面贴0.6榉木单板、0.6桦木单板，四边封2厚的榉木封边条	
7	门板	2130	390	18	4	中密度刨花板双面榉木三聚氰胺板，两长边封0.5厚胶封边条	
8	小背板	2094	88	18	4	中密度刨花双面榉木三聚氰胺板，一长边封0.5厚胶封边条	
9	背板	2105	600	5	2	中密度刨花双面榉木三聚氰胺板	

制表：　　审核：　　日期：

表1.4-11　四门衣柜外加工及五金配件明细表

序号	名称	规格	数量	要求	简图	备注
1	偏心连接件锁扣	φ14.5×13	40只	镀镍		五金配件的品牌不同会影响加工安装的参数
2	偏心连接件螺纹杆	M6×41	28支	镀镍		同上
3	双头连接杆	φ6×64	6支	镀镍		同上
4	螺钉	φ7×50	8只			
5	螺丝胶粒	φ5.5×12	104只			
6	暗铰链	全盖、半盖	各8支			同上
7	沉头自攻螺丝	M3.5×16	36支			
8	沉头自攻螺丝	M3.5×8	4支			
9	半圆头机螺钉	M4×22	8只			
10	拉手	168×35×10	4支			
11	挂衣棒	752×29×15	2支			
12	挂衣座	35×33×15	4支			
13	圆木榫	φ8×30	38支			
14	地脚钉	φ15×12	12支			

制表：　　审核：　　日期：

表1.4-12　四门衣柜材料成本核算表

序号	名称	材料	规格（件数）	零件/耗材数量	原料数量	单价（元）	金额（元）	备注
1	门板	18mm中纤板	2126×386×18（4）	3.2825m²	3.6473m²	50.00	182.36	1.原料数量=零件面积÷原料利用率（原料利用率中纤板、三聚氰胺板按90%计，榉木单板按65%计，封边带按95%计）
3		0.6mm榉木单板	2126×386×0.6（8）	6.5960m²	10.1476m²	8.00	81.18	
4		22mm榉木封边带	22mm宽，0.5mm厚	20.16m	21.2211m	0.80	16.98	
5		热熔胶		0.0908kg	0.0908kg	18.00	1.63	
7		热压胶		1.6614kg	1.6614kg	17.00	28.24	
8	侧板	18mm三聚氰胺板	2207×585×18（2）	2.5822m²	2.8691m²	60.00	172.15	
9		22mmPVC封边带	22mm宽，0.5mm厚	2.0940m	2.2042m	0.20	0.44	
10		热熔胶		0.0503kg	0.0503kg	18.00	0.91	
11	层板	18mm三聚氰胺板	756×564×18（2）	0.8528m²	0.9475m²	60.00	56.85	
12		22mmPVC封边带	22mm宽，0.5mm厚	1.52m	1.60m	0.20	032	
13		热熔胶		0.0068kg	0.0068kg	18.00	0.12	
14	中隔板	18mm三聚氰胺板	2094×585×18（1）	1.2250m²	1.3611m²	60.00	81.67	
15		22mmPVC封边带	22mm宽，0.5mm厚	2.0940m	2.2042m	0.20	0.44	
16		热熔胶		0.0094kg	0.0094kg	18.00	0.17	

（续）

序号	名称	材料	规格（件数）	零件/耗材数量	原料数量	单价（元）	金额（元）	备注
17	顶板底	18mm三聚氰胺板	1530×585×18（2）	1.7901m^2	1.9890m^2	60.00	119.34	2.油漆按每家具表面面积计算 3.人工工资按件计算，包含配料、木工、油漆、安包装等人工工资，按成本的20%计算 4.管理费用按件计算，按成本的8%计算 5.毛利润按件计算，按成本价的20%计算
18		22mmPVC封边带	22mm宽，0.5mm厚	6.12m	6.4421m	0.20	1.29	
19		热熔胶		0.0274kg	0.0274kg	18.00	0.50	
20	踢脚板	18mm三聚氰胺板	1530×78×18（1）	0.1193m^2	0.1326m^2	60.00	7.96	
21		22mmPVC封边带	22mm宽，0.5mm厚	1.5300m	1.6105m	0.20	0.32	
22		热熔胶		0.0069kg	0.0069kg	18.00	0.12	
23	小背板	18mm三聚氰胺板	2094×88×18（4）	0.7371m^2	0.8190m^2	60.00	49.14	
24		22mmPVC封边带	22mm宽，0.5mm厚	8.3760m	8.8168m	0.20	1.76	
25		热熔胶		0.0376kg	0.0376kg	18.00	0.68	
26	背板	5mm三聚氰胺板	2105×600×5（2）	2.5260m^2	2.8067m^2	20.00	56.13	
27	油漆	油漆		7m^2	7m^2	30.00	210.00	
28	辅助材料	砂纸		7m^2	7m^2	4.00	28.00	
29	五金材料	偏心连接件锁扣	φ14.5×13	40只	40只	0.10	4.00	
30		偏心连接件螺纹杆	M6×41	28支	28支	0.10	2.80	
31		双头连接杆	φ6×64	6支	6支	0.10	0.60	
32		螺钉	φ7×50	8枚	8枚	0.10	0.80	
33		螺丝胶粒	φ5.5×12	104个	104个	0.01	1.04	
34		暗铰链	全盖、半盖	各8支	各8支	3.00	48.00	
35		沉头自攻螺丝	M3.5×16	36枚	36枚	0.01	0.36	
36		沉头自攻螺丝	M3.5×8	4枚	4枚	0.01	0.04	
37		半圆头机螺钉	M4×22	8枚	8枚	0.80	1.60	
38		拉手	168×35×10	4支	4支	8.00	32.00	
39		挂衣棒	752×29×15	2支	2支	15.00	30.00	
40		挂衣座	35×33×15	4支	4支	0.15	0.60	
41		圆木榫	φ8×30	38支	38支	0.01	0.38	
42		地脚钉	φ15×12	12只	12只	0.01	0.12	
43		商标		1个	1个	1.00	1.00	
44	包装材料	纸箱		1个	1个	120.00	120.00	
45		珍珠棉		10m^2	10m^2	0.50	5.00	
46		泡沫塑料		8m^2	8m^2	1.00	8.00	
47		护角		12只	12只	0.20	2.40	
48		透明胶		0.6卷	0.6卷	5.00	3.00	
49	人工工资（元）		1566×604×2208	1件	1件	278.42	278.42	
50	管理费用（元）		1566×604×2208	1件	1件	111.37	111.37	
51	毛利润（元）		1566×604×2208	1件	1件	278.42	278.42	
52	合计（元）						2060.33	

制表：　　审核：　　日期：

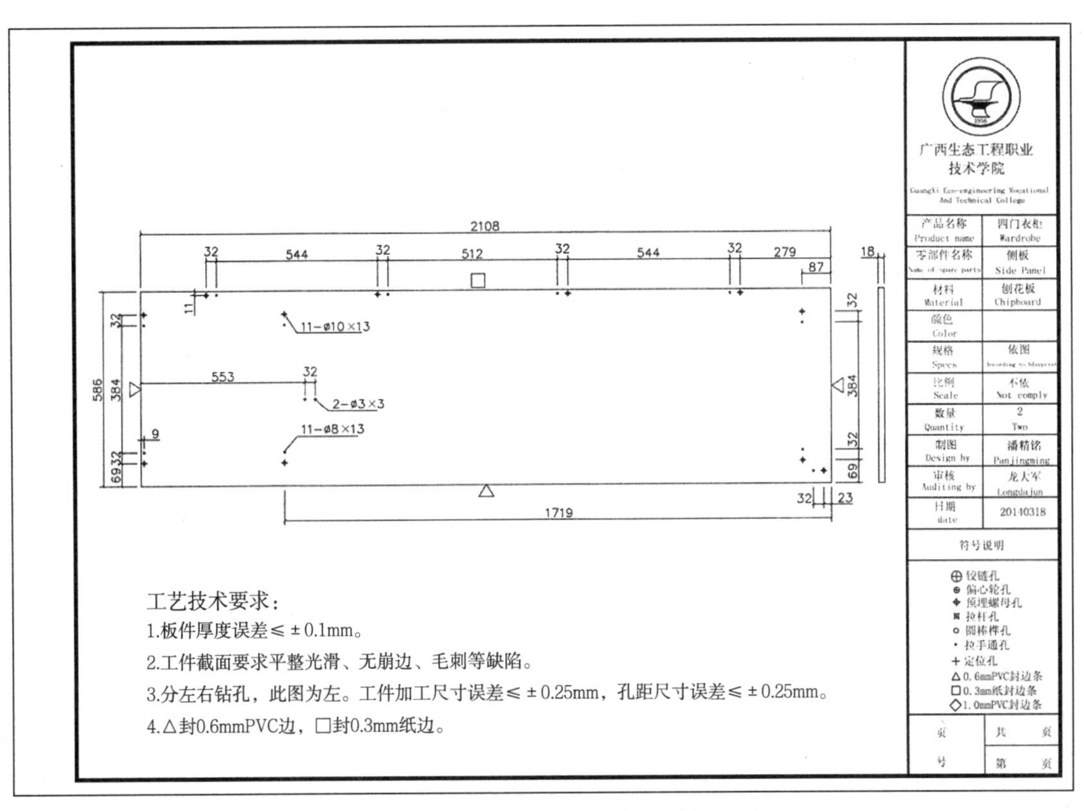

图1.4-20　四门衣柜左右侧板零件加工图

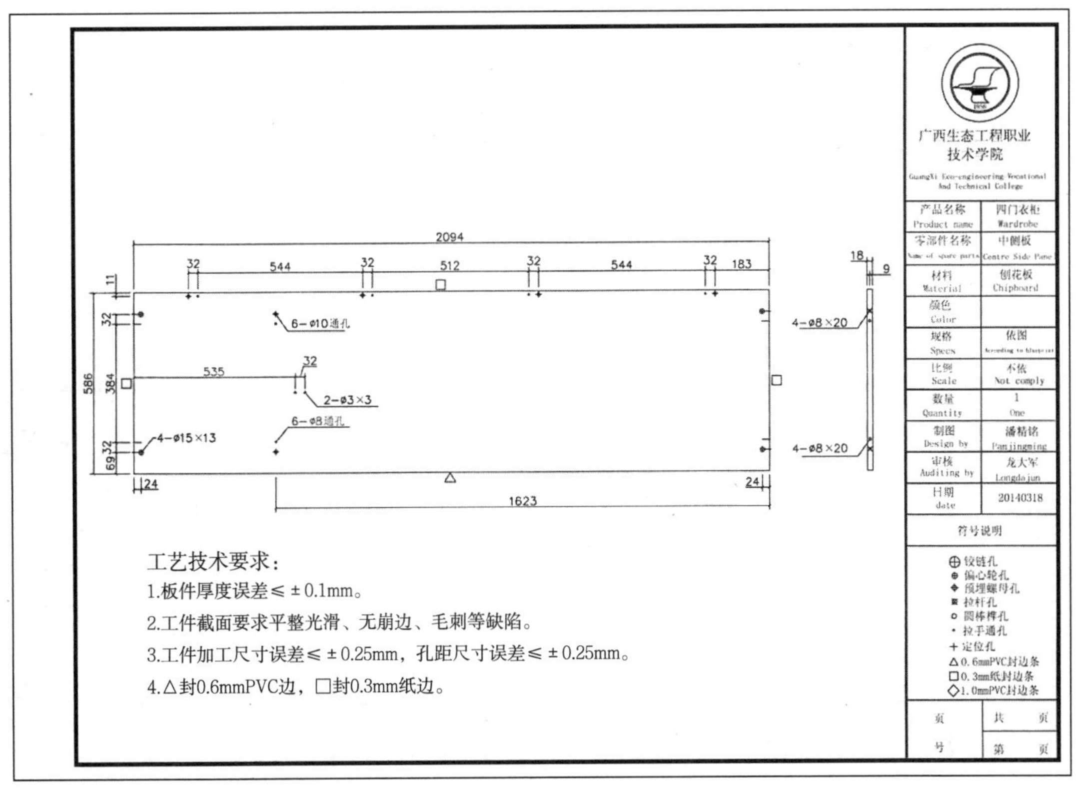

图1.4-21　四门衣柜中隔侧板零件加工图

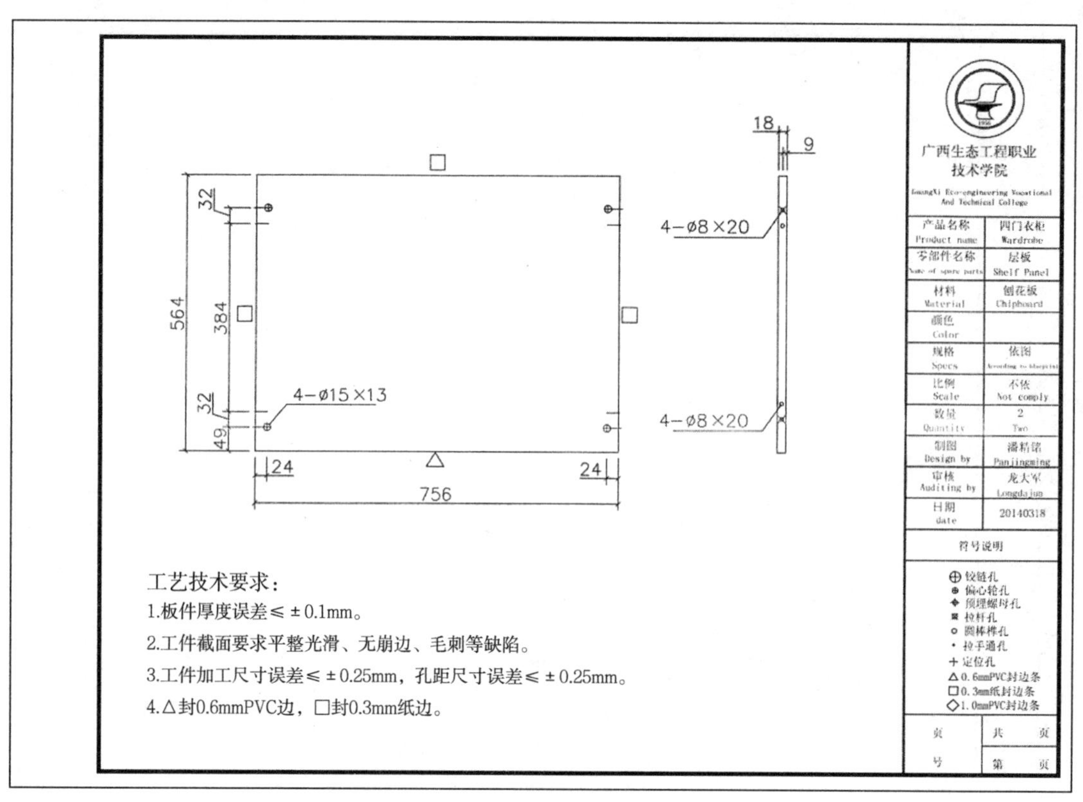

图1.4-22　四门衣柜层板零件加工图

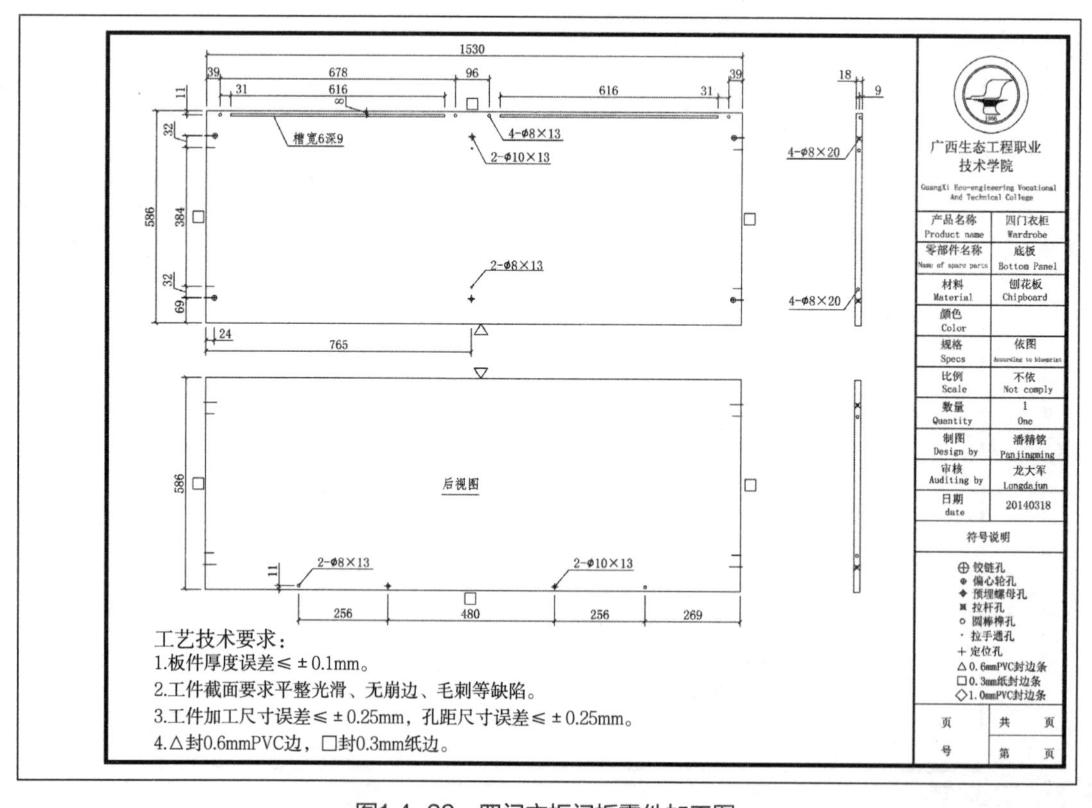

图1.4-23　四门衣柜门板零件加工图

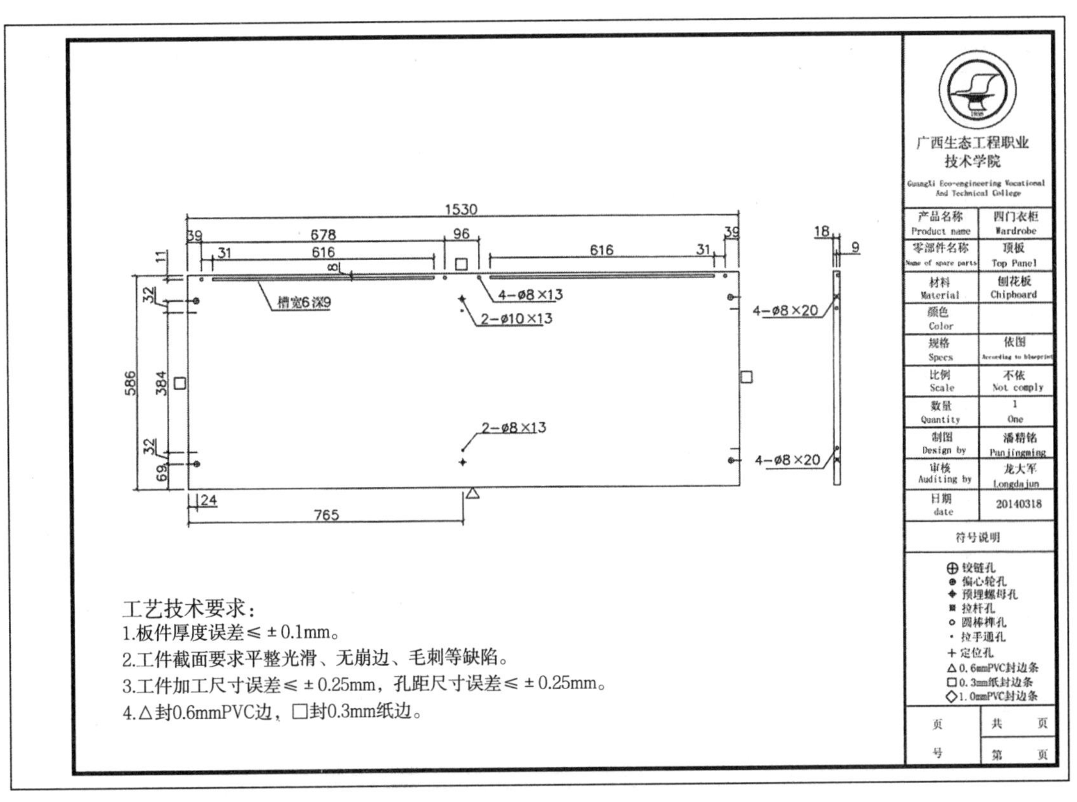

图1.4-24 四门衣柜顶板零件加工图

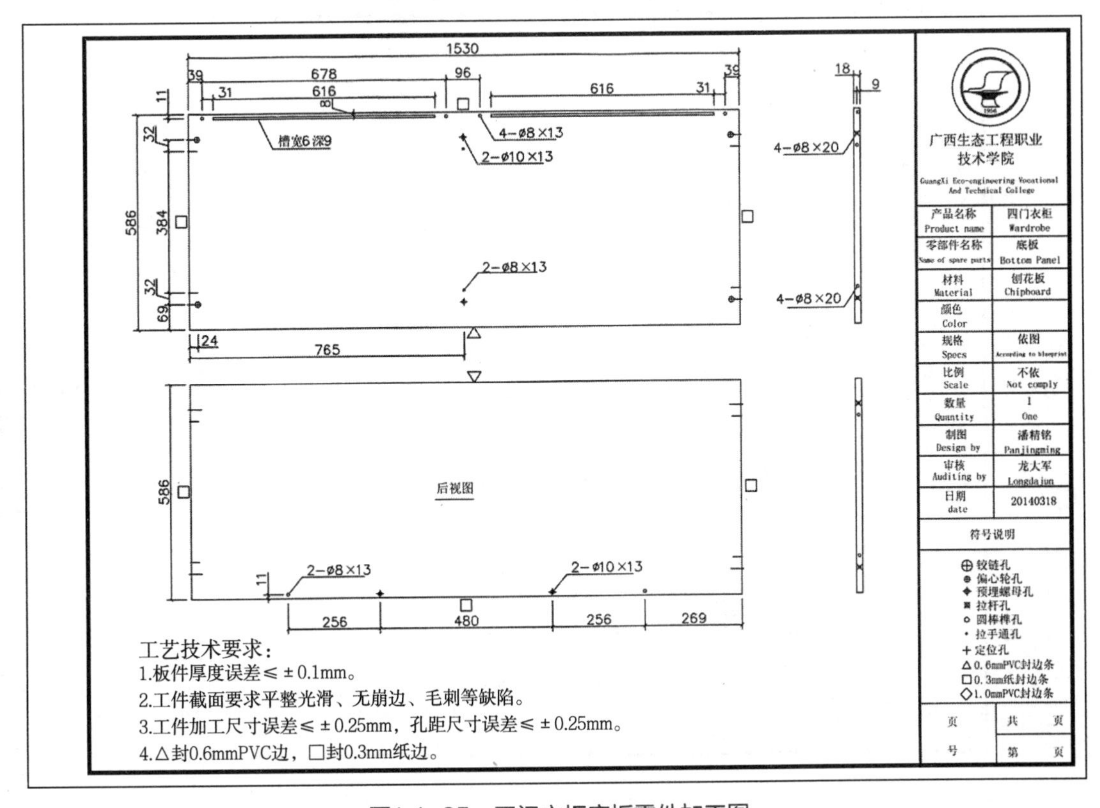

图1.4-25 四门衣柜底板零件加工图

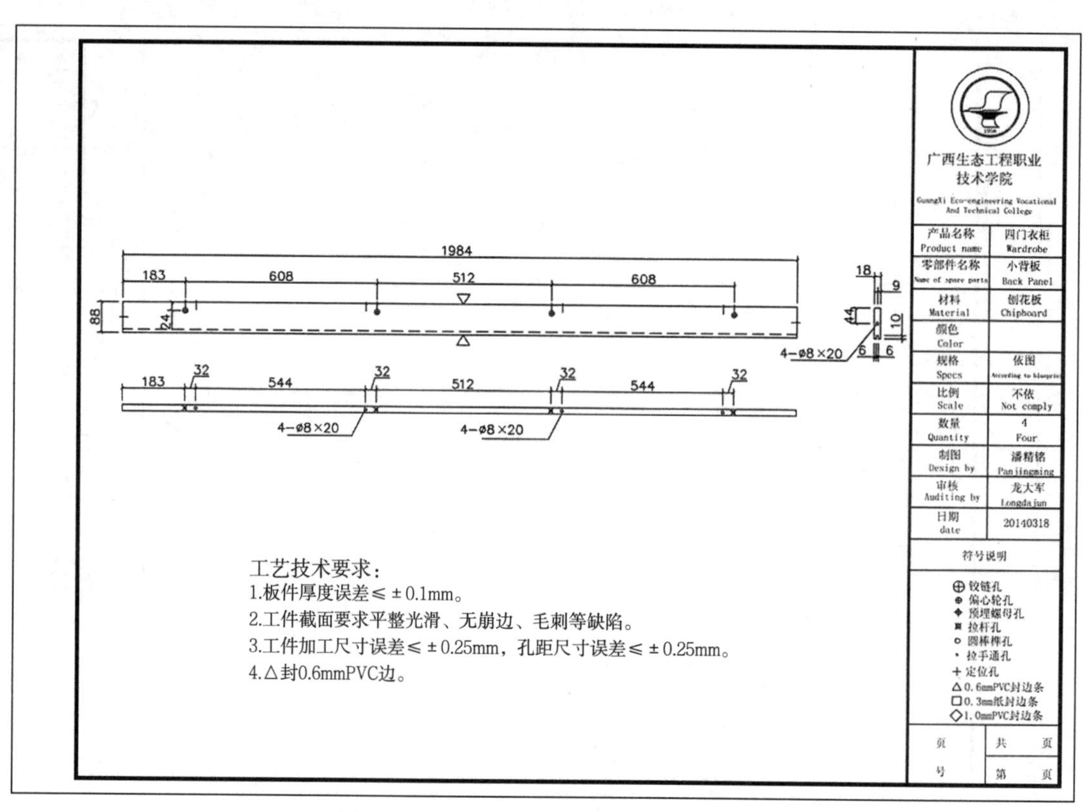

图1.4-26　四门衣柜小背板零件加工图

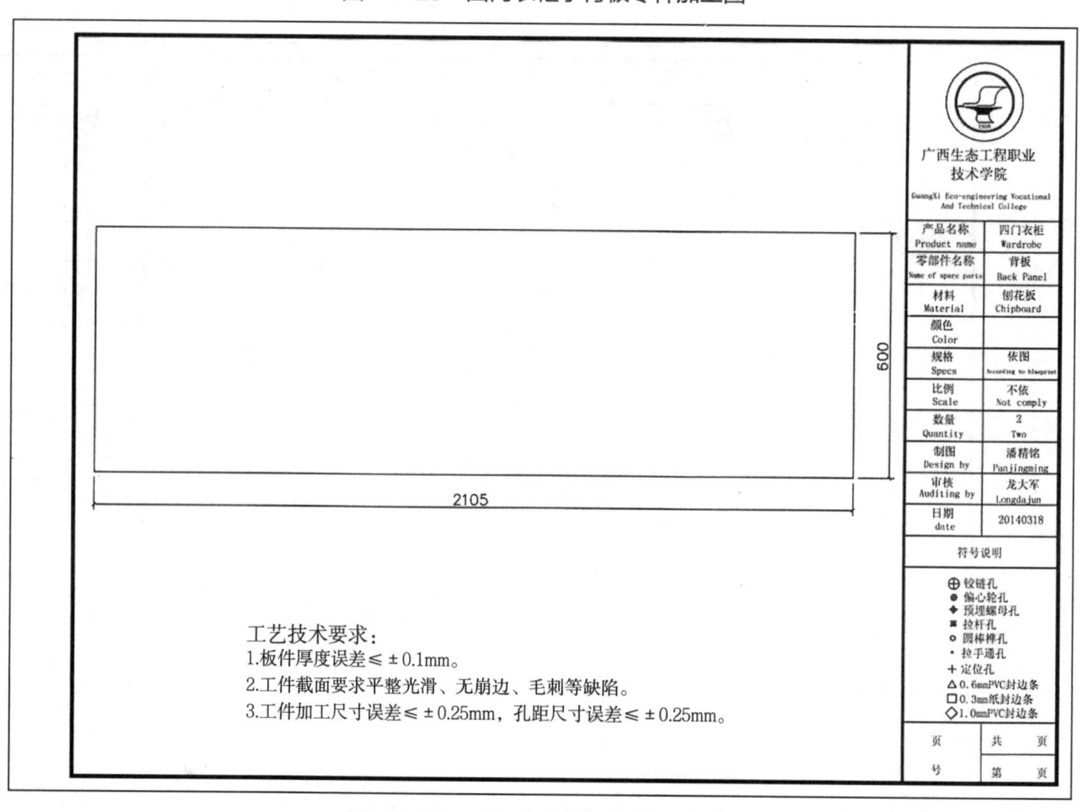

图1.4-27　四门衣柜背板零件加工图

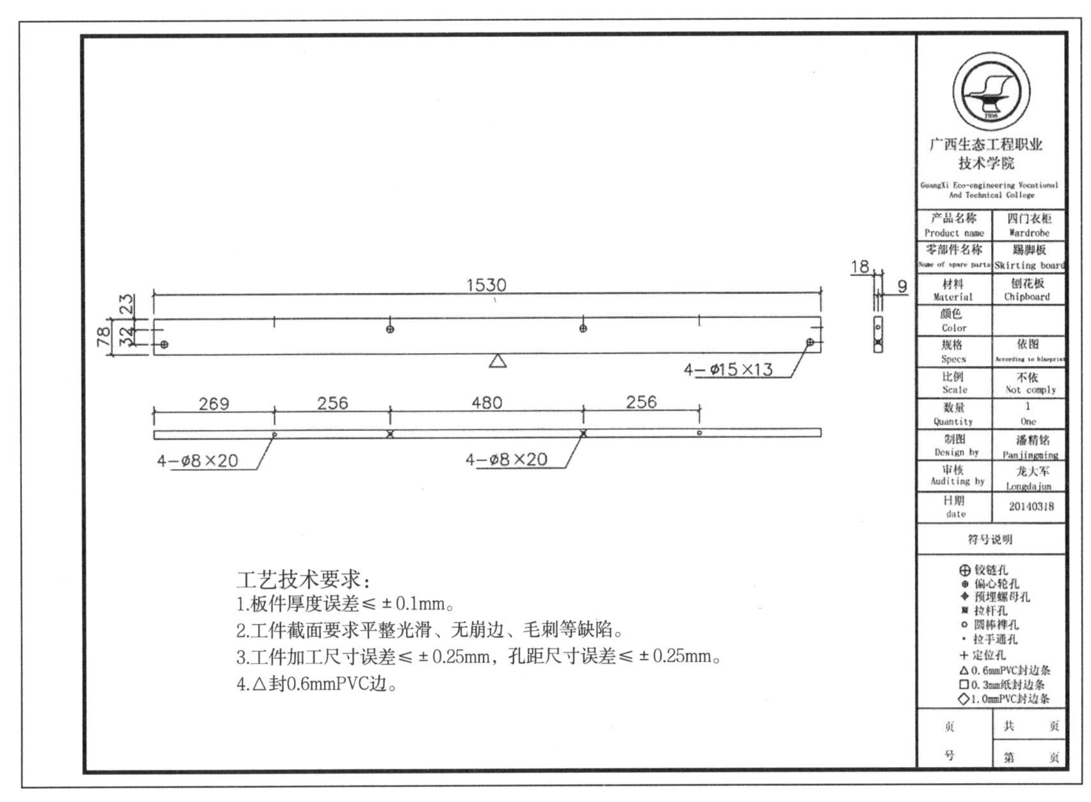

图1.4-28　四门衣柜踢脚板零件加工图

表1.4-13　四门衣柜生产工艺路线表

家具名称：四门衣柜　　尺寸规格：L1566×W604×H2208　　单位：mm　　家具代码：YG2013-01

编号	零部件名称	零部件尺寸			工作位置									
		长	宽	厚	贴面	开料锯	精密锯	直线封边机	排钻	台钻	镂机	预埋配件	涂饰	安包装
1	顶板	1530	586	18	○	○→	→	○	○→	→	○	○→	→	○
2	底板	1530	586	18	○	○→	→	○	○→	→	○	○→	→	○
3	侧板	2208	586	18	○	○→	→	○	○→	→	→	○→	→	○
4	踢脚板	1530	78	18	○	○→	→	○	○→	→	→	→	→	○
5	层板	756	564	18	○	○→	→	○→	→	→	→	→	→	○
6	中隔板	2094	586	18	○	○→	→	○	○→	→	→	○→	→	○
7	门板	2130	390	18	○	○→	→	○	○	○→	→	→	○	○
8	小背板	2094	88	18	○	○→	→	○	○→	→	○→	→	→	○
9	背板	2105	600	5	○	○→	→	→	→	→	→	→	→	○

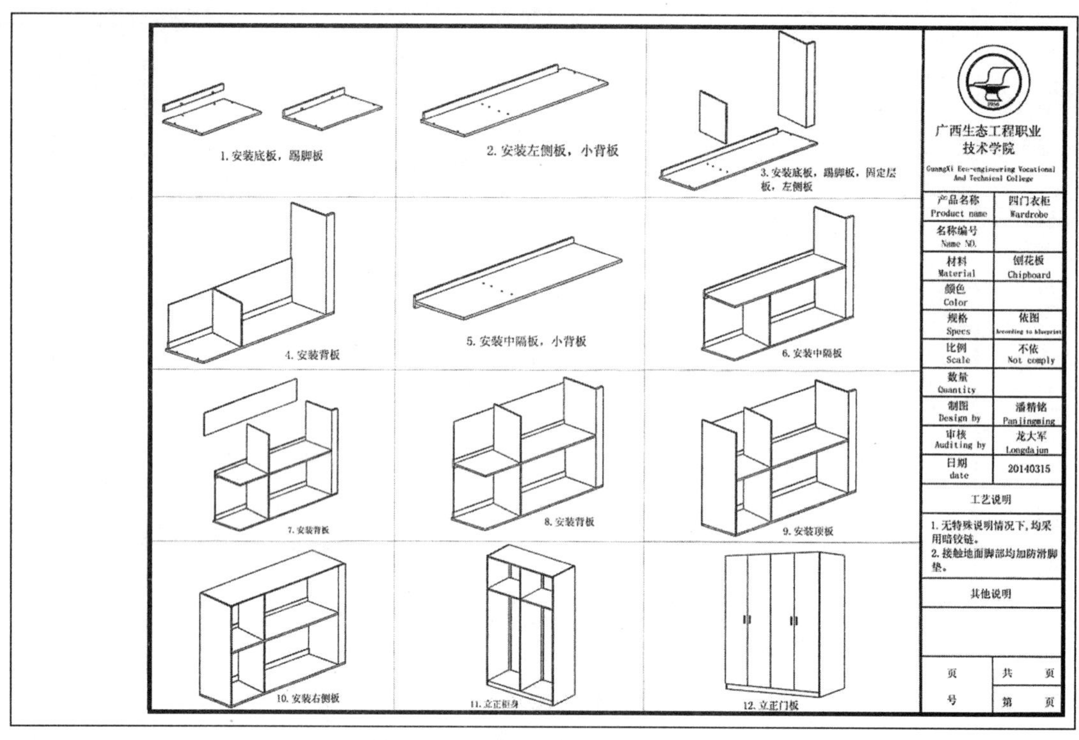

图1.4-29　四门衣柜安装示意图

总结评价

学生完成家具设计案例的抄绘后，在学生进行自评与互评的基础上，由教师依据家具设计案例的抄绘的评价标准对学生的表现进行评价（表1.4-14），肯定优点，并提出改进意见。

表1.4-14　家具设计案例的抄绘任务评价标准

考核项目	考核内容	考核标准	备　注
1.家具设计案例内容的完整性	（1）实木家具——花架设计案例 设计案例抄绘内容包括家具设计手绘效果图、三维立体效果图、工艺流程图、三视图、拆装图、配料规格材料表、外加工及五金配件明细表、材料成本核算表、零部件加工图、零部件生产工艺流程表、生产工艺路线表等 （2）板式家具——四门衣柜设计案例 设计案例抄绘内容包括家具设计手绘效果图、三维立体效果图、工艺流程图、三视图、结构装配图、配料规格材料表、外加工及五金配件明细表、材料成本核算表、裁板图、零部件加工图、零部件生产工艺流程表、生产工艺路线表、安装过程示意图等	优：家具设计案例内容抄绘完整、正确无误，制图符合作图规范、正确，图纸幅面布局合理、美观，图册装帧整齐、美观 良：家具设计案例内容抄绘完整、正确无误，制图符合作图规范，图纸幅面布局基本合理，图册装帧整齐，但美观性较差 及格：家具设计案例内容抄绘完整、正确，制图基本符合作图规范，图纸幅面布局合理、美观性较差，图册装帧整齐，但美观性较差 不及格：考核达不到及格标准	
2.家具设计案例内容表达的规范性	设计表达符合制图规范，图纸幅面布局合理		
3.图册的装帧	图册的装帧效果		

思考与练习

1. 实木家具——花架设计表达内容及其方法。
2. 板式家具——四门衣柜设计表达内容及其方法。

巩固训练

进一步分析、熟悉实木家具——花架，板式家具——四门衣柜设计表达内容及其方法。

项目2
家具种类与风格

知识目标

1.熟悉不同的家具分类方法；

2.理解不同风格家具的主要特征。

技能目标

1.能够根据家具不同的分类方法合理区分与称呼家具；

2.能够根据不同类型家具的主要特征进行家具选择与设计表现。

任务2.1
家具种类识别

工作任务

任务目标

通过本任务的学习熟悉家具的分类方法，能够根据家具不同的分类方法合理区分家具种类与家具名称。

任务描述

本任务为通过知识准备部分内容的学习，完成学习性工作任务——家具种类的识别。要求学生能够根据家具不同分类方法对所提供的家具实物或家具图片合理区分家具种类与家具名称。

工作情景

工作地点：家具展示理实一体化实训室、家具商场或多媒体教室。

工作场景：教师准备好各种不同类型的家具或家具图片50个以上，采用学生现场识别、介绍，教师引导以学生为主体、理实一体化教学方法，教师以某个家具为例，进行家具类型的识别与介绍演示，学生根据教师演示操作和教材设计步骤完成学习性工作任务。

任务实施

（1）布置学习任务

明晰学习任务的内容、目标、要求，特别是学习性工作任务的内容、目标、要求及完成学习性工作任务所需要掌握的理论知识、方法、途径和步骤，明确可利用的学习与工作资源，要求学生课前按思考与练习要求完成知识准备部分内容的预习。

（2）理论知识的引导学习

采用教师引导、学生为主体的教学方法完成知识准备部分理论知识的学习。

（3）家具类型的识别

教师在家具展示理实一体化实训室、家具商场准备好各种不同类型的家具或在多媒体教室准备家具图片50个以上（保证每个学生1个以上），学生以个人为单位进行现场抽查，要求依据家具的分类方法现场识别、介绍家具。

知识链接

1. 根据使用场所分类（图2.1–1）

（1）办公家具

指办公室用的家具，如文员桌椅、文件柜、大班台、大班椅、电脑台、会议桌椅、电话台等。

（2）公共建筑家具

指礼堂、影院、车站、码头等公共场所使用的家具，如座椅、排椅等。

（3）商业家具

指商业店铺中供贮存、陈列、展示商品用的家具，如货柜、货架、柜台、展示台、陈列架等。

（4）宾馆家具

指宾馆的客房、餐厅、酒吧和休息室等场所使用的家具，如三联柜、床、床头柜、吧台、吧凳、圈椅、茶几等。

（5）学校用家具

指学校在教学、科研活动中使用的家具，如课桌、课椅、实验台、讲台、仪器柜、绘图桌、书架、书柜等。

（6）民用家具

指家庭用的家具，其中又可分为卧室家具、餐厅家具、厨房家具、客厅家具、书房家具、儿童家具等。

办公家具 / 广西志光办公家具

公共家具

商业家具

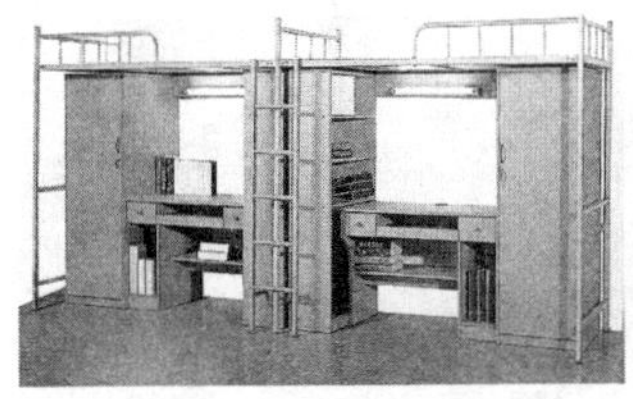

学校家具 / 广西柳州柏豪家具

酒店家具 / 广西柳州柏豪家具

民用儿童家具

民用卧室家具 / 东莞市永和家具

民用客厅家具 / 东莞市永和家具

图2.1–1　在各种场所中使用的家具

2. 根据使用材料分类（图2.1-2）

（1）木家具

主要以实木与各种木质复合材料（如胶合板、纤维板、刨花板、细木工板等）加工而成的家具。

（2）竹藤家具

以竹条或藤条编制部件构成的家具。

（3）金属家具

以金属管材、线材或板材为基材生产的家具。

（4）玻璃家具

以玻璃为主要构件的家具。

（5）塑料家具

整体或主要部件为塑料，包括发泡塑料加工而成的家具。

实木家具

人造板家具

金属家具　钢木家具

陶瓷家具

竹家具

藤家具

藤家具

玻璃家具

布艺家具

皮革家具

图2.1-2　各种不同制作材料的家具

3. 根据结构分类（图2.1-3）

（1）框式家具

以榫接合为主要特点，木方通过榫接合构成承重框架，围合的板件附设于框架之上的木家具。框式家具一般一次性装配而成，不便拆装。

（2）板式家具

以人造板或实木拼板构成板式部件，再用连接件将板式部件接合装配而成的家具。板式家具分可拆装和不可拆装之分。

（3）拆装式家具

用各种连接件或插接结构组装而成的可以反复拆装的家具。拆装式家具便于搬运，可减少库存空间。

（4）折叠式家具

指能够折动使用并能叠放的家具，折叠式家具便于携带、存放和运输。

（5）曲木家具

以实木弯曲或多层单板胶合弯曲而制成的家具。曲木家具具有造型别致、轻巧、美观的优点。

（6）壳体家具

指整体或零件利用塑料、玻璃钢一次模压、浇注成型或用单板胶合成型的家具。壳体家具具有结构单一轻巧、形体新奇、新颖时尚等特点。

（7）树根家具

以自然形态的树根、树木枝、藤条等天然材料为原料，略加雕琢后经胶合、钉接、修整而成的家具。

（8）悬浮家具

以高强度的塑料薄膜制成内囊，在囊内充入水或空气而形成的悬浮家具。悬浮家具新颖、有弹性、有趣味，但一经破裂则无法再使用。

框式家具　　板式家具

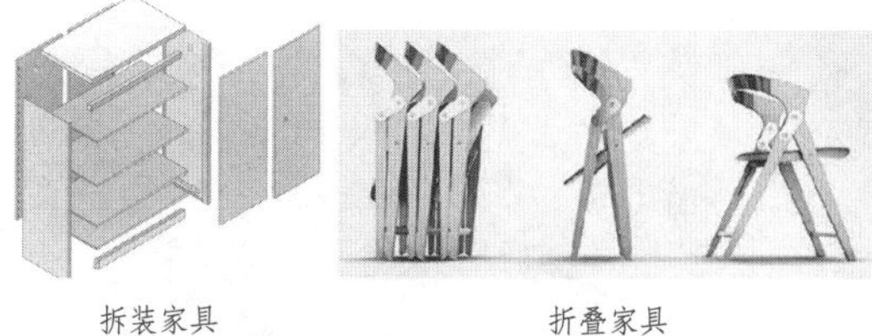

拆装家具　　折叠家具

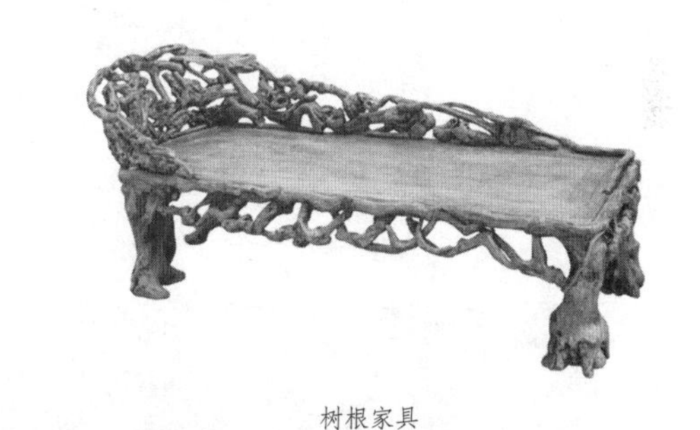

树根家具

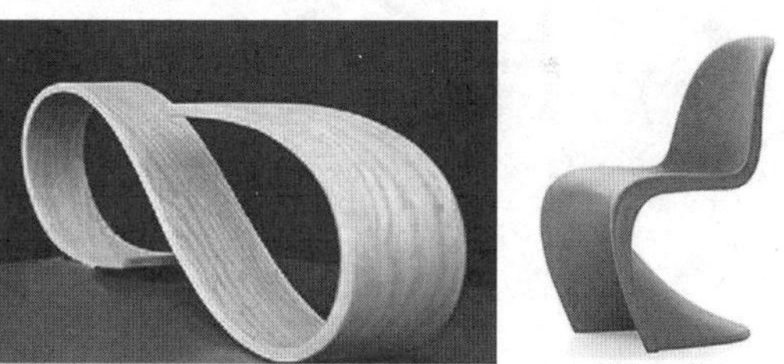

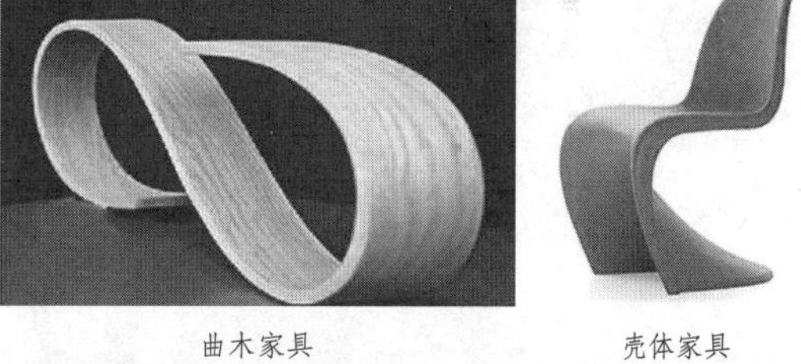

曲木家具　　壳体家具

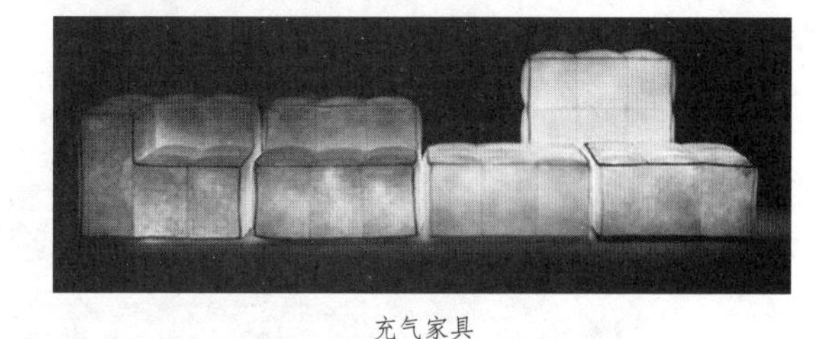

充气家具

图2.1-3　各种不同结构特征的家具

4. 根据基本功能分类（图2.1-4）

（1）支承类家具

指供人坐、卧时用来直接支承人体的家具，如床、榻、凳、椅、沙发等。

（2）凭倚类家具

指供人凭倚、伏案工作使用时与人体直接接触的家具，如桌子、讲台等。

（3）贮存类家具

指贮存物品的家具，如衣橱、书柜、支架等。

（4）装饰类家具

指陈放装饰品的开敞式柜类或架类的家具，如博古架、隔断架等。

支承类家具

支承类家具

贮存类家具

贮存类家具

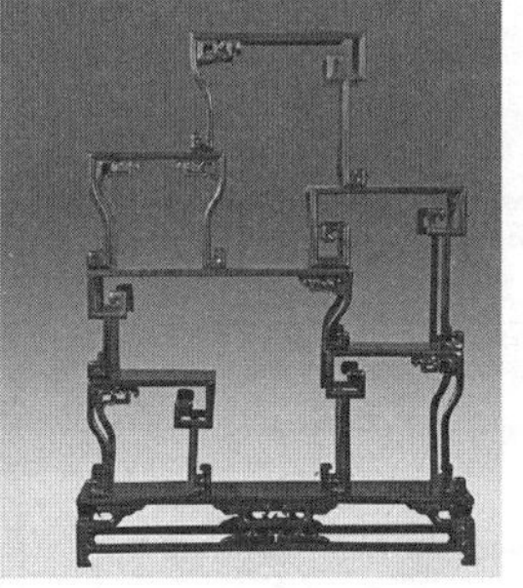
装饰类家具

装饰类家具

凭倚类家具

图2.1-4　各种不同功能家具

总结评价

学生现场识别、介绍完家具后，在互评、讨论的基础上，由教师依据家具类型的识别任务考核标准对学生的表现进行评价（表2.1-1），肯定优点，并提出改进意见。

表2.1-1 家具类型的识别任务考核标准

<table>
<tr><th>考核项目</th><th>考核内容</th><th>考核标准</th><th>备 注</th></tr>
<tr><td>1.家具类型的识别</td><td>（1）按基本功能分类
（2）按使用场所分类
（3）按制作家具的材料分类
（4）按家具的结构特征分类</td><td rowspan="2">优：家具类型的识别准确无误，名词术语正确，描述准确到位，善于沟通表达
良：家具类型的识别准确无误，名词术语正确，描述较准确，能沟通表达
及格：家具类型的识别、名词术语基本准确，描述无大错误，可以沟通表达
不及格：考核达不到及格标准</td><td></td></tr>
<tr><td>2.家具类型的介绍</td><td>（1）家具类型术语的使用
（2）语言的组织与表达</td><td></td></tr>
</table>

思考与练习

1. 家具常用的分类方法。
2. 家具按基本功能可分为哪几类？何为支承类家具、凭倚类家具、贮存类家具、装饰类家具？衣柜、隔断屏风、沙发、办公桌分别属于哪一类家具？
3. 家具按使用场所可分为哪几类？常用的民用家具、办公家具有哪些？
4. 家具按制作材料可分为哪几类？何为木家具、竹藤家具、金属家具、玻璃家具、塑料家具？
5. 家具按结构特征可分为哪几类？何为框式家具、板式家具、拆装家具、折叠家具、曲木家具、壳体家具、树根家具、悬浮家具？

巩固训练

找50个家具或家具图片分别按基本功能、使用场所、制作材料、结构特征进行分类。

任务2.2
家具的风格选择与体现

工作任务

任务目标

通过本任务的学习，熟悉家具不同风格的主要特征，能根据家具的特征确定家具所属风格的方法，对不同风格的家具采取不同的主要特征进行家具风格设计表现。

任务描述

本任务为通过知识准备部分内容的学习，完成学习性工作任务——家具风格的判断。要求学生能够根据家具的风格特点准确地判断家具的风格类型，并描述其主要设计元素。

工作情景

工作地点：家具展示理实一体化实训室、家具商场或多媒体教室。

工作场景：教师准备好各种不同风格特点的家具或家具图片50个以上，学生现场判断家具的风格类型，并描述其主要设计元素。

任务实施

（1）布置学习任务

明晰学习任务的内容、目标、要求，特别是学习性工作任务的内容、目标、要求及完成学习性工作任务所需要掌握的理论知识、方法、途径和步骤，明确可利用的学习与工作资源，要求学生课前按思考与练习要求完成知识准备部分内容的预习。

（2）理论知识的引导学习

通过教师引导，以学生为主体，采用理实一体化的教学方法完成知识准备部分理论知识的学习。

（3）家具风格的判断演示

教师以某个家具为例，结合所学理论知识进行家具风格的判断，并描述其主要设计元素。

（4）家具风格的判断

教师在家具展示理实一体化实训室、家具商场准备好各种不同风格特点的家具或在多媒体教室准备家具图片50个以上（保证每个学生1个以上），学生以个人为单位进行现场抽查，要求依据家具风格的判断并描述其主要设计元素。

知识链接

1. 典型的家具风格

（1）英国传统家具

英国传统式家具是在18世纪形成的，至今流传甚广，影响很大，以齐宾代尔、赫普尔怀特、亚当兄弟以及谢拉顿等人为代表设计的各式家具，将英国传统式家具推向了黄金时代。英国传统式家具风格见表2.2-1。

（2）法国传统家具

在法国路易十四世至十六世统治时期，传统式家具具有鲜明特色，自成一体。当今的法国路易十四式家具是一种适合现代生活需要和生产工艺的法国传统家具。其主要特点是线型优美，采用线型雕刻装饰，脚型为弯脚形式（图2.2-6），面板常带对称曲线轮廓。

（3）意大利古典家具

意大利古典式家具是18～19世纪意大利形成的一种传统家具，具有以下鲜明特点：脚型为上粗下细，带有槽形装饰线（图2.2-7），式样略显笨重，流行雕刻、镶嵌和面铺大理石。

表2.2-1 英国传统式家具风格

名 称	盛 期	背 景	特 点	示 例
齐宾代尔式家具	18世纪	受哥特式、法国洛可可式以及中国家具的影响	形态坚稳匀称，局部透雕细木的装饰十分精美	图2.2-1
赫普尔怀特式家具	18世纪	不喜欢英国早期笨重粗大的家具形式	外形轻巧秀丽，比例协调，椅背的轮廓线有盾形、交叉心形或椭圆形等，方尖腿光素简洁	图2.2-2
亚当式家具	18世纪	汲取了古希腊、罗马建筑的艺术风格	造型简洁匀称，富丽、精致、雅典，直线脚上粗下细，表面常有凹槽装饰，雕刻装饰精细	图2.2-3
谢拉顿式家具	18世纪	早期受亚当和赫普尔怀特的影响，后期受法国帝国式的影响	简明直线型，呈典雅、端庄，桌椅形体多采用方形，下溜式方形直腿或圆柱槽腿	图2.2-4
当今英国传统式家具	当代	在以上几位才华横溢的大师基础上	综合以上特点	图2.2-5

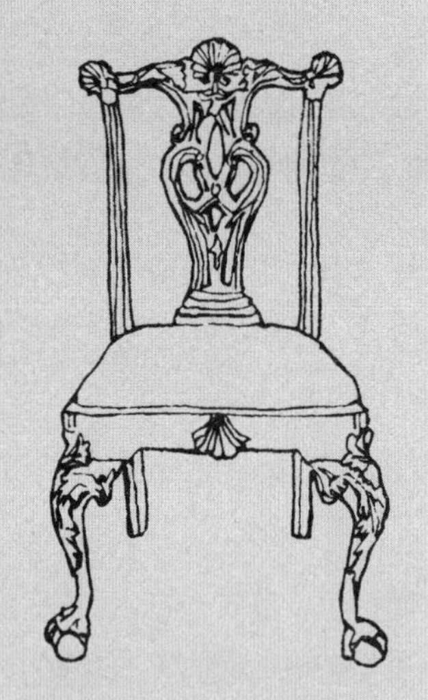

图2.2-1　齐宾代尔式梯背椅

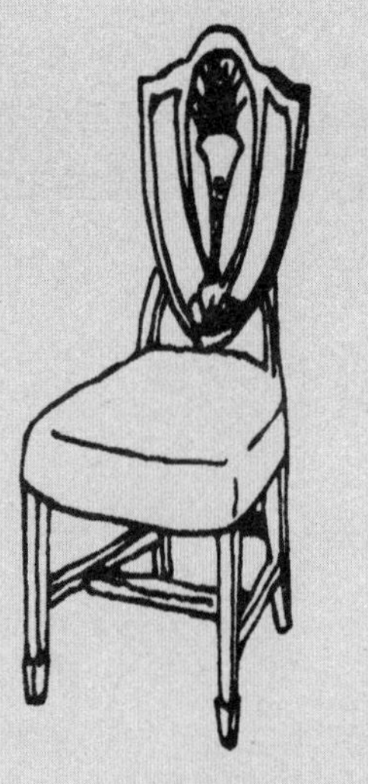

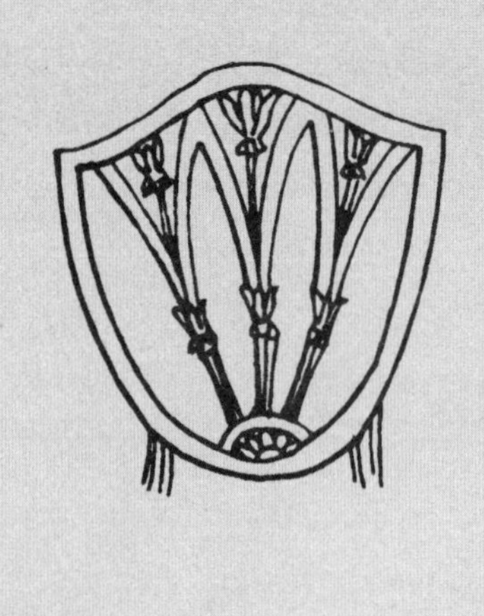

图2.2-2　赫普尔怀特式盾形靠背椅

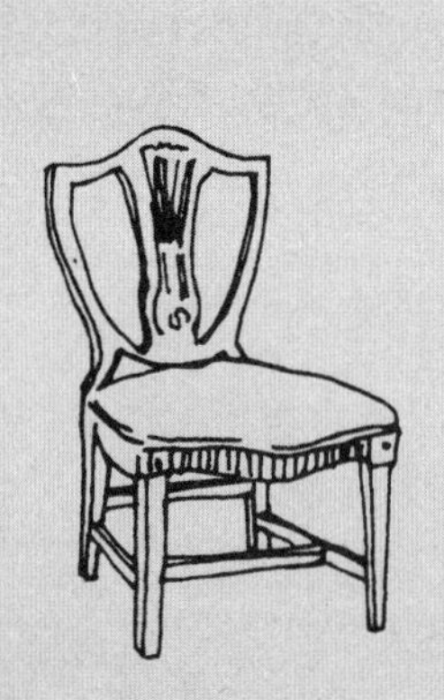

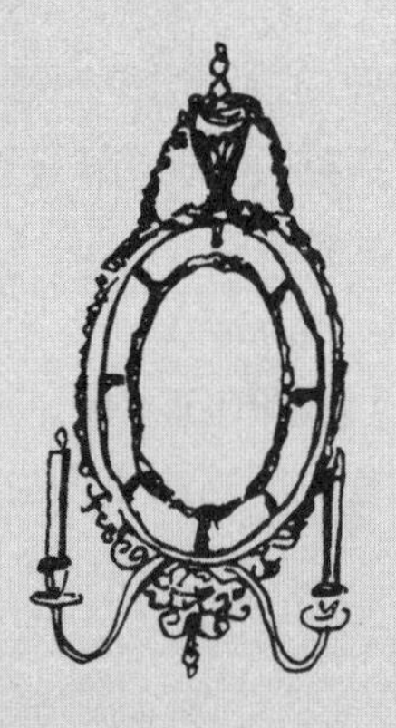

图2.2-3　亚当式家具

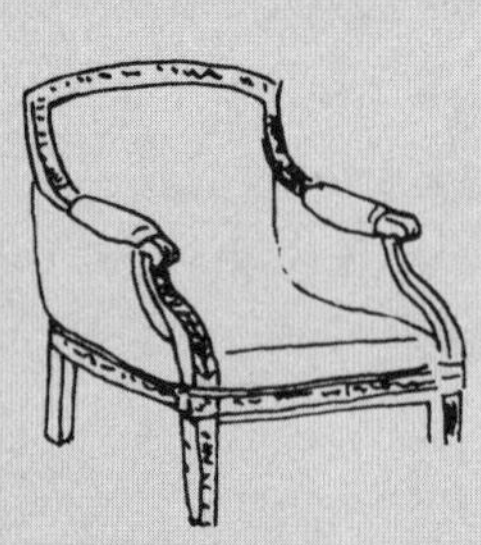

图2.2-4　谢拉顿式家具

图2.2-5　英国传统式扶手椅

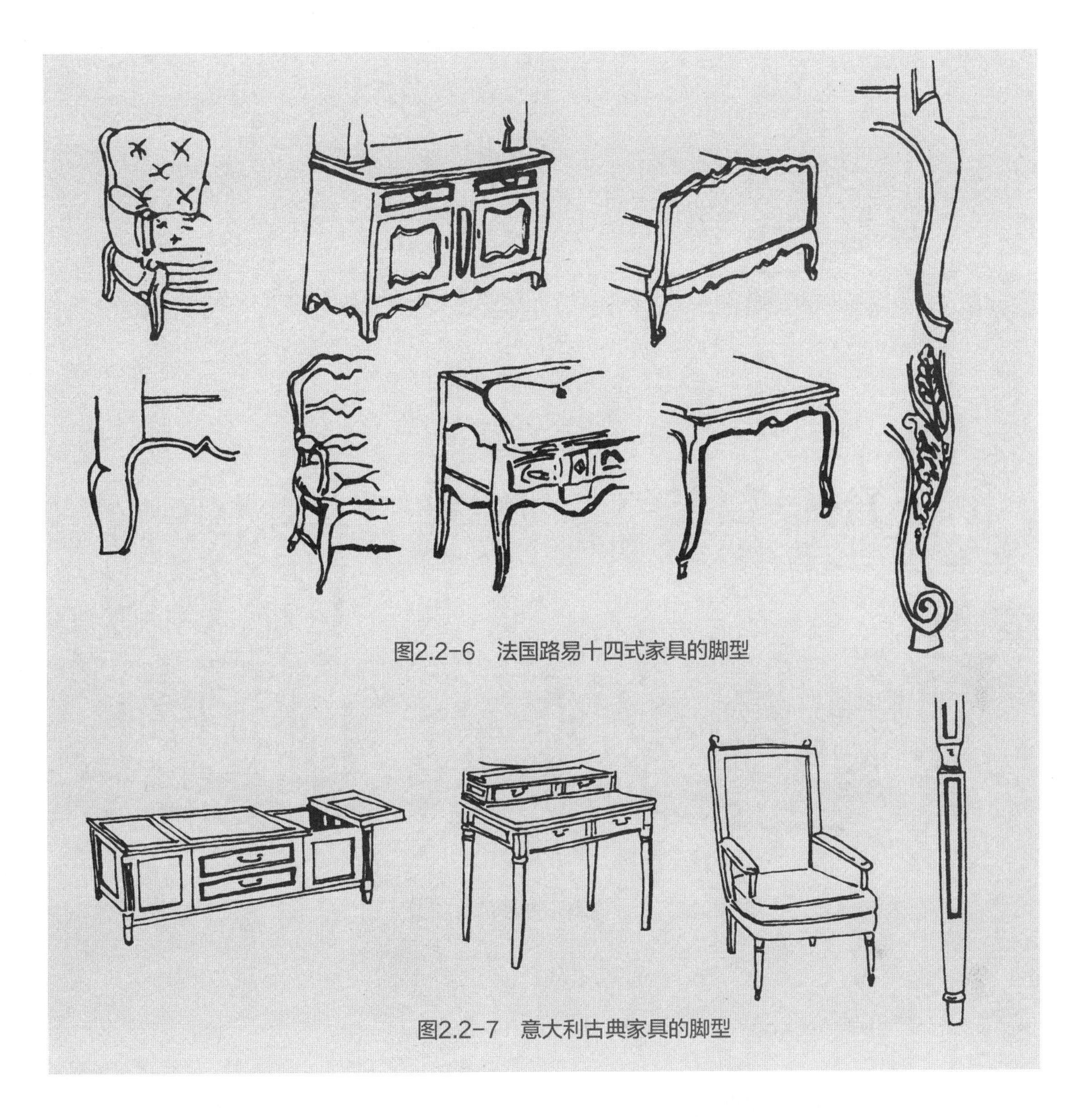

图2.2-6　法国路易十四式家具的脚型

图2.2-7　意大利古典家具的脚型

（4）美国联邦式家具

美国联邦式家具是从欧洲来到美国的早期移民，为改善生活，在原先简洁、实用、易于加工的家具基础上，有意识地生产略加装饰的家具。这种家具的主要特点是：简洁、粗犷、纤巧而质朴，柜子广泛应用曲线装饰的包脚和具有内外曲线的矮厚脚型（图2.2-8）。

（5）西班牙和地中海式家具

西班牙和地中海式家具反映了17～18世纪南部地区摩尔人的遗风，具有浓厚的东方趣味。这种家具以直线为主线，曲线仅作衬托，饰以华丽的雕刻，使用许多金属配件、皮革印花及精美的镶嵌（图2.2-9）。

（6）中国明式家具

中国明式家具（以下简称明式家具）是在我国宋、元家具的基础上发展起来的，这一发展一直延续到明末清初，使明式家具达到了我国古典家具的历史高峰。明式家具的突出成就主要体现在功能、结构、造型、用材及设计要素的完美统一上，因此，在国际家具市场上备受欢迎。明式

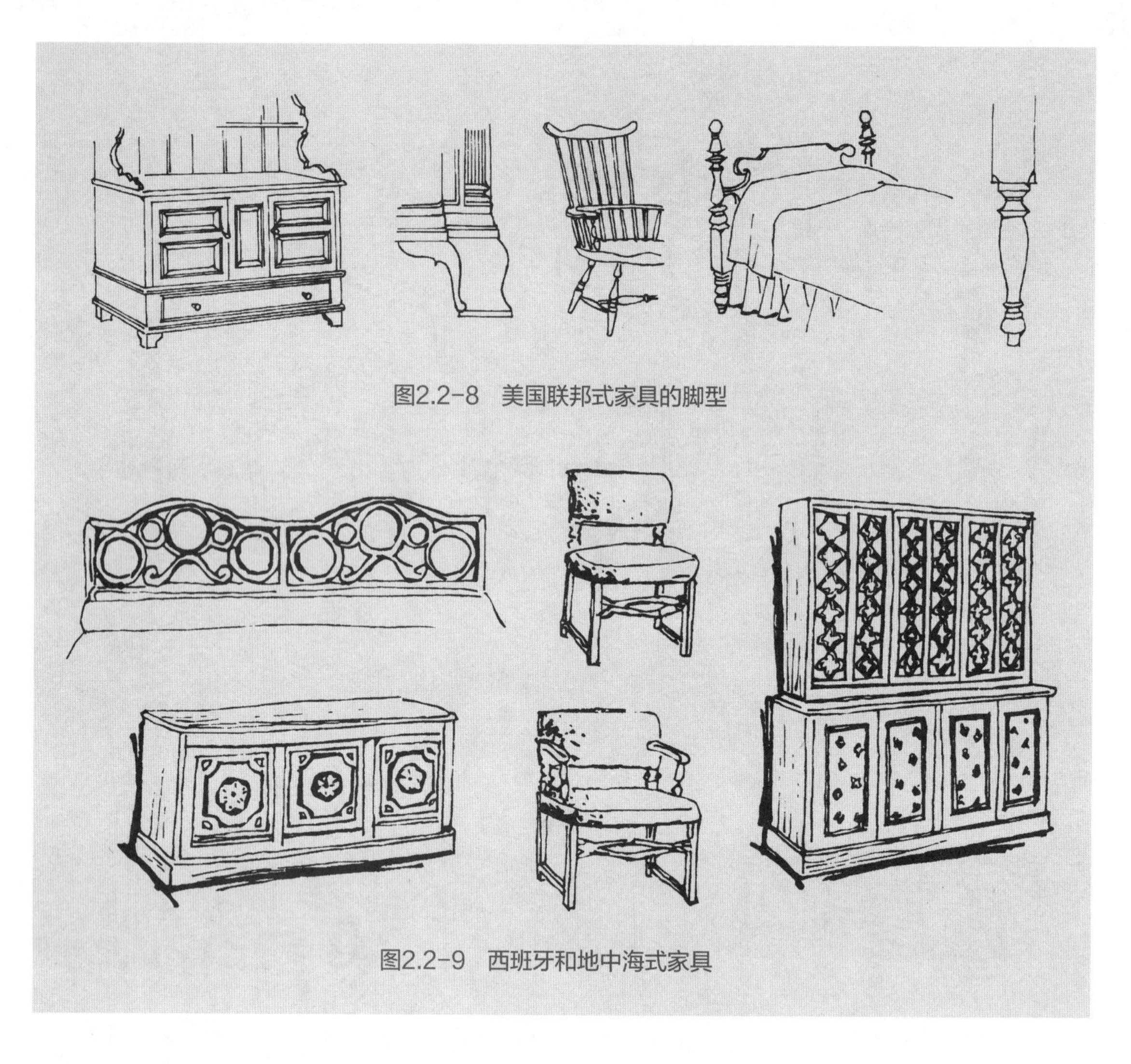
图2.2-8 美国联邦式家具的脚型

图2.2-9 西班牙和地中海式家具

家具现在已成为中国传统家具的代名词。

① 明式家具种类

明式家具的种类已相当完备，遗存至今的主要有：

a.坐类家具

凳类：马扎、杌凳、方凳、条凳、梅花凳、春凳等。

墩类：鼓墩、瓜棱墩、梅花墩等。

椅类（带有靠背的坐具）：无扶手的有靠背椅、灯挂椅、屏背椅、梳背椅、交椅等。有扶手的有玫瑰椅、南官帽椅、四出头官帽椅、圈椅、梳背扶手椅、交椅、宝座、六方椅等。

b.几案类家具

几类：方几、炕几、香几、茶几、花几、琴几、条几等。

案类（吊头的）：平头案、翘头案、条案、书案、架几案等。

桌类：琴桌、抽屉桌、方桌、供桌、月牙桌、翘头炕桌等。

c.贮藏类家具

架格类：书格、博古架等。

橱类：方角橱、闷户橱、矮橱、二连橱、三连橱等。

柜类：方角柜、矮柜、圆角柜、四件柜等。

箱类：衣箱、躺箱、提箱等。

d.床榻类家具

榻类：罗汉榻、三屏榻、木榻等。

床类：凉床、暖床、架子床、六柱床、月牙床等。

e.台架类家具

台类：花台、烛台等。

架类：衣架、脸盆架、镜架、足承等。

f.屏座类：座屏、围屏、插式座屏等。

② 明式家具的特点

a.造型简练、以线为主：比例适宜，尺度匀称　通过对现存大量实物的测量，可以发现各种明式椅类家具的主要功能尺寸与现代椅惊人地相似，反映了明式家具在确定各种关键尺寸时是以人体尺度作为依据的，靠背倾角和曲线是科学的。明式家具的局部的比例、装饰与整体形态的比例，都极为匀称、协调，造型优美。

收分有致，稳重挺拔　明式家具基本上沿用了中国古代木构架建筑的梁柱结构。这种结构采用适当收分并将四腿略向外侧。立腿之间的横撑经常辅以木牙子等构件，以起支托加固作用。这种框架式结构不仅稳重、实用、符合力学原理，同时形成优美的立体轮廓，视觉上也产生向上感。

运用对比，简练轻盈　明式成套家具间的高低对比；单件家具的整体简、局部繁；上部与下部以及腿、枨、靠背、搭脑之间的高低、长短、粗细、宽窄、曲直等都令人感到无可挑剔，简洁秀丽、活泼。

以线为主，线形多变　明式家具各个部件的多变线条以及像搭脑等与人体接触的部件的柔和，体现了整体感觉就是线的组合，没有累赘，刚柔并济、挺而不僵、柔而不弱，均呈简练、秀丽、典雅之美。

b.结构严谨、做工精细：明式家具的构件和榫卯结构，既美观又牢固，是技术和艺术的极好结合，极富科学性。

c.装饰适度、繁简相宜：明式家具的装饰手法多样、用材广泛，浅刻、浅雕、浮雕、透雕、镂、嵌、描等都为所用，珐琅、螺钿、大理石、玉、牙、竹样样不拒，但却能做到整体朴素清秀，局部恰如其分，装饰可谓适宜得体，锦上添花。

d.材料选用科学：明式家具选材讲究，精于选材。用材多为黄花梨、紫檀、鸡翅木、楠木、铁力木、乌木等红木、硬木材，既发挥了材料坚硬的性能，又充分利用和表现了材料本身色彩和纹理的自然美，对材料自然性能的理解和驾驭可谓登峰造极。金属配件讲究，雕刻、线脚处理得当，起到衬托和点睛作用。

③ 明式家具的形态（图2.2-10至图2.2-15）。

（7）现代风格家具

① 现代式家具

德国“包豪斯”学校在20世纪20年代创造了一套以功能、技术和经济为主的新创造方法和教学方法，在家具设计方面极力主张重功能、形体简单，力求形式同材料及工艺一致，极度强调理性化、机械化。所设计的家具特点是：对功能的高度重视，使人体工程学成为设计的重要法则；具有简洁的形体及合理的结构配置；淡雅素净的装饰，以功能构件的质地和色彩作为装饰要素。如目前的钢管支架家具、曲木家具、板式拆装家具等一些应用新材料、新工艺、新技术生产的新型家具。从历史的角度来说，19世纪后期以来，或多或少地反映了现代生产印记或吸取了现代最先进的技术而设计和生产出来的家具，均可以称之为现代式家具。现代式家具如图2.2-16所示。

② 高技派与超高技派家具

高技派的家具设计风格就是用工业化的结构反映时代气息，允许部分结构的暴露，主张用最新的材料，如高强度钢材、硬铝材、塑料、镜面玻璃等。

超高技派家具的实质是对高技派的异化，它将技术作为一种图腾符号加以揶揄和嘲弄，并寄托一种对逝去年代的怀念情感，如用粗糙的石材与钢、玻璃等严密组合的桌子，显示石器文明与现代工业的共生产物。高技派与超高技派家具如图2.2-17所示。

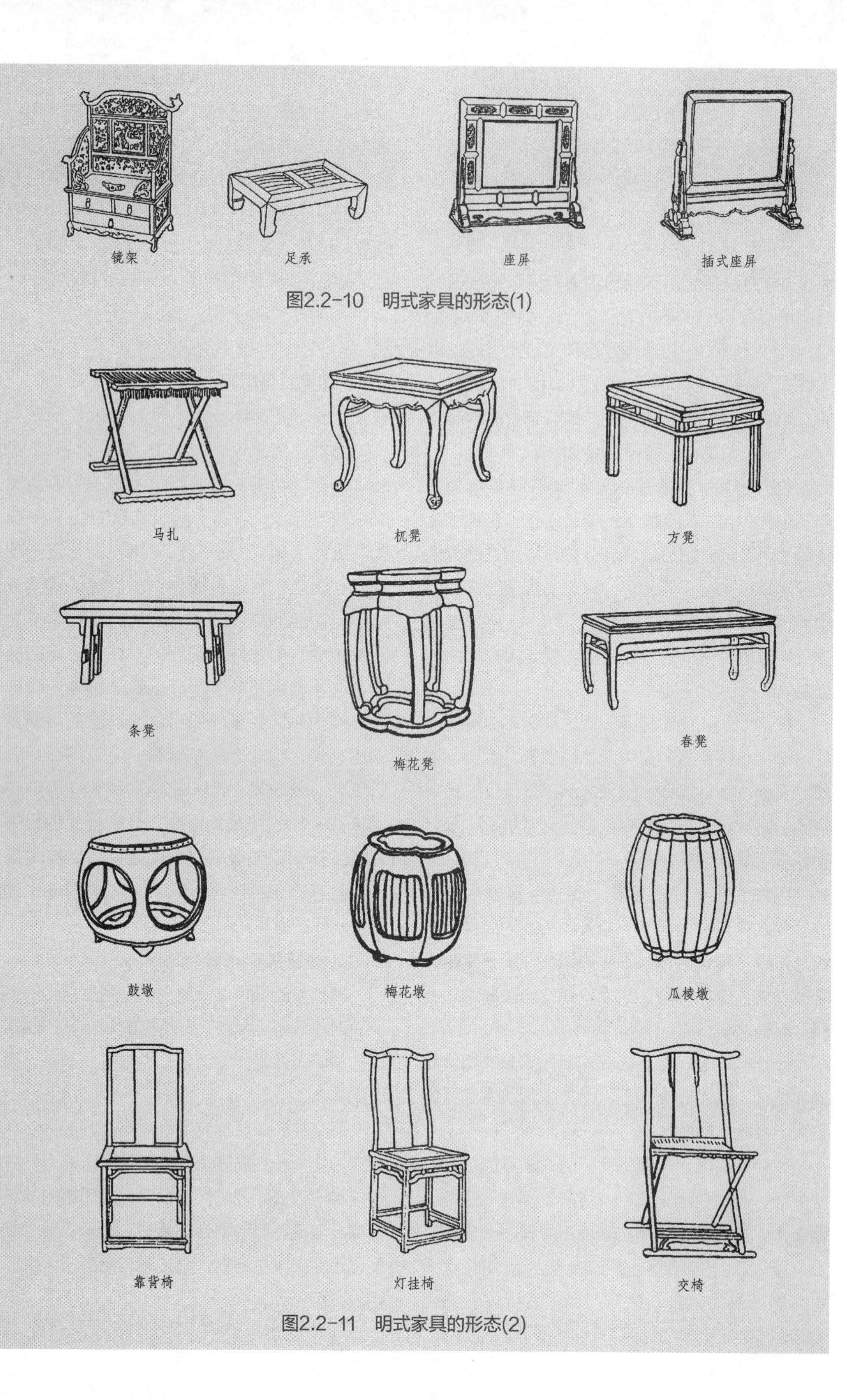

图2.2-10　明式家具的形态(1)

图2.2-11　明式家具的形态(2)

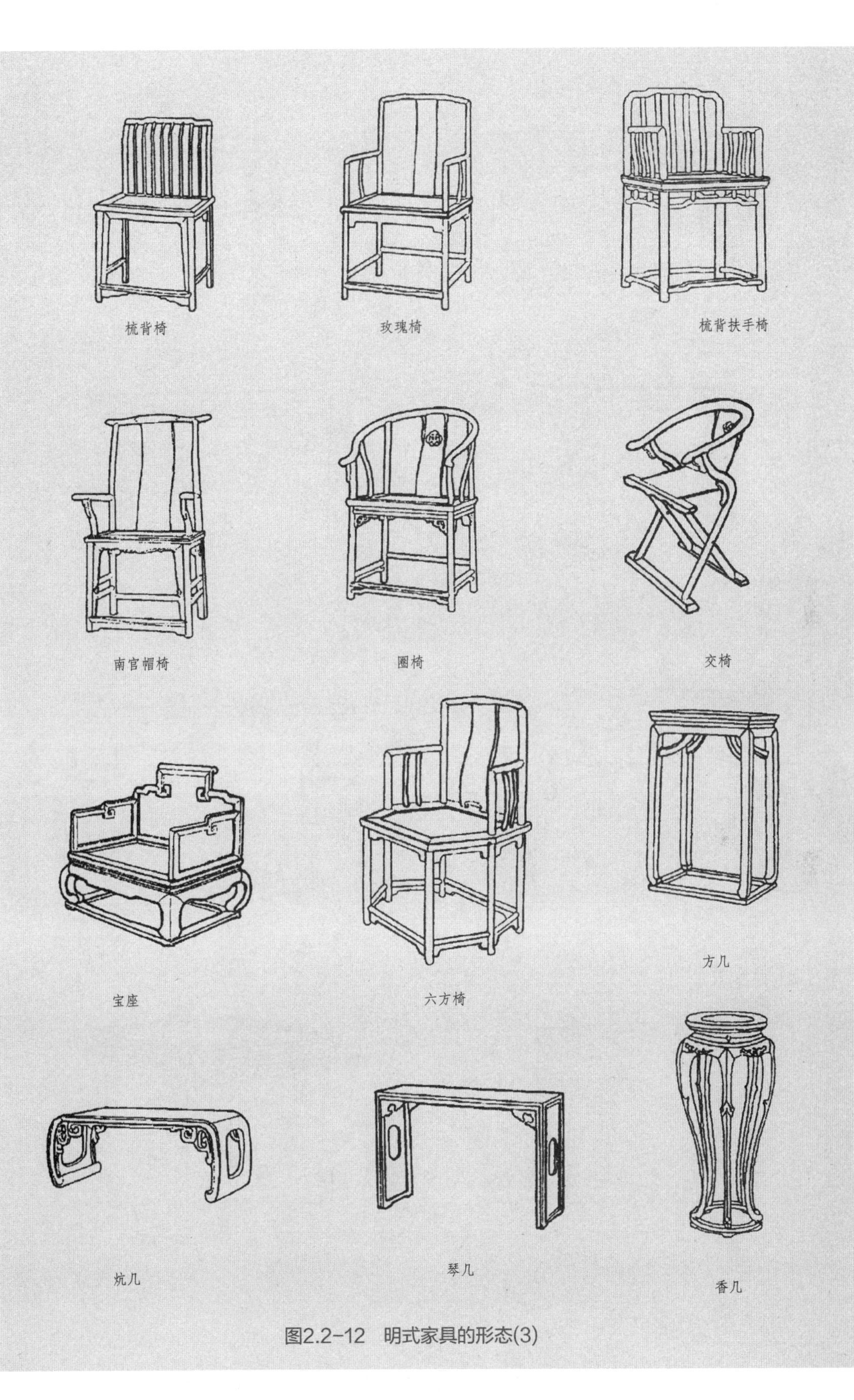

图2.2-12　明式家具的形态(3)

图2.2-13　明式家具的形态(4)

图2.2-14　明式家具的形态(5)

图2.2-15　明式家具的形态(6)

③ 村野式家具

村野式家具是一种取材于天然，设计构思返璞归真、回归自然，制作上因材施艺，充分体现一种猎奇和天然情趣的家具类型。村野式家具常用树根、树桩、藤皮、柳条、竹篾等材料形体特征，经取舍、修剪和拼接等加工而成。村野式家具如图2.2-18所示。

④ 北欧式家具

北欧五国（即瑞典、挪威、芬兰、丹麦与冰岛），于20世纪40年代，逐渐形成一套完整、独特的设计风格。它们设计的北欧式家具（图2.2-19），注重从传统汲取养分并不断创新，追求实用功能与造型形式的相辅相成，注重人体工程学的应用，形体结构力求简洁流畅，最大程度地发挥木材本身结构特点与自然美。迄今为止，北欧式家具仍然受到世界各国的一致推崇。

⑤后现代式家具

后现代主义是20世纪70年代产生于欧美的一种设计思想，他们认为现代主义过于理性化、机械化，产品千篇一律，尤其不能容忍的是现代主义忽视人的个性发展，缺乏人情味和艺术趣味，阻碍了家具设计界的发展，从而对现代主义提出了批判。

后现代不是一个时间的概念，而是一种艺术风格。后现代式家具如图2.2-20所示。在设计这种家具时，常把提取或分解古典的符号或要素，揉进现代的造型与材料之中。在生产时，外观装饰的传统手工艺雕琢与现代生产工艺并存，风格体现出折中与共生的思想。

后现代式家具注重物质与精神的二重性，在设计上以物质功能为主，符合人体工程学，同时考虑精神功能，使之达到简洁、大方、质朴。在

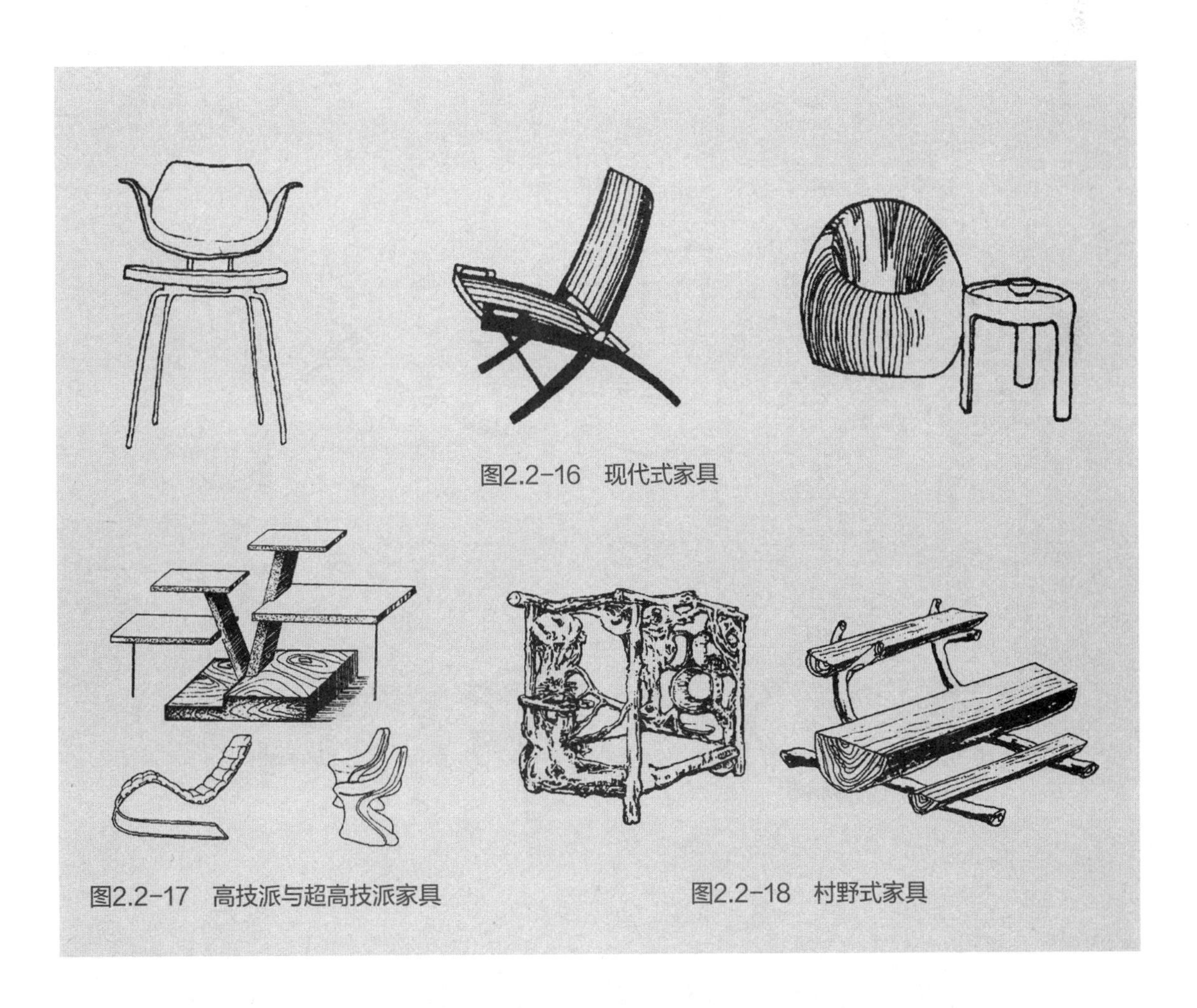

图2.2-16　现代式家具

图2.2-17　高技派与超高技派家具

图2.2-18　村野式家具

图2.2-19　北欧式家具

图2.2-20 后现代式家具

质感、肌理、色彩等方面满足人的心理要求，风格上追求自然又重视传统。这些特点都是当前家具设计考虑的重要因素。

2. 家具风格的选择与体现

家具其本身属性也即工具，是根据人们生活、工作等的各种不同需求，利用不同的工艺材料，采用不同的工艺技术，设计和制作出具有物质和精神双重功能的器物，是为人们工作、生活等提供方便的工具。家具具有时代性、经济性、文化性，即各种所谓之家具风格。在人类悠久的历史发展进程中，由于人类的劳动智慧总结产生了无数实用和审美相结合的工具，这些工具体现了每一个时代的物质文明和精神文明的发展，成为人类文化发展演变的物化形式。

家具的种类繁多，材料不同，使用场所不同，设计风格不同，在进行家具风格选择时，需要我们从事家具设计的设计师们根据客户的需要进行引导与建议。风格本身无优劣之分，只有喜爱与不喜爱之分，设计师要做的就是认真研究理解各种家具风格（也包括材料特性、色彩、家具使用场所等），同时，设计师要具备丰富的知识与技能（见项目1任务1.1家具设计入门中关于“家具设计人员的知识领域与技能要求”的内容）进而实现家具风格在设计作品中的体现。

总结评价

学生完成学习性工作任务后，在互评、讨论的基础上，由教师依据家具风格的判断任务考核标准对学生的表现进行评价（表2.2-2），肯定优点，并提出改进意见。

表2.2-2 家具风格的判断任务考核标准

<table>
<tr><th>考核项目</th><th>考核内容</th><th>考核标准</th><th>备 注</th></tr>
<tr><td>1. 家具风格的判断</td><td>（1）判断家具的风格
（2）说明理由</td><td rowspan="2">优：家具的风格判断准确无误，理由阐述合理充分，家具设计要素名词术语正确，描述准确到位，语言组织缜密、表达流畅
良：家具的风格判断准确无误，理由阐述合理，家具设计要素名词术语正确，描述准确，语言表达流畅
及格：家具的风格判断正确，理由阐述基本合理，家具设计要素术语基本准确，描述无大错误，语言表达流畅
不及格：考核达不到及格标准</td><td></td></tr>
<tr><td>2. 家具主要设计要素的描述</td><td>（1）家具设计要素术语的使用
（2）语言的组织与表达</td><td></td></tr>
</table>

思考与练习

1. 英国传统家具的风格特点及主要设计要素体现。
2. 法国传统家具的风格特点及主要设计要素体现。
3. 意大利古典家具的风格特点及主要设计要素体现。
4. 美国联邦式家具的风格特点及主要设计要素体现。
5. 西班牙和地中海式家具的风格特点及主要设计要素体现。
6. 中国明式家具的风格特点及主要设计要素体现。
7. 现代风格家具的特点。
8. 如何进行家具风格选择？

巩固训练

家具是人类文化的载体，随着时代的发展，家具的未来发展趋势如何？请从家具的设计风格、家具类型、材料、工艺等方面分析评价家具产品。（参考资料：据欧共体国际社会艺术研究所发表的《家具文化与艺术展示来自欧洲的改变》）

项目3
家具造型设计

知识目标

1. 理解家具造型设计的定义与内涵；
2. 理解家具造型设计方法；
3. 理解家具造型的构图法则；
4. 掌握家具的平面构成、立体构成、色彩构成等设计方法；
5. 了解系列家具的概念与特性；
6. 熟悉系列家具的类型及其特点；
7. 了解系列家具的表现形式；
8. 掌握单体家具、系列家具造型设计的方法。

技能目标

1. 能够进行不同类型的单体家具造型设计；
2. 能够进行不同类型的系列家具造型设计。

任务3.1
单体家具造型设计

工作任务

任务目标

通过凳子、椅子和办公桌等自由单体家具造型设计，使学生理解和掌握家具造型设计概念、家具造型设计形式美学法则及人体工程学等方面知识，能够根据家具基本形态要素，运用现代设计原理、设计思想和设计方法进行单体家具造型创意设计，具备家具设计创新和产品开发能力，胜任家具企业产品开发职业岗位的工作。

任务描述

本任务是通过知识准备部分内容的学习，完成学习性工作任务——单体家具造型（形态）设计。学生以个人为单位，采用A4图纸，按横向幅面布局1张图纸4～6个家具设计草图的形式，利用1周的课余时间完成坐类、卧类、桌台类、贮存类（柜类）各5个以上的家具造型（形态）设计，设计的家具包含框式、板式、软体家具各3个以上，其中必须包含软体椅子或沙发（有扶手）、实木框式桌台类家具、板式柜类家具1个以上，以完成后续学习。要求设计作品创意新颖，注重美观性、舒适性和功能性的结合，学习产品为家具设计草图。

工作情景

工作地点：家具造型设计与模型制作理实一体化实训室。

工作场景：采用家具设计工作室制教学模式，以教师引导、学生主体的理实一体化教学方法。学生根据教师指导和教材设计步骤完成学习性工作任务，教师对学生工作过程和成果进行评价和总结，学生根据教师的指导进一步完善家具造型（形态）设计。

任务实施

（1）布置学习任务

明晰学习任务的内容、目标、要求，特别是学习性工作任务的内容、目标、要求及完成学习性工作任务所需要掌握的理论知识、方法、途径和步骤，明确可利用的学习与工作资源，要求学生课前按思考与练习要求完成知识准备部分内容的预习。

（2）理论知识的引导学习

通过教师引导，以学生为主体、采用理实一体化的教学方法完成知识准备部分理论知识的学习。

（3）设计思维引导和获取信息

教师以某个家具为例，结合所学理论知识进行家具形态设计的分析。

（4）设计执行

学生以个人为单位，采用A4图纸，按横向幅面布局1张图纸4～6个家具设计草图的形式，利用1周的课余时间完成座类、卧类、桌台类、贮存类（柜类）各5个以上的家具造型（形态）设计，其中设计的家具必须包含框式、板式、软体家具各3个以上。要求设计作品创意新颖，注重美观性、舒适性和功能性的结合，学习产品为家具设计草图，在设计过程中教师检查、指导。

（5）作品展示、总结评价

学生完成学习性工作任务后进行设计展示，在学生进行自评与互评的基础上，由教师依据家具造型设计评价标准对学生的表现进行评价，肯定优点，并提出改进意见。

（6）作品的调整与完善

学生根据同学、教师的意见对设计作品进行修改完善，并保存好，以备下次学习任务及所有设计任务完成后统一装帧上交使用。

知识链接

1. 自由独立单体家具

自由独立单体家具是指传统认识上的家具单体，其终极产品以自由独立形式存在，如一张椅子、茶几或桌子等。这一类家具的设计主要聚焦在产品本体，其自身相对较少考虑复杂的系统。

2. 单体家具造型设计

家具造型设计是对独立家具的外观形态、材质肌理、装饰色彩以及空间形体等造型要素进行综合分析与研究，并创造性地构成新、美、奇、特而又结构功能合理的家具形象的规划过程。

家具的外观造型设计是家具产品开发、设计与制造的首要环节，是家具生产工艺设计的依据。造型设计涉及艺术设计的一些美学法则和造型基础原理的平面构成、立体构成和色彩构成等内容，是家具设计人员必备的知识基础。学会运用美学法则和造型的构成方法和表现手段，注重造型设计中的艺术化和风格个性化，使美好的家具主体形象成为设计的良好开端。用新的家具样式不断引导家具消费时尚，为人们创造更新、更美、更高品质的生活方式。

3. 单体家具造型方法分类

家具造型是在特定使用功能要求下，一种

自由而富于变化的创造性造物手法，它没有一种固定的模式，为了便于学习与把握，根据主要造型构成要素的特征把家具造型设计方法分为抽象理性造型、有机感性造型、传统古典造型三大类。

（1）抽象理性造型方法

抽象理性造型方法是采用纯粹几何形为主要构成要素设计的家具造型方法。凡是在造型表现上合乎理性原则的方法，都可以归属于抽象理性造型方法的范围之内，即使在家具中同时采用抽象的和具象的造型，只要在构成法则或表现形态上合乎理性的意识，就都具有抽象理性造型的特色。在原则上，抽象理性造型方法，多以采用几何形为主，装饰部位可以根据需要，自由采用不同的几何形体，如图3.1-1所示。而且同一空间或同一组家具造型均采用相同或类似的几何形体做反复处理时，成套家具就会取得完整融洽的统一效果，而在统一中采用适当的变化又可以打破可能产生的单调感。抽象理性造型的方法是时代精神的结晶，既符合现今社会的发展，又适于现代生产技术的要求。它具有明晰的条理、严谨的秩序和优美的比例，并且能具体流露出明确、刚强而爽朗的心理意识。从时代的特点看，抽象理性造型方法是现代家具设计的主流，它不仅可以在空间利用和经济效益上发挥充分的实际价值，还可以在视觉效果上表现出浓厚的现代精神。

（2）有机感性造型方法

有机感性造型方法是采用自由而富于感性意念的形体为主所进行的家具造型设计。这种造型方法的造型构思是由浮现在意识中的影像所孕育的，而影像是由敏感的造型所带来的，是属于非理智的范畴，常是即兴的偶然产物。在理论上，有机感性造型涵盖着非常广泛的领域，并不限定在自由曲线或直线所组成的狭窄的范围之内，它可以超越抽象表现的范围，将具象造型同时作为造型的媒介。因为具象的造型具有感性的意识，如果能应用现代手法，在满足功能的前提下，灵活应用在现代家具造型设计中，对于环境的风格表现将有不同寻常的效用和价值。

有机感性造型方法，活泼生动，其感受意念可以自由发挥，不受约束，形成热情奔放、具有独特形象的家具，如图3.1-2所示。但由于在抽象理性造型设计中挑选方案并把它具体化，也是凭感觉进行的，因此在应用这种方法进行设计时，应尽量避免陷入主观的自鸣得意之中，使家具造型失去客观性从而走入设计的误区。

（3）传统古典造型方法

传统古典造型方法是在传统家具造型历史变迁的基础上，通过观察、鉴赏保存下来的各代家具，提高我们的审美能力，从而找到现代家具造型设计的钥匙，了解从过去到现在的造型变迁，推测出现代家具造型的方法及未来方向。传统家

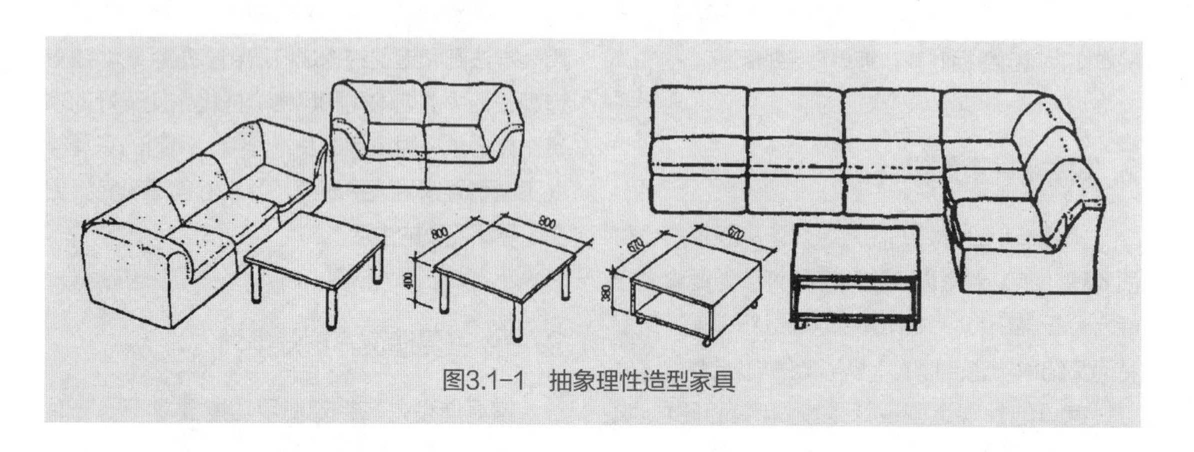

图3.1-1　抽象理性造型家具

具造型随着历史的进程而不断演变，在不同程度上反映了当时社会的生活观念和人文特征，代表着当时人们的审美需求。传统家具以精湛的技艺、传统的外观造型和美仑美奂的装饰给人们在现代家具造型设计上以无限的灵感，从而找到更新的家具造型创造的发展方向。

传统古典造型方法，通过家具传统造型的启示，可以提高人们的造型感受力度，从而找出现代家具造型表现的一些方法和未来发展的动向，并通过观察造型的发展潮流，从中领悟出现代家具流行的新趋势，使新的家具造型设计有所发展，如图3.1-3所示。

上述三种造型方法在本质上是截然不同的基本构思法则，从现代设计运动的潮流来说，抽象理性造型方法是时代的结晶，符合现今社会的发展，适于现代生产技术的要求；有机感性造型方法活泼生动，具有强烈的时代感；传统古典造型方法风格古朴，体现出不同民族、国家的深厚文化底蕴。因此,要想设计出优秀的家具产品，只有将以上三种造型方法有机地结合起来，撷取精粹、去除弊病，才能满足人们对家具造型的需求，并适应人们生活本质的需要，创造出优秀、理想的生活环境。

4. 家具造型构图法则

造型构图法则就是形式构图的原理，或者说是形式美的一般规律。家具造型构图法则就是家

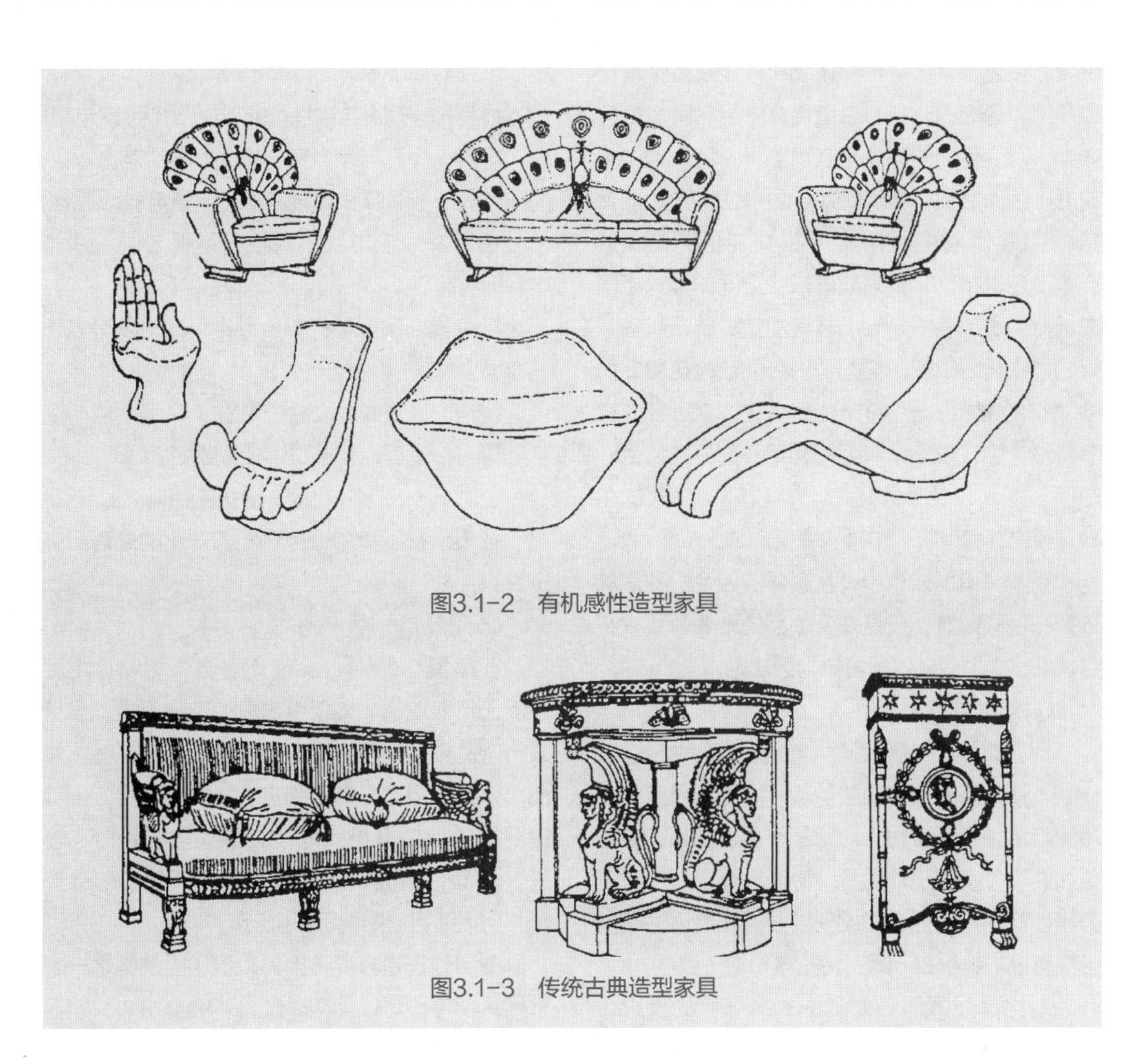

图3.1-2　有机感性造型家具

图3.1-3　传统古典造型家具

具的形式美的一般规律或艺术处理手法。设计一件优美的家具，需要精心处理好基本构成要素，掌握一定的美学规律和构图法则。

（1）统一与变化

统一与变化是重要的构图法则之一，其适合于任何艺术表现形式。就家具设计而言，由于功能要求及材料结构的不同导致了形体的多样性，如果不加以有规律的处理，结果造成家具的杂乱无章，涣散无序。因此，就要求在造型设计时具有统一性，即有意识地将多种多样的不同范畴的风格、功能、结构、材料、色彩和各造型要素有机地形成一个完整的整体。

家具的造型设计，除了统一性之外，还必须有所变化，如仅仅是统一而无变化，就会觉得单调、贫乏、呆板。“变化和统一”在造型设计中是不可分离的，只有二者结合才能获得良好的效果。“变化”的特点是表现差异、特殊、个性动态，因而活泼、新鲜明朗、显示生命力和刺激感。“统一”则是找出其共性，即相同或近似的形象、色彩特征，相同或近似的空间体量，相同或近似的表现手法，因而具有视觉的统一和谐效果。“变化与统一”构图法则必须结合应用，做到“变化中求统一，统一中有变化”。因此，在家具设计中，要充分考虑和利用各部分的体量、空间、形状、线条、色彩、材质等各方面的差异，使之在和谐统一中寻求变化。

在家具造型设计中，从形体的组合、立面的分割和色彩配置，一直到各细部处理等都要求符合从统一中求变化这一基本构图法则。

① 对比与协调

把质或量反差甚大的两个要素成功地组合在一起，使人感受到鲜明强烈的感触而仍具有统一感的现象，称为对比。对比能使艺术效果的主题更加鲜明，造型更加活跃。协调则是通过缩小差异程度的手法，把各对比的部分通过共通性和融合性有机地组织在一起，使整体和谐一致。

对比是强调同一要素中不同程度的差异，以表现相互衬托、彼此作用，表现个性、突出不同特点；协调则是寻找同一要素中不同程度的共性，以表现相互联系、彼此和谐、表现共性，显示统一的特点。在采用对比与协调的手法时要有主有次，对比的双方应以一方的特性为主，对比不能过分强烈。协调又不能过于接近，做到大调和、小对比。调和与对比的协调，不仅存在于一件家具之中，也存在于一套家具之间，存在于家具与环境之间。对比的形式如图3.1-4所示。

在家具的造型设计中，最常见的对比要素有：

线条——长与短、曲与直、粗与细、水平与垂直等。

形状——大与小、方与圆、宽与窄、虚与实、凹与凸等。

方向——高与低、垂直与水平、垂直与倾斜、纵纹与横纹等。

质感——光滑与粗糙、透明与不透明、软与硬。

虚实——开与闭、密与疏、虚与实等。

体量——大与小、轻与重、笨重与轻巧等。

色彩——浓与淡、明与暗、强与弱、冷与暖、轻与重等。

在家具的造型设计中，最常见的协调有以下几方面：

线——以直线或以曲线为主。

形——造型的各部位形相似或相同。

色彩——色相、明度、冷暖应相似。

各要素在设计中进行调和与对比的处理见表3.1-1。

② 重点与一般

在家具构图中，没有支配要素的设计将会平淡无奇而单调。如果有过多的支配要素，设计又将杂乱无章，喧宾夺主。家具的重点是突出功能、体量、视觉等方面的主体，即对主要表面或主要构件上加以重点处理，如椅子的靠背、座面、桌面、柜面、床屏等，使这些部位形体突出，引人注目，如图3.1-5所示。

重点处理是家具造型的重要构图法则之一，采用这种手段可以加强表现力，突出中心，丰富

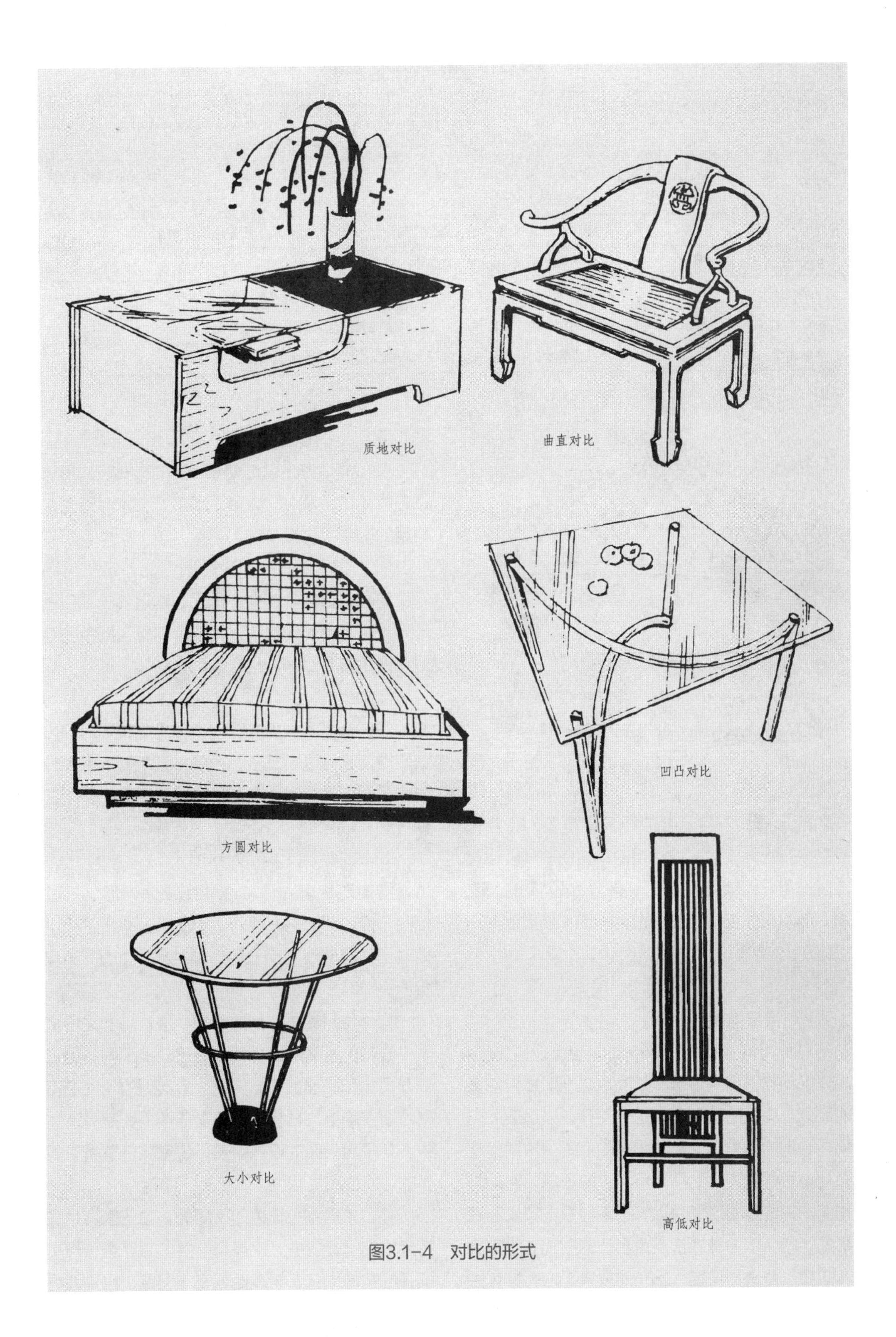

图3.1-4　对比的形式

表3.1-1　调和与对比的处理

因素	设计应着重强调方向	常用处理方法
线条	调和	以直线为主要形式取得调和，设少量曲线形态以丰富造型
形态	调和	主体形态各类以少为佳求统一，一般不超过三个基本形，并有一个为主形，加体量小的异样形态成变化
方向	对比	直线、矩形、纹理主要安排为竖向，与人体直立相协调，少量横向显对比
质感	调和	以同质感取得调和，有时以少量不同质感作衬托
虚实	对比	设置开敞或玻璃门的虚空间，与封闭的实空间相映，丰富造型
色彩	调和	用同色相，中、低明度，中、低彩度或天然色泽取得调和，有时设少量对比
体量	对比	用几个较小的体量衬托大体量，以突出重点，避免平淡无味

图3.1-5　床高屏的重点处理

变化的形式，一旦重要的要素或重要的特色已经形成，那么就应采取恰当的策略使从属要素起支配作用，使家具重点设计得既微妙而又有所克制，而不应在视觉上过分压倒一切，使重点与一般体现出恰到好处的对比效果。

（2）对称与均衡

对称与均衡是自然现象的美学法则之一。人体、动物、植物形态，都呈现这一对称与均衡的原则。家具的造型遵循这一原则，以适应人们视觉心理的需求。对称与均衡的形式美法则是动力与重心两者矛盾的统一所产生的形态，对称与均衡的形式美，通常是以等形不等量或等量不等形的状态，依中轴或依支点出现的形式。对称具有端庄、严肃、稳定、统一的效果；均衡具有生动、活泼、变化的效果。

在家具造型上以对称与均衡的形式设计形体是最常用的手法之一，形式很多，在家具造型中常用的有以下几类：

① 对称（镜面对称）

对称是最简单的对称形式，它是基于几何图形两半相互反照的对称。同形、同量、同色的绝对对称，如图3.1-6所示。

② 轴对称

轴对称是围绕相应的对称轴用旋转图形的方法取得。它可以是三条、四条、五条、六条中轴线作多面均齐式对称，在活动转轴家具中多用这种方法，如图3.1-6所示。

③ 均衡对称（相对对称）

均衡对称以对称轴线两侧物体外形、尺寸相同，但内部分割、色彩、材质肌理有所不同。相对对称有时没有明显的对称轴线，如图3.1-7所示。

均衡也是家具造型的常用手法。均衡是指造型中心轴的两侧形式在外形、尺寸上不同，但它们在视觉和心理上感觉均衡。最典型的均衡造型就是衡器称重的杠杆重心平衡原理，在家具造型中，常采用均衡的设计手法，使家具造型具有更多的可变性和灵活性，如图3.1-7所示。

除了家具本身形体的平衡外，由于家具是在特定的空间环境中，家具与电器、与灯具、与书画、与室内绿化、与其他陈设的配置，也是取得

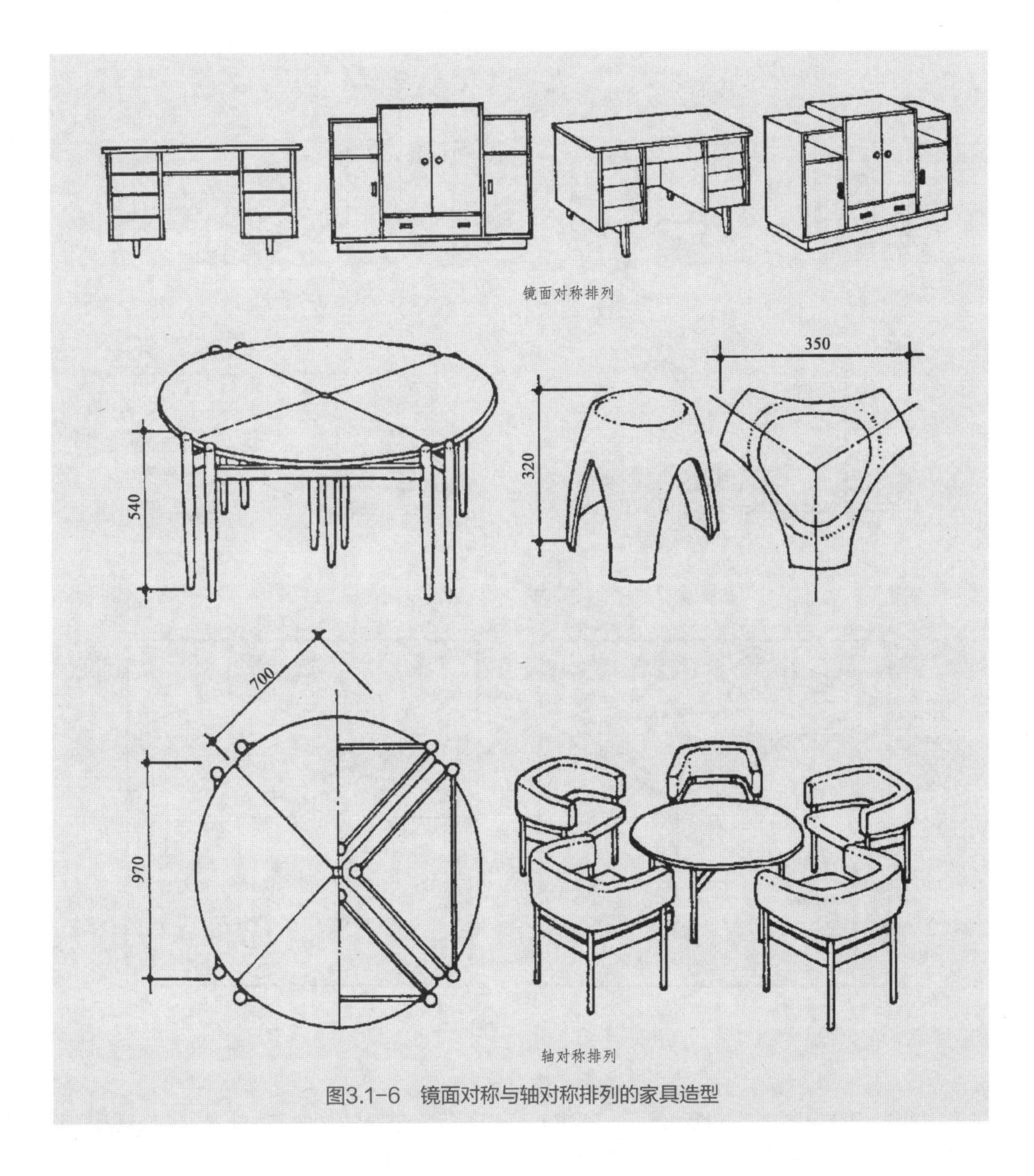

图3.1-6　镜面对称与轴对称排列的家具造型

整体视觉均衡效果的重要手法。

（3）比例与尺度

① 比例的概念

比例就是尺寸与尺寸之间的数比关系。任何形状的物体，都具有长、宽、高三个方向的度量，按度量的大小构成物体的大小和形状，各方向度量之间的关系及物体的局部和整体之间形式美的关系就是比例。家具的比例包含两方面的内容：一方面是家具外形宽、深、高之间的尺寸关系或某一局部本身长、宽、高之间的尺寸关系；另一方面是家具整体与部件，或是各部件之间的尺寸关系（图3.1-8）。在室内环境中，还包括家具与家具之间，家具与室内空间的尺寸关系。

比例相称的外形，能给人以美感，优秀的家具都具有良好的配合比例关系。研究家具的比例

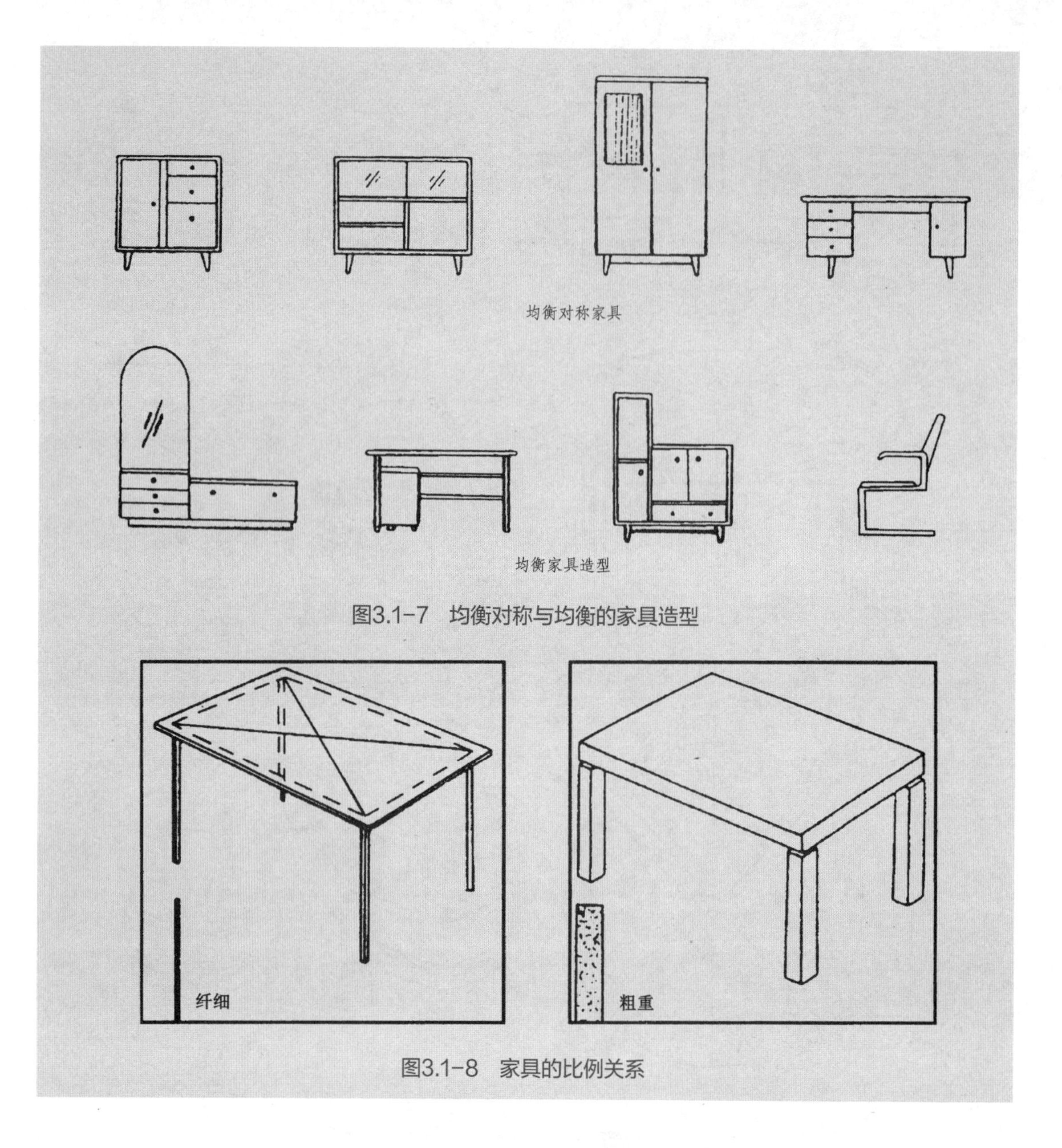

图3.1-7　均衡对称与均衡的家具造型

图3.1-8　家具的比例关系

关系，是抉择家具形式美的关键。然而，功能与结构是比例设计的基础，选取比例应与这些因素相协调，因家具总体与局部的材料、结构、所处的部位、场合与功能的不同，其比例也应有所不同。如金属家具部件宜细长、板式部件宜宽薄、住宅家具宜轻巧等。

② 比例的数学法则

人们经过对比例关系的长期观察、探索与应用，认为几何体本身和几何体之间，存在着某种良好的比例关系，并逐渐形成了一些数学的法则。若构成家具的图形有如下特点，家具就显示了比例的美感。

一是构成的图形属于外形肯定的基本几何图形。基本几何图形有正方形、圆形、等边三角形和黄金比矩形、根号长方形（$\sqrt{2}$、$\sqrt{3}$、$\sqrt{4}$、$\sqrt{5}$）等，其中黄金比矩形的边长比为1：0.618，外形显得既端正而又活跃，十分优美，应用广泛，如书籍、国旗等。

二是形状彼此相似。就若干个几何形状之间的组合关系而言，它们之间应该具有某种内在的联系，形状彼此相似，外观就显得既有变化又有统一，而给人以美感。对于相邻又相互包容的几何形状，则应使它们相互之间的对角线相互平行或垂直，如图3.1-9所示。

三是尺寸按规律的渐变比例分割。尺寸按规律的渐变比例分割，会赋予形体以强烈的韵律美感。这些分割法不仅适用于形体单方向尺寸的安排，也适用于不同形体间相应尺寸的变化。各种比例构成如由1：2 、2：3 等整数相比构成的整数比，由整数的平方根$\sqrt{2}$、$\sqrt{3}$、$\sqrt{4}$、$\sqrt{5}$相比构成等，这类分割比关系明确，呈现有序、清晰、条理的美感，在柜类家具中应用广泛。

在设计家具时，应注意家具的整体与局部、局部与局部之间的大小关系，包括上下、左右、主体和构件、整体和局部之间的长短、大小、高低等相对的尺寸关系。其中“数”的比例为造型设计中形的分割提供了理性的科学依据，但在实际应用时还需根据家具的功能、材料、结构和所处的空间环境作全面的分析，灵活应用。

③ 尺度与尺度感

尺度是指家具在造型设计时，根据人体尺寸等已知标准或公认的常量所形成的物体大小。通常指根据标准度量衡测出来物体的物理尺寸，然而，同样一件家具，因放置场合不同，给人的大小感觉会不一样。家具在人们视觉中的大小印象，则称为视觉尺度。这种不同的印象给人以不同的感觉，如舒畅、开阔、闭塞、拥挤、沉闷等，这种感觉就叫尺度感。

为了获得良好的尺度感，除了从功能要求出发确定合理的物理尺寸外，还要从审美要求出发，用周围的参照物作视觉中的“尺”量出来。如人体尺寸与房间尺度。设计时，必须因“尺”而变，合理调整家具尺寸，使尺度适宜，尺度感良好。例如，使用家具的人体型比较高大时，家具应采用比较大的尺寸。当使用家具的人为儿童时，家具应用的尺寸比较小。当家具放置房间为大厅堂时，应采用尺寸比较大的家具；小居室则应配置相应较小尺度的家具。目的都是获得良好的尺度感。

（4）重复与韵律

重复与韵律也是自然现象和美的规律，是条理化、秩序感的重复发展产生的形式美。由于其构成的形式具有强烈的渐大、渐小、渐强、渐弱、渐长、渐短、渐深、渐浅、渐明、渐暗、渐慢、渐快或“周期性”的重复秩序规律，似音乐与诗歌的节奏感、韵律感，故借用该术语来表达这一形式法则。

重复是指同一造型中，相同的形象出现过两次或超过两次。重复以加强给人的印象，造成有

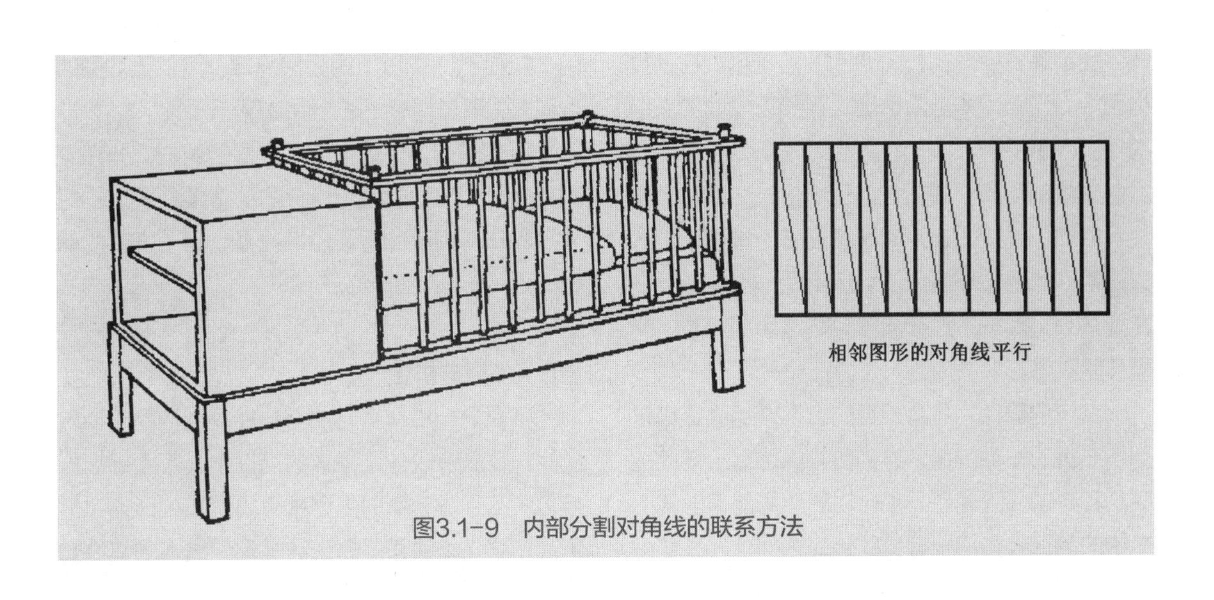

图3.1-9　内部分割对角线的联系方法

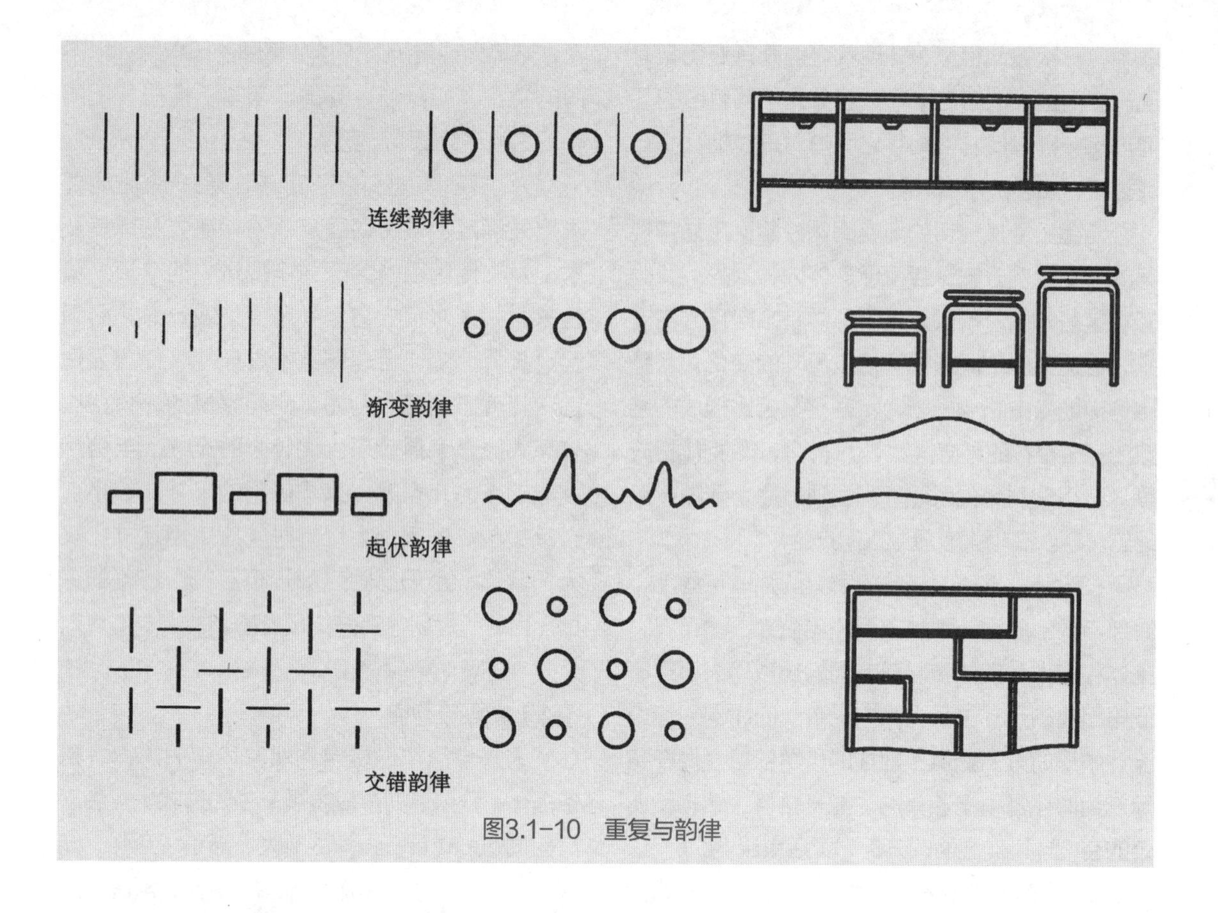

图3.1-10 重复与韵律

规律的节奏感，而成为主韵律的表现形式。韵律是艺术表现手法中有规律地重复和变化的一种现象。在重复与韵律的表现手法中，重复是产生韵律的条件，韵律是重复的艺术效果。

同一图形作有规律的重复，有组织的变化，会使构图产生韵律美感。韵律有连续、渐变、起伏、交错等多种形式，如图3.1-10所示。在家具构图中，当相同的形象出现时，如巧妙地加以组织，进行变化处理，即可获得不同的效果。

连续的韵律，是指在造型中由一个或几个单位组成的，并按一定距离连续重复的排列而得到的韵律。如图3.1-11所示，运用同一形态进行的重复排列，形成了连续韵律，显得端庄肃立，又极具韵律美。

交错的韵律，是有规律的纵横穿插或交错排列所产生的一种韵律。这种韵律更注重于彼此的联系和牵制，因此是一种比较复杂的韵律形式。交错的韵律较多用于家具的装饰细部处理，如图3.1-12所示。

起伏的韵律，是渐变周期的反复，即在总体上有波浪式的起伏变化，以获得有高潮的韵律效果。在家具的造型设计中，壳体家具的有机造型的起伏变化，高低错落的家具排列，家具的车木构件、模压板的起伏造型都是起伏韵律手法的应用。如图3.1-13所示的起伏韵律，可加强造型的表现力，取得情感上的起伏效果。

渐变的韵律，是指连续重复的组成部分在某一方面（如体积的大小、色彩的浓淡、质感的粗细等）作有规律的逐渐增加或减少时所产生的韵律，如图3.1-14所示。

（5）模拟与仿生

家具是一种具有物质与精神双重功能的物质产品，在符合人体工程学的前提下，可运用模拟与仿生的手法，借助生活中常见的某种形体、形象或仿照生物的某些原理与特征，进行创造性的

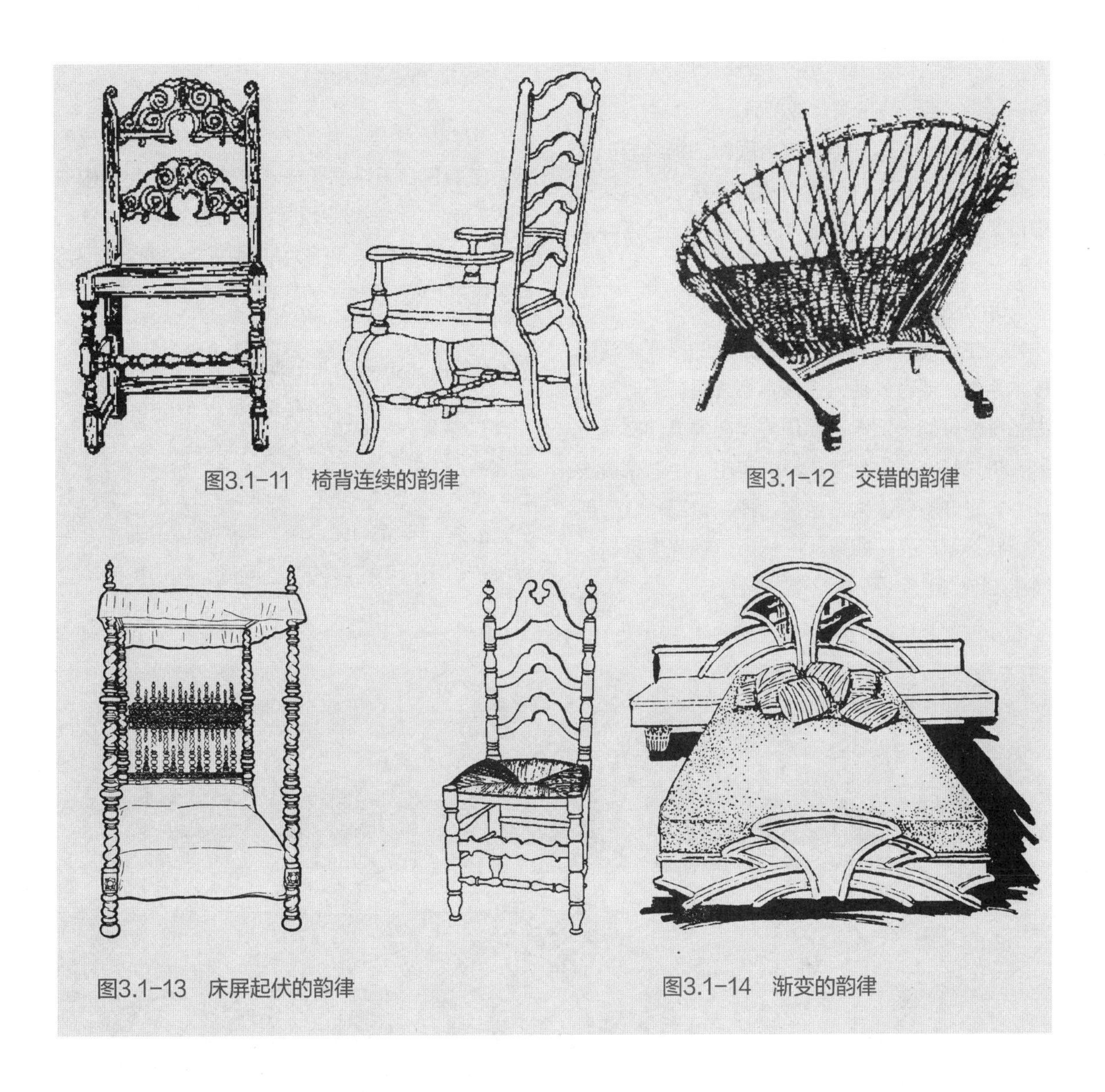
图3.1-11　椅背连续的韵律

图3.1-12　交错的韵律

图3.1-13　床屏起伏的韵律

图3.1-14　渐变的韵律

构思，设计出神似某种形体或符合某种生物学原理与特征的家具，是家具造型设计的又一重要手法。模拟与仿生可以给设计师多方面的提示与启发，使产品造型具有独特的生动的形象和鲜明的个性特征，可以给使用者在观赏和使用中产生对某事物的联想，体现出一定的情感与趣味。模拟与仿生的共同之处就是模仿，前者主要是模仿某种事物的形象或暗示某种思想情感，而后者重点是模仿某种自然物合理存在的原理，用于改进产品的结构性能，同时也以此丰富产品造型形象。

① 模拟

模拟是较为直接地模仿自然形象或通过具象的事物形象来寄寓、暗示、折射某种思想感情，是一种比喻和比拟，它与一定自然形态的美好联想有关，如图3.1-15所示。这种联想是由一种事物到另一事物思维的推移与呼应。具有这种艺术特征的家具造型，往往会产生艺术印象延展效应。在家具造型设计中，模拟的形式主要有三种。

一是局部造型模拟，主要出现在家具造型的某些功能构件上，如桌椅的脚、椅子扶手、靠板等。被模拟的对象除了人体外，就是动植物，而主要以动物，如狮、虎、鹰、龙、凤等为主。

二是整体造型模拟，把家具的外形模拟塑造为某一自然形象，有写实模拟和抽象模拟的手法，或介于二者之间。模拟对象可以是人体、动物、植物、自然物的整体或部分。

三是结合家具功能件进行图案的描绘与形体的简单加工，是一种难度小和最容易取得效果的模拟，如模拟动物图案的儿童家具，描绘各种吉祥图案的传统家具等。

② 仿生

仿生学是一种以模仿生物系统的原理来建造技术系统，或者是使人造技术系统具有类似于生物系统特征的一门学科。仿生学在建筑、交通工具、机械等方面得到了广泛的应用，也为家具设计带来了许多强度大、结构合理、省工省料、形式新颖的新产品，如图3.1-16所示的壳体家具、海星脚结构等。

5. 家具的构成设计

构成设计是现代视觉艺术中的重要组成部分，主要包含有平面构成、立体构成、色彩构成三大构成，其基本规律适用于所有的构成设计。家具设计是以构成原理为基础并结合家具造型特点进行的构成设计。

（1）家具的平面构成设计

在家具方案设计时，首先依据家具功能、室内环境、材料、工艺等多方面因素，确定家具的三维基本外形，然后，在此基础上进一步对各个立面进行平面构成设计。平面构成设计主要是解决长、宽两度空间的造型问题，如柜类家具立

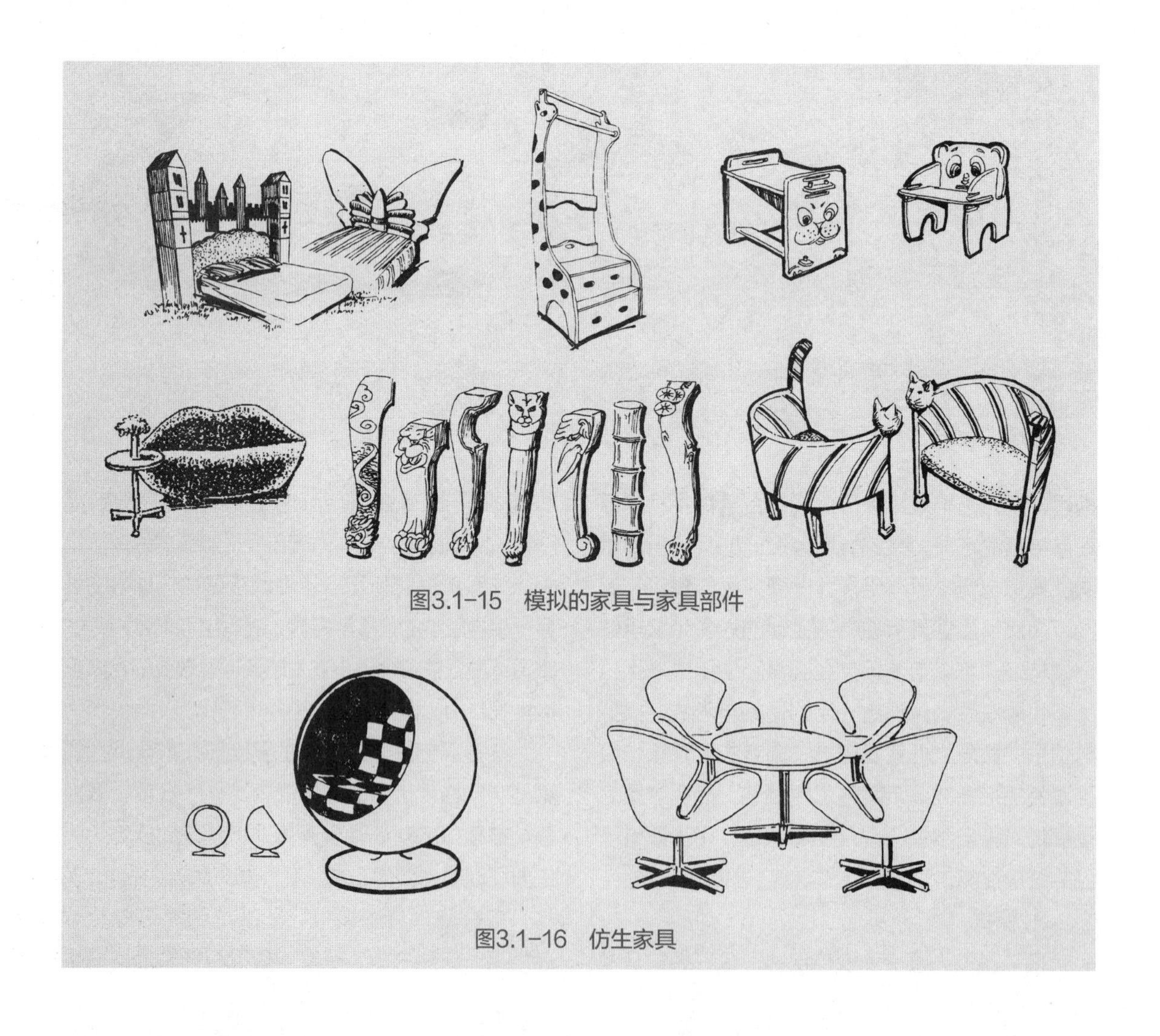

图3.1-15　模拟的家具与家具部件

图3.1-16　仿生家具

面的门、抽屉、搁板及空间等的划分，家具各立面边缘及装饰的线型选用，拉手、锁等点的设置等，都是属于平面构成设计的主要内容。

① 造型基本要素在家具平面构成中的应用

在家具平面构成中，最基本的形态要素是点、线、面。任何形态的家具都构成一定的外轮廓，所有轮廓，都是用点、线、面交织而成的，下面着重阐述点、线、面在家具构成设计中的应用。

在家具与建筑室内的整体环境中，凡相对于整体和背景比较小的形体都可称之为点。点的形状没有严格的限制，可以为圆形、三角形、菱形、星形、正方形、长方形、椭圆形、半圆形、半球形、几何线形、不规则形等。在家具造型中，柜门或抽屉面的拉手、锁孔、软体家具的包扣与泡钉以及家具上的局部装饰五金配件等，相对于家具整体而言，都是较小的面域体，它们都以点的形态特征呈现。这些点在家具造型中的应用效果往往可起到画龙点睛的作用，如图3.1-17所示。尤其是对色彩家具来说，有重要的点缀作用。例如，沙发靠背很大时，加几个装饰打扣，就可使其体量感变小。在家具设计时：一方面最好使小体量的点与整体成对比关系，如以直线为主的家具选用圆形的拉手和锁，以曲线为主的家具选用方形的拉手，这样可取得鲜明的对比装饰效果；另一方面由于点对面有分割作用，所以小巧的家具应尽量少用。

在几何学里的定义里，线是点移动的轨迹，只有长度和位置而没有宽度和厚度。在家具造型设计中，通常把长宽相差悬殊的面称为线，线即表现为线型的零件，如木方、钢管，板件的边线，门与门、抽屉与抽屉之间的缝隙，门或屉面的装饰线脚，板件的厚度，封边条以及家具表面织物装饰的图案线等，如图3.1-18所示。线有水平线、垂直线、斜线、几何曲线和自由曲线，线的应用要注意和功能相结合，与人体接触的部位应尽量采用曲线软化，女性化家具更要应用曲线。线在家具设计中要确定一个主线条，以便于统一协调，同时，要注意线的呼应与过渡，不要出现孤独线型。如在客房家具设计中，一般要由床屏线形来确定整套家具的主线形，以主线形为主体，其他线形变化的伸缩性就可放大些，以达到变化统一的审美效果。

面是由点的扩大、线的移动形成的，具有两度空间的特点。面可分为平面和曲面。平面由于较单纯，具有直截了当的表情，因而在现代家具造型中得到广泛的应用，如图3.1-19所示。几何曲面有理智和感情，而自由曲面则性格奔放，具有丰富的抒情效果，在软包家具和塑料家具中得到广泛应用。面在家具造型中的应用，一是以板面或其他实体的形式出现；二是由条块零件排列构成面；三是由线型零件包围而成面。面通常是通过形式来表现的，优秀的家具在形的应用上都有依存性和相似性，所以，同一个面中，形的变化不能超过3种，如要避免形的单调，可由一个

图3.1-17　点在家具上的运用

图3.1-18　线在家具造型中的应用

图3.1-19　不同形的面在家具造型中的应用

主要形进行较多的相似变化。

② 家具的立面分割设计

在家具的平面构成设计中，比较复杂的设计是对家具立面的划分。立面是家具的主要面，其他面的构成都相对简单。

在平面构成中，把整体分成若干部分，叫分割。分割设计所研究的主要内容是整体和部分、部分和部分之间的均衡关系，就是运用数理逻辑来表现造型的形式美。它一方面研究家具形式上某些常见的而又容易带给人们美感的几何形状；另一方面则研究和探求各部分之间获得良好比例关系的数学原理（图3.1-20至图3.1-28）。

分割也是一种常用的构成方法。在家具的立面设计中到处可见。几种常用的分割类型见表3.1-2。

分割在家具设计中随处可见。分割的原则，一是要符合特定的用途、功能等要求；二是要满足表现形式变化统一的要求。此外，还要考虑材料的结构与性能和工艺的限制等。下面介绍面分割在家具设计中的应用实例。

a.等形分割的应用：等形分割是简单的分割，具有对称均衡的美感，如图3.1-27所示，常用于办公家具如文件柜、卡片柜、药品柜等，但整体造型缺少变化，略显呆板单调。

b.等差级数分割的应用：图3.1-28是一组等差级数分割的应用。从上至下两个方向按统一的级差逐格加大，形成一种渐变的韵律感。由于高、宽两个方向尺度相对应，以对角线为方向可形成系列渐变正方形，正方形两边为等形对称，有较强的分割形式。但这种分割形式对使用功能有一定的影响，一般仅用于装饰性的物品架上。

c.倍数分割的应用：图3.1-29是由比率为2的倍数关系形成的倍数分割的应用，在其高和宽

表3.1-2 分割的类型介绍

分割的类型	特 点	效 果	图 例
等形分割	分割的形状完全一样，常表现为对称构成。具有均衡、均匀的特点，可以是两等分或两等分以上的分割	有和谐美感，但略显单调	图3.1-20
等差级数分割	间距具有明显的规律性	富有变化，具有韵律美	图3.1-21
等比级数分割	间距具有明显的规律性	极富变化，具有韵律美	图3.1-22
倍数分割	将分割的部分与部分、部分与整体依据简单的倍数关系进行分割，如1：1、1：2、1：3等，数比关系明了简单	条理清晰，秩序井然	图3.1-23
黄金比率分割	长边与短边的比是1：0.618的关系，邮票、国旗、明信片等多用此比率	体现公认的古典美	图3.1-24
平方根比率分割	由矩形的一角作对角线连续地、有规律地作垂线，可以将平方根矩形等分	类同黄金比率分割的美感	图3.1-25
自由分割	运用美学法则，凭个人直觉判断进行分割，但是注意构图的统一	自由活泼	图3.1-26

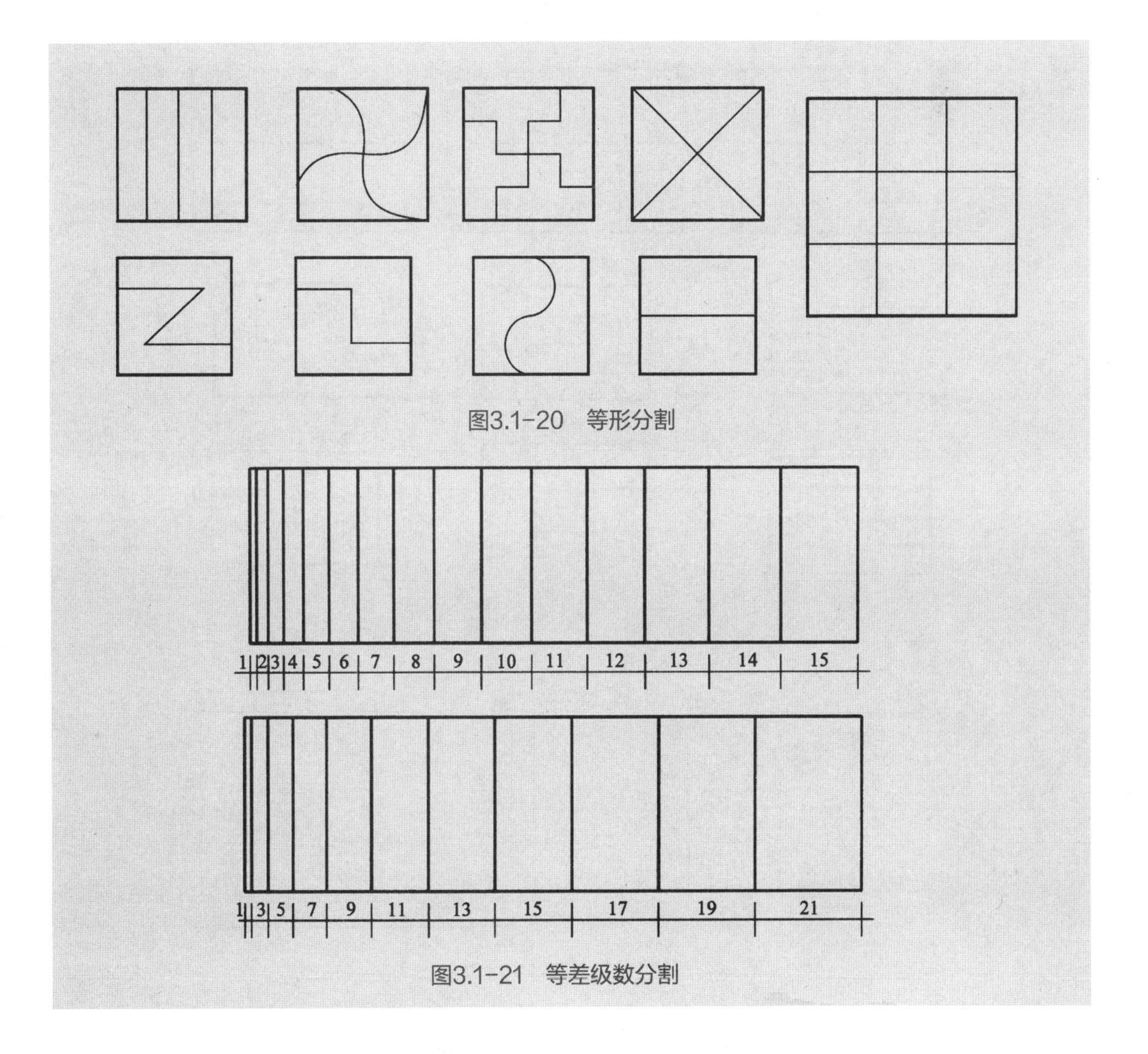

图3.1-20 等形分割

图3.1-21 等差级数分割

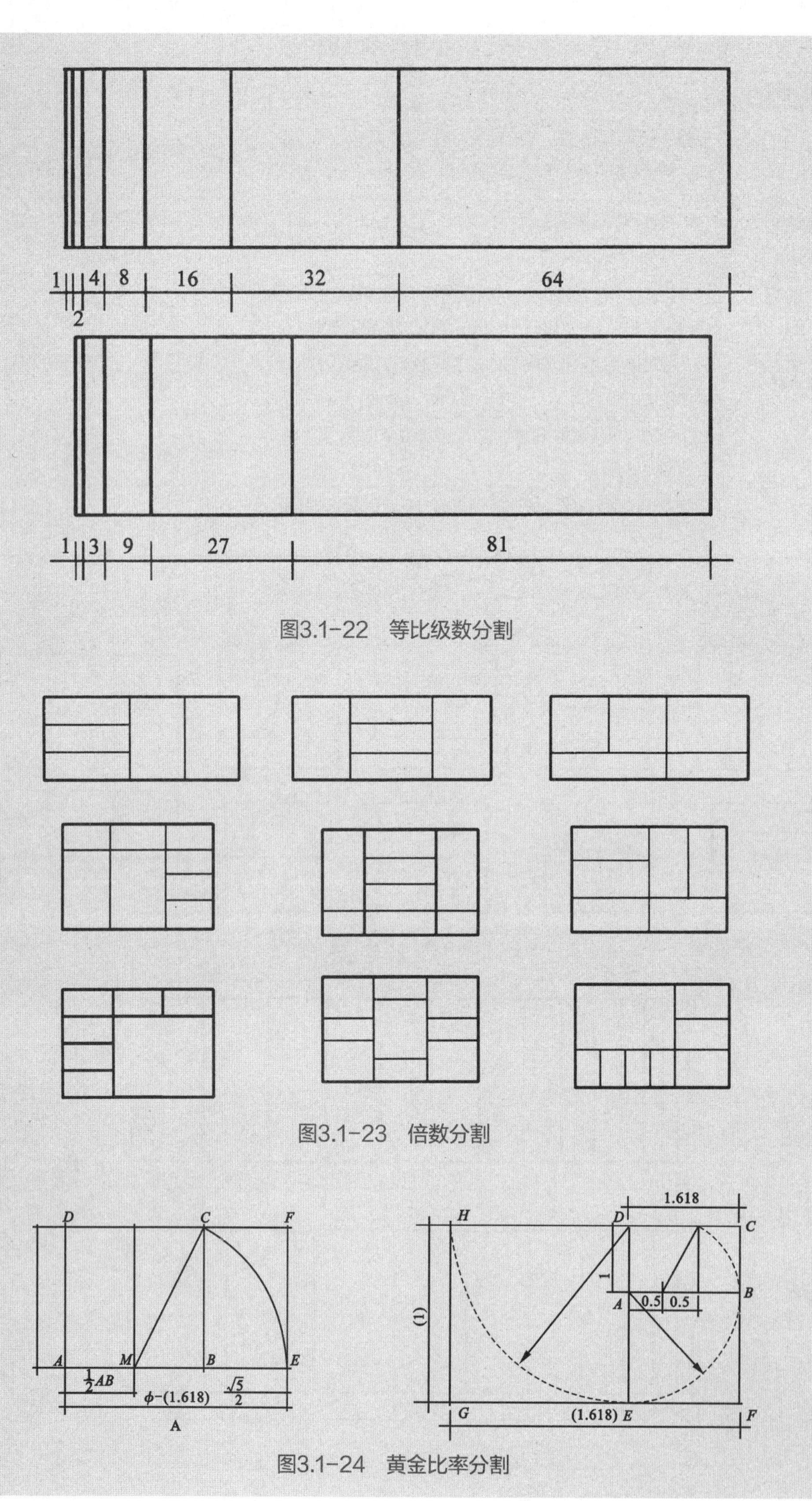

图3.1-22　等比级数分割

图3.1-23　倍数分割

图3.1-24　黄金比率分割

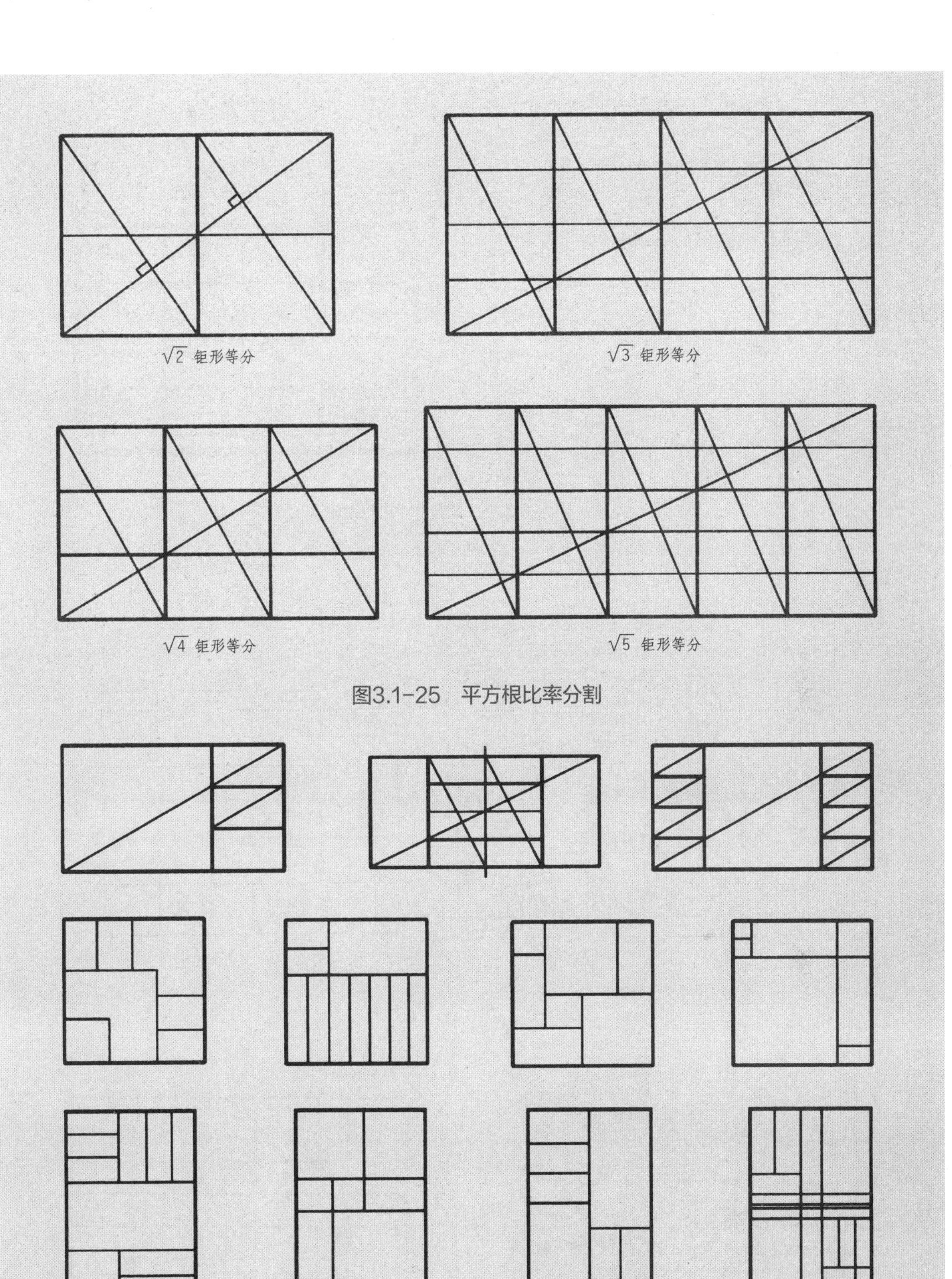

图3.1-25 平方根比率分割

图3.1-26 自由分割

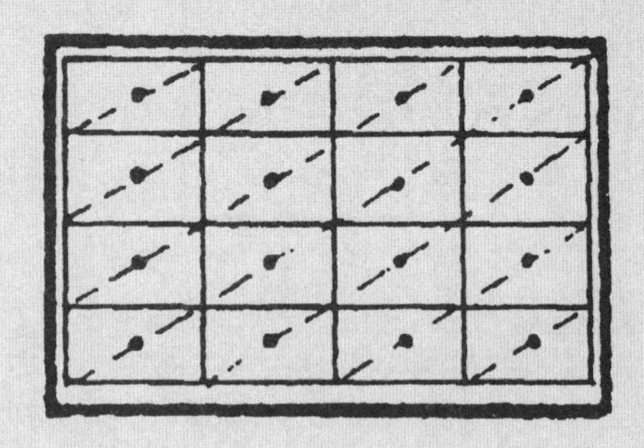

图3.1-27　等形分割的应用

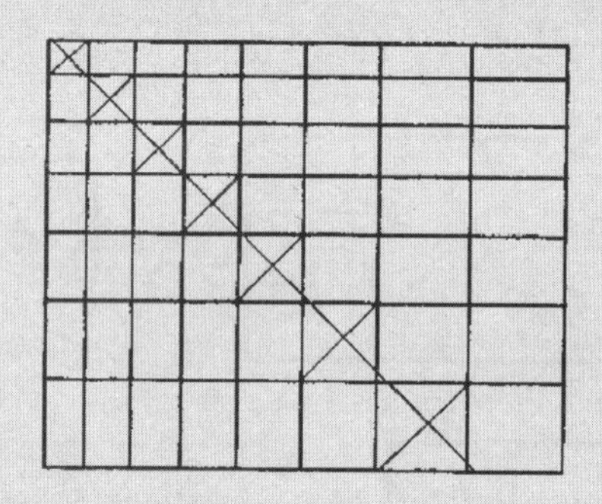

图3.1-28　等差级数分割的应用

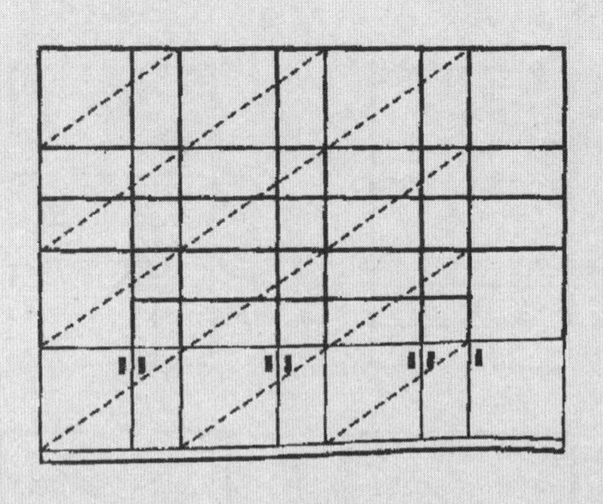

图3.1-29　倍数分割的应用

两个方向均有一大一小两种规格间隔排列，使整个立面重复匀称，而又呈现出一定的变化，比等腰三角形分割更富于表现形式。

d.黄金比率分割的应用：图3.1-30(a)是一个全部按黄金比率矩形构成的组合柜。组合柜由3个单元组成，每个单元分割为大小两个黄金比率矩形，再在大的黄金比率矩形内，根据功能需要在分割点上分为上、下两部分。为了丰富变化，将中间部分之两侧的长短边换位，在形的相似统一中，通过方向和空间的变化形成对比。在应用中，也可以黄金比率矩形为主调，再配置正方形、平方根矩形等，可产生同样的效果，如图3.1-30(b)所示。

e.平方根比率分割的应用：图3.1-31是以$\sqrt{2}$矩形为主调的平方根比率分割的应用，上、下各3个$\sqrt{2}$矩形，中间为一个大正方形。正方形在高度和宽度两个方向再进行1：3的分割，形成一个新的主体正方形，左侧配3个小正方形。垂直和水平分割线又正好把正方形分割成重叠的右侧上方2个$\sqrt{2}$矩形， 以此形成与上下形面相呼应的效果。

f.自由分割的应用：图3.1-32是一个以自由分割构成的博古架，由许多不同大小的正方形以及少量平方根矩形组成，有些分割线被隐去，构成了形相似且大小变化多的立面，使整体构成显得丰富多彩、杂而不乱。

（2）家具的立体构成设计

立体构成是研究空间立体造型的科学，是使用各种基本材料，将造型要素按照美的原则组成新立体的过程。

按照构成材料的形态差异，可将家具立体构

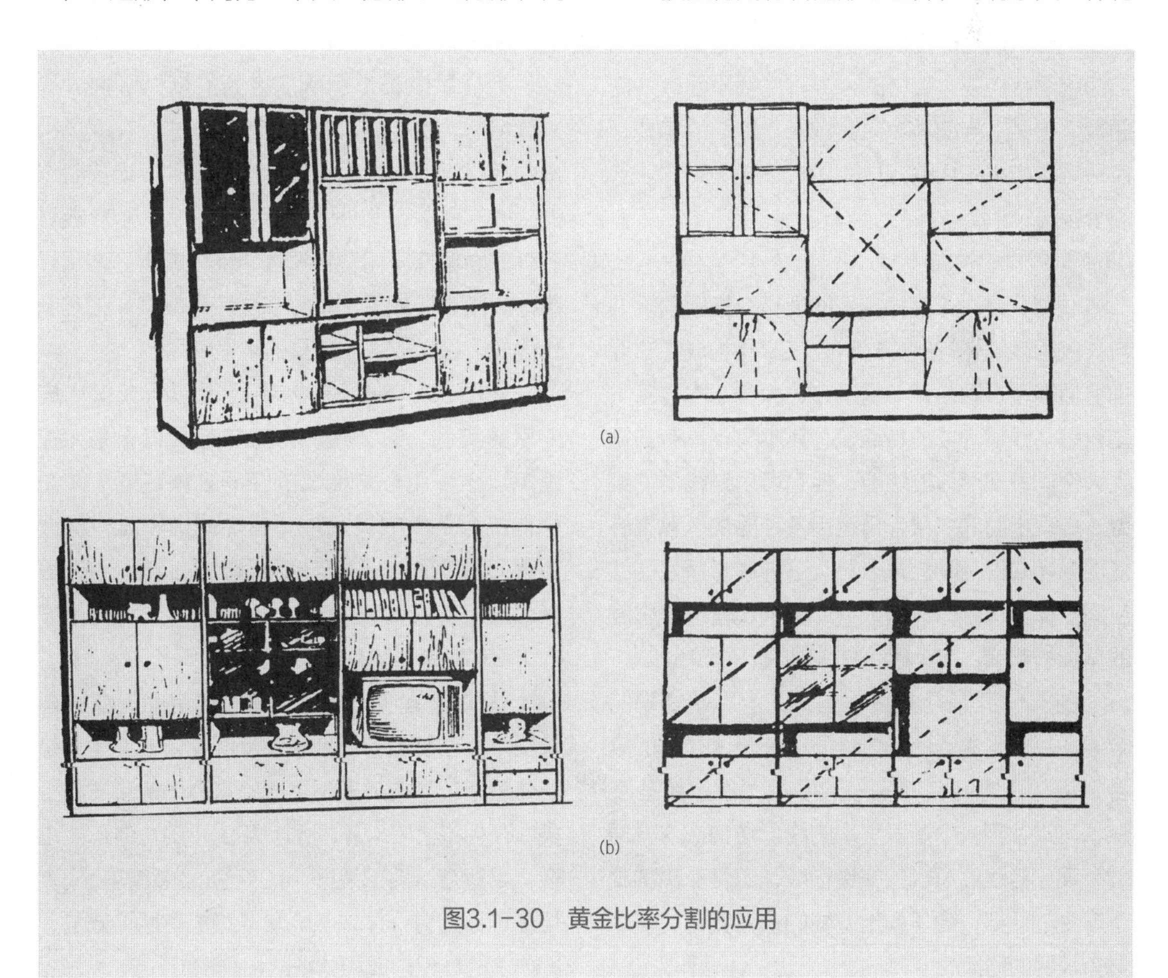

图3.1-30　黄金比率分割的应用

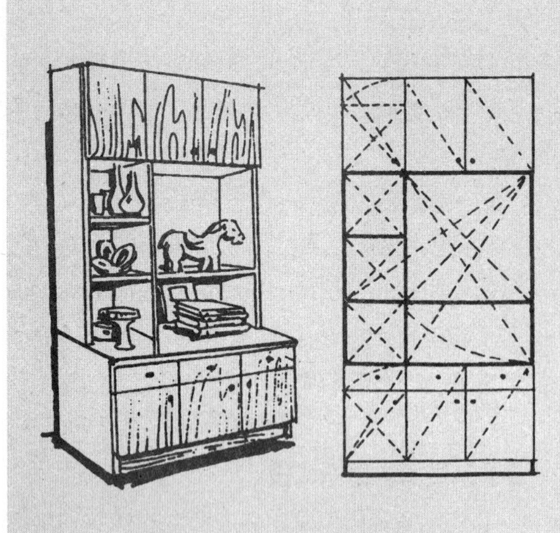
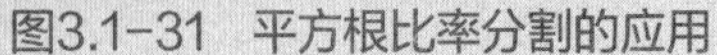
图3.1-31 平方根比率分割的应用

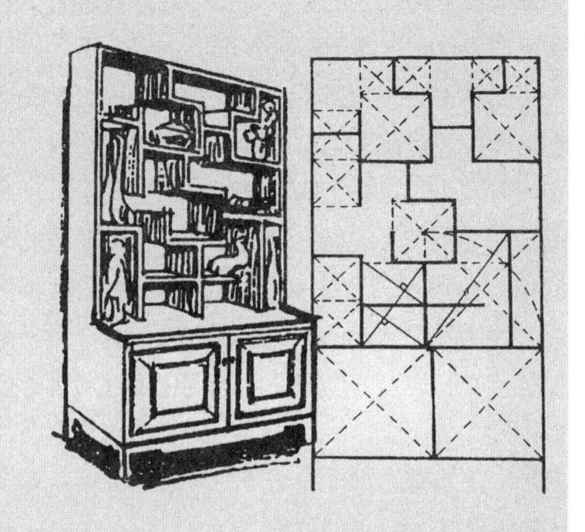
图3.1-32 自由分割的应用

成归纳为：线材的构成，包括直线、曲线、直线与曲线混合构成；板材的构成，包括平面板、曲面板、平面板与曲面板混合构成；体块的构成，包括堆积构成和切割构成；线材、板材、体块的混合构成。

① 线材的构成

线材，是以长度为特征的型材，指断面尺寸与长度相差悬殊的各种材料，在家具构成中主要指普通钢管、钢丝、不锈钢管、藤条、木方条、塑料等。线材构成的特点是，其本身不具有占据太大空间表现形体的功能，但它可通过线群的集聚，表现出面的效果，再运用各种面加以包围，形成封闭式的空间立体家具。这种线材所包围的空间立体家具，一般必须借助各种具备一定强度的框架的支承，完全用线材构成的家具较少。

图3.1-33所示是线材构成的家具所表现的效果，具有半通透的形体性质。由于线材群的集合，线与线之间会产生一定间距，透过这些空隙，可观察到各个不同层次的线群结构。这样便能表现出各线面层次的交错构成。这种交错构成所产生的效果，会呈现出网格的疏密变化，使它具有较好的韵律感。

② 板材的构成

板材是以长、宽两度空间的素材所构成的立体造型，是构成家具最普遍的形式。在家具构成中板材常指木质板材（包括用各种人造板制作的板式部件），此外还包括金属薄板、塑料板材等。曲面板件常用塑料模压、浇注成型、玻璃纤维与树脂模塑成型、单板多层胶压成型等工艺制作而成，是构成现代坐具的常见形式。

如图3.1-34所示为平面、曲面板材构成的家具实例，它表现的形态特征具有平薄和扩延感。这种用板材构成的空间立体造型，较线材构成有更大的灵活性，其功能也较线材构成更强，具有优美多姿、新颖奇特、轻巧活泼等特点。

③ 体块的构成

体块是具有长、宽、厚三度空间的立体量块实体，它能最有效地表现空间立体的造型，是立体造型最基本的表现形式。家具中的沙发和柜类，在视觉上常以不同形状和大小的块体形式出现。尽管它的内部是一个贮存空间或结构空间，但仍可把它看作体块。体块的构成有两种方法，即体块的堆积构成和体块的切割构成。

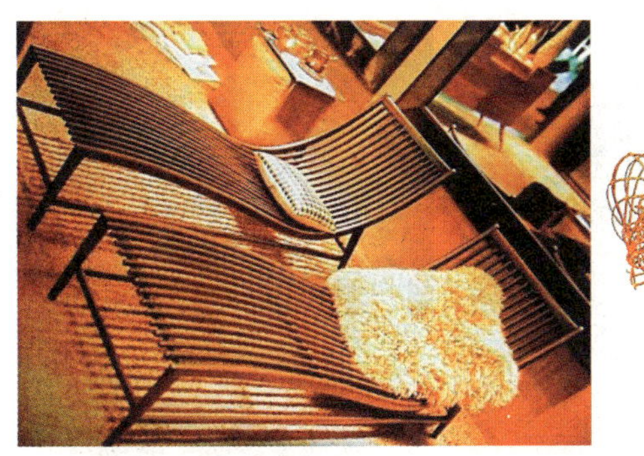

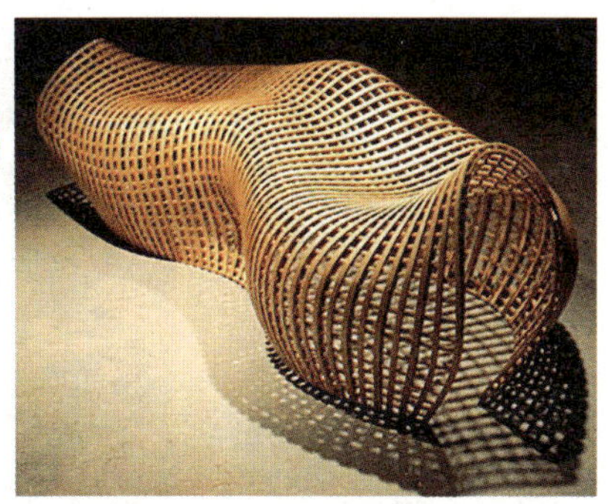

图3.1-33 线材构成的家具

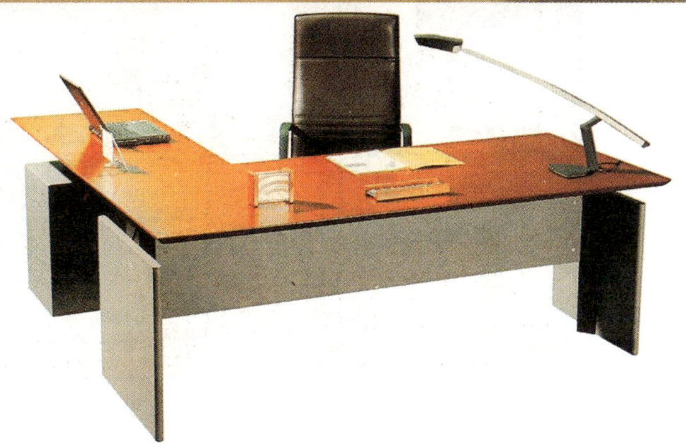

图3.1-34 板材构成的家具

a.体块的堆积构成：图3.1-35所示是在原型的基础上，按照造型的需要，体块进行不断地叠加、堆积构成的家具。从堆积形式上看有垂直方向堆积、不平方向堆积、二维堆积以及全方位堆积等。体块的堆积是柜类和沙发的主要组合形式。

b.体块的切割构成：在造型设计上，体块的切割构成属于削减法。为了功能和造型的需要把家具形体设计成有凹凸感的形体，与简单的几何相比，好像切割掉某些部分后所留下的体块，可以使家具形体凹凸分明，层次丰富，变化无穷。平面切割的形体刚劲有力，曲面切割的立体委婉动情。

体块的切割构成家具形式如图3.1-36所示。首先从一个板块体开始，要求该块状体的外形尺寸的比例符合美的比例法则。然后根据功能结构

图3.1-35 体块构成的家具

的需要、外观形式、材料的特征来进行各个局部的切割。

④ 线材、面材、体块的混合构成

线材、面材、体块的混合构成，在家具立体构成中有着广泛的应用。三者中可以一起混合，也可以选择两者混合。其中，线材与面材混合构成为最普遍的形式。直线、曲线、平面、曲面等相互交错配合，使得家具形体千姿百态，美不胜收。体块可以独立构成家具，也可以与线材和面材混合构成家具。线材、面材、体块的混合构成在现代各类家具设计中显得丰富多彩，不受传统形式的过多约束，使得构成的方式发挥得淋漓尽致。图3.1-37所示为线材、面材、体块混合构成的家具。

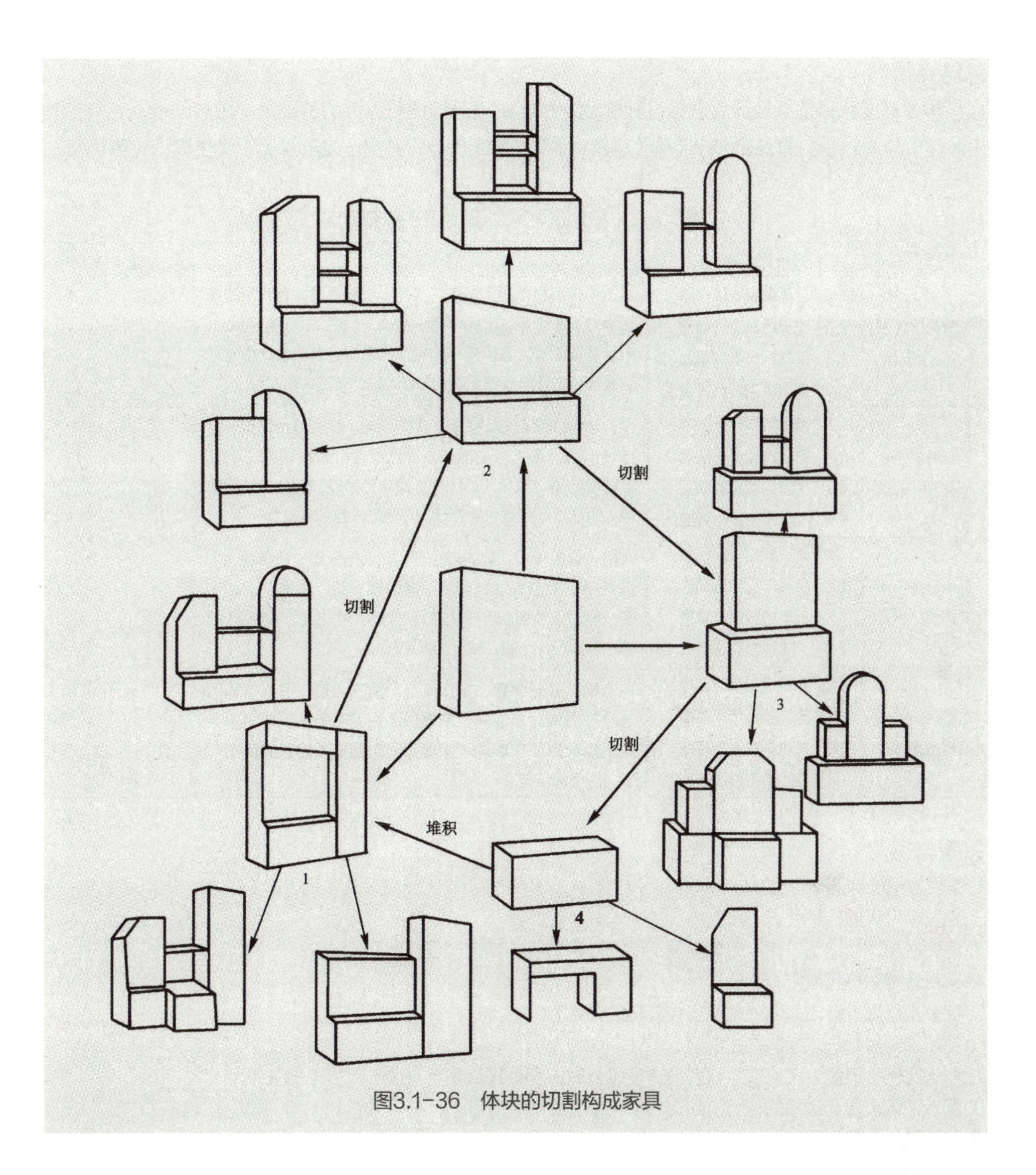

图3.1-36　体块的切割构成家具

图3.1-37　线材、面材、体块混合构成的家具

总结评价

学生完成家具造型设计后进行设计展示，在学生进行自评与互评的基础上，由教师依据家具造型设计评价标准对学生的表现进行评价（表3.1–3），肯定优点，并提出改进意见，学生设计完善调整。

表3.1–3　单体家具造型设计任务考核标准

考核项目	考核内容	考核标准	备　注
1.座类单体家具造型设计	（1）家具造型设计创意 （2）家具产品市场前瞻 （3）家具创意设计草图 （4）家具造型设计效果图	优：造型创意新颖、美观、实用、功能合理；有较强的市场潜力；形态表达非常清晰、准确、画面洁净、构图佳；设计意图明确、家具形体比例准确美观、色彩设计得当、制图规范、版面设计美观大方效果好、有艺术表现力	
2.卧类单体家具造型设计	（1）家具造型设计创意 （2）家具产品市场前瞻 （3）家具创意设计草图 （4）家具造型设计效果图	良：造型创意新颖、美观、功能合理、较实用；具有一定市场潜力；形态表达清晰、画面干净、构图适宜；设计意图较明确、家具形体比例准确、色彩设计得当、制图规范、版面设计大方效果较好、有一定的艺术表现力	
3.桌台类单体家具造型设计	（1）家具造型设计创意 （2）家具产品市场前瞻 （3）家具创意设计草图 （4）家具造型设计效果图	及格：创意一般、功能较合理、实用性一般；市场潜力难以判断；形态表达较清晰、准确性一般、画面干净、构图一般；设计意图明确、家具形体比例较准确、制图较规范、版面设计一般、缺乏艺术表现力	
4.贮存类单体家具造型设计	（1）家具造型设计创意 （2）家具产品市场前瞻 （3）家具创意设计草图 （4）家具造型设计效果图	不及格：缺乏创意、不实用、功能不合理；没有市场潜力；形态表达不清晰、不准确、画面不干净、构图不合理；设计意图不明确、家具形体比例不准确、制图不规范、版面设计差	

思考与练习

1. 家具造型设计的概念。
2. 家具造型设计的类型。
3. 何为抽象理性造型设计、有机感性造型设计、传统古典造型设计？
4. 家具造型的构图法则有哪些？
5. 在家具造型设计时如何处理统一与变化的关系？
6. 图示说明对称与均衡的构图法则。
7. 何为比例、尺度、尺度感？在家具造型设计时如何处理比例、尺度与尺度感的关系？
8. 图示说明重复与韵律的构图法则。
9. 何为模拟、仿生？
10. 点在家具设计中的体现与应用。
11. 线在家具设计中的体现与应用。
12. 面在家具设计中的体现与应用。
13. 体在家具设计中的体现与应用。
14. 对每一构图法则进行有针对性的家具设计草图绘制实训。
15. 对家具构成要素逐一进行构成设计练习。
16. 对家具构成要素及构成材料综合考虑进行家具造型设计。

巩固训练

各设计工作室或小组完成沙发、衣柜等单体家具造型设计。要求设计作品创意新颖，注重美观性、舒适性和功能性的结合，学习产品并提交家具设计草图、家具造型设计效果图和家具设计创意模型。

任务3.2
系列家具造型设计

工作任务

任务目标

通过本任务的学习，了解系列家具的概念与特性及其表现形式，熟悉系列家具的类型及其特点，掌握系列家具造型设计的方法，能够进行不同类型的系列家具造型设计。

任务描述

本任务为通过知识准备部分内容的学习，完成学习性工作任务——系列家具造型设计。学生以个人为单位，采用A4图纸，按横向幅面布局1张图纸画1套系列家具陈设草图或4～6个单体家具设计草图的形式，利用1周的课余时间完成3个系列（每个系列4～6个家具）的家具造型（形态）设计，内容包括系列家具陈设草图及系列家具中的单体家具设计草图，其中设计的系列家具必须包含1套实木或板式系列家具。要求设计作品创意新颖，注重美观性、舒适性和功能性的结合及同一系列家具的整体性、关联性。

工作情景

工作地点：家具造型设计与模型制作理实一体化实训室。

工作场景：采用家具设计工作室制教学模式，以教师引导、学生主体的理实一体化教学方法。学生根据教师指导和教材设计步骤完成学习性工作任务，教师对学生工作过程和成果进行评价和总结，学生根据教师的指导进一步完善系列家具造型（形态）设计。

任务实施

（1）布置学习任务

明晰学习任务的内容、目标、要求，特别是学习性工作任务的内容、目标、要求及完成学习性工作任务所需要掌握的理论知识、方法、途径和步骤，明确可利用的学习与工作资源，要求学生课前按思考与练习要求完成知识准备部分内容的预习。

（2）理论知识的引导学习

通过教师引导，以学生为主体，采用理实一体化的教学方法完成知识准备部分理论知识的学习。

（3）设计思维引导和获取信息

教师以某个家具为例，结合所学理论知识进行家具形态设计的分析。

（4）设计执行

学生以个人为单位，采用A4图纸，按横向幅面布局1张图纸画1套系列家具陈设草图或4～6个单体家具设计草图的形式，利用1周的课余时间完成3个系列（每个系列4～6个家具）的家具造型（形态）设计，内容包括系列家具陈设草图及系列家具中的单体家具设计草图，其中设计的系列家具必须包含1套实木或板式系列家具。要求设计作品创意新颖，注重美观性、舒适性和功能性的结合及同一系列家具的整体性、关联性。学习产品为系列家具陈设草图及系列家具中的单体家具设计草图，在设计过程中教师检查、指导。

（5）作品展示、总结评价

学生完成学习性工作任务后进行设计展示，在学生进行自评与互评的基础上，由教师依据系列家具造型设计评价标准对学生的表现进行评价，肯定优点，并提出改进意见。

（6）作品的调整与完善

学生根据同学、教师的意见对设计作品进行修改完善，并保存好，以备下次学习任务及所有设计任务完成后统一装帧上交使用。

知识链接

市场中的一切竞争都是围绕着商品展开的，商品的开发是以市场需求为导向，家具作为人类生活的必需品，常以系列商品的形式出现在市场上。系列家具以其不同风格，多种功能要素的组合方式，构成丰富的家具系列产品，能够扩大产品的覆盖面和提高产品的适应性，是提高家具产品市场竞争力的重要策略。

1. 系列家具的概念和特性

系列家具是指相互关联的成组、成套家具产品。系列家具的特点是功能的复合化，即在整体目标下，使若干个家具功能具有如下特性：

（1）整体性

系列家具产品强调风格统一的视觉特征。如材料选用及搭配、结构方式、色彩及涂装效果的统一所体现出的整体感；又如，以整体系列家具产品为基点而形成的专卖店、生活馆等整体品牌形象。

（2）关联性

系列家具产品的功能之间有依存关系。如餐桌与餐椅、休闲椅与茶几、床与床头柜之间存在的家具产品功能间的依存关系；又如，以各种功能而划分不同的空间区域，如用餐空间（餐厅）、睡眠空间（卧房）、公共空间（客厅）、贮物空间（衣帽间）、烹饪空间（厨房）、办公空间（书房、办公室）等。

（3）独立性

系列家具产品中的某个功能可独立发挥作用。

（4）组合性

系列家具产品中的不同功能可互相匹配，产生更强的功能。

（5）互换性

系列家具产品中的部分功能可以进行互换，从而产生不同的功能。

2. 系列家具的类型

（1）按材料分

① 实木家具系列

主要用实木制成的家具系列。

② 木质家具系列

主要用实木与各种木质复合材料（如刨花板、纤维板、胶合板等）所制成的家具系列。

③ 竹藤制家具系列

用竹材、藤条或藤织部件制成的家具系列，如图3.2-1所示。

④ 金属家具系列

主要结构由金属构成，如各种型钢、钢板、管材、不锈钢等家具系列。

⑤ 塑料家具系列

整体或主要部件用塑料制成，包括由发泡塑料加工而成的家具系列。

⑥石材家具系列

以大理石、花岗岩、人造石为主要构件的家具系列。

（2）按功能分

① 收纳类家具系列

指衣柜、书柜、斗柜等家具。

② 凭倚类家具系列

指书桌、餐台、讲台等家具系列。

③ 支承类家具系列

指床、椅、凳、沙发等家具系列。

（3）按基本形式分

① 椅凳系列

指椅子、凳子、沙发等家具系列。

② 桌案系列

指写字台、会议桌等家具系列。

③ 橱柜系列

指衣柜、餐边柜、橱柜、电视柜、文件柜、酒柜等家具系列。

图3.2-1　藤制家具系列

④ 床榻系列

指双人床、折叠床、高低床、罗汉床等家具系列。

⑤ 其他系列

指衣帽架、CD架、花架、屏风、送餐车等家具系列。

（4）按空间类型分

① 民用家具系列

如卧房家具、客厅家具、书房家具、餐厅家具、厨房家具、衣帽间系列等，如图3.2-2所示。

② 办公家具系列

如办公桌、办公椅、文件柜、屏风等。

③ 酒店家具系列

如床、床头柜、电视柜、衣柜、卫浴家具、沙发、茶几等。

④ 户外家具系列

如沙发、茶几、餐桌、餐椅、休闲椅等。

⑤ 特种家具系列

如商场家具、展示家具、医院家具、学校用家具、交通工具用家具等。

（5）按风格特征分

① 古典风格家具系列

具有某种古典风格、特征的家具系列。有法国风格、英国风格、美国风格等，如图3.2-3所示。

② 现代家具系列

无明显的古典风格、特征，较为简洁、明快的家具系列。如现代中式风格等，如图3.2-4所示。

（6）按结构形式分

① 固装式家具系列

零部件之间采用榫或其他固定形式接合，一次性装配而成。其特点是结构牢固、稳定，不可再次拆装，如框式家具系列。

② 拆装式家具系列

零部件之间采用连接件接合并可拆装。其特点是可缩小家具的运输体积，便于搬运，减少库存空间的家具系列。

③ 部件组合式家具系列

也称通用部件式家具，是将几种统一规格的

图3.2-2　客厅家具系列 / 东莞永和家具

图3.2-3　古典风格家具系列

图3.2-4　现代家具系列 / 广西志光办公家具

图3.2-5　单体组合式家具系列/侯正光

通用部件，通过一定的装配结构而组成不同用途的家具系列。

④ 单体组合式家具系列

将制品分成若干个小单件，其中任何一个单体既可单独使用，又能将几个单体在高度、宽度和深度上相互结合而形成新的整体的家具系列，如图3.2-5所示。

⑤ 多用式家具系列

对家具上某些部件的位置稍加调整就能变换其用途的家具系列。如沙发床。

⑥ 曲木家具系列

是用实木弯曲或多层单板胶合弯曲而制成的家具系列。

⑦ 壳体式家具系列

又称薄壁成型家具。其整体或零件是利用塑料、玻璃钢一次模压成型或用单板胶合成型的家具系列。

⑧ 充气式家具系列

是用塑料薄膜制成袋状、充气后成型的家具系列。

3. 系列家具的形式

在现实生活中，众多的家具产品通常以系列化的形式存在。系列化产品的规模在日益扩大，它对处于不同时代、不同文化背景下的人们有着不同的意义。

（1）品牌系列

在一个品牌之下的多种独立的家具产品。如联邦家居的“新东方”，如图3.2-6所示的“龙行天下”，优越国际的“OOD”等，都属于同一品牌的家具系列产品。

（2）成套家具系列

成套家具系列是配套的家具系列，它是由多种独立功能的产品所组成的一个产品系统，或以相同功能、不同型号、不同规格的产品而构成系列。如厨房家具、浴室家具、户外家具、SOHO家具、酒店家具等不同使用空间的各种成套系列产品，既有其独立的作用，又组成了完整的功能系统，如图3.2-2所示。

（3）组合系列

以多个具有同样功能的不同产品，组成一个产品系列，即纵向系列，这种系列类型的特点就是可互换性。因此，要求产品具有一定的模数关系，或某个部分具有模数关系。严格来说，还要遵循行业标准或国家标准。由于这类产品遵循标准化、具有可互换性，所以也使产品具有更好的适应性。这类产品往往使可互换的部分成为模块，与产品母体相结合，派生出若干系列，如图3.2-5所示。

（4）家族系列

家族系列具有组合系列的特点，即由独立功能的产品构成系列，如图3.2-7所示。与组合系列不同的是：家族系列中的产品，并不要求可互换，而且家族系列中的产品往往具有同样的功能，但形态、规格、色彩、材质不同，这与成套系列产品又相类似；产品之间不一定存在功能上的相关性，只有形式上的相关性。这类产品更具有可选择性，也更具有商业价值，从而更能产生品牌效应。

（5）单元系列

单元系列是以不同功能的产品或部件为单元，各单元承担不同的角色，各单元产品之间具有某种相关性和依存关系，为共同满足整体目标而构成的完整的产品系列，如图3.2-8所示。该系列产品的功能之间不可互换，但有依存关系。这种系列也可以形成家族感，但与形式上的统一感相比，功能上的配套性更为重要。

4. 系列家具的设计方法

家具产品是一个系统，其构成要素包括功能、用途、原理、形状、规格、材料、色彩、成分等。系列家具产品设计就是将其中一些要素在纵横方向上进行组合或将某个要素进行扩展，构成更大的家具产品系统。在进行系列家具设计时可以从以下几个方面考虑：

（1）功能组合

在单件家具产品设计中，常会将多种功能合到一件产品中，即所谓多功能产品。这种多功能化产品的优点是一物多用，缺点是由于家具产品中某些功能使用频率不同，而会将多余的功能强加给部分无此需求的使用者，造成功能的浪费。系列家具产品的功能组合，是将若干不同功能的产品组成一个系列，在购买或使用时具有可选择性；在主题上是一个整体，在使用上具有灵活性。

（2）要素组合

系列家具产品的实质就是商品要素在一定目标下的系列组合。商品要素包括功能、用途、结构、原理、形状、规格、材料、成分等。如果将其中的某个要素进行扩展，在纵向或横向上进行组合，就可形成系列家具产品。

（3）配套组合

配套组合属横向组合，即将不同的、独立的

产品作为构成系列的要素进行组合。其目的是：使成套意识带来的品牌效应，实现商业上的特定服务目标。

（4）强制组合

出于商业上的需要而进行的强制性的组合。将功能上、品种上相关性不大的产品组合在一起。形成单件或构成系列家具产品。这类家具产品的设计，关键是要解决统一性的问题，包括造型、风格等形式的统一和色彩等视觉效果的统一。

（5）情趣组合

这类组合方式往往是借用人们的希望、爱好、祝愿、友谊、幽默、时尚追求等富有人之常情、生活情趣的内容，通过形象化的造型，或附加造型的方法，组合到系列产品中去，构成趣味性产品系列。情趣系列组合，可以是成套的，也可以是强制性的，组合的目的就是增加卖点。

图3.2-6　联邦新东方品牌系列家具

图3.2-7　家族系列家具

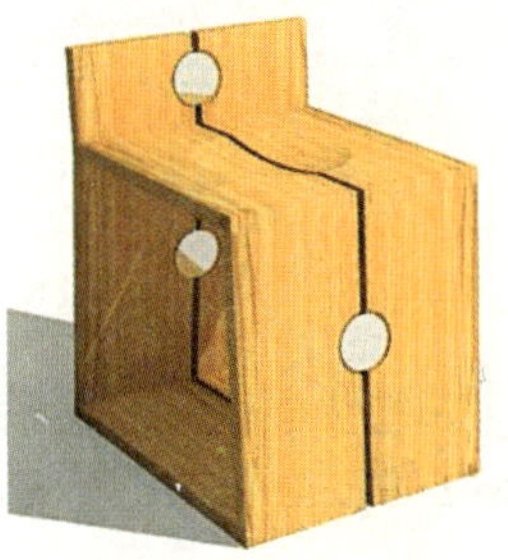

图3.2-8　单元系列家具/曹京

总结评价

学生完成家具产品介绍与评价后，在学生进行自评与互评的基础上，由教师依据家具产品介绍与评价的评价标准对学生的表现进行评价（表3.2-1），肯定优点，并提出改进意见。

表3.2-1　系列家具造型设计任务考核标准

考核项目	考核内容	考核标准	备注
系列家具造型设计	（1）系列家具造型设计创意 （2）系列家具产品市场前瞻 （3）系列家具创意设计草图 （4）系列家具造型设计效果图 （5）同一系列家具的整体性、关联性	优：造型创意新颖、美观，功能合理，实用；有较强的市场潜力；形态表达非常清晰、准确，画面洁净、构图佳；设计意图明确，家具形体比例准确美观，色彩设计得当，制图规范，版面设计美观大方效果好，有艺术表现力；同一系列家具有很好的整体性、关联性 良：造型创意新颖、美观，功能合理，较实用；具有一定市场潜力；形态表达清晰，画面干净，构图适宜；设计意图较明确，家具形体比例准确，色彩设计得当，制图规范，版面设计大方效果较好，有一定的艺术表现力；同一系列家具有较强的整体性、关联性 及格：创意一般，功能较合理，实用性一般；市场潜力难以判断；形态表达较清晰，准确性一般，画面干净，构图一般；设计意图明确，家具形体比例较准确，制图较规范，版面设计一般，缺乏艺术表现力；同一系列家具有一定的整体性、关联性 不及格：缺乏创意，不实用，功能不合理；没有市场潜力；形态表达不清晰、不准确，画面不干净，构图不合理；设计意图不明确，家具形体比例不准确，制图不规范，版面设计差；同一系列家具的整体性、关联性不明显	

思考与练习

1. 系列家具的概念、特性。
2. 系列家具的类型。
3. 系列家具的形式。
4. 系列家具的设计方法。

巩固训练

选择不同家具从家具类型与名称、家具特性与家具设计性质内涵的体现、家具零部件名称等方面分析家具，并从实用性、艺术性、工艺性和经济性等方面评价家具产品。

项目4 家具装饰及色彩设计

4

知识目标

1.了解家具装饰的概念；

2.掌握家具装饰的类型及其各种装饰要素；

3.掌握家具色彩构成设计方法。

技能目标

1.能够运用色彩构成知识进行家具色彩设计；

2.能够运用家具装饰要素知识进行家具装饰设计。

任务4.1
家具装饰设计

工作任务

任务目标

了解家具装饰的概念，掌握家具装饰的类型及其各种装饰要素，能够运用家具的装饰要素知识进行家具装饰设计。

任务描述

本任务为通过知识准备部分内容的学习，完成学习性工作任务——家具装饰设计。学生以个人为单位，利用1周的课余时间以项目3.1完成的“学习性工作任务”为设计对象，进行家具装饰设计，完善家具设计草图。要求设计作品创意新颖，注重美观性、舒适性和功能性的结合，学习产品为对项目3.1“学习性工作任务”进行装饰设计后的家具设计草图。

工作情景

工作地点：教室。

工作场景：采用家具设计工作室制教学模式，以教师引导、学生为主体的理实一体化教学方法。学生根据教师指导和教材设计步骤完成学习性工作任务，教师对学生工作过程和成果进行评价和总结，学生根据教师的指导进一步完善家具的装饰设计。

任务实施

（1）布置学习任务

明晰学习任务的内容、目标、要求，特别是学习性工作任务的内容、目标、要求及完成学习性工作任务所需要掌握的理论知识、方法、途径和步骤，明确可利用的学习与工作资源，要求学生课前按思考与练习要求完成知识准备部分内容的预习。

（2）理论知识的引导学习

通过教师引导、以学生为主体、采用理实一体化的教学方法完成知识准备部分理论知识的学习。

（3）设计思维引导和获取信息

教师以某个家具为例，结合所学理论知识进行家具装饰设计分析。

（4）设计执行

学生以个人为单位，利用1周的课余时间以项目3.1完成的“学习性工作任务”为设计对象，进行家具装饰设计完善家具设计草图。要求设计作品创意新颖，注重美观性、舒适性和功能性的结合，学习产品为对项目3.1 “学习性工作任务”进行装饰设计后的家具设计草图，在设计过程中教师进行检查、指导。

（5）作品展示、总结评价

学生完成学习性工作任务后进行设计展示，学生进行自评与互评的基础上，由教师依据家具装饰设计评价标准对学生的表现进行评价，肯定优点，并提出改进意见。

（6）作品的调整与完善

学生根据同学、教师的意见对设计作品进行修改完善，并保存好，以备下次学习任务及所有设计任务完成后统一装帧上交使用。

知识链接

家具装饰就是对家具形体或表面进行局部或细微的处理,使之达到美化的目的。家具的装饰处理是家具造型的一个重要手段。一件造型完美的家具，在进行了形态、质感和构图等方面的设计后，还要进行必要的装饰设计，在善于利用材料本身表现力的基础上，给予恰到好处的细部装饰处理，力求设计的视觉效果达到整体的完善与统一。

1. 家具装饰类型

家具装饰是改善家具外观的一个重要方面。家具装饰是指用涂饰、贴面、烙花、镶嵌、雕刻等方法对家具表面进行装饰性加工的过程。家具装饰可在家具组装后或组装前进行，而且常将多种装饰方法配合使用。

家具装饰使家具更为美观，具有与造型相协调的色彩、光泽、纹理，有效地遮盖瑕疵，使人们产生美感和舒适感，并且在家具表面覆盖一层具有一定耐水、耐热、耐候、耐磨、耐化学腐蚀性能的保护层，可以达到保护家具、延长使用寿命的目的。同时，还可通过涂饰模仿高级家具外观，提高家具的档次，是增加经济效益的一种有效方式。现代家具表面装饰方法种类很多，主要如下。

（1）功能性装饰

功能性装饰主要有两大类：一类是涂料装饰；另一类是贴面装饰。二者不仅能增加家具外观的美感，更重要的在于它们能提高家具表面的理化性能和保护性能等。

① 涂料装饰

涂料装饰是用涂料、颜料、染料、溶剂等原辅材料，使用涂饰工具与设备，按一定的工艺操作规程将涂料涂布在家具表面上，直接改变家具表面光泽、色彩、硬度等理化性能的装饰方法。经涂料装饰处理后的家具，不但易于保持其表面的清洁，而且能使木材表面纤维与空气隔绝，免受日光、水分和化学物质的直接侵蚀，防止木材表面变色和木材因吸湿而产生的变形、开裂、腐朽、虫蛀等，从而提高家具使用的耐久性。涂料装饰主要有透明涂饰、不透明涂饰和大漆涂饰3类。

透明涂饰俗称显木纹涂饰，是用透明涂料涂饰于木材表面。透明涂饰不仅可以保留木材的天然纹理与色彩，而且通过透明涂饰的特殊工艺处理，使纹理更清晰、木质感更强、颜色更加鲜艳悦目（图4.1-1）。透明涂饰多用于名贵木材或优质阔叶树材，如榉木、花梨木、紫檀木、鸡翅木、铁力木等木材制成的家具。这些木材质地坚硬，色泽或明丽、或深沉雅洁，花纹清晰美观，故只有透明涂饰才可达到理想的效果。通过染色处理，也可以使某些低档木材具有名贵木材的固有色，实现模拟装饰，提高产品档次。

不透明涂饰俗称彩色涂饰，是用含有颜料的不透明涂料，如各类磁漆、调和漆涂饰于木材表面（图 4.1-2）。通过不透明涂饰，可以完全覆盖木材原有的纹理与色泽，涂饰的颜色可以任意选择和调配，所以特别适合于木材纹理和色泽较差的散孔材和针叶材等普通木材制成的家具，也适用于直接涂饰用刨花板或中密度纤维板制成的板式家具。

图4.1-1　透明涂饰后的桌椅

图4.1-2　不透明涂饰后的卧室家具

图4.1-3　大漆雕花熏香盒

大漆涂饰就是用一种天然的涂料对家具进行装饰，主要是指生漆和精制漆。生漆是从漆树之韧皮层内流出的一种乳白色黏稠液体，生漆经过加工处理即成为精制漆，又称熟漆（图 4.1-3）。大漆具有良好的理化性能与装饰效果。长沙马王堆汉墓出土的 2000 多年前用大漆装饰的器具、漆几等仍然完好如新。今天，中国大漆已成为一种珍贵树种，除了少数产区仍使用大漆装饰家具外，工厂批量生产中一般只用于外贸出口的工艺雕刻家具和艺术家具的装饰。

② 贴面装饰

薄木贴面　用珍贵木材加工而得的薄木贴于人造板或直接贴于被装饰的家具表面，这种装饰方法就叫薄木贴面装饰，如图4.1-4所示。这种方法可使普通木材制造的家具具有珍贵木材美丽的纹理与色泽。这种装饰既能减少珍贵木材的消耗，又能使人们享受到少有的自然美。

根据加工工艺和装饰特征的差异，常用的薄木有3种：一种是用天然珍贵木材直接刨切或旋切得到的薄木，称天然薄木，如图4.1-5所示；另一种是将普通木材刨得的薄木染色后，将色彩深浅不一的薄木依次间隔同向排列胶压成厚方材，然后再按一定的方向刨切而得到的薄木，称再生薄木，如图4.1-6所示，再生薄木也具有类似某些珍贵木材的纹理和色彩；还有一种是用珍贵木材的木块按设计的拼花图案先胶拼成大木方，然后再刨切成大张的或长条的刨切拼花薄木，如图4.1-7所示。

印刷装饰纸贴面　用印有木纹或其他图案的装饰纸贴于家具基材——人造板或木材表面，然后用树脂涂料进行涂饰，这种涂饰方法称为印刷装饰纸贴面装饰。用这种方法加工的产品具有木纹感和柔软感，也具有一定的耐磨性、耐热性和耐化学污染性，多用于中低档板式家具的装饰（图4.1-8）。

合成树脂浸渍纸或薄膜贴面　这种方法是用

图4.1-4　薄木贴面装饰的文件柜

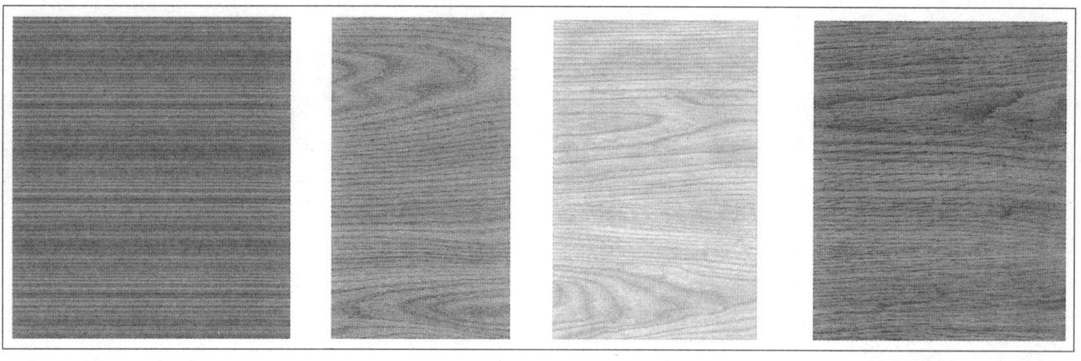

图4.1-5　天然薄木

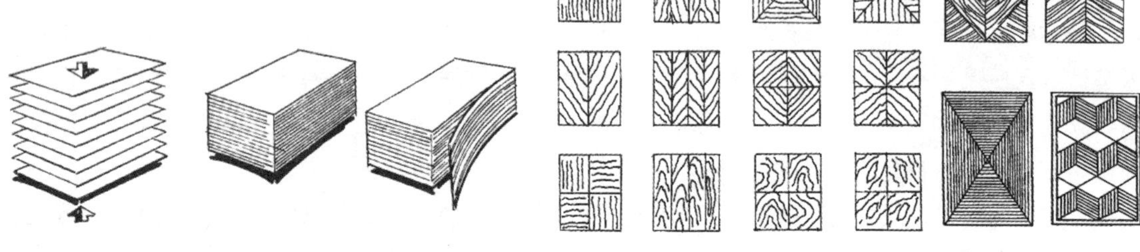

图4.1-6　再生薄木　　图4.1-7　集成薄木

三聚氰胺树脂装饰板（塑料贴面板）、酚醛树脂或脲醛树脂等不同树脂的浸渍木纹纸、聚氯乙烯树脂或不饱和聚酯树脂等制成的塑料薄木等材料，贴于人造板表面或直接贴在家具的表面。是目前国内外应用比较广泛的一种中高档家具的装饰，其纹理、色泽具有广泛的选择性（图 4.1-9）。

其他材料贴面装饰　家具的贴面装饰除了应用上述材料进行贴面外，还可以用许多其他材料进行贴面装饰，如纺织品贴面、金属薄板贴面、编织竹席贴面、旋切薄竹板（竹单板）贴面、藤皮贴面等，可以使家具表面色泽、机理更富有变化和表现力（图4.1-10）。

（2）艺术性装饰

① 雕刻装饰

雕刻是一种古老的装饰技艺，早在商、周时代我国的木雕工艺就达到了较高的水平。目前我国各地的古建筑与古家具上，就保存着许多传统的艺术性雕刻，如龙凤、云鹤、牡丹等雕刻纹样，这些纹样在构图、缩尺及能见度等方面体现了我国劳动人民的杰出智慧。在18世纪的欧洲，当时风行的家具雕刻中有雄狮、鹰爪、兽腿、神像和花草纹等图案，使家具装饰艺术达到了一个辉煌时期。

现代中式家具中，可通过不同的雕刻方法（线雕、平雕、浮雕、圆雕、透雕等）而创造不同艺术效果，雕刻装饰多出现于床屏、椅子靠背、扶手端部和柜顶家具部件。一般雕刻装饰多为手工进行，也可以CNC机床或雕刻中心完成。此外，现代家具中的装饰玻璃也可通过线雕、平雕等雕刻方法获得很好的图案装饰，充满山野趣味的树根、树桩也常常通过雕刻而形成更具有艺术魅力的家具。

家具的雕刻装饰按雕刻方法与特性分类，有线雕、平雕、浮雕、圆雕、透雕等。

a.线雕：也称凹雕，是在木材表面刻出粗细、深浅不一的内凹的线条来表现图案或文字的一种雕刻方法（图4.1-11）。

b.平雕：是一种将衬底铲去一层，使图案花纹凸出的一种雕刻方法。平雕也有花纹图样凹下

图4.1-8　印刷装饰纸与印刷纸装饰贴面的柜子

图4.1-9　合成树脂浸渍纸及用合成树脂浸渍纸贴面后制成的办公家具

图4.1-10　竹单板及用竹单板装饰贴面的家具

的，如同线雕，只不过凹进较浅而已。平雕的所有图案花纹都与被雕木材的表面在同一个平面上（图4.1-12）。

c.浮雕：也叫凸雕，是在木材表面刻出凸起的图案纹样，呈立体状浮于衬底面之上，较之平雕更富有立体感。浮雕图案由在木材表面凸出高度的不同而分为低浮雕、中浮雕和高浮雕3种。在木材表面上仅浮出一层极薄的物像图样，且物像还要借助一些抽象线条等表现方法的浮雕叫低浮雕；在木材表面上浮出较高，物像接近于实物的称为高浮雕；介于低浮雕与高浮雕之间的称为中浮雕（图4.1-13）。

d.圆雕：是一种立体状的实物雕刻形式，可供四面观赏，是雕刻工艺中最难的一种。这种雕刻应用较广，人物、动植物和神像等都可表现，家具上往往利用它作为装饰件，尤其是作为支架零件（图4.1-14）。

e.透雕：又叫穿空雕，是将装饰件镂空的一种雕刻方法。透雕又可分为两种形式：在木板上把图案纹样镂空穿透成为透孔的叫阴透雕；把木板上除图案纹样之外的衬底部分全部镂空，仅保留图案纹样的称为阳透雕（图4.1-15）。

几乎任何木材都可以雕刻，但以木质结构均匀细密的木材最为适宜，如属硬木的红木、花梨

图4.1-11　线雕装饰的屏风

图4.1-12　平雕装饰的饰品

图4.1-13　浮雕装饰的太师椅

图4.1-14　圆雕装饰的家具

图4.1-15　透雕装饰的玫瑰椅和床

木、黄檀、紫檀、核桃楸、香樟木等，硬度适中的色木、荷木、柚木、桦木、椴木等。近年来，由于人造板技术的迅速发展，家具基材日益广泛，中密度纤维板也是一种适于机械雕刻的应用广泛的家具用材。

雕刻工艺既有手工的，又有机械的。机械雕刻可采用上轴式铣床、多轴仿型铣床和镂锯机等。上轴式铣床可用于线雕、平雕或浮雕；多轴仿型铣床可完成较复杂的艺术仿型雕刻；镂锯机能加工各种透雕。现在，从国外引进的计算机控制的多功能镂铣机床可加工出非常复杂的雕刻装饰零部件，为家具雕刻工艺机械化创造了良好的条件。

② 模塑件装饰

模塑件装饰就是用可塑性材料经过模塑加工得到具有装饰效果的零部件的装饰方法。过去常用的简单方法是用石膏粉浇注成型，用于家具表面装饰。现代广泛应用聚乙烯、聚氯乙烯等材料与木纤维的混合物料进行模压或浇注等成型工艺，既可以生产雕刻图案纹样附着家具主体进行装饰，也可以将雕刻件与家具部件一次成型，如柜门和屉面等。模塑装饰既具有雕刻件同样精确的形状，而且可以仿制出木材的纹理与色泽，是运用机械手段批量生产传统家具的有效方法。模塑件装饰也用于家具中难加工的家具部件，如造型复杂的床屏、椅子靠背和柜子的顶饰（图4.1-16）。

③ 镶嵌装饰

镶，是贴在表面；嵌，是夹在中间。这种工艺，起源较早，唐代时技术已很进步，宋代对这种技术更为广泛推用。

最初镶嵌图案所用材料多以螺钿、金银、瓷、大理石为主，制成的物件有屏风、桌椅、箧匣等。先将不同颜色的木块、木条、兽骨、金属、象牙、玉石、螺钿等，组成平滑的花草、山水、树木、人物及各种题材的图案花纹，然后再嵌粘到已铣刻好花纹槽（沟）的家具部件的表面上，这种方法称为镶嵌装饰。木制品的镶嵌装饰艺术，在我国有悠久的历史，从各地发掘出来的古代金银和兽骨镶嵌的漆器等可以证明，在欧洲法兰西家具开始盛行镶嵌时，我国的镶嵌艺术已经有了相当的发展。当时制作镶嵌的材料不仅有动物的骨骼、金属和玉石，而且在色彩处理上也很讲究。我国古代善于用对比手法，以衬托出镶嵌件的艺术形象。如著名的宁波镶嵌（嵌骨）家具，就具有富丽明朗、雍容大方的风格。

过去，在传统家具上，多用嵌木装饰，就是利用各种木材本身不同的材色和纹理，拼合成各种各样的图形，然后嵌入家具部件的表面，以获得装饰的效果。嵌木的方法，可分为雕入嵌木、锯入嵌木和贴附嵌木3种，现在又开发出了铣入嵌木。这种装饰方法把中国家具文化、陶瓷文化及绘画文化等有机结合在一起，从而塑造出典型的富有中国文化气息的家具（图4.1-17）。

a.雕入嵌木：利用雕刻的方法嵌入木片。即把预先画好图案花纹的薄板，用钢丝锯锯下，把图案花纹挖掉待用。另外将挖掉的图案花纹转描到被嵌部件上，用凹雕法把它雕成与图案薄板一样的深度（略浅些），并上胶料，再嵌入已挖空的图案薄板内。待胶料干固后，加以刨削或研磨，就成一幅非常雅致的木板画。

b.锯入嵌木：原理与雕入嵌木差不多，不过它是利用透雕方法把嵌材嵌入底板，因此这种嵌木是两面均具装饰性的。制作方法是先在底板和嵌材上绘好完全相同的图形，然后把这两块板对合，将图案花纹对准，用夹持器夹住（也可以在嵌材上绘好图案、对准方向。暂时固定在底板上面），再用钢丝锯将底板与嵌木一起锯下，然后把嵌材图案嵌入底板的图案孔内。嵌入时应加胶料。假如嵌木仅用一面。锯时，锯身可稍偏侧一些，使断面略成倾斜状，以利于拼合时容易拼准。

c.贴附嵌木：实际上是贴而不嵌。就是将薄木片制成图案花纹，用胶料贴附在底板上即成。这种工艺已为现代薄木装饰所沿用。

图4.1-16　模塑件及用模塑件装饰的餐厅家具

d.铣入嵌木：由于镶嵌工艺加工比较复杂，不适应现代工业的生产要求，故很少用在家具的装饰上。现在大多数铣入嵌法，即将底板部件用铣床铣槽（沟），然后把嵌件加胶料嵌入。同时在形式上、题材上也作了一些改革和简化，大多用纵横线条。如现代家具上的嵌金线条（电化铝条）及嵌烫金花纹板条等，这些都是镶嵌装饰的表现形式。图4.1-17为镶嵌装饰家具示例。

④ 烙花装饰

当木材被加热到150℃以上，在炭化以前，随着加热温度的不同，在木材表面可以产生不同深浅的棕色，烙花就是利用这一性质获得的装饰画面。

根据使用工具的不同，烙花可分为有笔烙、模烙、漏烙、焰烙等方法。不同的烙花方法形成的装饰效果不同，多运用在柜类家具的门、抽屉面、桌面等的装饰。如今，竹家具、藤家具也被看作是现代家具的一部分，烙花装饰在竹材家具装饰上也可获得很好的效果，用烙花、烘花等装饰工艺可使竹家具价值倍增，烙花在古今中外均有过广泛的应用。

笔烙即用加热的烙铁，通过端部的笔头在木材表面按构图进行烙绘。可以通过更换笔头来获得不同粗细效果的线条。模烙即用加热的金属凸模图样对装饰部位进行烙印。漏烙即把要烙印的图样在金属薄板上刻成漏模，将漏模置于装饰表面，用喷灯或加热的细砂，透过漏模对家具表面进行烙花。焰烙是一种辅助烙法，是以喷灯喷出的火焰对烙绘的画面进行灼燎，可对画面起到烘托渲染的作用，使画面更富于水墨韵味。

烙花对基材的要求是纹理细腻、色彩白净。最适于烙花装饰的国产树种是椴木。图4.1-18为烙花装饰。

⑤ 绘画装饰

家具绘画装饰是指以家具为基体，在家具上绘画的装饰手法。个性家具、艺术家具、儿童家具、民间家具中多常见，如图4.1-19所示。

绘画装饰有手绘和印刷等方法，颜料分油性和水性两种。民间家具甚至将绘画作品直接糊裱在家具表面，然后进行涂饰处理。

⑥ 镀金装饰

镀金即木材表面金属化，也就是在家具装饰表面覆盖上一层薄金属。最常见的是覆盖金、银和青铜。它可使木材表面具有贵重金属的外貌。加工方法有贴箔、刷涂、喷涂和预制金属化的覆贴面板等（图4.1-20）。

图4.1-17　镶嵌装饰的桌子和笔筒

图4.1-18　用烙花装饰的饰品及笔筒

图4.1-19　绘画装饰的家具

图4.1-20　镀金装饰家具

（3）五金件装饰

从古到今，五金件都是家具装饰的重要内容。如在明代家具中，柜门的门扇上常用吊牌、面页和合页等进行装饰。这些五金件常用白铜或黄铜制作，造型优美，形式多样，使深沉色调的家具光彩倍增。对于现代家具来说，各种新型五金件装饰更是家具装饰的重要内容之一。

① 玻璃

玻璃在现代家具中应用广泛，既有实用功能，又有装饰效果。在几类家具中可以作为几面，在柜类家具中作柜门可以挡灰，又有利于展示陈设。茶色玻璃和灰色玻璃具现代感，带图案的玻璃更具装饰性。玻璃的应用可以大大丰富家具的外形、色彩和肌理。

② 拉手

用拉手装饰家具有悠久的历史。拉手对家具外观质量影响极大，特别在造型简洁的现代家具中。形式新颖、制作精细的拉手可成为整件家具的趣味中心，给人以美的享受。现在市场上用不同材料加工的形式多样的拉手应有尽有，只要应用得当，对现代家具装饰便有画龙点睛的效果（图4.1-21）。图4.1-22为装饰拉手示例。

图4.1-21　拉手装饰

③ 脚轮

脚轮的功能是移动家具和减少家具与地面的摩擦，脚轮可以其金属的光泽和优美的造型给现代家具以装饰作用。图4.1-23为用脚轮装饰的家具示例。

④ 其他五金件

有些特别的铰链，如玻璃门铰链，传统家具柜门上的黄铜活页、面页、吊牌，还有沙发上的泡钉等，都具有显著的装饰作用，如图4.1-24、图4.1-25所示。

（4）其他装饰

① 织物装饰

软包家具在现代家具中的比例越来越大，用织物装饰家具也显得越来越重要。织物具有丰富多彩的花纹图案和肌理。织物不仅可用于软包家具，也可用于与家具配套使用的台布、床罩、帷帐等，给家具增添色彩。用特制的刺绣、织锦等装饰家具，则更具装饰特色，如图4.1-26、图4.1-27所示。

② 灯具装饰

在家具内安装灯具，既有照明作用，也有装饰效果，这在现代家具中已屡见不鲜，如在组合床的床头箱内，组合柜的写字台上方，或玻璃陈列柜顶部，均可用灯光进行装饰（图4.1-28）。

③ 商标装饰

定型产品都有商标和标牌，商标本身有一定的美感，能发挥一定的装饰作用。商标的突出不在于其形状和大小，主要在于装饰部位的适当和设计的精美。商标图案的设计要简洁明快，轮廓清晰和便于识别。以前商标的加工一般用铝皮冲压，再进行晒板染色或氧化喷漆处理。在现代家具中用不干胶粘贴彩印、烫金的商标装饰家具更为普遍。图4.1-29为家具商标图案示例。

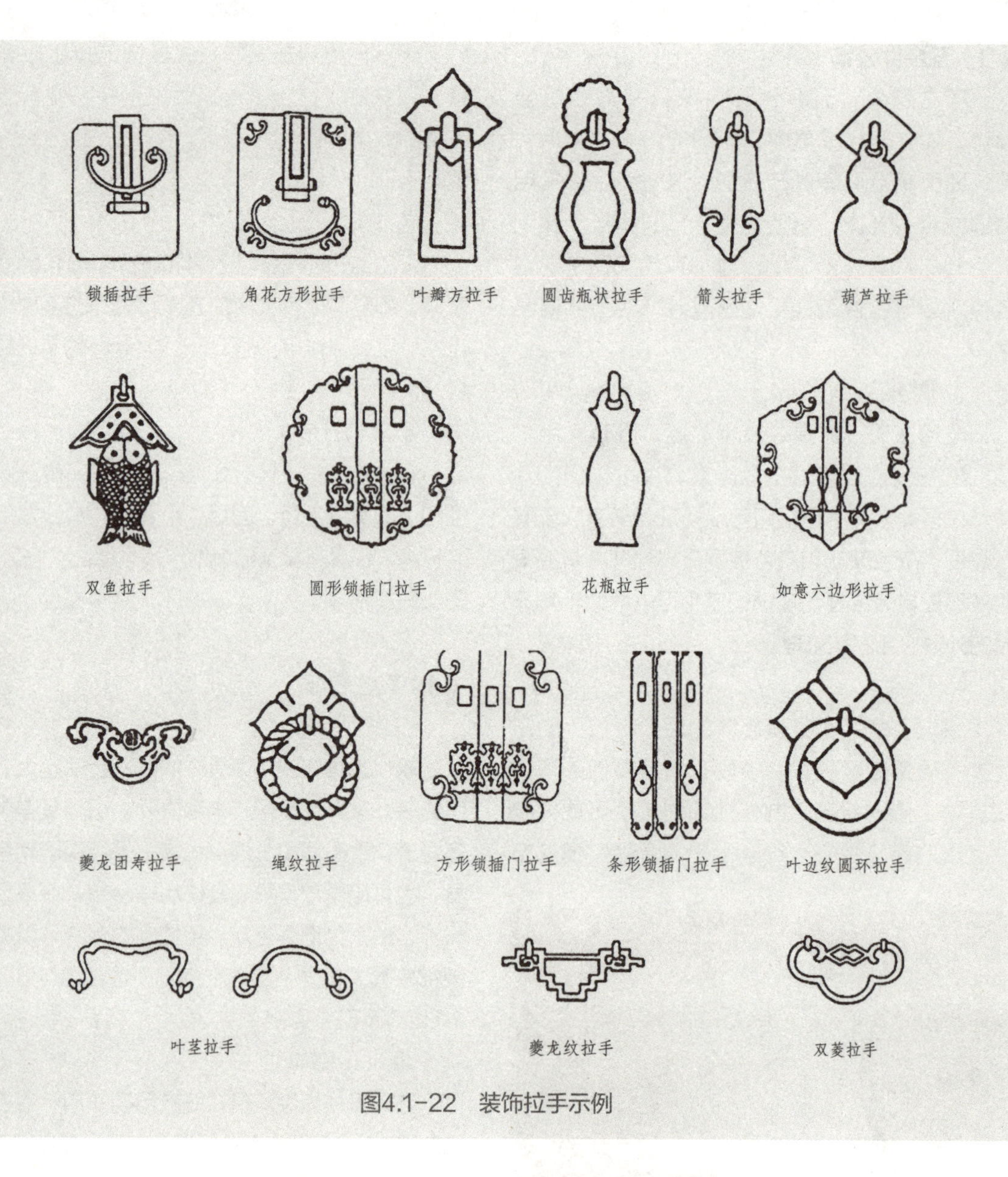

图4.1-22　装饰拉手示例

图4.1-23　用脚轮装饰的椅子

图4.1-24　泡钉装饰的椅子

图4.1-25　用黄铜活页、拉手、吊牌装饰的木箱子

图4.1-26　布艺沙发

图4.1-28　用灯具装饰的橱柜

图4.1-27　用织物装饰的床头

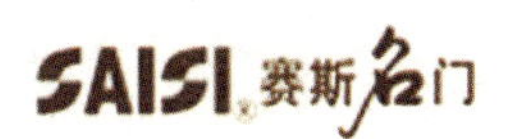

图4.1-29　家具商标图案示例

2. 家具装饰设计

现代家具正朝着专业化、自动化及标准化和系列化发展。要实现专业化、自动化的大批量生产，就要求家具线条简洁、朴实，而在这种前提下，如何在家具的造型中适当地运用各种装饰手法，就显得尤为重要。装饰要素虽然在产品的整个加工过程中所占比例一般较小，但对丰富家具的造型，实现产品的多样化具有十分重要的意义。在家具造型设计中通常应用线型、线脚、脚架、顶架和帽头等家具装饰要素进行装饰设计。

（1）线型设计

线型是家具的面板、顶板、旁板等部件边缘的可见部分。为了丰富家具的外观造型，把家具的面板、顶板、旁板等部件的可见边缘部分设计成型面，即常称的线型装饰，并按不同部位、不同的装饰风格配以不同的线型。进行线型装饰的家具部件多为餐台面板、茶几面板、写字台面板及柜类家具的顶板、旁板等。家具中所处不同部位对装饰线型的要求也各异，顶板、面板的顶面线及旁板的旁脚线，处于外观的显要部位，所以对线型的要求应讲究些。有时为使顶板、面板显得厚重，可加贴实木条使线型加宽。底板的底脚线可以简单些，以便于加工。常见的顶面线型如图4.1-30所示、旁脚线如图4.1-31所示，用线型装饰的家具示例如图4.1-32所示。

（2）线脚设计

线脚通常是一种在门面上用对称的封闭形线条构成图案达到美化家具的装饰方法。线脚多以直线为主，转角处配以曲线，通过线脚的变化与家具外形相互衬托，使家具富有艺术感。线脚的加工形式多种多样，常见方法有雕刻或镂铣、镶嵌木线、镀金线或金花线、局部贴胶合板等。

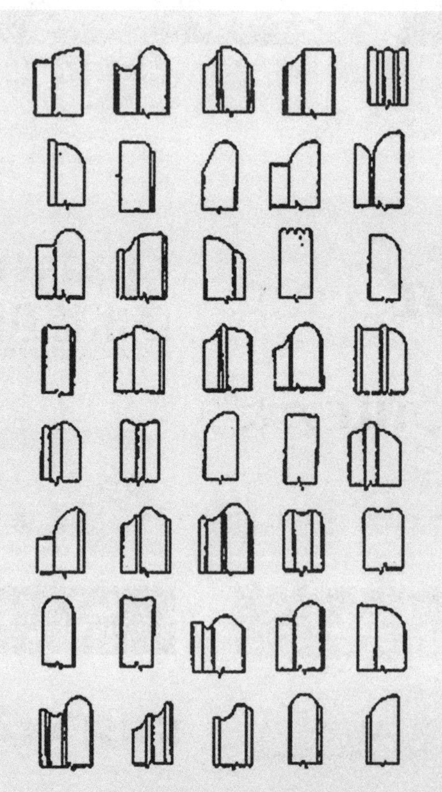

图4.1-30　常用装饰线型

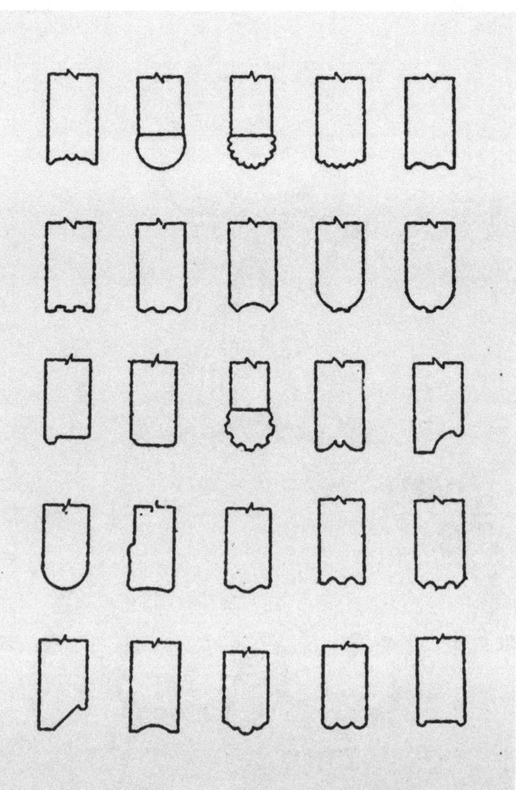

图4.1-31　常用旁脚线型

图4.1-33、图4.1-34是用线脚装饰的家具示例。

图4.1-32　用线型装饰面板与底脚的床头柜

（3）脚型设计

脚型即脚的造型，是指家具底部支承主体的落地零件的造型。由于家具脚型处于人们的视线容易停留的部位，所以家具的脚型设计直接关系到家具的美观性和耐用性。柜类家具的脚型在家具形体中所占的比例虽小，但可使家具显得轻盈并使形体异于上部而显得活泼，在设计与制作中应着重注意其稳定感与结构合理性,不能片面追求“奇”“巧”，否则将会降低家具的实用性。椅凳、几案类家具的脚型在家具形体中所占的比例比较大，形式可以丰富多样，因此，更富于装饰性，是该类家具的重要装饰要素。图4.1-35、图4.1-36为常用装饰脚型示例。

在家具设计中，成套家具的配套特征除了用材料和涂装形式（色彩）来体现外，在很大程度上是以造型上的统一手法来实现的，其中最常用的就是统一的脚型。图4.1-37至图4.1-39为采用相同脚型的成套家具。

图4.1-33　用线脚装饰的方凳

（4）脚架设计

脚架是由脚和拉档（或望板）构成的用以支撑家具主体部分的部件。拉档通常用于加强两腿（脚）之间的强度,也是接合四条腿的一种横向排列形式。图4.1-40至图4.1-45为装饰性脚架示例与采用装饰性脚架家具示例。

（5）顶饰与帽头设计

① 顶饰

顶饰指高于视平线的家具顶部的装饰零部件，多指柜类家具的顶部装饰。顶饰是柜类家具除了门面线脚与脚架装饰之外的另一种主要装饰形式，常常反映一件家具的造型风格，也可反映室内造型特点和装饰风格。常见于西洋传统柜类家具，是西洋传统家具的重要装饰要素之一。图4.1-46为西洋传统家具常用的顶饰；图4.1-47、图4.1-48为顶饰家具示例。

图4.1-34　用线脚装饰立面的家具

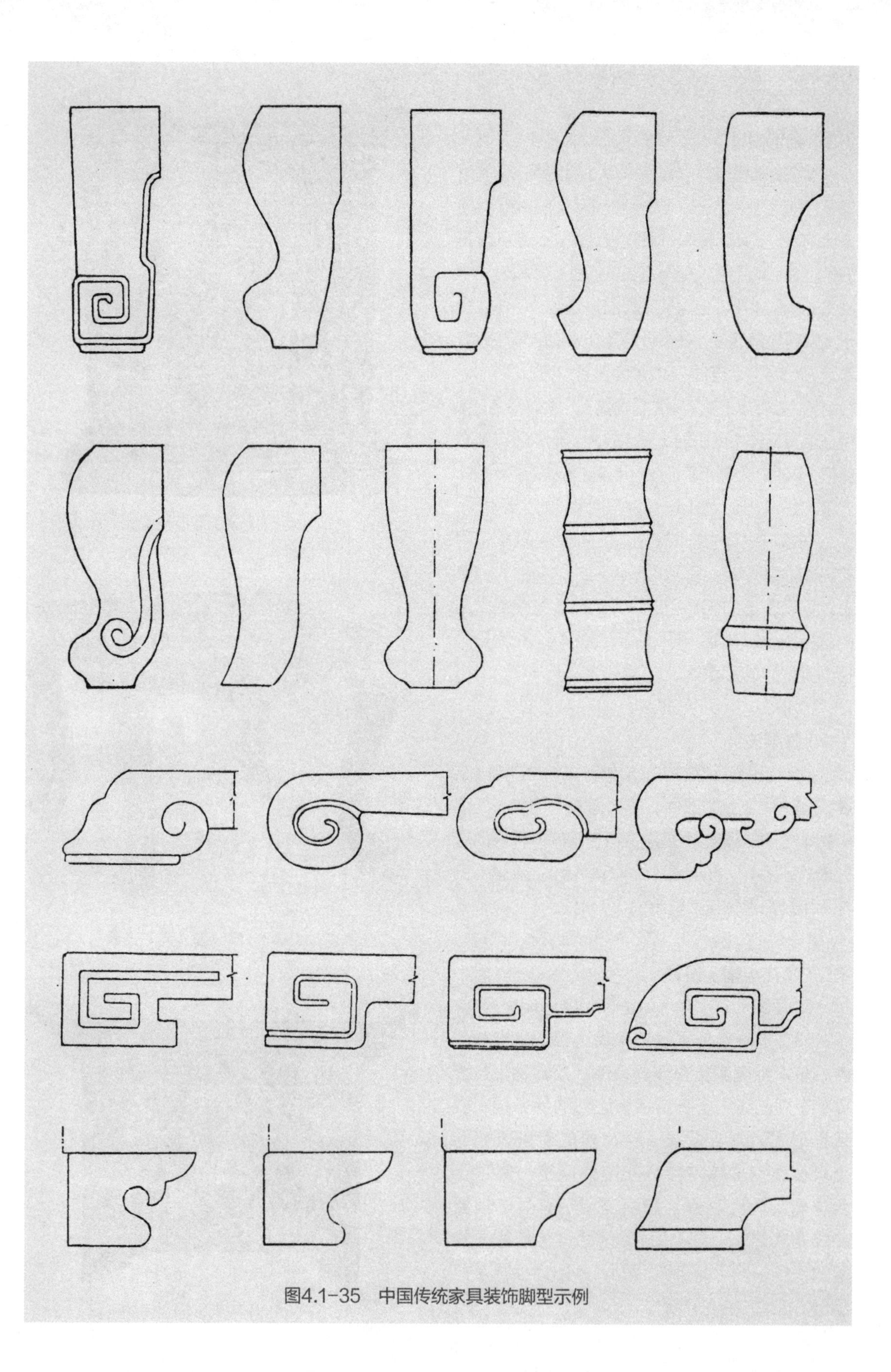

图4.1-35　中国传统家具装饰脚型示例

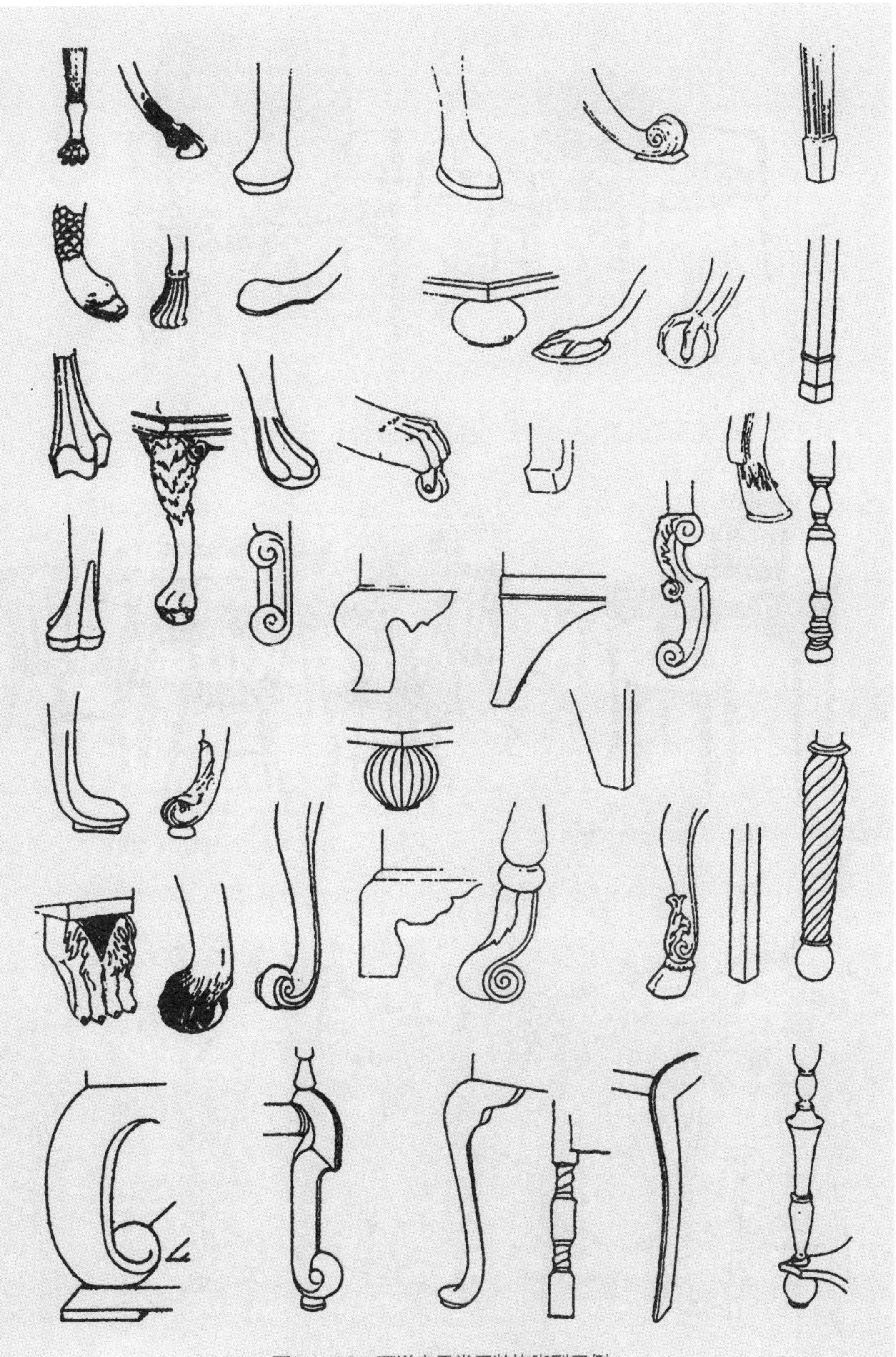

图4.1-36　西洋家具常用装饰脚型示例

图4.1-37　脚型装饰的扶手椅、茶几

图4.1-38　脚型装饰的梳妆台、凳子

图4.1-39　相同脚型装饰的成套台凳

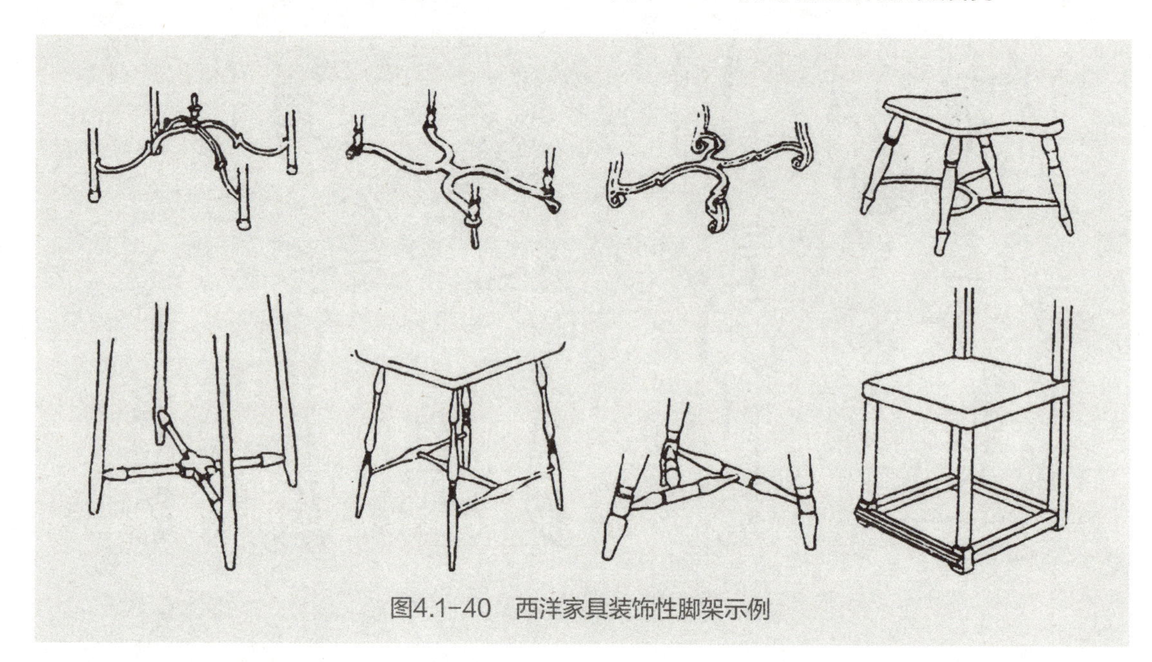

图4.1-40　西洋家具装饰性脚架示例

图4.1-41 脚架装饰的扶手椅

图4.1-42 脚架装饰的沙发

图4.1-43 脚架装饰的椅子

图4.1-44 脚架装饰的桌椅

图4.1-45 脚架装饰的小桌

图4.1-46 西洋家具常用顶饰

② 帽头

帽头指家具框架部件上端的装饰性水平零件。帽头装饰多见于柜类家具的顶部、椅背顶端和床屏的上部，是丰富家具造型不可多得的一种装饰形式，也反映了家具及室内的造型特征和装饰风格。帽头可以由脚通过胶贴、钉接和装榫等方法安装在家具的顶部。图4.1-49、图4.1-50为帽头装饰家具示例。

（6）床屏设计

床屏指床类家具端头连接支承床挺（架）的部件。床屏是床类家具主要装饰部件，也是卧室家具中最重要最活跃的装饰要素之一，是卧室家具的视觉中心。它的装饰形式往往决定卧室家具

图4.1-47　顶饰装饰的装饰柜

图4.1-48　顶饰装饰的衣柜

图4.1-49　帽头装饰的椅子（扶手椅）

图4.1-50　帽头装饰的大衣柜

的装饰风格乃至整个室内的风格，床屏的造型千姿百态，装饰形式也丰富多彩。图4.1-51至图4.1-53为床屏装饰造型形式示例。

（7）椅背设计

椅背指椅类家具中承受人体背部压力的部件。椅背的外形处于人们视线的显要位置，其造型还是形成椅子造型的主要构件，是椅子造型和构成室内造型的主要装饰要素，因而椅背的装饰形式对椅子的外观质量至关重要，同样功能尺寸的椅背可以有多种多样的椅背造型。图4.1-54为椅背装饰示例。

图4.1-51　床屏的造型装饰

图4.1-52　床屏的造型装饰

图4.1-53　床屏的造型装饰

图4.1-54　椅背装饰造型

总结评价

学生完成家具装饰设计后进行设计展示，在学生进行自评与互评的基础上，由教师依据家具装饰设计评价标准对学生的表现进行评价（表4.1-1），肯定优点，并提出改进意见，学生进行设计完善调整。

表4.1-1 家具装饰设计任务考核标准

考核项目	考核内容	考核标准	备 注
1.座类单体家具装饰设计	（1）完成的数量 （2）造型 （3）装饰要素 （4）装饰效果 （5）透视效果 （6）表现技法	优：按时完成作品数量，造型新颖、美观，充分运用装饰要素，装饰效果好，透视准确，表达技法熟练，绘画工整，效果优良 良：按时完成作品数量，造型美观，运用装饰要素，装饰效果较好，透视准确，表达技法正确，绘画较工整，效果良好 及格：按时完成作品数量，造型合理，会运用装饰要素进行设计，透视基本准确；表达技法正确 不及格：考核达不到及格标准	
2.卧类单体家具装饰设计	（1）完成的数量 （2）造型 （3）装饰要素 （4）装饰效果 （5）透视效果 （6）表现技法		
3.桌台类单体家具装饰设计	（1）完成的数量 （2）造型 （3）装饰要素 （4）装饰效果 （5）透视效果 （6）表现技法		
4.贮存类单体家具装饰设计	（1）完成的数量 （2）造型 （3）装饰要素 （4）装饰效果 （5）透视效果 （6）表现技法		

思考与练习

1. 家具装饰的概念。
2. 家具装饰的类型，并通过家具设计案例分析说明家具装饰的类型。
3. 常用的家具装饰设计要素，并通过家具设计案例进行分析说明家具装饰设计要素。

巩固训练

以草图的形式进行家具装饰要素分项设计练习，徒手绘制家具装饰的效果图。

任务4.2
家具的色彩构成设计

工作任务

任务目标

通过本任务的学习，了解家具色彩的形成方式，掌握家具色彩确定及处理的方法，能够运用家具色彩构成设计的知识进行家具色彩设计。

任务描述

本任务为通过知识准备部分内容的学习，完成学习性工作任务——家具色彩设计。学生以个人为单位，利用1周的课余时间以项目4.1完成的“学习性工作任务”为设计对象，进行家具色彩设计，并运用彩铅或马克笔进行设计表现完善家具设计草图。要求设计作品创意新颖，注重美观性、协调性及家具功能对色彩设计的要求，学习产品为对项目4.1 “学习性工作任务”进行色彩设计后的家具设计草图。

工作情景

工作地点：教室。

工作场景：采用家具设计工作室制教学模式，以教师引导、学生为主体的理实一体化教学方法。学生根据教师指导和教材设计步骤完成学习性工作任务，教师对学生工作过程和成果进行评价和总结，学生根据教师的指导进一步完善家具的色彩设计。

任务实施

（1）布置学习任务

明晰学习任务的内容、目标、要求，特别是学习性工作任务的内容、目标、要求及完成学习性工作任务所需要掌握的理论知识、方法、途径和步骤，明确可利用的学习与工作资源，要求学生课前按思考与练习要求完成知识准备部分内容的预习。

（2）理论知识的引导学习

通过教师引导、以学生为主体、采用理实一体化的教学方法完成知识准备部分理论知识的学习。

(3) 设计思维引导和获取信息

教师以某个家具为例，结合所学理论知识进行家具色彩设计分析。

(4) 设计执行

学生以个人为单位，利用1周的课余时间以项目4.1完成的“学习性工作任务”为设计对象，进行家具色彩设计，并运用彩铅或马克笔进行设计表现完善家具设计草图。要求设计作品创意新颖，注重美观性、协调性及家具功能对色彩设计的要求，学习产品为对项目4.1 “学习性工作任务”进行色彩设计后的家具设计草图，在设计过程中教师进行检查、指导。

(5) 作品展示、总结评价

学生完成学习性工作任务后进行设计展示，在学生进行自评与互评的基础上，由教师依据家具色彩设计评价标准对学生的表现进行评价，肯定优点，并提出改进意见。

(6) 作品的调整与完善

学生根据同学、教师的意见对设计作品进行修改完善，并保存好，以备下次学习任务及所有设计任务完成后统一装帧上交使用。

知识链接

“远看颜色近看花”，物体给人的第一印象是色彩，第二是形态，第三是质感。从人的视觉感知过程看，色彩和形态具有同等重要的作用，而色彩甚至比形态更容易首先为人所注意。制成家具的材料很多，如金属、石材、竹材、木材、织物等各种材料都有它们固有的色彩和纹理。

1. 家具色彩的形成

(1) 家具主材的固有色

以木材为例。木材是一种天然材料，木材的本色就是木材的固有色。木材种类繁多，固有色也十分丰富多彩，固有色或深沉、或淡雅都有着十分宜人的特点，如图4.2-1所示。如红木的红褐色、椴木的象牙黄、白松的奶油白等。木材的固有色通过透明涂饰或打蜡抛光而表现出来。保持木材固有色和天然纹理的家具与人自然和谐，给人以亲切、温柔、高雅的情调，是家具恒久不变的主要色彩，一直受到人们的喜欢。图4.2-2、图4.2-3为采用木材固有色的家具示例。

(2) 家具表面的涂饰色

为了提高家具的耐久性和装饰性，大多数家具都需要进行表面涂饰，如镀铬的钢制家具，木家具表面涂饰油漆等。透明涂饰不仅保留木材的天然纹理和颜色，而且还可以通过特定的工序使其纹理更加统一和明显，木质感更强，色泽更为赏心悦目。所以透明涂饰常需进行染色处理，染色可以改变木材的固有色，使深色变浅，浅色变深，使木材色泽更加均匀一致；使档次较低的木材具有名贵木材的外观特征。不透明涂饰在涂料中加入颜色，将木材纹理和固有色完全覆盖的涂饰，涂料色彩的冷暖、明度、彩度、色相可以根据设计需要任意选择和调配。图4.2-4为采用涂

图4.2-1　不同木材的固有色

图4.2-2　木材固有色桌椅

图4.2-3　木材固有色桌子

饰色的家具示例。

（3）贴面材料的装饰色

现代板式家具大多采用人造板作为基材，为了充分利用胶合板、中密度纤维板、刨花板等，常对它们进行贴面处理。贴面材料的装饰色既可以模拟珍贵木材的色泽纹理，也可以加工成多样的色彩及图案。图4.2-5是采用人造板贴面装饰色的家具。

（4）金属、塑料配件的工业色彩

家具生产中常常要用到金属和塑料，特别是钢家具、壳体家具。采用通过电镀或喷塑的钢管配件可进一步丰富家具的色彩。通过各种成型工艺加工的塑料彩色壳体家具和塑料配件，也是形成家具或家具局部色彩的重要途径。图4.2-6为金属、塑料等现代工业色彩的家具示例。

（5）软体家具的织物附加色

床垫、沙发、躺椅、软靠等家具及其附属物、蒙面织物的色彩对床、沙发、椅等家具的色彩常起着支配和主导作用。图4.2-7为织物附加色软体家具。

2. 家具色彩的确定

（1）家具色彩应与室内环境的色彩相协调

为使室内形象清晰明快，室内及家具与陈设的配色设计宜分3个大层次：一为顶棚、墙壁和地面；二为家具；三为织物和装饰品。家具既是第一层次的前景又是第三层次的背景，所以其色彩比墙壁鲜艳，而比其他装饰物暗淡。家具既要和整个房

图4.2-4　家具涂饰色家具

图4.2-5　人造板贴面装饰色家具

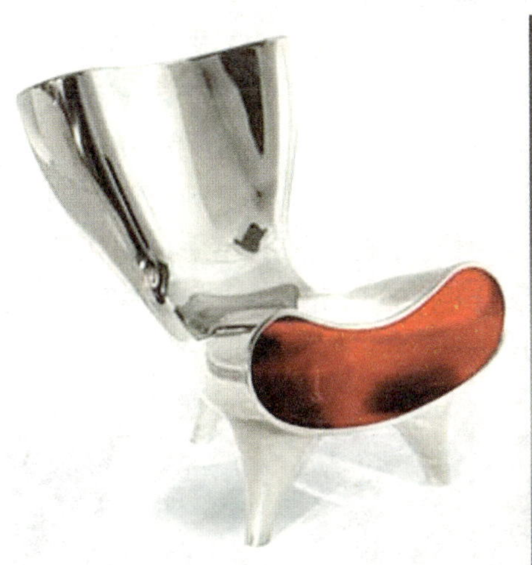
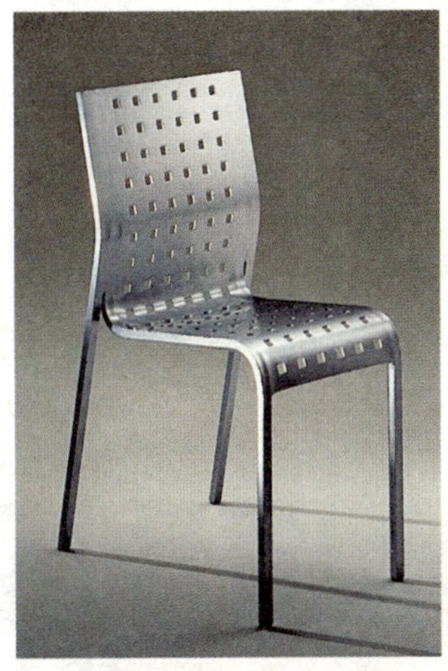

图4.2-6　金属、塑料等现代工业色椅子

间的色调和谐统一，又要突出家具形体。

可以通过选择家具色彩来调整视觉中的居室大小感。居室较大而家具较少时，家具彩度可适当提高，甚至和其他装饰物同等，使视觉距离接近，以减弱房间的空旷冷落感。居室较小时，彩度可降低至墙壁色彩，使人感到室内宽敞。

家具色彩还应与室内风格相协调。如现代感较强的室内家具宜用纯度较高的色彩，传统风格的室内宜采用沉稳的深色调家具。当然，为了打破家具与室内色彩协调一致带来的单调感，可以在家具的局部小面积采用与家具整体色彩作对比的色彩，以活跃气氛。

图4.2-7　织物附加色软体家具

（2）家具色彩要符合功能的要求

家具的色彩设计和造型设计一样，应服从产品的功能要求。如办公家具为便于提高工作效率应以沉着冷静的灰绿色调为主；餐厅家具应以橙色等暖色调为主，以激发食欲；卧室家具应以淡雅的冷色调为主，使人有沉静感和安宁感，以利于休息；医院家具以白色为主，以显示洁净和避免色彩干扰，以利于治疗养病。

（3）家具色彩要满足人的生理、心理要求

家具色彩也应因人而异：一般老人喜欢古朴深沉的色彩；年轻人则喜欢流行色；男人喜欢庄重大方的色彩；女人多喜欢淡雅而富丽的色彩；儿童则喜欢明丽的色彩。

此外，在确定家具色彩时，还需注意不同国家、不同民族的用色习惯。此外，家具作为商品，其色彩也要适应人们的消费要求，不断更新，跟随流行色，以便吸引顾客，刺激和引导消费。

3. 家具色彩构成处理

（1）选定主色调

家具色彩构成要根据使用场合的要求和家具使用的职业、年龄、爱好等选定主色调。形成主色调的因素有多种，从冷暖上可分为冷调、暖调和温调；从明度上可分为明调、灰调和暗调；从色相上可分为黄调、棕调等。

（2）做好色彩协调

在一套家具或一件家具中使用两种以上的色彩时，色彩间需要协调。一方面，色彩间必须调和，以求统一；另一方面，色彩间又需有适量对比，以求变化。调和显得柔和平静，对比显得生动明快。庄重、高雅场合的家具需强调调和，活泼轻快场合的家具适量加强对比，对比还用于突出重点家具或部件。

（3）色彩与工艺相适应

有的色彩可能因施工的工艺条件和采用的原料不同而产生不同的效果。如黑色一般在手工涂装和喷涂家具中很少采用，但如果采用倒膜抛光工艺，表面加工光滑如镜，则可使黑色富丽高雅，身价百倍。因此，在家具色彩构成中，选择的色彩要与相应的工艺相适应，以取得理想的效果。图4.2-8为色彩和谐统一的客厅家具。

图4.2-8　色彩和谐统一的客厅家具

总结评价

学生完成家具色彩设计后进行设计展示，在学生进行自评与互评的基础上，由教师依据家具色彩设计评价标准对学生的表现进行评价（表4.2-1），肯定优点，并提出改进意见，学生进行设计完善调整。

表4.2-1　家具色彩设计任务考核标准

<table>
<tr><th>考核项目</th><th>考核内容</th><th>考核标准</th><th>备　注</th></tr>
<tr><td>1.座类单体家具色彩设计</td><td>（1）完成的数量
（2）造型
（3）透视效果
（4）表现技法
（5）色彩设计</td><td rowspan="4">优：数量完成，图形选择正确，造型新颖、美观，透视准确；表达技法熟练，色彩设计得当，绘画工整，效果优良
良：数量完成，图形选择正确，造型美观，透视准确；表达技法正确，色彩设计合理，绘画较工整，效果良好
及格：图形选择正确，造型基本合理，透视基本准确；表达技法正确，色彩设计基本合理，绘画工整
不及格：考核达不到及格标准</td><td></td></tr>
<tr><td>2.卧类单体家具色彩设计</td><td>（1）完成的数量
（2）造型
（3）透视效果
（4）表现技法
（5）色彩设计</td><td></td></tr>
<tr><td>3.桌台类单体家具色彩设计</td><td>（1）完成的数量
（2）造型
（3）透视效果
（4）表现技法
（5）色彩设计</td><td></td></tr>
<tr><td>4.贮存类单体家具色彩设计</td><td>（1）完成的数量
（2）造型
（3）透视效果
（4）表现技法
（5）色彩设计</td><td></td></tr>
</table>

思考与练习

1. 家具色彩的形成，通过多个家具案例分析木材固有色、家具表面的涂饰色、贴面材料装饰色、软家具织物色的家具色彩效果。
2. 家具色彩如何确定？
3. 家具色彩构成如何处理？
4. 依据家具格调、环境色彩、功能要求及不同人群的需要进行家具色彩设计。

巩固练习

通过20例不同的家具，分析其家具设计的特点、方式及合理性，并依据不同的家具格调、环境色彩、功能要求及不同人群的需要进行20例家具色彩设计。

项目5
家具功能尺寸设计

知识目标

1. 了解人体工程学的概念；
2. 了解百分位的概念和选取原则；
3. 熟悉坐具的功能尺寸设计要素，掌握坐具功能尺寸设计方法；
4. 熟悉卧具的功能尺寸设计要素，掌握卧具功能尺寸设计方法；
5. 熟悉桌台类家具的功能尺寸设计要素，掌握桌台类家具功能尺寸设计方法；
6. 熟悉柜架类家具的功能尺寸设计要素，掌握柜架类家具功能尺寸设计方法。

技能目标

1. 能够运用坐具功能尺寸设计知识合理确定坐具的功能尺寸，完成坐具的功能尺寸设计，并运用CAD完成设计图的绘制（三视图+三维立体图）；
2. 能够运用卧具功能尺寸设计知识合理确定卧具的功能尺寸，完成卧具的功能尺寸设计，并运用CAD完成设计图的绘制（三视图+三维立体图）；
3. 能够运用桌台类家具功能尺寸设计知识合理确定桌台类家具的功能尺寸，完成桌台类家具的功能尺寸设计，并运用CAD完成设计图的绘制（三视图+三维立体图）；
4. 能够运用柜架类家具功能尺寸设计知识合理确定架类家具的功能尺寸，完成架类家具的功能尺寸设计，并运用CAD完成设计图的绘制（三视图+三维立体图）。

由于家具种类多，在不同使用场所的功能差异大，设计家具时应根据特定的室内空间、功能要求以及人体工程学原理和美学法则等进行，所以家具功能尺寸设计需要掌握家具功能尺寸的确定方法，同时需要掌握家具的主要标准尺寸，以适应标准的工业化生产。

任务5.1
坐具的功能尺寸设计

工作任务

任务目标

通过本任务的学习，了解百分位的概念和使用原则，熟悉坐具的功能尺寸设计要素，掌握坐具功能尺寸设计方法，能够运用所学知识合理确定坐具的功能尺寸，完成功能尺寸设计，并运用CAD完成设计图的绘制（三视图+三维立体图）。

任务描述

本任务为通过知识准备部分内容的学习完成设计性工作任务——坐具功能尺寸设计。学生以个人为单位，从项目4.2完成的“学习性工作任务”中选择1件软体椅子或沙发（有扶手）为设计对象，进行功能尺寸设计，并采用A4图纸，按横向幅面布局，运用CAD完成设计图的绘制（三视图+三维立体图）。要求注重坐高、坐宽、坐深、坐面曲度、坐面倾角、坐面垫性、靠背高度、靠背形状、靠背倾角、扶手等功能尺寸设计的合理性，注意作图规范，设计产品为软体椅子或沙发（有扶手）CAD设计图（三视图+三维立体图）。

工作情景

工作地点：家具设计理实一体化实训室或CAD实训室。

工作场景：采用学生现场设计，教师引导的以学生为主体、理实一体化教学方法，教师以某件坐具为例，分析功能尺寸设计要素，学生根据教师讲授和教材设计步骤完成设计性工作任务。完成本次任务后，教师对学生工作过程和成果进行评价和总结，学生根据教师的指导进一步完善。

任务实施

（1）布置学习任务

明晰学习任务的内容、目标、要求，特别是学习性工作任务的内容、目标、要求及完成学习性工作任务所需要掌握的理论知识、方法、途径和步骤，明确可利用的学习与工作资源，要求学生课前按思考与练习要求完成知识准备部分内容的预习。

（2）理论知识的引导学习

通过教师引导，以学生为主体，采用理实一体化的教学方法完成知识准备部分理论知识的学习。

（3）设计思维引导和获取信息

教师以某件坐具为例，结合所学理论知识进行功能尺寸设计演示。

（4）设计执行

学生以个人为单位，从项目4.2完成的“学习性工作任务”中选择1件软体椅子或沙发（有扶手）为设计对象，进行功能尺寸设计，并运用CAD完成设计图的绘制（三视图+三维立体图）。要求注重坐高、坐宽、坐深、坐面曲度、坐面倾角、坐面垫性、靠背高度、靠背形状、靠背倾角、扶手等功能尺寸设计的合理性，注意作图规范，设计产品为软体椅子或沙发（有扶手）CAD设计图（三视图+三维立体图），在设计过程中教师进行检查、指导。

（5）作品展示、总结评价

学生完成学习性工作任务后进行设计展示，学生进行自评与互评的基础上，由教师依据坐具功能尺寸设计评价标准对学生的表现进行评价，肯定优点，并提出改进意见。

（6）作品的调整与完善

学生根据同学、教师的意见对设计作品进行修改完善，并保存好，以备下次学习任务及所有设计任务完成后统一装帧。

知识链接

坐具是与人的身体接触最密切的家具之一，设计合理的坐具可以最大限度地减轻身体疲劳，缓解工作压力。坐具分为工作用坐具和休息用坐具，主要包括椅、凳、沙发等。坐具的功能尺寸设计要素包括坐高、坐宽、坐深、坐面曲度、坐面倾角、坐面垫性、靠背高度、靠背形状、靠背倾角、靠背垫性和扶手。

1. 百分位的概念和选取原则

由于人体尺寸测量值有很大的变化，它不是某一确定的数值，而是分布于一定范围内。如亚洲人的身高是1510～1880mm这个范围，而我们设计时只能用一个确定的数值，而且并不能像我们一般理解的那样都用平均值，如何确定使用这一数值呢？这就是百分位的方法要解决的问题。

百分位表示具有某一人体尺寸和小于该尺寸的人占统计对象总人数的百分比。

大部分的人体测量数据是按百分位表达的，把研究对象分成100份，根据一些指定的人体尺寸项目(如身高)，从最小到最大顺序排列，进行分段，每一段的截止点即为一个百分位。我们若以身高为例，第5百分位的尺寸表示有5%的人身高等于或小于这个尺寸，换句话说就是有95%的人身高等于或大于这个尺寸。第95百分位则表示有95%的人等于或小于这个尺寸，5%的人具有更高的身高。第50百分位为中点，表示把一组数分成两组，较大的50%和较小的50%，第50百分位的数值可以说接近平均值。

设计中选择合理的百分位很重要，我们应该根据设计内容和性质来选用合适的百分数据。一个基本原则就是要符合“最大最小原则”，即多数情况下会采用第5百分位和第95百分位，而少用第50百分位。用一句通俗的话表示就是“够得着的距离，容得下的空间”。选用数据的方法举例如下：

（1）最大原则

指家具产品的尺寸依据人体测量数据的最大值进行设计。容得下的空间，一般选用第95百分位的尺寸，如设计床的宽度和长度，能满足大个子的需要，小个子自然没问题。

（2）最小原则

指家具产品的尺寸依据人体测量数据的最小值进行设计。够得着的距离，一般选用第5百分位的尺寸，如设计坐高，小个子的人脚能踏到地面，大个子自然没问题。

（3）平均原则

目的不在于确定界限，而在于决定最佳范围时，以第50百分位的尺寸为依据，如柜门把手的高度，既照顾小个子的使用要求，也考虑大个子的需要。

（4）极限原则

特殊情况和涉及安全问题时，还可能要考虑更小范围的群体，此时要采用极端的数值，即选用第1百分位或第99百分位，如栏杆的间距。

（5）可调原则

确定百分位大小有一定困难，且条件许可时，可增加一个调节尺寸，从而使大部分人的使用更合理。例如，采用升降椅子或可调节高度的搁板，用这些调节尺寸的措施来满足大多数人的使用要求。

2. 坐高的设计

坐高指坐面前沿至地面的垂直距离，即坐面前缘的高度。坐高是影响坐姿舒适度的重要因素之一，也是确定靠背高度、扶手高度和桌面高度等一系列尺度的基准。坐面高度不合理会导致不正确的坐姿，而且容易使人体腰部产生疲劳。坐高过高，则双脚悬空，使大腿前半部近膝窝处软组织受压，血液循环不畅，肌腱发胀而麻木。坐高过低，膝盖拱起，大腿碰不到椅面，体压过于集中在坐骨结节处，时间久了会产生疼痛感；同时人体形成前屈姿态，会增大背部肌肉的负荷，且重心过低会造成起身时的困难，尤其对老年人来说更为明显（图5.1-1）。

合适的坐高应以小腿加足高的第5百分位为设计依据，即：

坐高=小腿加足高+鞋厚－适当活动余量

国家标准GB/T 3326—2016规定一般座椅的坐高为400～440mm。对于用途不同的座椅，其坐高要求也不一样。一般工作用椅坐高要比休息用椅高些，且设计成可调节为好，调节范围为350～460mm，以适合不同高度的人的需要；休息用椅（如沙发、躺椅等）高度可略低一些，使腿能向前伸展，靠背后倾，有利于脊椎处于自然状态和放松肌肉，也有助于身体的稳定。沙发的坐高一般为360～420mm；凳子因为无靠背，所以腰椎的稳定只能靠凳高来调节，当凳高为400mm时，背部肌肉活动度最大，即最易于疲劳，因此凳高应稍高或稍低于此值。

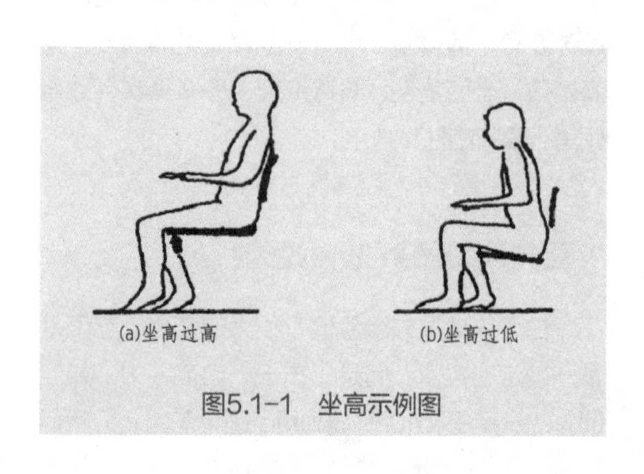

图5.1-1　坐高示例图

3. 坐宽的设计

坐宽指坐面的水平宽度。坐宽根据人的坐姿及动作，往往呈前宽后窄的形状。坐面前沿的宽度称坐前宽，后沿的宽度称坐后宽。坐宽应使臀部得到全部支承并有适当的活动余地，便于人体坐姿的变换。

合适的坐宽应以坐姿臀宽的第95百分位为设计依据，即：

坐宽=坐姿臀宽+穿衣修正量+活动余量

一般坐宽不小于380mm，对于扶手椅来说，以扶手内宽来作为坐宽尺寸，一般不小于460mm。

4. 坐深的设计

坐深指坐面前沿至后沿的距离。坐深对坐姿舒适度的影响也很大。如坐深过深，超过大腿水平长度，则腰部缺乏支撑而悬空，会加剧腰部肌肉的活动强度而疲劳；同时，还会使膝窝处受压，从而使小腿产生麻木的反应，且难以起身。如坐深过浅，大腿前部悬空，身体前倾，人体重量全部压在小腿上，使小腿很快疲劳（图5.1-2）。

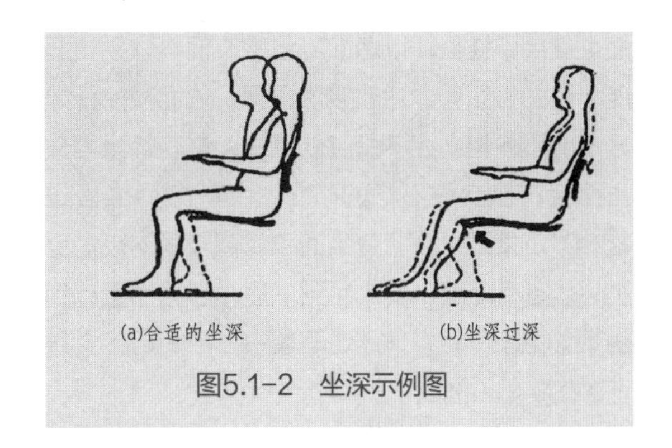

图5.1-2　坐深示例图

合适的坐深应以臀部-膝盖部长度的第5百分位为设计依据，即：

坐深=坐姿大腿水平长度-坐面前沿到膝窝之间的空隙

国家标准GB/T 3326—2016规定一般座椅的坐深为340～420mm。休息用椅因靠背倾角较大，故坐深要设计得稍大些，如软体沙发的坐深为480～600mm。对于一般工作用椅，其坐深应适当浅一些。

5. 坐面曲度的设计

坐面曲度指坐面表面的凹凸度。它直接影响体压的分布。为了便于调整坐姿，坐面最好取平坦形，或者左右方向近乎平直、前后方向微曲，都能使体压分布合理，获得良好的坐感。坐面并不适宜挖成类似于臀部的形状，这样很难充分适应各种人的需要，且会妨碍臀部和身体的活动及坐姿的调整。

6. 坐面倾角的设计

坐面倾角指坐面与水平面的夹角。人在休息时，坐姿是后倾的，使腰椎有所承托。因此一般休息用椅的坐面都设计成向后倾斜，坐面倾角为5°～23°。人在工作时，其腰椎及骨盘处于垂直状态，甚至还有前倾的要求。如果坐面向后倾斜，反而增加了人体试图保持重心向前时肌肉和韧带收缩的力度，极易引起疲劳。因此一般工作用椅的坐面应以水平为好。常见座椅的坐面倾角见表5.1-1。

7. 坐面垫性的设计

工作用椅的坐面不宜过软。休息用椅的坐

表5.1-1　常见座椅的坐面倾角

座椅种类	坐面倾角（°）
餐椅	0
工作椅	0～5
休闲椅	0～5
躺椅	⩾24

面可使用弹性材料以增加舒适感，但其软硬要适度。软的坐面可以增加接触面积，从而减小压力分布的不均匀。但不是越软越好，过软的坐面一方面会产生坐姿不稳的感觉，另一方面坐面过软，下沉度过大，会使坐面和靠背之间的夹角变小，腹部受压迫，使人感到不适，起身也会感到困难。坐面过硬，体压过于集中，会引起坐骨压迫的疼痛感（图5.1-3）。

8. 靠背高度的设计

座椅靠背的作用就是要使躯干得到充分的支承。在靠背高度上有肩靠、腰靠和颈靠3个关键支撑点。肩靠设置应低于肩胛骨下沿(相当于第9胸椎，高度约为460mm)，以肩胛的内角碰不到椅背为宜。腰靠不但可以支承部分体重，而且能保持脊椎的自然“S”形曲线，设置腰靠应低于腰椎上沿（第2～4腰椎处，高度为185～250mm）。颈靠设置应高于颈椎点，一般高度为660 mm。

无论哪种椅子，如果能同时设置肩靠和腰靠，对舒适是有利的。工作用椅只需设置腰靠，不需设置肩靠，以便于腰关节与上肢的自由活动，具有最大的活动范围。休息用椅因肩靠稳定，可以省去腰靠。躺椅则需要增设颈靠来支撑斜仰的头部。

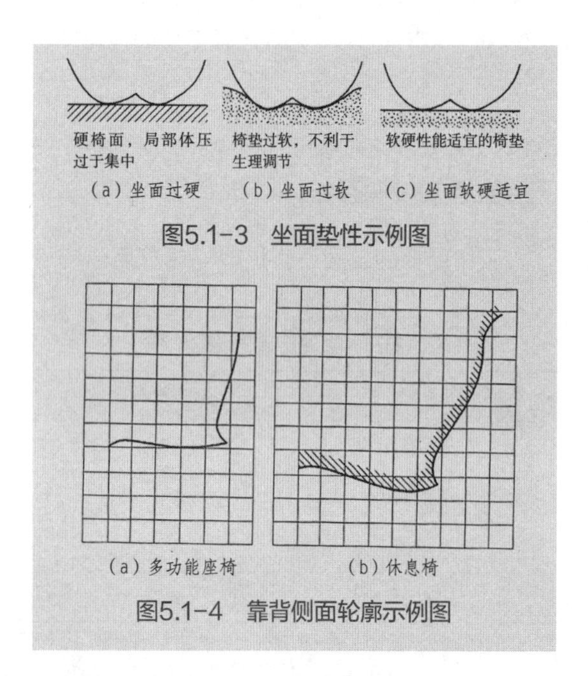

图5.1-3　坐面垫性示例图

图5.1-4　靠背侧面轮廓示例图

9. 靠背形状的设计

座椅靠背的侧面轮廓除了直线形，更适于曲线形。按照人体坐姿舒适的曲线来合理确定和设计靠背形状，可以使腰部得到充分的支撑，同时也减轻了肩胛骨的受压。但要注意托腰部（腰靠）的接触面宜宽不宜窄。靠背位于腰靠（及肩靠）的水平横断面宜略带微曲形，一般肩靠处曲率半径为400～500mm，腰靠处曲率半径为300mm。过于弯曲会使人感到不舒适，易产生疲劳感。靠背宽度一般为350～480mm（图5.1-4）。

10. 靠背倾角的设计

靠背倾角指靠背与水平面的夹角。倾角越大，休息性越强，但倾角过大会导致起身不方便。休息用椅由于靠背高度增加，故倾角也随之增加，一般为100°～120° 。对于工作用椅则应将靠背倾角接近垂直状态，从而增大活动范围，提高工作效率，一般为90°～100° 。常见座椅的靠背倾角见表5.1-2。

表5.1-2　常见座椅的靠背倾角

座椅种类	靠背倾角（°）	必要支撑点
餐椅	90	肩靠
工作椅	100	腰靠
休闲椅	110～115	肩靠
躺椅	115～123	肩靠+颈靠

11. 靠背垫性的设计

靠背使用弹性材料可增加舒适性，但软硬要适中，腰部宜硬点，而背部则要软些。设计时应该以弹性体下沉后的安定姿势为尺度依据。通常靠背的上部弹性压缩应在30～45mm，托腰部的弹性压缩宜小于35mm。

12. 扶手的设计

设置扶手是为了支承手、臂，减轻双肩与双臂的疲劳，帮助就座和起身。扶手高度应等于坐姿肘高，约为250 mm，使整个前臂能自然平放其上。过高会导致耸肩，过低则失去支承作用。扶手倾角可取±10°～±20°。扶手内宽应稍大于肩宽，一般应不小于460mm，沙发等休息用椅可加大到520～560 mm。扶手长以支持至掌心为宜，扶手面宽以小于120mm为宜。

总结评价

学生完成设计性工作任务后进行设计展示，在学生进行自评与互评的基础上，由教师依据坐具功能尺寸设计评价标准对学生的表现进行评价（表5.1-3），肯定优点，并提出改进意见，学生进行设计完善调整。

表5.1-3　坐具功能尺寸设计评价标准

<table>
<tr><th>考核项目</th><th>考核内容</th><th>考核标准</th><th>备　注</th></tr>
<tr><td>1.坐面</td><td>（1）坐高
（2）坐宽
（3）坐深
（4）坐面曲度
（5）坐面倾角
（6）坐面垫性</td><td rowspan="3">优：设计图准做图准确、规范，布图美观；家具功能尺寸设计完整、准确、合理
良：设计图准做图较为准确、规范，布图美观；家具功能尺寸设计较为完整、准确、合理
及格：设计图准做图基本准确、规范，布图美观；家具功能尺寸设计基本完整、合理
不及格：考核达不到及格标准</td><td></td></tr>
<tr><td>2.靠背</td><td>（1）靠背高度
（2）靠背形状
（3）靠背倾角</td><td></td></tr>
<tr><td>3.扶手</td><td>（1）扶手高度
（2）扶手倾角
（3）扶手宽度
（4）扶手长度</td><td></td></tr>
</table>

思考与练习

1. 试述百分位的概念和选取原则。
2. 试述坐具的分类。
3. 试述坐面功能尺寸设计要素及设计方法。
4. 试述靠背功能尺寸设计要素及设计方法。
5. 试述扶手功能尺寸设计要素及设计方法。

巩固训练

选择不同的坐具，分别考虑其坐高、坐宽、坐深、坐面曲度、坐面倾角、坐面垫性、靠背高度、靠背形状、靠背倾角、扶手等功能尺寸设计要素，进行功能尺寸设计。

任务5.2
卧具（床）的功能尺寸设计

工作任务

任务目标

通过本任务的学习，了解百分位的概念和使用原则，熟悉卧具（床）的功能尺寸设计要素，掌握卧具（床）功能尺寸设计方法，能够运用所学知识合理确定卧具（床）的功能尺寸完成功能尺寸设计，并运用CAD完成设计图的绘制（三视图+三维立体图）。

任务描述

本任务为通过知识准备部分内容的学习，完成设计性工作任务——卧具（床）功能尺寸设计。学生以个人为单位，从项目4.2完成的“学习性工作任务”中选择1件卧具（床）为设计对象，进行功能尺寸设计，并采用A4图纸，按横向幅面布局，运用CAD完成设计图的绘制（三视图+三维立体图）。要求注重床长、床宽、床高、床屏、床垫等功能尺寸设计的合理性，注意作图规范，设计产品为卧具（床）CAD设计图（三视图+三维立体图）。

工作情景

工作地点：家具设计理实一体化实训室或CAD实训室。

工作场景：采用学生现场设计，教师引导的以学生为主体、理实一体化教学方法，教师以某件卧具（床）为例，分析功能尺寸设计要素，学生根据教师讲授和教材设计步骤完成设计性工作任务。完成本次任务后，教师对学生工作过程和成果进行评价和总结，学生根据教师的指导进一步完善。

任务实施

（1）布置学习任务

明晰学习任务的内容、目标、要求，特别是学习性工作任务的内容、目标、要求及完成学习性工作任务所需要掌握的理论知识、方法、途径和步骤，明确可利用的学习与工作资源，要求学生课前按思考与练习要求完成知识准备部分内容的预习。

（2）理论知识的引导学习

通过教师引导，以学生为主体，采用理实一体化的教学方法完成知识准备部分理论知识的学习。

（3）设计思维引导和获取信息

教师以某张床为例，结合所学理论知识进行功能尺寸设计演示。

（4）设计执行

学生以个人为单位，从项目4.2完成的“学习性工作任务”中选择1件卧具（床）为设计对象，进行功能尺寸设计，并运用CAD完成设计图的绘制（三视图+三维立体图）。要求注重床长、床宽、床高、床屏、床垫等功能尺寸设计的合理性，注意作图规范，设计产品为卧具（床）CAD设计图（三视图+三维立体图），在设计过程中教师进行检查、指导。

（5）作品展示、总结评价

学生完成学习性工作任务后进行设计展示，在学生进行自评与互评的基础上，由教师依据卧具（床）功能尺寸设计评价标准对学生的表现进行评价，肯定优点，并提出改进意见。

（6）作品的调整与完善

学生根据同学、教师的意见对设计作品进行修改完善，并保存好，以备下次学习任务及所有设计任务完成后统一装帧上交使用。

知识链接

1. 床长的设计

床的长度指两头床屏板或床架内的距离。合适的床长应以身高的第95百分位为设计依据，即：

床长=身高+头前余量(75mm)+脚下余量(75mm)

床长的设计要考虑到人在躺下时的肢体伸展，所以要比实际站立的尺寸长一点，再加上头顶和脚下要留出部分空间，所以床的长度要比人体的最大高度要多一些。国家标准GB/T 3328—2016规定，成人用床的床面净长一般为1920～2200mm；对于宾馆的公用床，一般脚部不设床架或床屏，便于特高人体的客人加脚凳使用。

2. 床宽的设计

床的宽窄直接影响人的睡眠质量。实验表明，睡窄床比睡宽床的翻身次数减少。当床宽小于500mm时，人的睡眠翻身次数减少约30%，这是由于担心翻身会掉下来的心理，睡眠深度受到明显影响。床宽尺度多以仰卧姿势做基准。单人床床宽，通常为仰卧时人肩宽（W）的2～2.5倍，即单人床宽=（2～2.5）W；双人床床宽，通常为仰卧时人肩宽的3～4倍，即双人床宽=（3～4）W。

通常单人床宽度不小于700mm，双人床宽度为1350～2000mm。

3. 床高的设计

床高指床面距地面的垂直高度。一般与座椅的坐高一致，使床同时兼具坐、卧功能。另外，还要考虑到人的穿衣、穿鞋等动作，一般床高不小于450mm。双层床的层间净高必须保证下铺使用者在就寝和起床时有足够的动作空间，但又不能过高，过高会造成上铺使用者上下的不便及上层空间的不足。国家标准GB/T 3328—2016规定，双层床的底床面离地面高度不大于450mm，层间净高不大于980mm。

4. 床屏的设计

床屏与人体接触时，受力点主要分布在腰、背、颈、头这些部位，因此床屏第一支承点为腰部，腰部到臀部的距离是230~250mm。第二支承点是背部，背部到臀部的距离是500~600mm。第三支承点是头部。床屏的高度一般设计为920~1020mm。当床屏倾角达到110°时，人体倚靠是最舒适的。床屏的长度是根据床宽来决定的，还与床头柜的结合方式有关。

5. 床垫的设计

床垫在提供足够柔软性的同时，要保持整体的刚性。一般由三层结构组成，最上层是与身体直接接触的部分，应当采用柔软材料；中间层应采用较硬材料，以增强对人体的支承；最下层由具有良好弹性的弹簧材料组成，具有极好的缓冲作用（图5.2-1）。

床面材料的软硬适度是保证睡眠质量的重要因素。床垫过软时，重的身体部位（背部和臀部）就会下陷较深，而轻的部位则下陷较浅，身体呈“W”形，脊柱的椎间盘内压增大，从而产生不适感，影响睡眠质量。同样，如果床垫过硬，使身体背部接触面积减少，局部压力过大，背部肌肉负荷增强，也会使身体得不到放松和休息。

6. 床头柜的设计

床头柜是床的附属产品，是床的功能的延伸。床头柜的基本尺寸主要是指柜高、柜宽、柜深，柜高一般与床同高，根据造型需要也可稍高于或低于床高，柜宽一般为400~600mm，柜深一般为300~450mm。

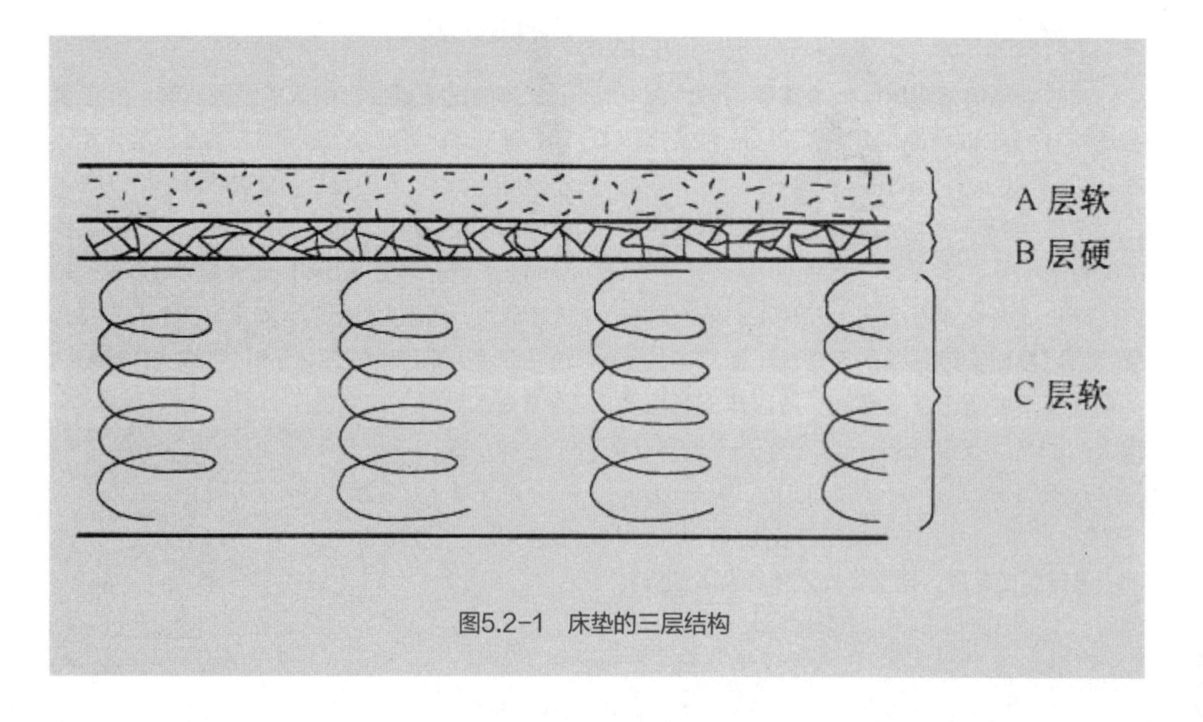

图5.2-1 床垫的三层结构

总结评价

学生完成学习性工作任务后进行设计展示，在学生进行自评与互评的基础上，由教师依据卧具（床）功能尺寸设计评价标准对学生的表现进行评价（表5.2-1），肯定优点，并提出改进意见，学生进行设计完善调整。

表5.2-1　卧具(床)功能尺寸设计评价标准

考核项目	考核内容	考核标准	备　注
1.床	（1）床长 （2）床宽 （3）床高 （4）床屏 （5）床垫	优：设计图准做图准确、规范，布图美观；家具功能尺寸设计完整、准确、合理 良：设计图准做图较为准确、规范，布图美观；家具功能尺寸设计较为完整、准确、合理 及格：设计图准做图基本准确、规范，布图美观；家具功能尺寸设计基本完整、合理 不及格：考核达不到及格标准	
2.床头柜	（1）高度 （2）宽度 （3）深度		

思考与练习

1. 试述卧具的分类。
2. 床的功能尺寸设计要素及设计方法。
3. 床头柜的功能尺寸设计要素及设计方法。

巩固训练

选择不同的床，分别考虑其床长、床宽、床高、床屏、床垫等功能尺寸设计要素，进行功能尺寸设计。

任务5.3
凭倚类家具（桌台）的功能尺寸设计

工作任务

任务目标

通过本任务的学习，了解凭倚类家具的含义、百分位的概念和使用原则，熟悉凭倚类家具（桌台）的功能尺寸设计要素，掌握凭倚类家具（桌台）功能尺寸设计方法，能够运用所学知识合理确定凭倚类家具（桌台）的功能尺寸完成功能尺寸设计，并运用CAD完成设计图的绘制（三视图+三维立体图）。

任务描述

本任务为通过知识准备部分内容的学习，完成设计性工作任务——凭倚类家具（桌台）功能尺寸设计。学生以个人为单位，从项目4.2完成的“学习性工作任务”中选择1件实木框式桌台类家具为设计对象，进行功能尺寸设计，并采用A4图纸，按横向幅面布局，运用CAD完成设计图的绘制（三视图+三维立体图）。要求注重桌面高度、桌面尺寸、桌面倾角、桌下空间等功能尺寸设计的合理性，注意作图规范，设计产品为桌台类家具CAD设计图（三视图+三维立体图）。

工作情景

工作地点：家具设计理实一体化实训室或CAD实训室。

工作场景：采用学生现场设计，教师引导的以学生为主体、理实一体化教学方法，教师以某件桌台类家具为例，分析功能尺寸设计要素，学生根据教师讲授和教材设计步骤完成设计性工作任务。完成本次任务后，教师对学生工作过程和成果进行评价和总结，学生根据教师的指导进一步完善。

任务实施

（1）布置学习任务

明晰学习任务的内容、目标、要求，特别是学习性工作任务的内容、目标、要求及完成学习性工作任务所需要掌握的理论知识、方法、途径和步骤，明确可利用的学习与工作资源，要求学生课前按思考与练习要求完成知识准备部分内容的预习。

（2）理论知识的引导学习

通过教师引导，以学生为主体，采用理实一体化的教学方法完成知识准备部分理论知识的学习。

（3）设计思维引导和获取信息

教师分别以坐式及站式用桌子为例，结合所学理论知识进行功能尺寸设计演示。

（4）设计执行

学生以个人为单位，从项目4.2完成的“学习性工作任务”中选择1件实木框式桌台类家具为设计对象，进行功能尺寸设计，并运用CAD完成设计图的绘制（三视图+三维立体图）。要求注重桌面高度、桌面尺寸、桌面倾角、桌下空间等功能尺寸设计的合理性，注意作图规范，设计产品为桌台类家具CAD设计图（三视图+三维立体图），在设计过程中教师进行检查、指导。

（5）作品展示、总结评价

学生完成学习性工作任务后进行设计展示，在学生进行自评与互评的基础上，由教师依据桌台类家具功能尺寸设计评价标准对学生的表现进行评价，肯定优点，并提出改进意见。

（6）作品的调整与完善

学生根据同学、教师的意见对设计作品进行修改完善，并保存好，以备下次学习任务及所有设计任务完成后统一装帧上交使用。

知识链接

1. 凭倚类家具

凭倚类家具指与人体活动有密切关系，人们工作和生活所必需的辅助性家具，可分为坐式用桌和站式用桌（一般称为台），如写字桌、餐桌、讲台、货柜台等，其主要功能是适应人在坐、立状态下，进行各种操作活动，取得相应舒适而方便的辅助条件，并兼做放置或储存物品之用。

2. 桌面高度的设计

桌面高度与人体动作时肌体的形状及疲劳有密切的关系。经实验测试，过高的桌子容易造成脊柱侧弯和眼睛近视等，从而降低工作效率。另外，桌面过高还会引起耸肩和肘低于桌面等不正确姿势，从而导致肌肉紧张，引发疲劳；桌面过低也会使人体脊椎弯曲扩大，造成驼背、腹部受压，妨碍呼吸运动和血液循环等，背肌的紧张也易引发疲劳。

（1）坐式用桌

桌面高度应由人体的功能尺寸与座椅的功能尺寸共同确定，合理的设计方法是应先有座椅坐高，然后再加上桌面和座椅坐面的高差，即：

桌高=坐高+桌椅面高差

桌椅面高差是一个非常重要的尺寸，是根据人体测量尺寸和实际功能要求来确定的（图5.3-1）。一般取坐姿时上身高度的1/3。国家标准GB/T 3326—2016中规定桌椅面高差为250～320mm，规定桌面高度为680～760mm，级差为10mm。在实际设计桌面高度时，要根据不同的使用特点酌情增减。通过实测统计，最佳桌椅面高度差如下：

① 在桌面上进行书写时，高差=1/3坐姿上身高度-（20～30 mm）；

② 在桌面上进行阅读或慢操作时，高差=1/3坐姿上身高度；

③ 学校中使用的课桌，高差=1/3坐姿上身高度-10mm。

（2）站式用桌

台面高度是根据人站立时自然屈臂的肘高来确定的。一般以低于人体肘高50～100mm为宜。按照我国人体尺寸的平均水平推算，台面高度以910～960mm为宜。此外，台面高度还与作业性质有着密切的关系。作业性质不同，台面高度也应不同，必须具体分析各种作业特点，以确定最佳作业面高度（图5.3-2）。

① 对于精密作业，如绘图等，作业面高度应上升至肘高以上50～100mm，以适应人眼观察的距离。同时，给肘关节一定的支撑，从而减轻背部肌肉的静态负荷；

② 对于一般性作业，如果台面上需要放置工具、材料等，则台面高度应降低至肘高以下100～150mm；

③ 对于负荷性作业，如果需要借助于身体的重量来进行操作，则台面高度应降低至肘高以下150～400mm。

3. 桌面尺寸的设计

（1）坐式用桌

桌面尺寸应以坐姿时手可达到的水平工作范围为基本依据，并考虑桌面上可能置放物的性质及尺寸大小（图5.3-3）。如果是多功能的或工作时需配备其他物品时，还要在桌面上加设附加装置。

国家标准GB/T 3326—2016规定：双柜写字桌宽1200～2400mm，深600～1200mm；单柜写字桌宽900～1500mm，深500～750mm。对于餐桌、会议桌之类的家具，桌面尺寸应以人均占桌周边长为准进行设计。一般人均占桌周边长为550～580mm，较舒适的长度为600～750mm。

（2）站式用桌

台面尺寸主要由所需的表面尺寸、表面放置物品状况及室内空间和布置形式而定，针对不同的使用功能进行专门的设计。

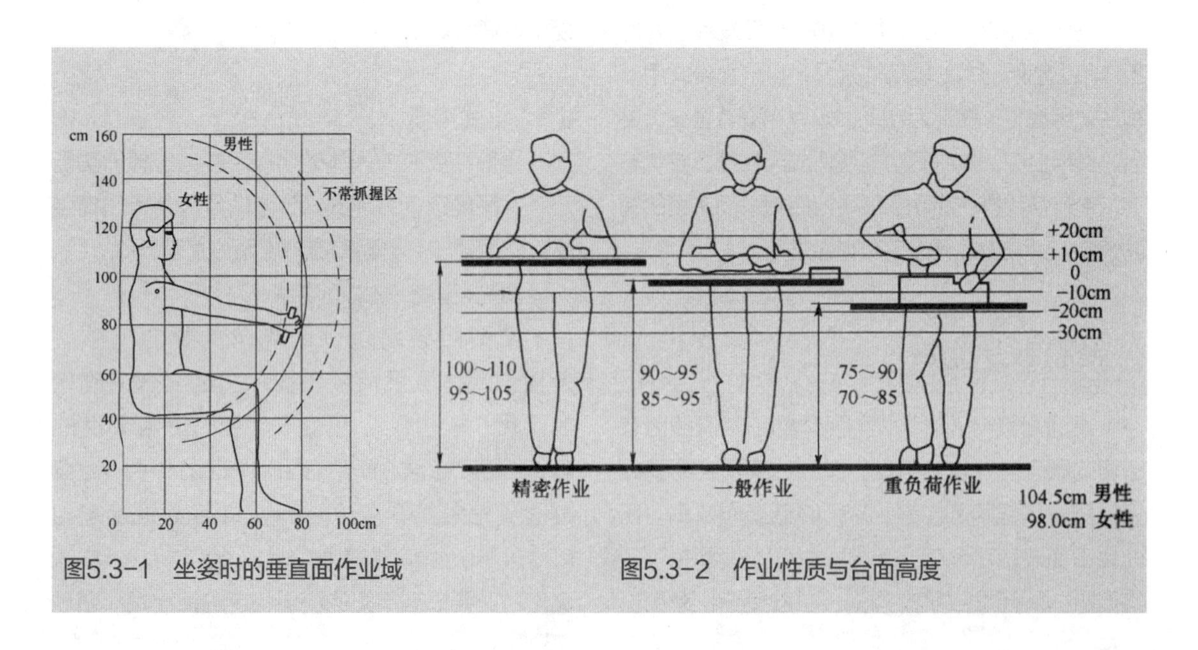

图5.3-1 坐姿时的垂直面作业域

图5.3-2 作业性质与台面高度

4. 桌面倾角的设计

对于课桌、绘图桌等坐式用桌，桌面最好应有约15° 的倾斜，能使人获取舒适的视域。因为当视线向下倾斜60° 时，则视线与倾斜的桌面接近90° ，图文在视网膜上的清晰度高，既便于书写，又使身体保持着较为正常的姿势，减少了弯腰与低头的动作，从而减轻了背部肌肉紧张和疲劳现象。但在倾斜的桌面上除了书籍、薄本等物品外，其他物品就不易陈放了（图5.3-4）。

5. 桌下空间的设计

（1）桌下净空（容膝空间）

为保证坐姿时下肢能在桌下放置或活动，桌下应设计容膝空间。桌面下的净空高度应高于双腿交叉时的膝高，并使膝部有一定的上下活动余地。如有抽屉的桌子，抽屉不能做得太厚，桌面至抽屉底的距离不应超过桌椅面高差的1/2,即120～160mm。国家标准GB/T 3326—2016 规定桌下空间净高大于580mm，净宽大于520mm。

（2）台下净空（置足空间）

台面下部不需要留出容膝空间，通常可作为收纳物品的柜体来处理。但工作台的底部需要有置足空间，以便于人靠近工作台时着力动作之需。一般置足空间高度为80mm，深度为50～100mm（图5.3-5）。

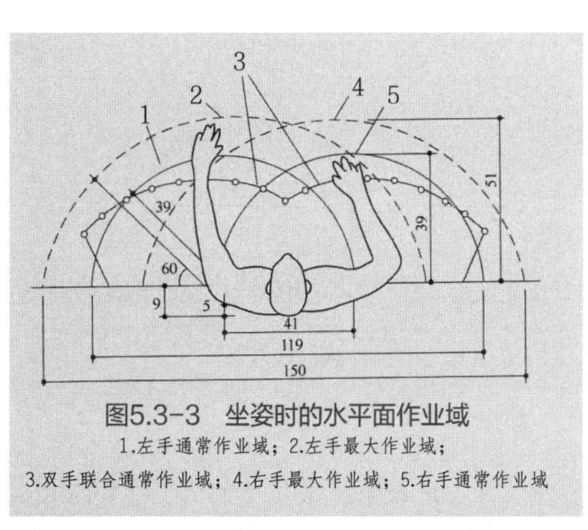

图5.3-3　坐姿时的水平面作业域

1.左手通常作业域；2.左手最大作业域；
3.双手联合通常作业域；4.右手最大作业域；5.右手通常作业域

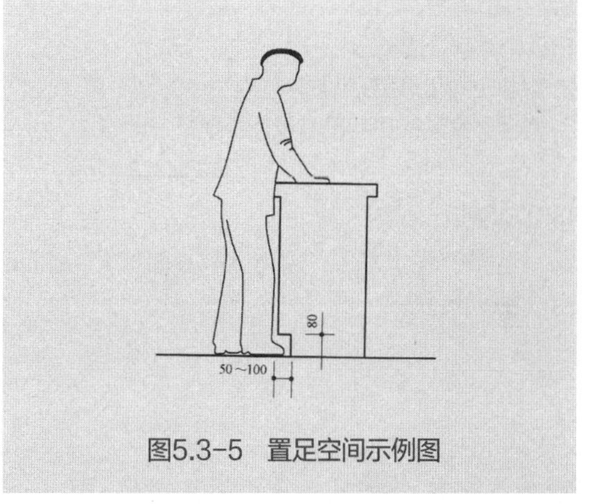

图5.3-5　置足空间示例图

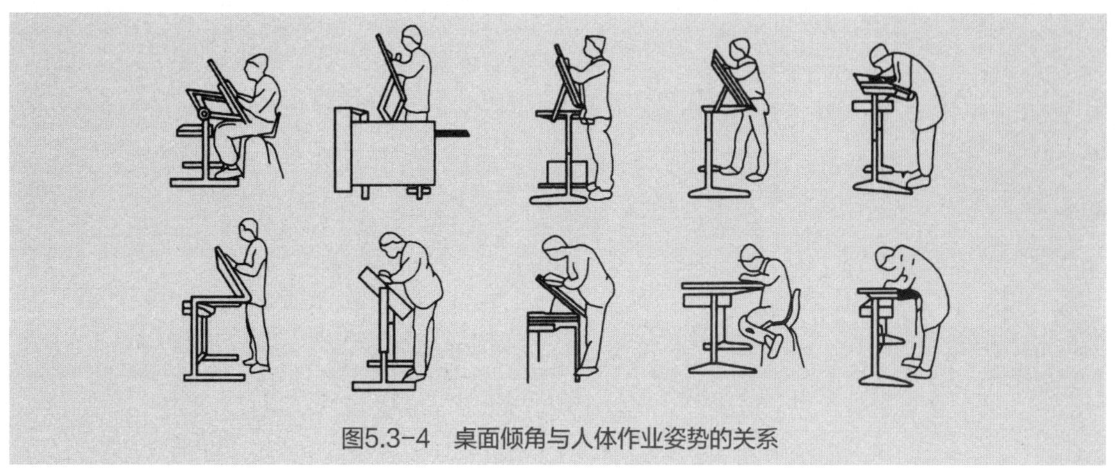
图5.3-4　桌面倾角与人体作业姿势的关系

总结评价

学生完成学习性工作任务后进行设计展示，在学生进行自评与互评的基础上，由教师依据桌台类家具功能尺寸设计评价标准对学生的表现进行评价（表5.3-1），肯定优点，并提出改进意见，学生进行设计完善调整。

表5.3-1　桌台类家具功能尺寸设计评价标准

<table>
<tr><th>考核项目</th><th>考核内容</th><th>考核标准</th><th>备 注</th></tr>
<tr><td>1.坐式用桌</td><td>（1）桌面高度
（2）桌面尺寸
（3）桌面倾角
（4）容膝空间</td><td rowspan="2">优：设计图准做图准确、规范，布图美观；家具功能尺寸设计完整、准确、合理
良：设计图准做图较为准确、规范，布图美观；家具功能尺寸设计较为完整、准确、合理
及格：设计图准做图基本准确、规范，布图美观；家具功能尺寸设计基本完整、合理
不及格：考核达不到及格标准</td><td></td></tr>
<tr><td>2.站式用桌</td><td>（1）台面高度
（2）台面尺寸
（3）置足空间</td><td></td></tr>
</table>

思考与练习

1. 凭倚类家具的概念和分类。
2. 容膝空间和置足空间的概念。
3. 桌台类家具的功能尺寸设计要素及设计方法。

巩固训练

选择不同的桌子，分别考虑其桌面高度、桌面尺寸、桌面倾角、桌下空间等功能尺寸设计要素，进行功能尺寸设计。

任务5.4
贮存类家具（柜架）的功能尺寸设计

工作任务

任务目标

通过本任务的学习，了解贮存类家具的含义、百分位的概念和使用原则，熟悉贮存家具（柜架）的功能尺寸设计要素，掌握贮存家具（柜架）功能尺寸设计方法，能够运用所学知识合理确定贮存家具（柜架）的功能尺寸完成功能尺寸设计，并运用CAD完成设计图的绘制（三视图+三维立体图）。

任务描述

本任务为通过知识准备部分内容的学习，完成设计性工作任务——贮存家具（柜架）功能尺寸设计。学生以个人为单位，从项目4.2完成的“学习性工作任务”中选择1件板式柜类家具为设计对象，进行功能尺寸设计，并采用A4图纸，按横向幅面布局，运用CAD完成设计图的绘制（三视图+三维立体图）。要求注重高度、宽度、深度等功能尺寸设计的合理性，注意作图规范，设计产品为桌台类家具CAD设计图（三视图+三维立体图）。

工作情景

工作地点：家具设计理实一体化实训室或CAD实训室。

工作场景：采用学生现场设计，教师引导的以学生为主体、理实一体化教学方法，教师以某件柜类家具为例，分析功能尺寸设计要素，学生根据教师讲授和教材设计步骤完成设计性工作任务。完成本次任务后，教师对学生工作过程和成果进行评价和总结，学生根据教师的指导进一步完善。

任务实施

（1）布置学习任务

明晰学习任务的内容、目标、要求，特别是学习性工作任务的内容、目标、要求及完成学习性工作任务所需要掌握的理论知识、方法、途径和步骤，明确可利用的学习与工作资源，要求学生课前按思考与练习要求完成知识准备部分内容的预习。

（2）理论知识的引导学习

通过教师引导，以学生为主体，采用理实一体化的教学方法完成知识准备部分理论知识的学习。

（3）设计思维引导和获取信息

教师以某个柜类家具为例，结合所学理论知识进行功能尺寸设计演示。

（4）设计执行

学生以个人为单位，从项目4.2完成的“学习性工作任务”中选择1件板式柜类家具为设计对象，进行功能尺寸设计，并运用CAD完成设计图的绘制（三视图+三维立体图）。要求注重高度、宽度、深度等功能尺寸设计的合理性，注意作图规范，设计产品为桌台类家具CAD设计图（三视图+三维立体图）,在设计过程中教师进行检查、指导。

（5）作品展示、总结评价

学生完成学习性工作任务后进行设计展示，在学生进行自评与互评的基础上，由教师依据柜架类家具功能尺寸设计评价标准对学生的表现进行评价，肯定优点，并提出改进意见。

（6）作品的调整与完善

学生根据同学、教师的意见对设计作品进行修改完善，并保存好，以备下次学习任务及所有设计任务完成后统一装帧上交使用。

知识链接

1. 贮存类家具

贮存类家具又称储藏类家具，与人体产生间接关系，起着贮存物品和兼作空间分隔的作用。根据存放物品的不同，可分为柜类和架类两种。柜类主要有衣柜、书柜、酒柜等，架类主要有书架、陈列架、衣帽架等。

贮存类家具的功能设计必须考虑到人与物的关系。一方面要求贮存空间划分合理，方便人们存取，有利于减少人体疲劳；另一方面要求家具贮存方式合理，贮存数量充足，满足不同物品存放的要求。

2. 存取空间与人体尺度

为了确定柜、架的高度及其存取空间，首先必须了解人体所能及的动作范围。贮存类家具的高度，根据人存取物品的方便程度，划分为3个区域（图5.4-1）：第一区域为从地面至人站立时手臂下垂指尖的垂直距离，即650mm以下的区域。该区域存取不便，人必须蹲下操作，一般存放较重而不常用的物品（如箱子、鞋子等杂物）。第二区域为以人肩为轴，上肢半径活动的垂直范围，即650~1850mm。该区域是存取物品最方便、使用频率最多的区域，也是人的视线最易看到的视域，一般存放常用的物品（如应季衣物和日常生活用品等）。若需扩大贮存空间，节约占地面积，则可设置第三区域，即1850mm以上区域（超高空间），一般存放较轻的过季性物品（如棉被、棉衣等）。

在上述第一、二贮存区域内，根据人体动作范围及贮存物品的种类，可以设置搁板、抽屉、挂衣棍等。搁板的深度和间距除考虑物品存放方式及物品的尺寸外，还需要考虑人的视线，搁板间距越大，人的视线越好，但空间浪费较多。

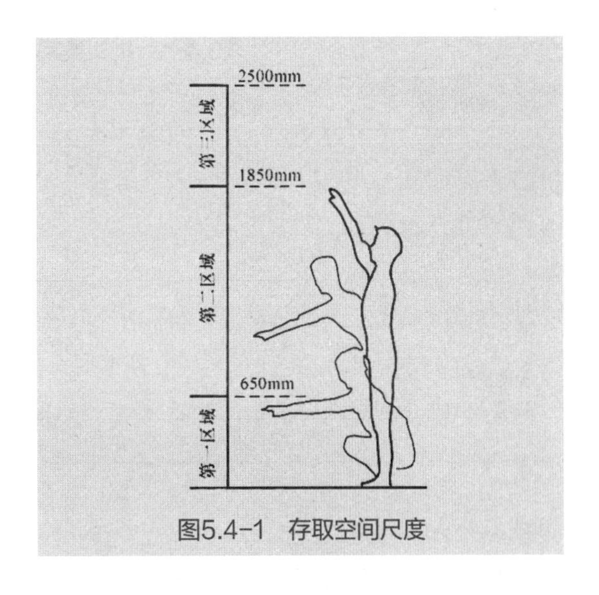

图5.4-1　存取空间尺度

3. 存取空间与物品尺寸

贮存类家具除了考虑与人体尺度的关系外，还要考虑存放物品的种类、尺寸、数量与存放方式（图5.4-2）。柜架类家具的深度和宽度就是由存放物品的种类、尺寸、数量、存放方式以及室内空间的布局等来确定的，一定程度上还取决于板材尺寸的合理裁割与家具设计的系列化、模数化。一般柜体宽度常以800mm为基本单元，深度上衣柜为550～600mm，书柜为300～450mm。

针对品种丰富的物品和形式各异的尺寸，贮存类家具只能分门别类地确定合理的设计尺度范围，然后根据不同环境的使用要求，进一步细化贮存空间的划分。

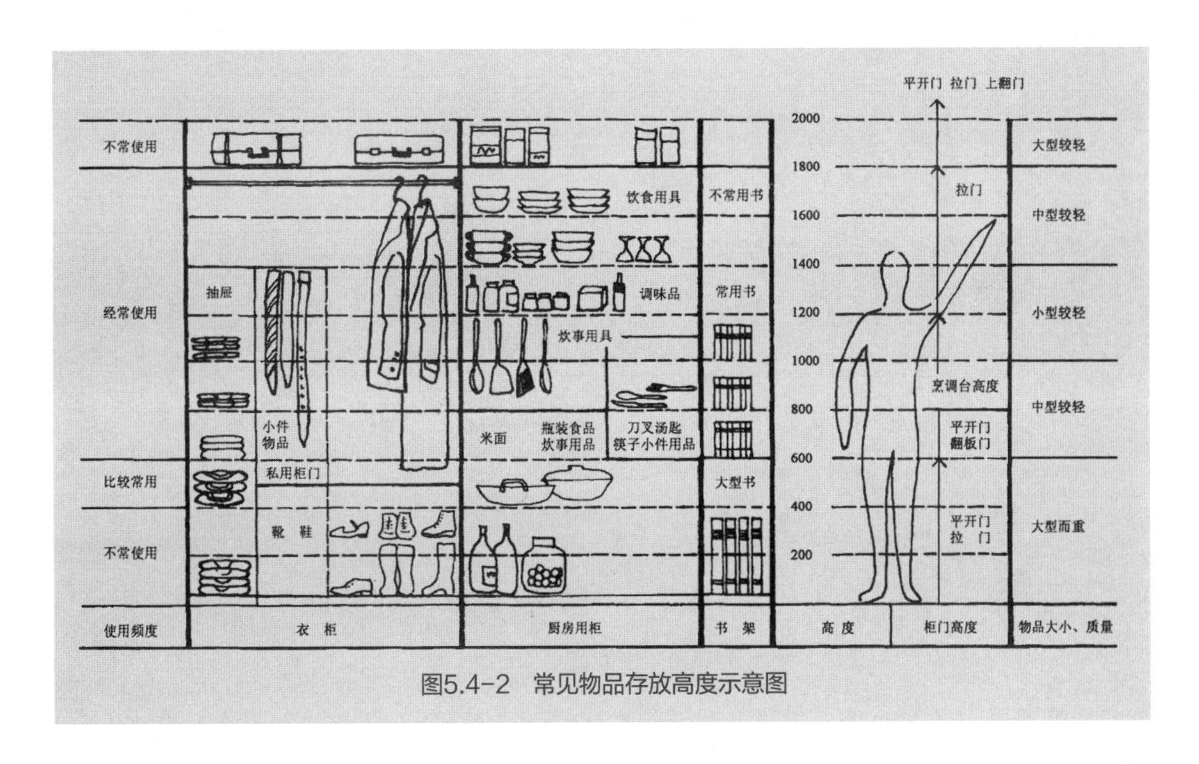

图5.4-2　常见物品存放高度示意图

总结评价

学生完成学习性工作任务后进行设计展示，在学生进行自评与互评的基础上，由教师依据柜架类家具功能尺寸设计评价标准对学生的表现进行评价（表5.4-1），肯定优点，并提出改进意见，学生进行设计完善调整。

表5.4-1 柜架类家具功能尺寸设计评价标准

<table>
<tr><th>考核项目</th><th>考核内容</th><th>考核标准</th><th>备 注</th></tr>
<tr><td>1.柜类家具</td><td>（1）高度
（2）宽度
（3）深度</td><td rowspan="2">优：设计图准做图准确、规范，布图美观；家具功能尺寸设计完整、准确、合理
良：设计图准做图较为准确、规范，布图美观；家具功能尺寸设计较为完整、准确、合理
及格：设计图准做图基本准确、规范，布图美观；家具功能尺寸设计基本完整、合理
不及格：考核达不到及格标准</td><td></td></tr>
<tr><td>2.架类家具</td><td>（1）高度
（2）宽度
（3）深度</td><td></td></tr>
</table>

思考与练习

1. 贮存类家具的概念和分类。
2. 存取空间区域如何划分?
3. 柜架类家具的功能尺寸设计要素及设计方法。

巩固训练

选择不同的柜子，分别考虑其高度、宽度、深度等功能尺寸设计要素，进行功能尺寸设计。

附录：家具的主要尺寸（国家标准）

本标准主要适用于工作、学习和生活用的木制、金属制桌、椅、凳类家具。竹、藤、塑料及其他多种组合的家具也适用。

一、桌、椅、凳主要尺寸(摘自GB/T 3326—2016)

1. 桌、椅、凳主要尺寸的符号和说明(表5-1)

表5-1　桌、椅、凳主要尺寸的符号和说明

符号	符号说明
B	桌面宽
B_1	座面宽
B_2	扶手内宽，即扶手间最小的水平距离
B_3	座前宽，即座面前沿的水平宽度
B_4	中间净空宽
B_5	侧柜抽屉内宽
T	桌面深
T_1	座深，即座面前沿中点至座面与靠背相交线的距离
H	桌面高
H_1	座高，即座面中轴线前部至地面的距离
H_2	扶手高
H_3	中间净空高
H_4	柜脚净空高
H_5	镜子下沿离地面高
H_6	镜子上沿离地面高
L_1	凳面长
L_2	背长，即背面上沿中点至背面与座面相交线距离
D	桌面直径
D_1	凳面直径
α	座斜角
β	背斜角

2. 主要尺寸

（1）桌面高、座高、配合高差主要尺寸(图5-1，表5-2)

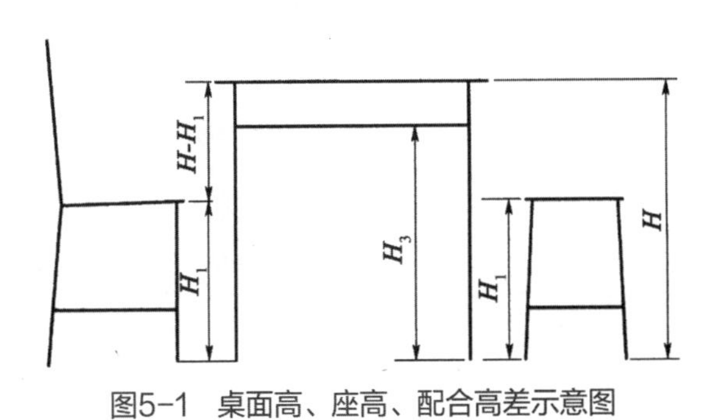

图5-1　桌面高、座高、配合高差示意图

表5-2　桌面高、座高、配合高差　mm

H	680～760
H_1	400～440，软面的最大高度460(不包括下沉量)
$H-H_1$	250～320
H_1-H_3	≥ 200
H_3	≥ 580

（2）扶手椅主要尺寸 (图5-2，表5-3)

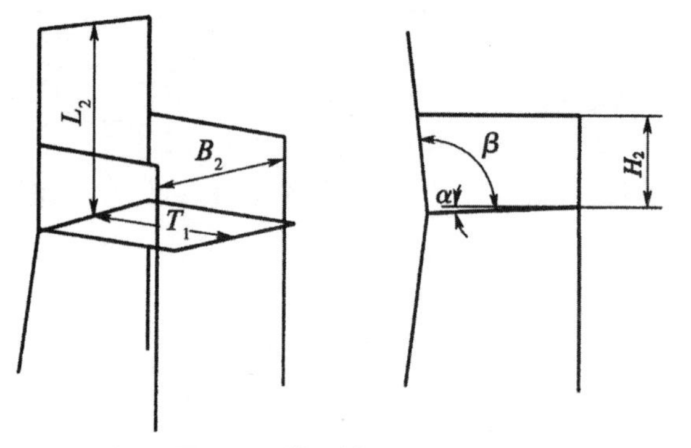

图5-2　扶手椅尺寸示意图

表5-3　扶手椅尺寸　mm

B_2	≥ 480
T_1	400～480
H_2	200～250
L_2	≥350
α	1°　～4°
β	95°　～100°

（3）靠背椅主要尺寸 (图5-3，表5-4)

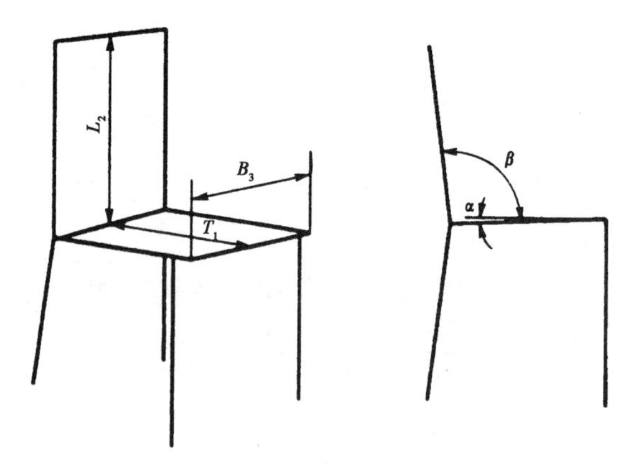

图5-3　靠背椅尺寸示意图

表5-4　靠背椅尺寸　mm

B_3	≥40
T_1	340～460
L_2	≥350
△S	10
α	1°　～4°
β	95°　～100°

（4）折椅主要尺寸 (图5-4，表5-5)

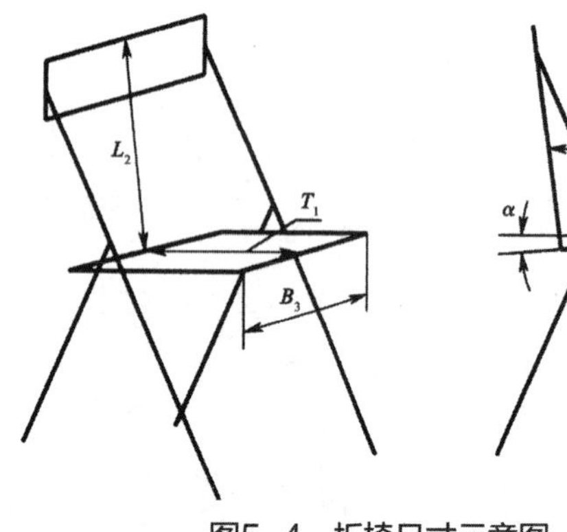

图5-4　折椅尺寸示意图

表5-5　折椅尺寸　mm

B_3	340～420
T_1	340～400
L_2	≥ 350
α	3°　～5°
β	100°　～110°

(5) 长方凳、方凳、圆凳主要尺寸 (图5-5至图5-7，表5-6)

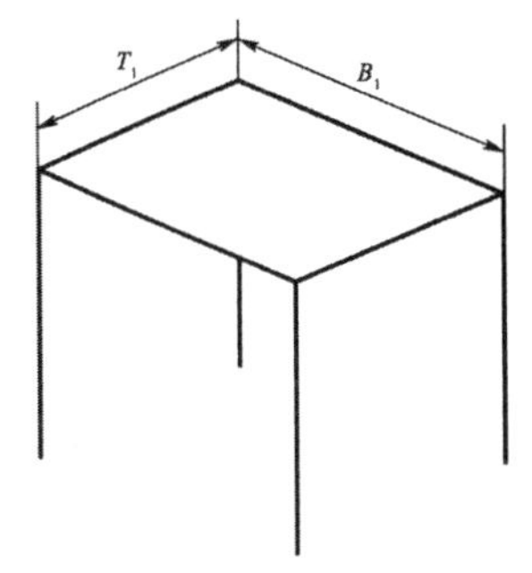

图5-5　长方凳尺寸示意图

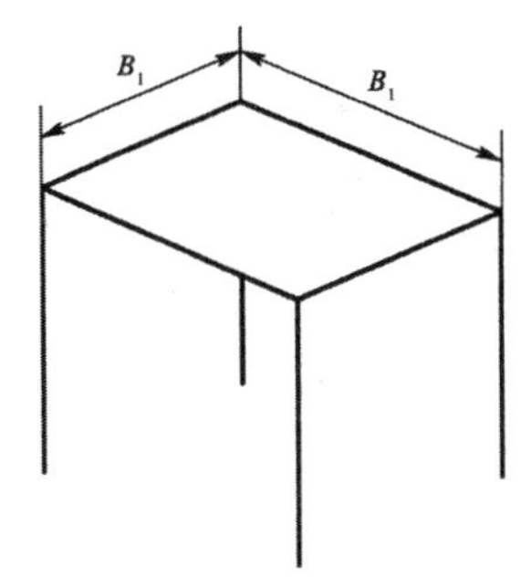

图5-6　方凳尺寸示意图

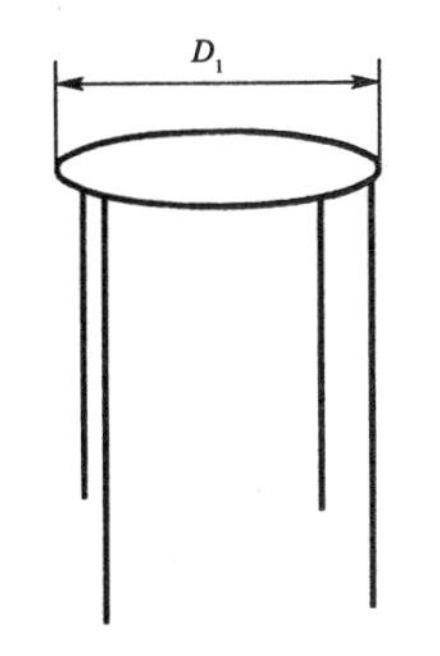

图5-7　圆凳尺寸示意图

表5-6　长方凳、方凳、圆凳尺寸　mm

B_1	D_1	T_1	ΔS
长方凳 ≥ 320，方凳 ≥260	≥260	≥240	10

(6) 双柜桌主要尺寸 (图5-8，表5-7)

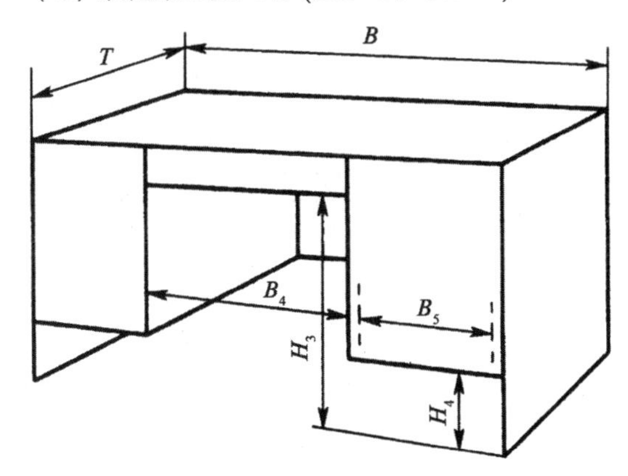

图5-8　双柜桌尺寸示意图

表5-7　双柜桌尺寸　mm

B	1200 ~ 2400
T	600 ~ 1200
H_3	≥580
B_4	≥ 520
B_5	≥230

(7) 单柜桌主要尺寸 (图5-9，表5-8)

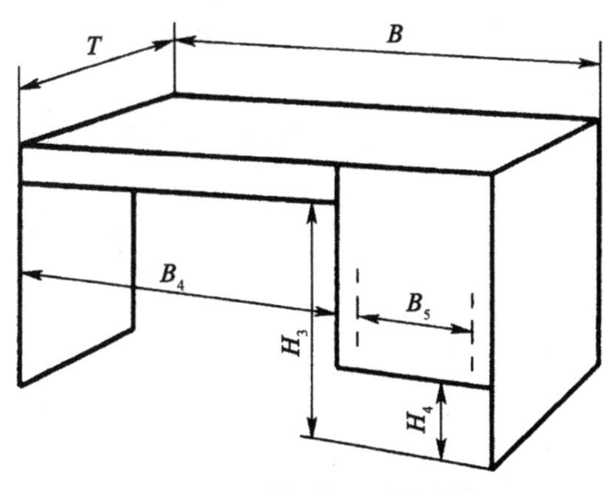

图5-9　单柜桌尺寸示意图

表5-8　单柜桌尺寸　mm

B	900 ~ 1500
T	500 ~ 750
H_3	≥ 580
B_4	≥ 520
B_5	≥230

（8）单层桌主要尺寸 (图5-10，表5-9)

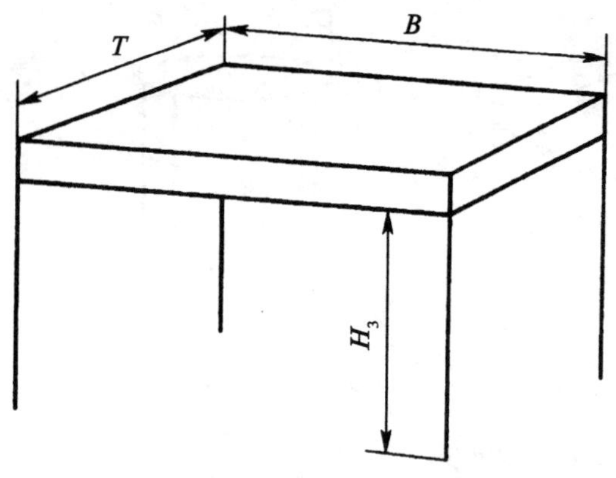

图5-10　单层桌尺寸示意图

表5-9　单层桌尺寸　mm

B	900～1200
T	450～600
ΔB	100
ΔT	50
H_3	≥580

（9）梳妆桌主要尺寸 (图5-11，表5-10)

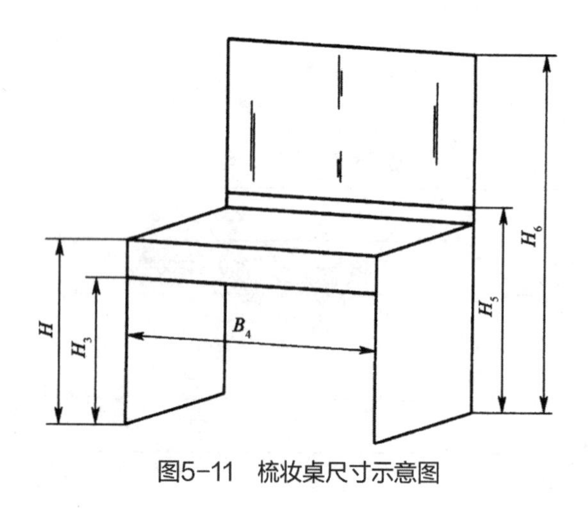

图5-11　梳妆桌尺寸示意图

表5-10　梳妆桌尺寸　mm

H	≤740
H_3	≥580
B_4	≥500
H_6	≥1600
H_5	≤580

（10）长方桌主要尺寸 (图5-12，表5-11)

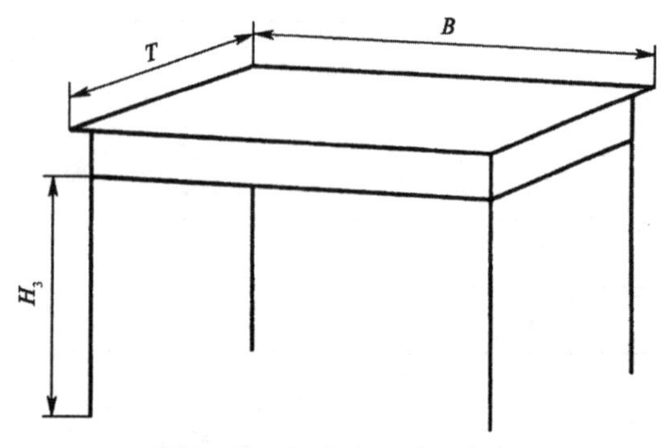

图5-12　长方桌尺寸示意图

表5-11　长方桌尺寸　mm

B	900～1800
T	450～1200
ΔB	50
ΔT	50
H_3	≥580

（11）方桌、圆桌主要尺寸（图5-13，表5-12）

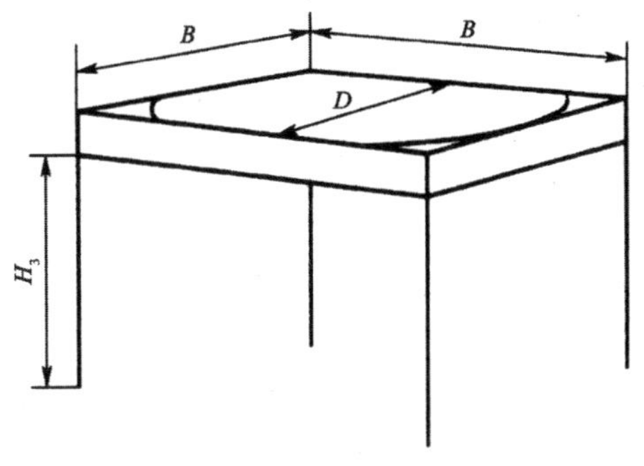

图5-13　方桌、圆桌尺寸示意图

表5-12　方桌、圆桌尺寸　mm

B(或D)	600、700、750、800、850、900、1000、1200、1350、1500、1800（其中方桌长≤ 1000）
H_3	≥580

二、柜类主要尺寸（摘自GB/T 3327—2016）

1. 柜类主要尺寸的符号和说明(表5-13)

表5-13　柜类主要尺寸符号和说明　mm

符　号	符号说明	符　号	符号说明
B	柜体外形宽度	H_1	挂衣棍上沿至顶板内表面间距离
B_1	柜内横向挂衣宽度	H_2	挂衣棍下沿至顶底内表面间距离
T	柜体外形深	H_3	亮脚、围板式底脚、底层屉面下沿离地面高
T_1	柜内纵向挂衣空间深	H_4	镜子上沿离地面高，顶层抽屉上沿离地高度
T_2	抽屉深	H_5	层间净高
H	柜外形总高		

2. 主要尺寸

（1）衣柜尺寸（图5-14、图5-15，表5-14）

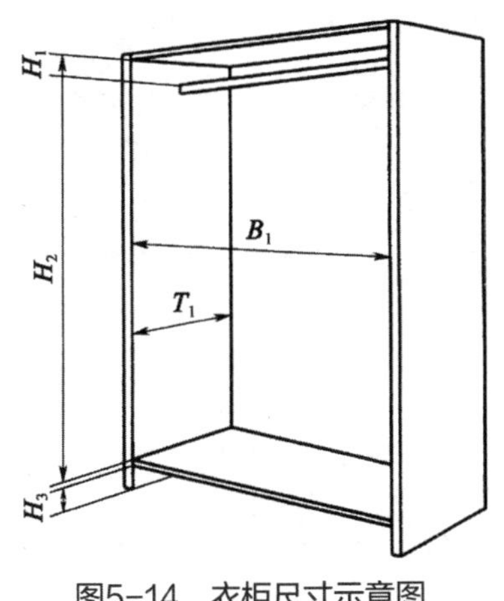

图5-14　衣柜尺寸示意图

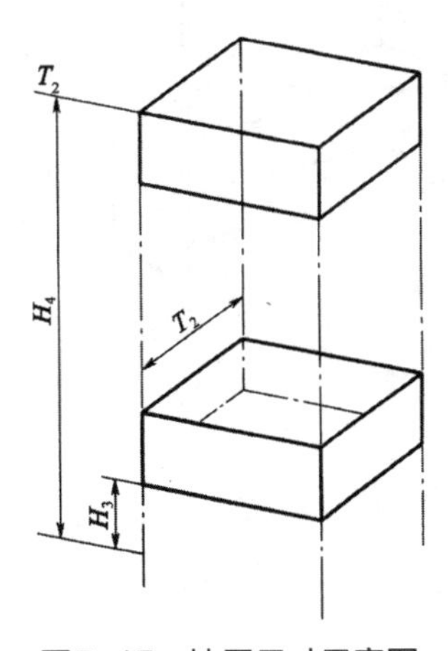

图5-15　抽屉尺寸示意图

表5-14 衣柜尺寸

mm

柜体空间深		H_1	H_2	
挂衣空间T_1	折叠衣物T_1		适于挂长外衣	适于挂短外衣
≥530	≥450	≥40	≥1400	≥900

亮脚H_3≥100，围板式底脚(包脚)H_3≥50；镜子H_4≥1700；抽屉，T_2≥400，H_3≥50，H_4≥1250。

（2）床头柜主要尺寸 (图5-16，表5-15)

（3）书柜、文件柜主要尺寸 (图5-17，表5-16)

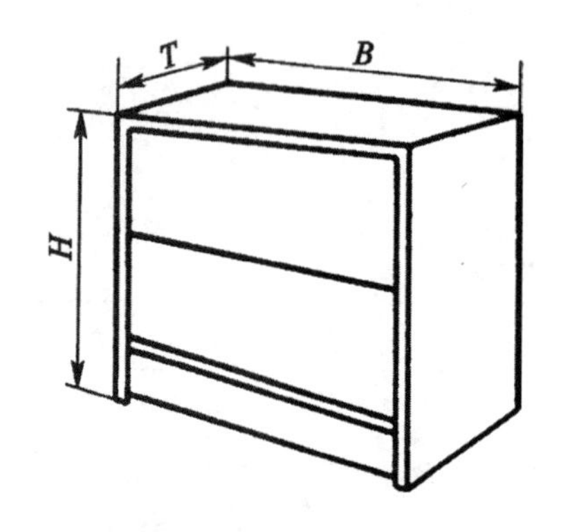

图5-16 床头柜尺寸示意图

表5-15 床头柜尺寸

mm

B	400～600
T	300～450
H	500～700

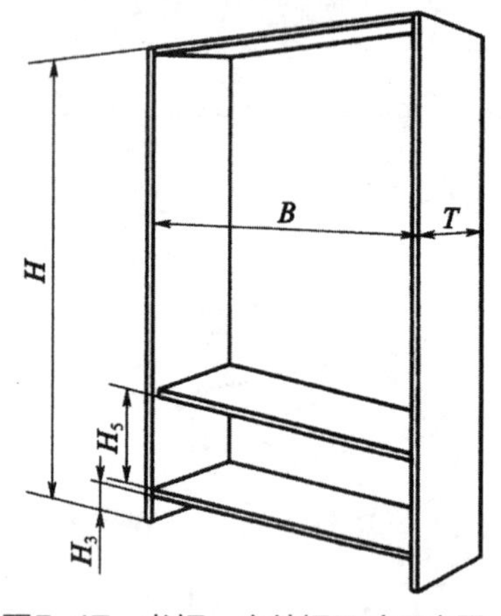

图5-17 书柜、文件柜尺寸示意图

表5-16 书柜、文件柜尺寸

mm

		B	T	H	H_5
书柜	尺寸	600～900	300～400	1200～2200	(1)≥230 (2)≥310
	ΔS	50	20	第一级差200 第二级差50	—
文件柜	尺寸	450～1050	400～450	(1)370～400 (2)700～1200 (3)1800～2200	≥330
	ΔS	50	10	—	—

三、床类主要尺寸

床面指两床屏内侧之间和两床边外侧之间的平面。层间净高指双层床下床面与上床面之间的最小间距。

1. 床类主要尺寸符号和说明（表5-17）

2. 主要尺寸

（1）单层床主要尺寸(图5-18、图5-19，表5-18)

注意：嵌垫式床的订面宽应在各挡尺寸基础上加20。

（2）双层床主要尺寸(图5-20，表5-19)

表5-17　床类主要尺寸符号和说明

符　号	符 号 说 明
B_1	床面宽
L_1	床面长
L_2	安全栏板缺口长度
H_1	床面高
H_2	底床面高
H_3	层间净高
H_4	安全栏板高

表5-18　单层床主要尺寸　mm

<table>
<tr><th colspan="2">L_1</th><th colspan="2" rowspan="2">B_1</th><th colspan="2">H_1</th></tr>
<tr><th>双床屏</th><th>单床屏</th><th>放置床垫</th><th>不放置床垫</th></tr>
<tr><td rowspan="6">1920
1970</td><td rowspan="6">1900
1950</td><td rowspan="6">单人床</td><td>720</td><td rowspan="9">240～280</td><td rowspan="9">400～440</td></tr>
<tr><td>800</td></tr>
<tr><td>900</td></tr>
<tr><td>1000</td></tr>
<tr><td>1100</td></tr>
<tr><td>1200</td></tr>
<tr><td rowspan="3">2020
2120</td><td rowspan="3">2000
2100</td><td rowspan="3">双人床</td><td>1350</td></tr>
<tr><td>1500</td></tr>
<tr><td>1800</td></tr>
</table>

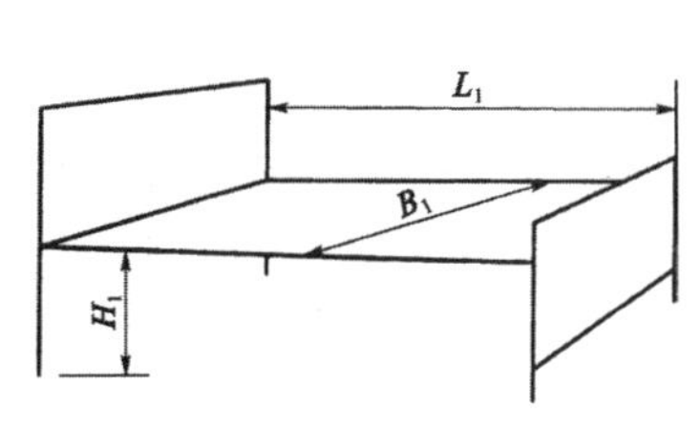

图5-18　单层床尺寸示意图

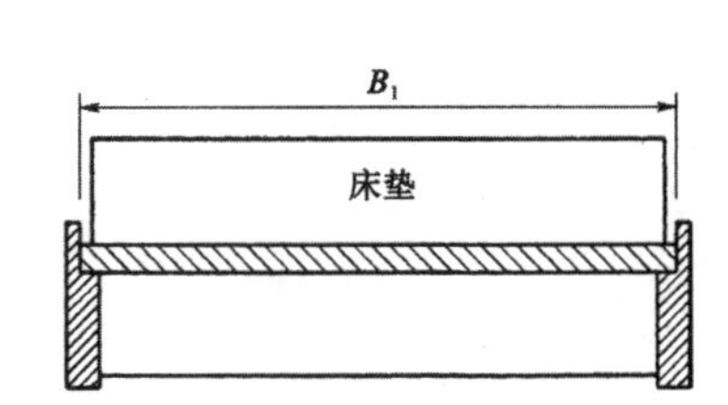

图5-19　嵌垫式床床尺寸示意图

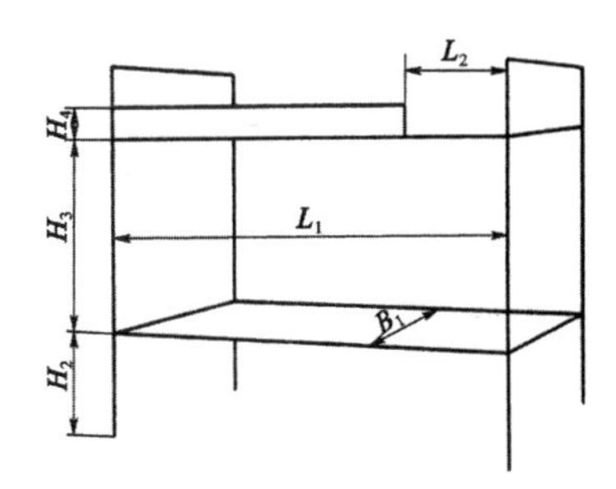

图5-20　双层床尺寸示意图

表5-19　双层床主要尺寸　mm

<table>
<tr><th rowspan="2">L_1</th><th rowspan="2">B_1</th><th colspan="2">H_2</th><th colspan="2">H_3</th><th rowspan="2">L_2</th><th colspan="2">H_4</th></tr>
<tr><th>放置床垫</th><th>不放置床垫</th><th>放置床垫</th><th>不放置床垫</th><th>放置床垫</th><th>不放置床垫</th></tr>
<tr><td>1920
1970
2020</td><td>720
800
900
1000</td><td>240～280</td><td>400～440</td><td>≥1150</td><td>≥980</td><td>500～600</td><td>≥380</td><td>≥200</td></tr>
</table>

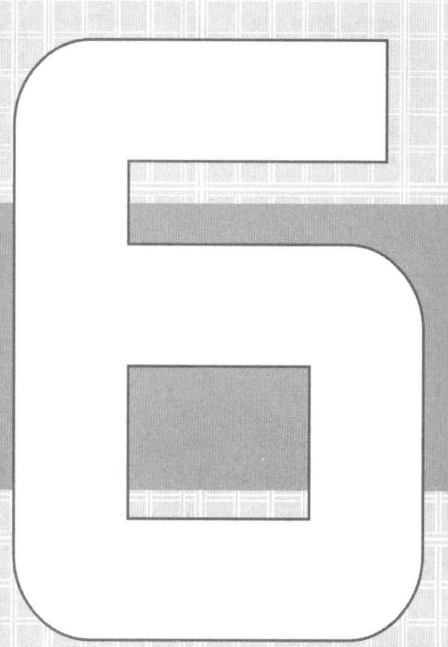

项目6 家具结构设计

知识目标

1. 熟悉木家具的各种接合方式；
2. 掌握各种榫接合的特点、应用及技术要求；
3. 掌握框式家具基本部件结构及框式家具典型结构；
4. 掌握板式家具基本部件结构及典型部件结构设计；
5. 掌握板式家具结构32mm设计；
6. 掌握软体家具结构。

技能目标

1. 能根据功能及材料要求分析框式家具的结构并选择合理的接合方式进行结构设计与表达；
2. 能根据功能及材料要求分析板式家具的结构并根据设计原则进行板式家具结构设计与表达；
3. 能运用所学知识进行软体家具的结构分析与设计表达；
4. 能够运用新技术、新方法、新材料对家具结构改进创新。

任务6.1
框式家具结构设计

工作任务

任务目标

通过本任务的学习，熟悉木家具的各种接合方式，掌握框式家具结构设计的方法，能根据功能及材料要求分析框式家具的结构并选择合理的接合方式进行结构设计与表达。

任务描述

本任务为通过知识准备部分内容的学习，完成学习性工作任务——框式家具结构设计。学生以个人为单位，以项目5.3完成的“学习性工作任务”为设计对象，进行家具结构设计，并采用A4图纸，按横向幅面布局，运用有关软件完成家具结构设计内容的表达，具体包括家具配料规格材料表、五金配件清单、结构装配图、零部件图（参考项目1.4有关图表）。要求注重家具接合方式的合理性，注意作图的规范性、美观性，设计产品为打印好的纸质家具配料规格材料表、五金配件清单、结构装配图、零部件图等。

工作情景

工作地点：家具设计理实一体化实训室或CAD实训室。

工作场景：采用项目导向、任务驱动、工学交替，教、学、做和理论实践一体化，实现在工作中学习，培养和提高学生家具结构设计职业能力和职业素质。教学全过程可虚拟家具企业工作活动，创建职业情境，学生将承担家具结构设计师角色，教师将承担家具企业设计总监，主要负责项目任务的下达、项目验收和技术指导工作。完成本次任务后，教师对学生工作过程和成果进行评价和总结，学生根据教师的指导进一步完善。

任务实施

（1）布置学习任务

明晰学习任务的内容、目标、要求，特别是学习性工作任务的内容、目标、要求及完成学习性工作任务所需要掌握的理论知识、方法、途径和步骤，明确可利用的学习与工作资源，要求学生课前按思考与练习要求完成知识准备部分内容的预习。

（2）理论知识的引导学习

通过教师引导，以学生为主体、采用理实一体化的教学方法完成知识准备部分理论知识的学习。

（3）确定结构设计方案

学生设计工作室的形式，以项目5.3完成的“学习性工作任务”为设计对象，从材料性能、力学强度、生产工艺性、装饰性等方面进行结构分析，研究榫接合的类型及相关技术要求，选择合适的接合方式；根据榫头和榫眼的配合要求，设计榫接合结构。

（4）绘制结构装配图及零部件图

①在确定结构设计方案基础上，学生以个人为单位，绘制结构装配图。结构装配图主要描述家具的内外详细结构，包括零、部件的形状，以及它们之间的连接方法。内容主要有：视图、尺寸、局部详图、零部件明细表、技术条件等。

②根据结构装配图绘制零部件图。零部件图要求：家具零部件图主要是为了零件的工艺加工，必须满足“完整、清晰、简便、合理、正确、规范”的原则。

（5）编写材料明细单

根据结构装配图、零部件图编写家具配料规格材料表、五金配件清单。包括生产家具的所有零件、部件、附件、所需其他材料等内容的材料清单。

（6）与其他同学交流零部件结构图纸，提出、接收建议

（7）听取教师的意见

（8）修改完善，打印保存

修改完善家具配料规格材料表、五金配件清单、结构装配图、零部件图（参考项目1.4有关图表）后打印并保存好，以备下次学习任务及所有设计任务完成后统一装帧上交使用。

知识链接

1. 木家具常见的接合方式

家具产品通常都是由若干个零、部件按照功能与构图要求，通过一定的接合方式组装构成的。零部件之间的连接称为接合。家具产品的接合方式多种多样，且各有优点和缺陷。接合方式的选择是结构设计的重要内容，所选用的接合方式是否恰当，对家具的外观质量、强度和加工过程都会有直接影响。木家具常用的接合方式有榫接合、胶接合、钉接合、木螺钉接合、连接件接合等。

（1）榫接合

榫接合是木家具的一种传统而古老的接合方式，在现代家具制造中仍有相当的应用。榫接合是指由榫头和榫眼或榫槽组成的接合。零件间靠榫头、榫眼配合挤紧，并辅助以胶接合获得接合强度。榫接合的名称如图6.1-1所示。

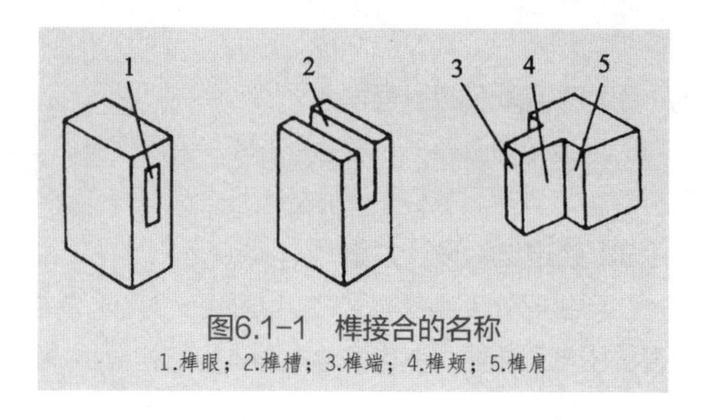

图6.1-1 榫接合的名称

1.榫眼；2.榫槽；3.榫端；4.榫颊；5.榫肩

（2）胶接合

胶接合是指单纯用胶黏剂把制品的零、部件接合起来，通过对零、部件的接合面涂胶、加压，待胶液固化后即可互相接合。胶接合主要用于板式部件的构成，实木零件的拼宽、接长、加厚及家具表面覆面装饰和封边工艺等。实际生产中，胶接合也广泛应用于其他接合方式的辅助接合，如钉接合、榫接合常需施胶加固。胶接合可以达到小材大用、劣材优用、节约木材的效果，还可以提高家具的质量。

不同场合、不同材料使用的胶黏剂不尽相同，家具加工中常用的胶黏剂有乳白胶、即时得胶、脲醛及酚醛树脂胶等。

（3）钉接合

钉接合是一种使用操作简便的连接方式，接合强度较低，一般用来连接非承重结构或受力不大的承重结构，常在接合面加胶以提高接合强度。钉接合在我国传统手工生产的木家具中应用较广，钉子有金属、竹、木制3种，其中金属钉应用最普遍，通常有圆钉、气钉两种。在各种接合方式中，圆钉接合最为简便，常用于强度要求不太高又不影响美观、接合部位较隐秘的场合，如用于背板、抽屉安装滑道、导向木条等不外露且强度要求较低之处。在高档家具上应该少用或不用圆钉。圆钉接合的尺寸及技术见表6.1-1。

采用钉接合时，其握钉力是十分重要的，木质材料的性质和状态，钉子形状等都能影响木质材料的握钉力。下面介绍影响握钉力的一般因素：

① 钉入方向对握钉力的影响

木材弦切面和径切面（横木纹方向钉钉）的握钉力差别很小，而顺木纹方向（轴向）钉钉时，其握钉力通常比弦切面或径切面低1/3左右。因此，实际生产中应尽量沿木材横纹方向钉钉，以充分利用木材的握钉性能。

由于各种材料的性能不同，其握钉力也不同。对于木质人造板，垂直于其表平面钉钉，具有较好的握钉力。如果钉子从胶合板侧边钉入，其握钉力较低。同样刨花板、纤维板沿板边的插嵌性能都不如木材。

②材料密度对握钉力的影响

木材密度的大小对握钉力有一定的影响。一般密度大的木材钉子难钉入，但其握钉力也大。虽然密度小的木材握钉力小，但一般材质疏松的木材也不易劈裂，可增加钉子直径、长度和钉子数量以弥补其握钉力之不足。

③钉子结构、尺寸等对握钉力的影响

不同结构的钉子与木材的接触面积有差异，致使钉子与木材的摩擦力也不一样，拔钉时各部分木材纤维呈不同抗剪、抗拉状态，从而使握钉力差异大。钉子结构类型很多，有普通圆形、方形，有纵向带槽、带环形槽、带螺旋槽和带刺等。采用螺旋状和带刺的钉，可增加与木材的接触面积和摩擦力，可提高木材的握钉力。同类型钉子，由于尺寸不同，材料对其握钉力差别也很大，一般木材的握钉力随钉子尺寸增大而提高。

（4）木螺钉接合

木螺钉也称木螺丝，是金属制带螺纹的简

表6.1-1　圆钉接合的尺寸与技术

项　目	简　图	规　范	注
钉长的确定		不透钉 $l=(2\sim3)A$ $e>2.5d$ 透钉 $l=A+B+c$ $c\geq4d$	l——钉长 d——圆钉直径 e——钉尖至材底距离 A——被钉紧件厚度 B——持钉件厚度 c——弯尖长度
加钉位置		$S>10d$ $t>2d$	S——钉中心至板边距离 t——近钉距时的邻钉横纹错开距离 d——圆钉直径
加钉方向		方法（一）：垂直材面进钉 方法（二）：交错倾斜进钉，钉倾斜 α=5°～15° 方法（三）：结合强度较高	
圆钉沉头法		将钉头砸扁冲入木件内，扁头长轴要与木纹同向	

单连接件。木螺钉接合是利用木螺钉穿透被固紧件、拧入持钉件而将二者连接起来的接合。常用于木家具中桌面板、椅座板、柜背板、抽屉滑道、脚架、塞角的固定，以及拉手、锁等配件的安装。此外，客车车厢和船舶内部装饰板的固定也常用木螺钉。其接合较简便，接合强度较榫接合低而较圆钉接合高，常在接合面加胶以提高接合强度。握螺钉力与握钉力属于同类，随着螺钉长度、直径的增大而增强。木螺钉接合用于刨花板时，其接合强度随着刨花板密度的增大而提高，其板面的握螺钉力约为端面的2倍。木螺钉需在横纹方向拧入持钉件，纵向拧入接合强度低。一般被固紧件的孔需预钻，与木螺钉之间采用松动配合，如果被固紧件太厚（如超过20mm）时，常采用螺钉沉头法以避免螺钉太长（表6.1-2）。

表6.1-2　木螺钉接合尺寸　mm

名　称	规　范	注
钻孔深度	$D = d + (0.5\sim1)$	
拧入持件深度	$l_1 = 15\sim25$	
钉长（不沉头）	$l = A + l_1$	d——圆钉直径
沉头保留板厚	$A_1 = 12\sim18$	A——被钉紧件厚度
钉长（沉头）	$l' = A_1 + l_l$	
侧面进钉斜度	$\alpha = 5°\sim15°$	

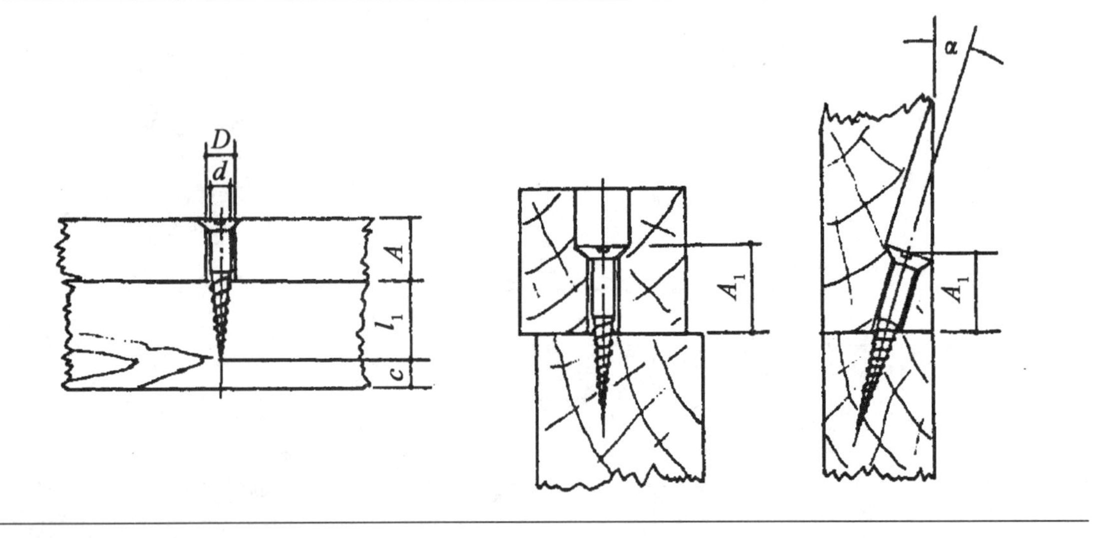

（5）连接件接合

连接件接合采用专门的连接件将零部件连接起来，可用于方材、板件的连接。常用于家具部件之间的连接。连接件品种很多，有紧固连接件、活动连接件等多种，绝大多数连接件接合的家具可多次拆装。进行结构设计时，应根据家具的类型、用途、设备能力选择合适的连接件，以保证家具的安装精度及牢固度。连接件接合实木家具结构的发展趋势是做到部件化生产，这样有利于实现机械化和自动化，也便于包装、贮存和运输。如图6.1-2所示为几种典型连接件的连接结构。除金属连接件之外，还有尼龙和塑料等材料制作的连接件。对连接件的要求是：结构牢固可靠，能多次拆装，操作方便，装配效率高，不影响家具的功能与外观，具有一定的连接强度，能满足结构的需要，制造方便，成本低廉。

2. 框式家具结构设计

（1）榫接合结构设计

1）榫接合的分类和应用

① 按榫头形状分

主要种类有直角榫、梯形榫（又称燕尾榫）、圆形榫、椭圆榫（又称长圆形榫）、指形榫（又称齿形榫）等，如图6.1-3所示。至于其他类型的榫头都是根据这四种榫头演变而来的。

家具框架接合一般采用直角榫。燕尾榫接合可防止榫头前后错动，接触紧密，牢固度较好，它一般用于箱框、抽屉等处的接合。仿古家具及较高档的传统家具，较多采用燕尾榫接合。圆榫主要用于实木家具、板式家具的接合和定位等。齿形榫（指形榫）一般用于短料接长，目前广泛用于指接集成材的制造。椭圆榫

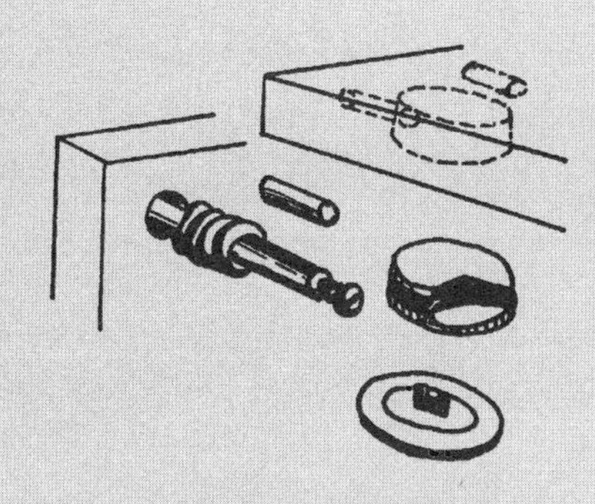

（a）偏心连接件

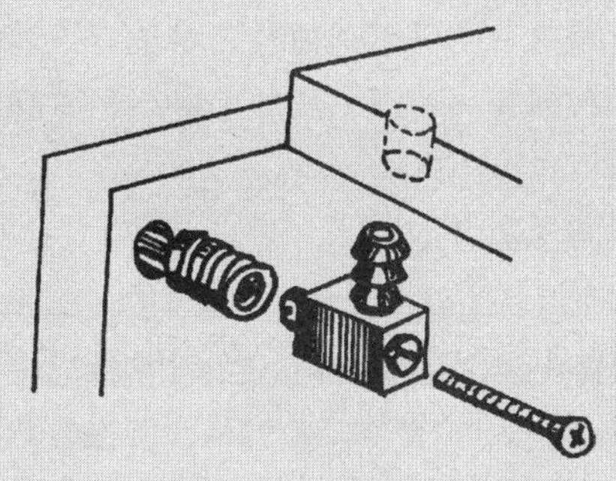

（e）直角倒刺螺母

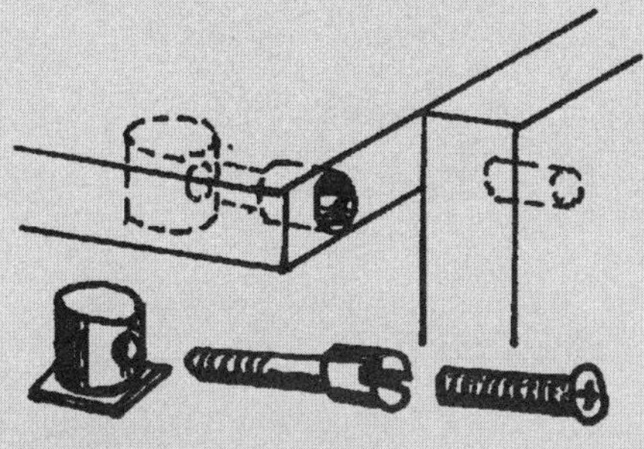

（b）圆柱螺母

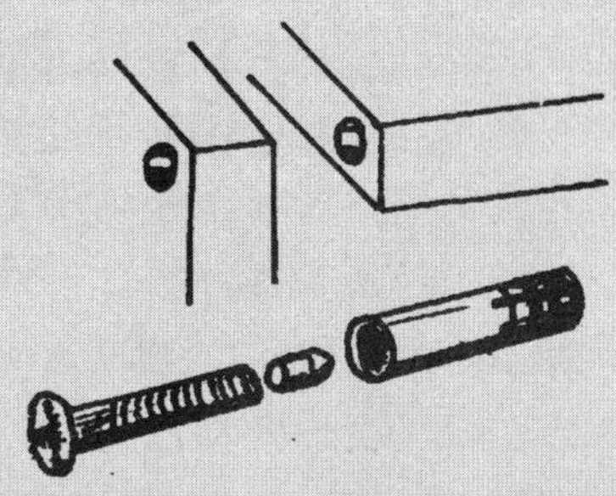

（f）膨胀螺母

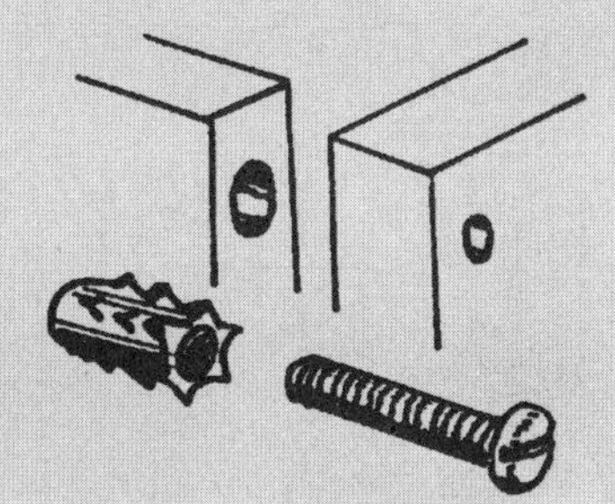

（c）排齿螺母

（g）内外纹螺母

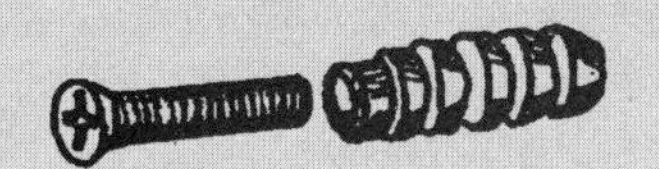

（h）五牙倒刺螺母

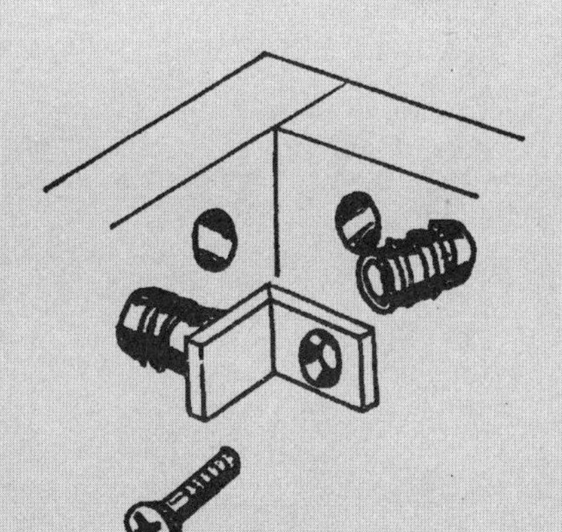

（d）角尺倒刺螺母

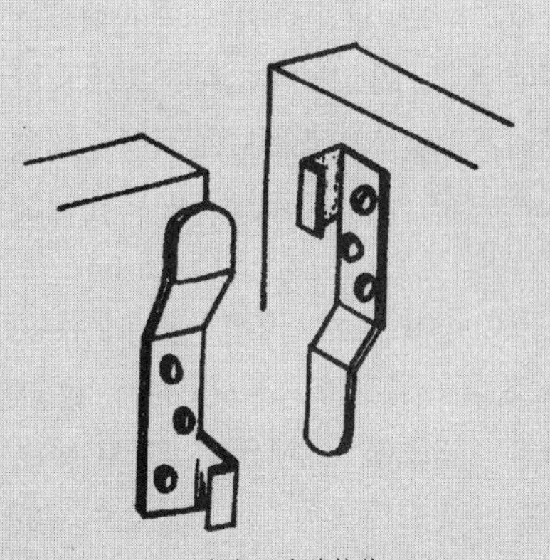

（i）双卡连接件

图6.1-2　连接件接合

是将矩形断面的榫头两侧加工成半圆形，榫头与方材本身之间的关系有直位、斜位、平面倾斜、立体倾斜等，可以一次加工成型。椭圆榫常用于椅框的接合等。

② 按榫头数目分

根据零件宽（厚）度决定在零件的一端开一个或多个榫头时，就有单榫、双榫和多榫之分，如图6.1-4所示。直角榫、燕尾榫、圆榫等都有单榫、双榫和多榫之分。榫头数目增加，就能增加胶层面积和制品的接合强度。一般框架的方材接合，如桌、椅框架及框式家具的木框接合等，多采用单榫和双榫。箱框、抽屉等板件间的接合则采用多榫。对于单榫而言，根据榫头的切肩形式的不同，又可分为单面切肩榫、双面切肩榫、三面切肩榫、四面切肩榫，如图6.1-5所示。

③按榫头与方材是否为一整体分

有整体式榫和分体式榫。整体榫是直接在方材上加工榫头——榫头与方材是一个整体；而分体式榫的榫头与方材不是同一块材料。直角榫、燕尾榫一般都是整体榫；整体式椭圆榫、圆形榫是直角榫的改良型，克服了直角榫接合的榫眼加工生产效率低、劳动强度较大、榫眼壁表面粗糙等缺陷，在框架类现代实木家具中被广泛采用。插入圆榫、椭圆形榫属于分体式榫。分体式榫与整体榫比较，可显著地节约木材和提高生产率。如使用分体式圆榫，榫头可以集中在专门的机床上加工，省工省料；圆榫眼可采用多轴钻床，一次定位完成一个工件上的全部钻孔工作，既简化了工艺过程，也便于板式部件的安装、定位、拆装、包装和运输，同时为零部件涂饰和机械化装配提供了条件。

④ 按榫头与榫眼（或榫槽）接合的情况分

有开口榫、闭口榫、半闭口榫，贯通榫与不贯通榫等，如图6.1-6所示。实际使用时，上述几种榫接合是相互联系、可以灵活组合的。例如单榫可以是开口的贯通榫，也可以是半闭口的不贯通榫接合等。开口、贯通直角榫接合加工简单，但接合力低，且榫端及榫头的一边显露在外

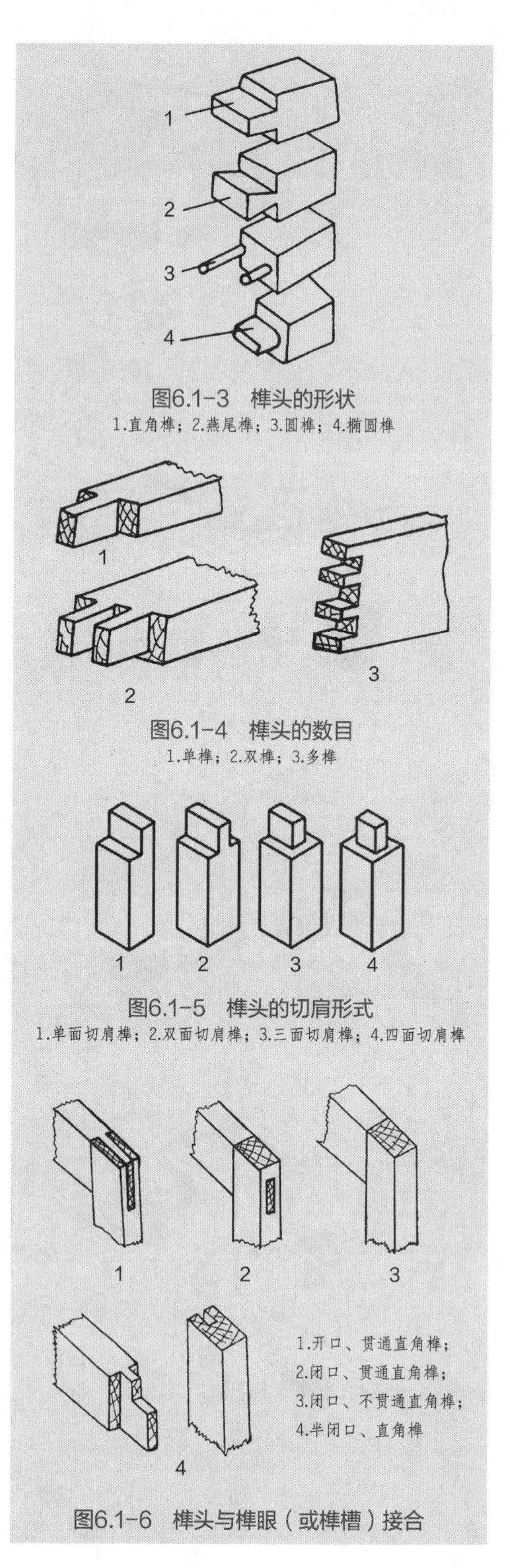

图6.1-3 榫头的形状
1.直角榫；2.燕尾榫；3.圆榫；4.椭圆榫

图6.1-4 榫头的数目
1.单榫；2.双榫；3.多榫

图6.1-5 榫头的切肩形式
1.单面切肩榫；2.双面切肩榫；3.三面切肩榫；4.四面切肩榫

1.开口、贯通直角榫；
2.闭口、贯通直角榫；
3.闭口、不贯通直角榫；
4.半闭口、直角榫

图6.1-6 榫头与榫眼（或榫槽）接合

表，影响家具的外观，所以只能用于受力不大、装饰要求不高的部件。闭口、贯通直角榫接合虽然接合力大，但榫端暴露在外，影响装饰质量，其适用于受力大的结构和不透明涂饰的家具。闭口、不贯通榫接合榫端不外露，不影响表面的外观，中高级家具的装饰表面都可采用。但开口榫在装配过程中，当胶液尚未凝固时，零部件间常会发生扭动，使其难于保持正确的位置；而贯通榫，因榫头端面暴露在外面，当含水率发生变化时，榫头会突出或凹陷于制品的表面，从而影响美观和装饰质量。为了保持装配位置的正确，又能增加一些胶接面积，可以采用半闭口榫接合。它具有开口榫及闭口榫两者的优点，一般应用于某些隐蔽处及制品内部框架的接合，如桌腿与桌面下的横向方材处的接合，榫头的侧面能够被桌面所掩盖；又如，用在椅档与椅腿的接合处等，因为椅档上面还有座板盖住，所以不会影响外观。一般中、高级家具的榫接合主要采用闭口、不贯通榫接合。

有时因零件的断面尺寸、材料的力学性质、木材的纹理方向、接合强度要求、接合点的位置等情况比较特殊，在同一接合部位上采用单一形式的榫往往难以满足接合要求，此时可将几种榫组合使用，图6.1-7是直角榫与圆榫组合的一例。这种组合榫接合常用于零件的断面尺寸较小而接合强度要求较高的场合。图6.1-8是指形榫与圆榫组合的一例。虽然指形榫的接合强度高，一般不需要与其他榫组合，但在图6.1-8中的L形零件上，指形榫的方向垂直于木材纹理，其强度极低，此时插入一个圆榫进行补强。

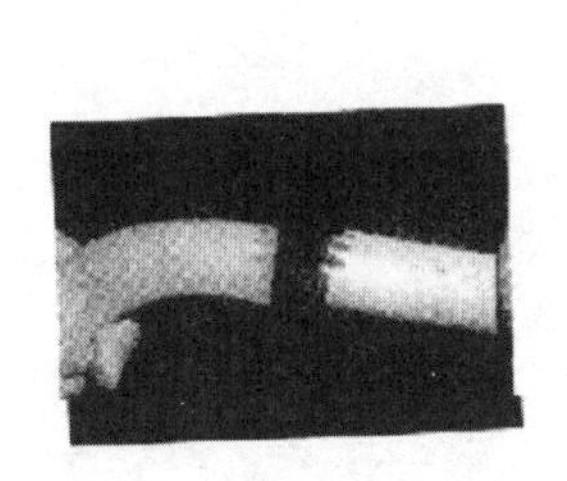
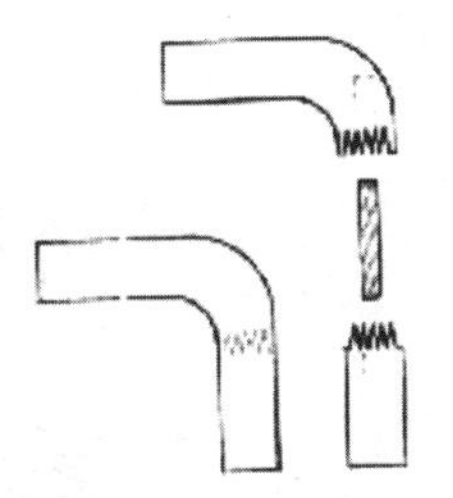

图6.1-7　直角榫与圆榫组合图

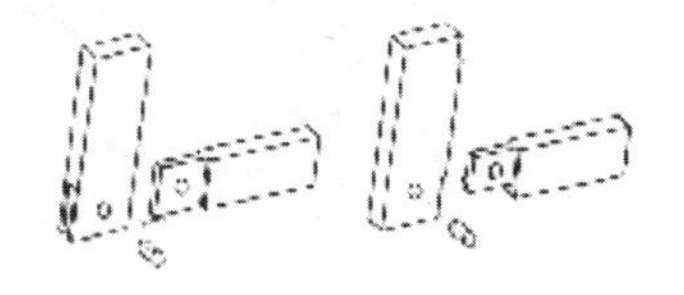

图6.1-8　指形榫与圆榫组合

2）直角榫接合的技术要求

家具制品被破坏时，破口常出现在接合部位，因此在设计家具产品时，一定要考虑榫接合的技术要求，以保证其应有的接合强度。

正常情况下，直角榫榫头位置应处在零件断面中间，使两肩同宽。如使用单肩榫或两肩不同宽，则应保证榫孔边有足够厚度，一般硬材≥6mm，软材≥8mm，对于直角榫而言，装配后榫颊面都必须与榫孔零件的纹理平行，以保证接合强度。为了提高直角榫接合的强度，还应合理确定榫头的数目、方向、尺寸及榫头与榫眼配合关系。

①榫头数目及尺寸

直角榫的榫头数目及尺寸见表6.1-3、表6.1-4。

②榫头厚度

榫头的厚度一般根据开榫方材的断面尺寸和接合的要求来定。单榫厚度约为方材厚度或宽度的0.4～0.5倍；双榫总厚度也约为方材厚度或宽度的0.4～0.5倍。为使榫头易于装入榫眼，常将榫头端部的两边或四边削成30°的斜棱。当零件断面尺寸大于40mm×40mm时，应采用双榫，以提高接合强度。榫接合采用基孔制，因此在确定榫头的厚度时应将其计算值调整到与方形套钻相符合的尺寸，常用的厚度有6mm、8mm、9.5mm、12mm、13mm、15mm等。

当榫头的厚度等于榫眼的宽度或小于0.1～0.2 mm时，榫接合的抗拉强度最大。当榫头的厚度大于榫眼的宽度时，接合时胶液被挤出，接合处不能形成胶缝，则强度反而会下降，且在装配时容易产生劈裂。

③榫头宽度

榫头的宽度视工件的大小和接合部位而定。一般来说，榫头的宽度比榫眼长度大0.5～

表6.1-3　直角榫的榫头数目

一般要求		榫头数目　$n > A/2B$		
推荐值	零件断面尺寸	$A < 2B$	$2B \leqslant A < 4B$	$A \geqslant 4B$
	推荐榫头数目	单榫	双榫	多榫

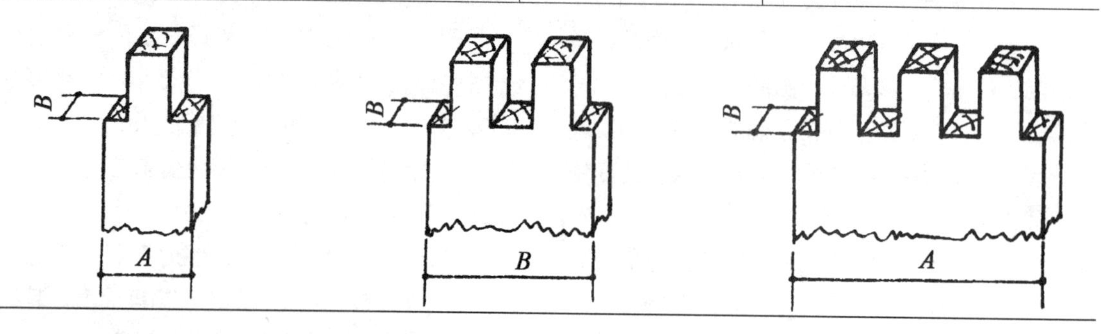

注：遇到下列情况之一时，需增加榫头数目。

①要求提高接合强度。

②按上表确定数目的榫头厚度尺寸太大，一般榫厚以9.5mm为适度，15.9mm为极限。

表6.1-4　直角榫尺寸的设计和计算

尺寸名称	取值	注
榫头厚度	$\sum a \approx \frac{1}{2} A$ $b = B$	a 值系列6.4mm，7.9mm，9.5mm，12.7mm，15.9mm，优先取9.5mm 当$B > 6a$时需改为减榫 优先保证眼底至材底距离 $C \geqslant 6$ mm 保证榫孔距边材 $f \geqslant (6\sim8)$ mm
榫头宽度	$l = 3a$	
榫头长度	$t = a$	
榫头距离	$t_1 \geqslant \frac{1}{2}a$	
榫肩宽	$t_2 = (0\sim)\frac{1}{2}a$	
榫端四边倒角	$1.5 \times 45^{\circ}$	
直角榫短舌宽	$b_1 = 1.5a$	
直角榫短舌长	$l_1 = 0.5a$	
直角榫榫宽	$b_2 = 3a$	
直角榫榫间距离	$s_2 = (1\sim3)a$	

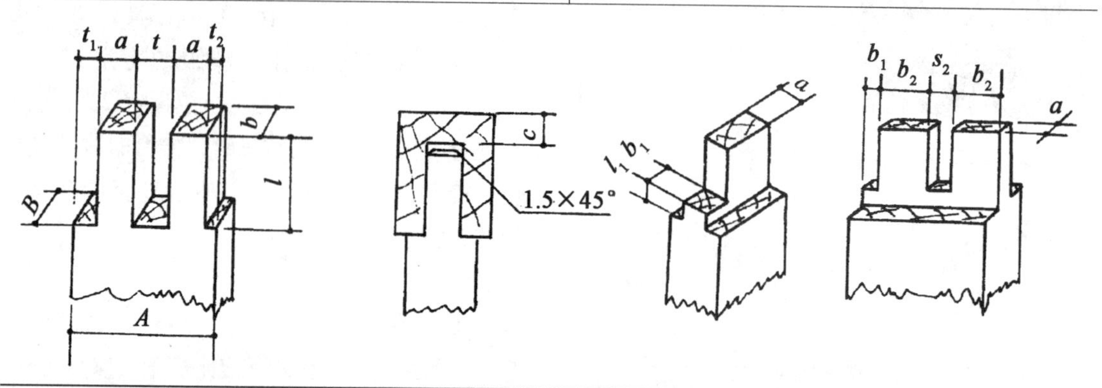

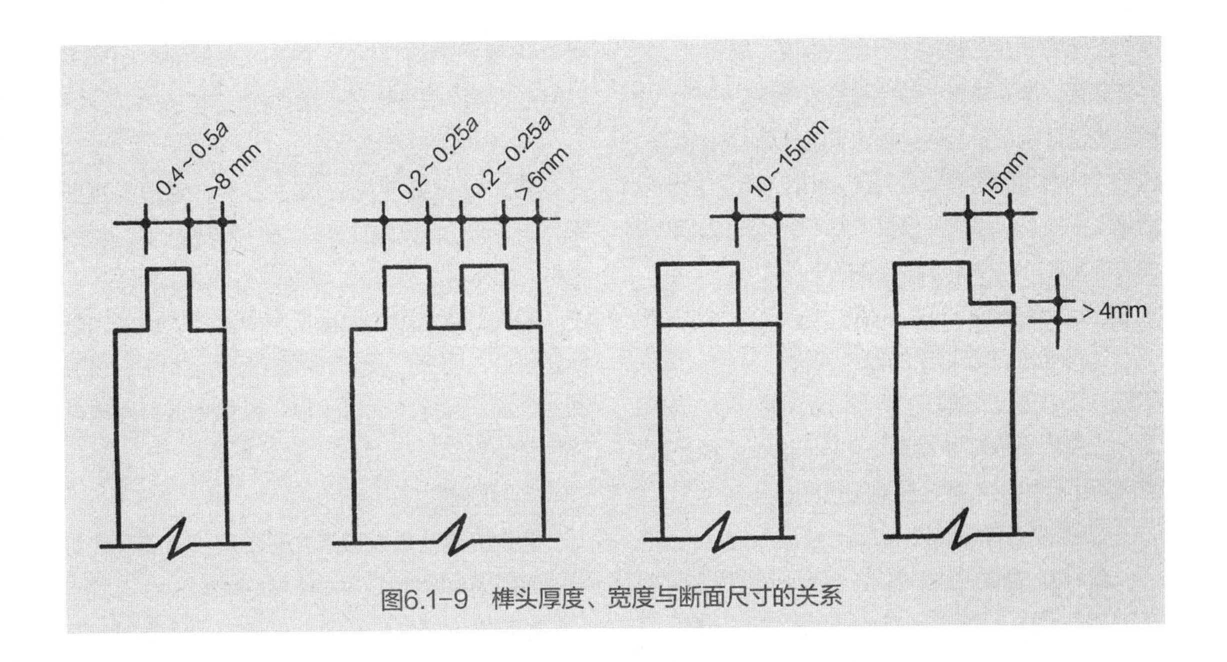

图6.1-9　榫头厚度、宽度与断面尺寸的关系

1.0 mm时接合强度最大，硬材取0.5 mm，软材取1 mm。当榫头的宽度大于25 mm时，宽度的增大对抗拉强度的提高并不明显，所以当榫头的宽度超过60 mm时，应从中间锯切一部分，分成两个榫头，以提高接合强度。

榫头厚度、宽度与断面尺寸的关系如图6.1-9所示。用开口榫接合时，榫头宽度等于方材零件的宽度；用闭口榫接合时，榫头宽度要切去10~15mm；用半闭口榫接合时，榫头宽度上半闭口部分应切去15mm，半开口部分长度应大于4mm。

④榫头长度

榫头的长度根据接合形式而定。采用贯通榫时，榫头长度一般要略大于榫眼深度（大3~5mm），以便接合后刨平。不贯通接合时，榫头的长度应大于榫眼零件宽度或厚度的一半，同时榫眼的深度应大于榫头长度2mm，这样可避免由于榫头端部加工不精确或涂胶过多而顶住榫眼底部，形成榫肩与方材间的缝隙，同时又可以贮存少量胶液，增加胶合强度。根据有关生产单位的实践经验，榫头长度在15~35mm之间时，抗拉、抗剪强度随尺寸增大而增加；当榫头长度超过35mm时，上述强度指标反而随尺寸增大而下降。由此可见，榫头不宜过长，一般在25~35 mm范围内接合强度最大。

⑤榫头、榫眼（孔）的加工角度

榫头与榫肩应垂直，也可略小，但不可大于90°，否则会导致接缝不严。暗榫孔底可略小于孔上部尺寸1~2 mm，不可大于上部尺寸；明榫的榫眼中部可略小于加工尺寸1~2 mm，不可大于加工尺寸。

⑥榫接合对木纹方向的要求

榫头的长度方向应与方材零件的纤维方向基本一致，否则易折断。如确实因接合要求倾斜时，倾斜角度最好不大于45°。榫眼开在纵向木纹上，即弦切面或径切面上，开在端头易裂且接合强度小。榫眼的长度方向应与方材零件的木材纤维方向基本一致。

直角榫接合除遵循以上技术要求外，还需要考虑它的使用情况和受力状态。如家具门扇的角部接合，要求接合强度大，就需要采用闭口榫，在榫头宽度上切去一部分，即三面切肩，有时是四面切肩。锯截时要注意保持榫肩与榫头侧面的正确角度，被截去部分不应小于10mm，但也不宜过大，否则也会降低接合强度。

随着家具生产机械化程度的提高，椭圆榫现被广泛采用。椭圆榫是一种特殊的直角榫，它与普通直角榫的区别在于其两侧都为半圆柱面，榫眼两端也与之同形。椭圆榫接合的尺寸和技术与直角榫接合基本相同，只是椭圆榫仅可设单榫而无双榫和多榫，榫宽通常与榫头零件宽度相同或略小。

3）圆榫接合的技术要求

圆榫是现在较常见的分体式榫，其与直角榫比较，接合强度约低30%，但较节省木料、易加工，主要用于板式家具部件之间的接合与定位，也常用于现代实木家具框架的接合。

① 圆榫的表面形状

圆榫按表面构造情况分有许多种，典型常用的有四种，如图6.1-10所示。压缩螺旋沟圆榫因表面有螺旋压缩纹，接合后圆榫与榫眼能紧密地嵌合，胶液能均匀地保持在圆榫表面上。当圆榫吸收胶液中的水分后，压纹即润胀，使榫接触的两表面能紧密接合且保持有较薄的胶层。当榫接合遭到破坏时，因其表面的螺旋纹须边拧边回转才能拔出，故抗破坏力相当高。压缩鱼鳞沟圆榫被破坏时，因其表面的网纹过密，常会引起整个网纹层被剥离。而压缩直沟圆榫，虽说强度并不低于螺纹状，但受力破坏时，一旦被拔动，整个抗拔力急剧下降。光滑圆榫接合时，由于胶液易被挤出而形成缺胶现象，一般用于装配时作定位销等。

② 圆榫用材及含水率

制造圆榫的材料应选密度大、纹理通直细密、无节无朽、无虫蛀等缺陷的中等硬度和韧性的木材。如柞木、水曲柳、青冈栎、色木、桦木等。

圆榫的含水率应比家具用材低2%～3%，以便施胶后，圆榫吸收胶液中的水分而润胀，增加接合强度。圆榫应保持干燥，圆榫制成后用塑料袋密封保存。

③ 圆榫的直径、长度

圆榫的直径为板材厚度的0.4～0.5倍，目前常用的规格有6mm、8mm、10mm。

圆榫的长度为直径的3～4倍，目前常用的为32mm，不受直径的限制。

④ 圆榫的涂胶、加工及配合

涂胶方式直接影响接合强度，可以一面涂胶也可以两面（圆榫和榫孔）涂胶，如果一面涂胶应涂在圆榫上，使榫头充分润胀以提高接合力。榫孔涂胶强度要差一些，但易实现机械化施胶，圆榫与榫孔都涂胶时接合强度最佳。

常用胶剂为脲醛树脂胶和聚醋酸乙烯酯乳液胶。常用胶种按接合强度由高到低排列如下：混合胶（75%的脲醛树脂胶+25%的聚醋酸乙烯酯

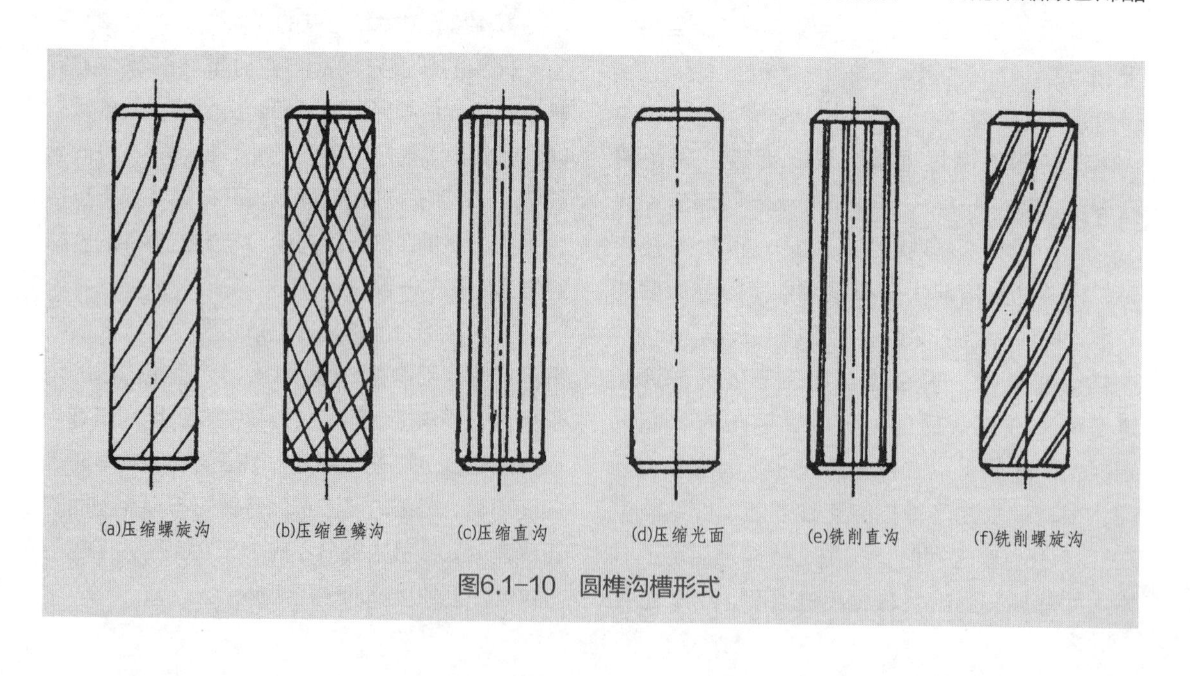

图6.1-10　圆榫沟槽形式

乳液胶），脲醛树脂胶，聚醋酸乙烯酯乳液胶，动物胶。

圆榫两端应倒角，以便装配插接；表面沟纹最好用压缩方法制造，以便存积胶料，接合后榫头吸湿膨胀效果好，可以提高接合力。圆榫与榫孔长度方向的配合应采用间隙配合，即圆孔深度大于圆榫长度，间隙大小为0.5～1.5mm时强度最高；圆榫与榫孔的径向配合应采用过盈配合，过盈量为0.1～0.2mm时强度最高。在实木上使用圆榫接合时要求榫头与榫眼配合紧密或榫头稍大些。但用于板式家具中，基材为刨花板时，过大就会破坏刨花板内部结构。

⑤圆榫的数量与间距

两零件间连接，至少使用圆榫2个，以防止零件转动，较长边用多圆榫连接，榫间距一般为96～160mm。

4）燕尾榫接合的技术要求

采用燕尾榫接合时，顺燕尾方向的抗拔性强，榫也可不外露。燕尾榫接合主要用于箱框的角部连接，其接合技术要求与直角榫接合相似。燕尾榫的种类和尺寸见表6.1-5。

表6.1-5　燕尾榫接合的尺寸与种类

种　类	图　形	尺　寸
燕尾单榫	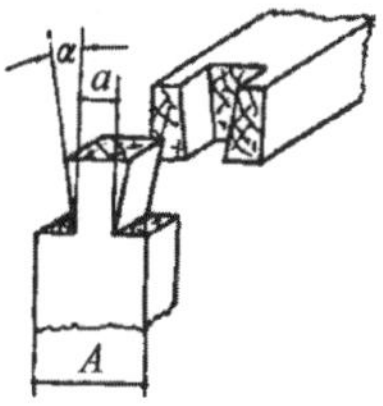	斜角 α =8°～12° A 零件尺寸 榫根尺寸 a =1/3 A
马牙单榫	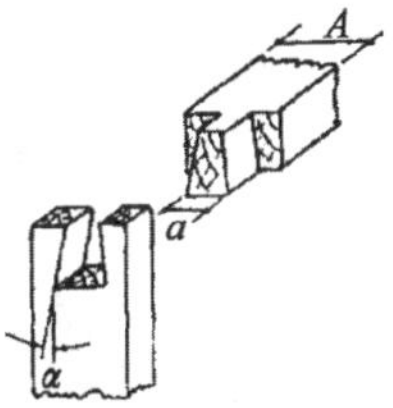	斜角 α =8°～12° A 零件尺寸 榫根尺寸 a =1/2 A
明燕尾多榫	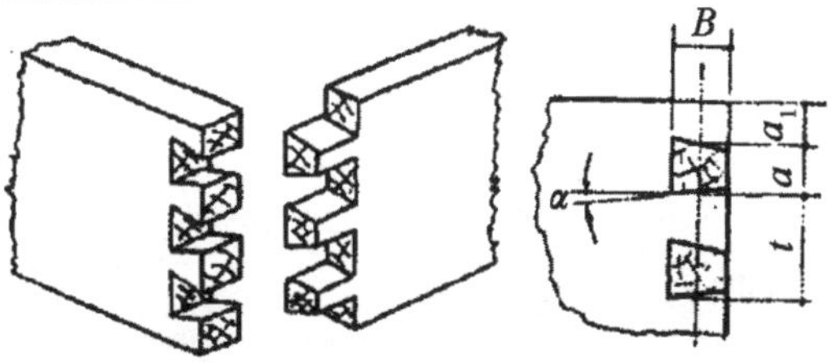	斜角 α =8°～12° B 板厚 榫中腰宽 $a \approx B$ 边榫中腰宽 a_1 =2/3 a 榫距 t =（2～2.5）a
半隐全燕尾隐多榫 全隐全燕尾隐多榫	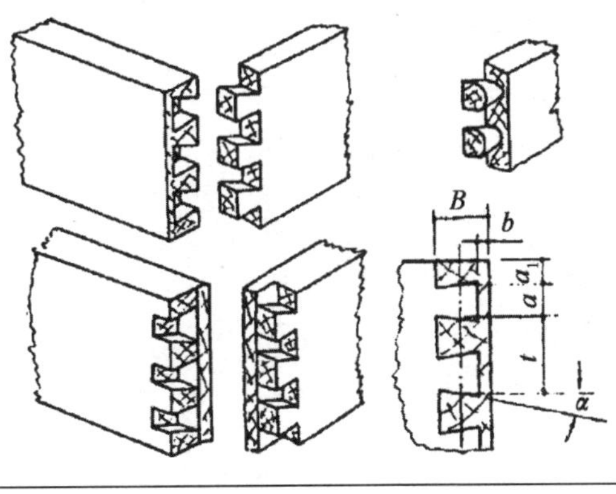	斜角 α =8°～12° B 板厚 留皮厚 b =1/4 B 榫中腰宽 a ≈3/4 B 边榫中腰宽 a_1 =2/3 a 榫距 t =（2～2.5）a

（2）框式家具基本部件结构设计

1）框架结构

框架部件是框式家具的典型部件之一。框架至少是由纵向、横向各两根方材围合而成的。纵向方材称为立边，框架两端的横向方材称为帽头。如在框架中间再加方材，横向的方材称为横档（横撑），纵向的方材称立档（立撑）。框架部件结构各部分名称如图6.1-11所示。构成框架的方材尺寸因结构而异，一般宽度为29～52mm，厚度为13～34mm，中档尺寸与边框相同或略窄。

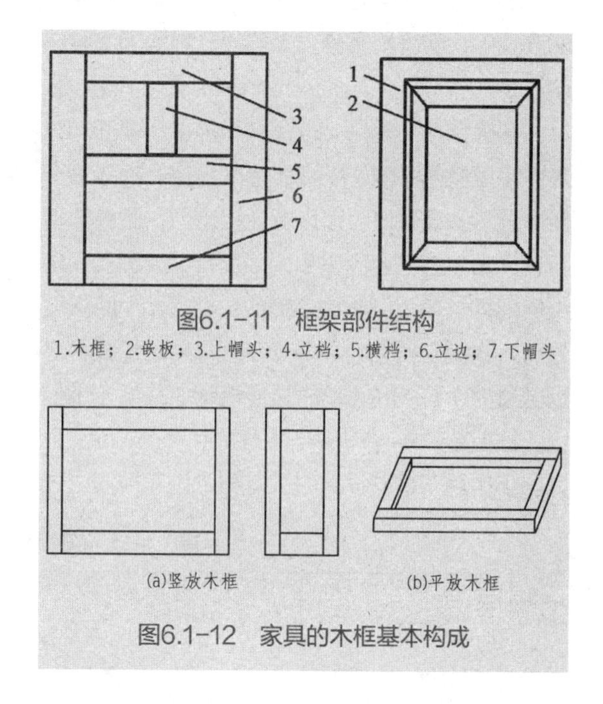

图6.1-11　框架部件结构

1.木框；2.嵌板；3.上帽头；4.立档；5.横档；6.立边；7.下帽头

图6.1-12　家具的木框基本构成

框架的框角接合方式，可根据方材断面及所用部位的不同，采用直角接合、斜角接合、中档接合等多种形式。家具的木框构成有垂直木框（竖放木框）和水平用的木框（平放木框）两种（图6.1-12）。通常情况下，竖放木框应使竖挺夹横档，即让竖挺两端直贯到木框外侧，给人以支撑有力感。平放的木框应使长档夹短档，这样，矩形木框看起来其主要形状就多与其长轴平行而获得协调美感。

①直角接合

直角接合牢固大方、加工简便，为常用方式，主要采用各种直角榫、燕尾榫，也有用插入圆榫或连接件接合的，见表6.1-6。结构设计时按需选用。图6.1-13为木框直角接合的部分典型形式。

②斜角接合

斜角接合是将两根接合的方材端部榫肩切成45° 的斜面（或单肩切成45° 的斜面）后再进

表6.1-6　木框直角接合方式的选择

接合形式			特点与应用
直角榫	依据榫头个数分	单榫	易加工，常用形式
		双榫	提高接合强度，零件在榫头厚度方向上尺寸过大时采用
		纵向双榫	零件在榫宽方向上尺寸过大时采用，可减少榫眼材的损伤，提高接合强度
	依据榫端是否贯通分	不贯通(暗)榫	较美观，常用形式
		贯通(明)榫	强度较暗榫高，宜用于榫孔件较薄，尺寸不足榫厚的3倍，而外露榫端又不影响美观之处
	依据榫侧外露程度分	半闭口榫	兼有闭口榫、开口榫的长处，常用形式
		闭口榫	构成木框尺寸准确，接合较牢，榫宽较窄时采用
		开口榫	装配时方材不易扭动，榫宽较窄时采用
燕尾榫			能保证一个方向有较强的抗拔力
圆榫			接合强度比直角榫低30%，但省料，易加工，圆榫至少用2个以防方材扭转
连接件			可拆卸，需同时加圆榫定位

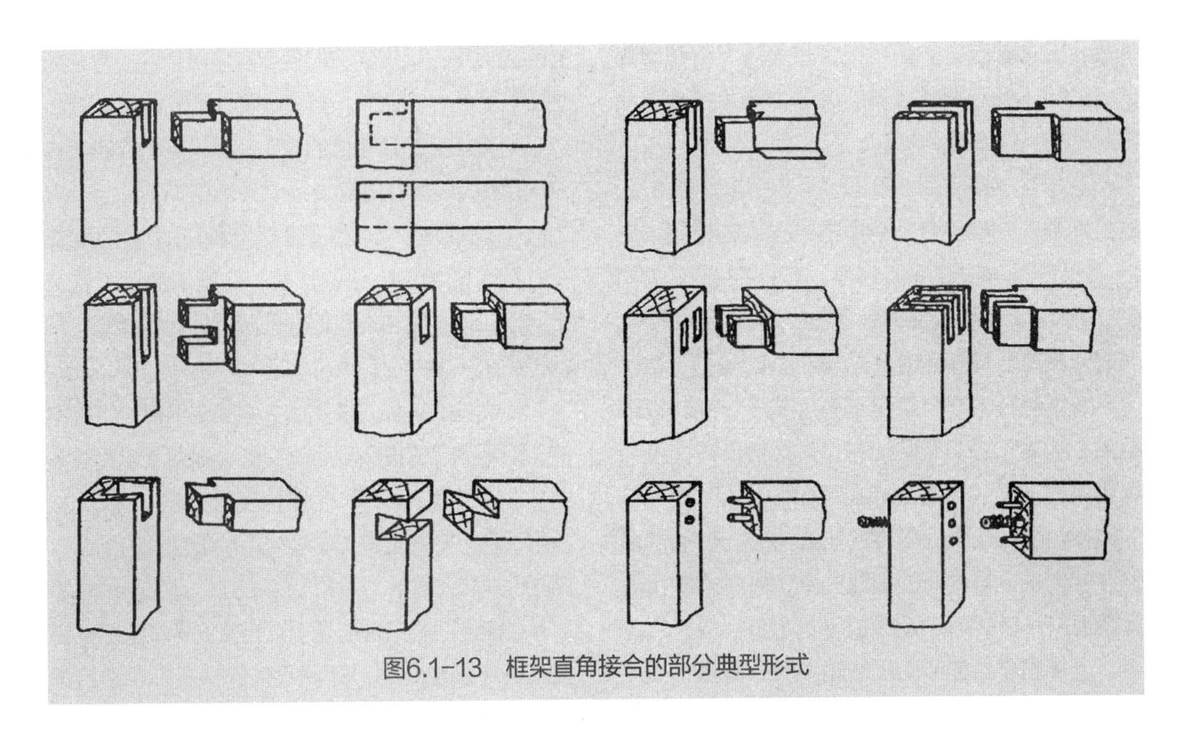
图6.1-13　框架直角接合的部分典型形式

表6.1-7　木框斜角接合方式

接合方式	简　图	特点与应用
单肩斜角榫		强度较高，适用于门扇边框等仅一面外露的木框角接合，暗榫适用于脚与望板间的结合
双肩斜角明榫		强度较高，适用于柜子的小门、旁板等一侧边有透盖的木框接合
双肩斜角暗榫		外表衔接优美，但强度较低，适用于床屏、屏风、沙发扶手等四面都外露的部件角接合
插入圆榫		装配精度比整体榫低，适用于沙发扶手等角部接合
插入板条		加工简便，但强度低，宜用于小镜框等角部接合

行接合的角部结构。斜角接合较美观，但强度略低，适用于外观要求较高的家具。斜角接合常用方式的特点与应用见表6.1-7。

③木框中档接合

木框的中档接合，包括各类框架的横档、立档，如椅子和桌子的牵脚档等。常用接合方式如图6.1-14所示，各种接合的特点与应用见表6.1-8。

④三方汇交榫结构

纵横竖三根方材相互垂直相交于一处，以榫相接，构成三方汇交榫结构。其结构形式因使用场合不同而异，典型形式见表6.1-9。节点部位的榫接合方式应根据零件的断面尺寸、节点部位的力学要求、零件间的位置关系、榫头的种类等具体情况，来决定节点部位的处理方法。

当榫眼零件的断面尺寸较大时，垂直相交两零件的榫头有足够的空间各自实现最佳的接合，如图6.1-15（a）所示。当榫眼零件的断面尺寸较小时，垂直相交的两零件的榫头就要采用相互避让方法确保接合强度的最优化。具体方法如下：

a.均衡法：均衡法是两零件的榫头相互交叉，尽可能增加榫头的长度。均衡法适用于两个方向上的力学要求没有明显差异的场合，如图6.1-15（c）、（e）。

b.优先法：优先法是优先强度要求相对高的零件，即两零件的榫头相互不交叉，强度要求相对高的零件取长榫头，另一个零件度取短榫头。优先法适用于两个方向上的力学要求有明显差异的场合，如图6.1-15（b）、（d）。

c.错位法：错位法是垂直相交的两榫头零件在交汇处作错位处理．让两零件的榫头确保接合强

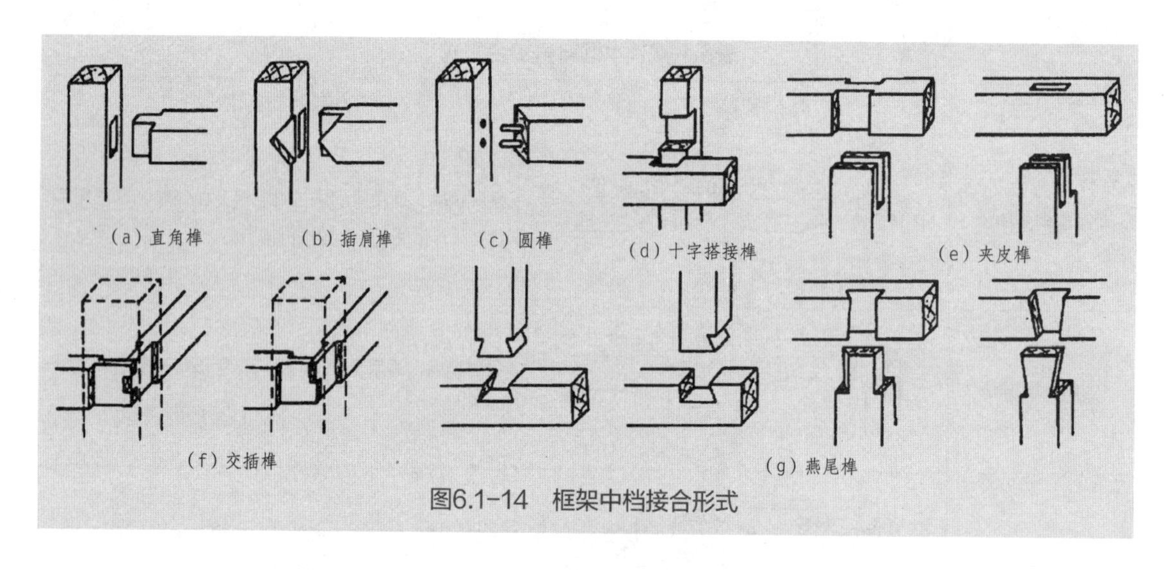

图6.1-14　框架中档接合形式

表6.1-8　框架中档接合的特点与应用

接合方式	特点与应用
直角榫	接合最牢固,依据方材的尺寸、强度与美观要求设计，有单榫、双榫和多榫，分暗榫和明榫
插肩榫	较美观，在线型要求比较细腻的家具中与木框斜角配合使用
圆榫	省料，加工简便，但强度与装配精度略低
十字搭接榫	中档纵横交叉使用
夹皮榫	构成中档一贯到底的外观，如用于柜体的中挺
交插榫	两榫汇交于榫眼方材内时采用，如四脚用望角、横撑连接的脚架接合。交插榫避免两榫干扰保证榫长，还相互卡接提高接合强度
燕尾榫	单面卡接牢固，加工简便，主要用于覆面板内接合

表6.1-9　三方汇交榫的形式与应用

构成名称	简　图	应用举例	应用条件	结构特点
普通直角榫		椅、柜框架连接	①直角接合 ②竖方断面足够大	用完整的直角榫
插配直角榫		椅、柜框架连接	①直角接合 ②竖方断面不够大	纵横方材榫端相互减配、插配
错位直角榫		柜体框架上角连接	①直角接合 ②竖方断面不够大 ③接合强度可略低	用开口榫、直角榫等方法使榫头上下相错
横竖直角榫		扶手椅后腿与望板的连接	①直角接合 ②弯曲的侧望、后望相对装入腿中	相对二榫头的颊面一横一竖，保证后望榫、长侧望榫接用螺钉加固
综角榫（三碰肩）		传统风格椅、柜、几的顶角连接	顶、侧朝外三面都需要有美观的斜角接合	纵横方材交叉榫数量按方材厚度决定，小榫贯通或不贯通

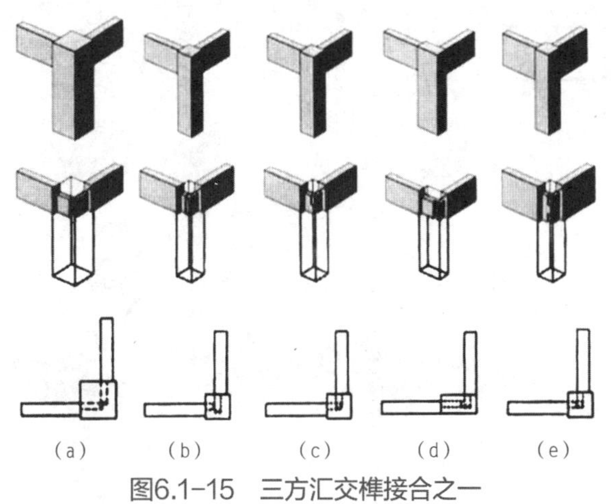

图6.1-15　三方汇交榫接合之一

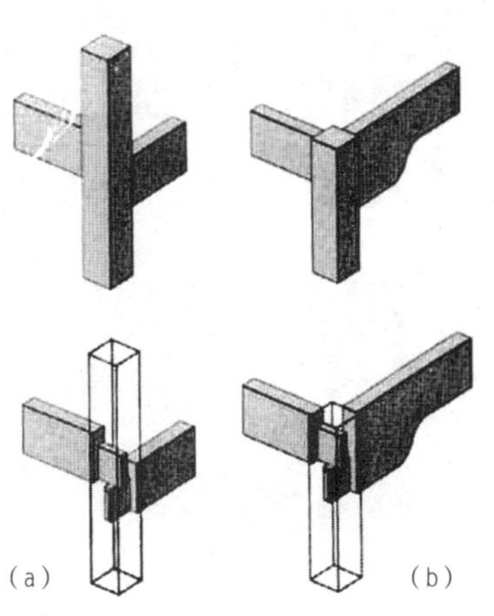

图6.1-16　三方汇交榫接合之二

度的最优化。错位法适用于两榫头零件在空间上存在位置可错开的场合，或是榫头零件宽度较大．两榫头在空间上存在位置可错开的场合,如图6.1-16所示。

⑤木框嵌板结构

木框嵌板结构是一种传统结构，是框架式家具的典型结构。这种结构一般是在框架内侧四周的沟槽内嵌入各种板件（一般为木质拼板、饰面人造板、玻璃或镜子）构成木框嵌板结构。木框嵌板结构毕竟较繁琐，通常人造板不采用这种结构。木框嵌板结构形式如图6.1-17所示。

家具结构设计中使用木框嵌板结构的设计要点：

a.在木框中安装嵌板的方法有两种：一是在木框内侧直接开槽；二是在内侧裁口，嵌板用木条靠挡，木条用木螺钉或圆钉固定。开槽法嵌装牢固，外观平整，常用于拼板装设。裁口法便于板件嵌装，板件损坏后也易于更换，常用于玻璃、镜子的装设。

b.槽深一般小于8mm，槽边距框面不小于6mm，嵌板槽宽常用10mm左右。木框的榫头应尽量与沟槽错位，以避免榫头被削弱。

c.框内侧要求有凸出于框面的线条时，应用木条加工，并把它装设于板件前面；要求线条低于框面，则用边框直接加工，利于平整，这时木条则装设于板件背面。

d.木框、木条、拼板起线构成的型面按造型需要设置。

e.拼板的板面低于木框表面为常用形式，用于门扇、旁板等立面部件；板面与框面相平多用于桌面，也少量用于立面。板面凸出于框面适用于厚拼板，胀缩都不漏缝，较美观，但较费料费工，较少用。

f.镜子的背面需用胶合板或纤维板封闭，前面的木条也可用金属饰条取代，后面木条采用三角形断面更利于垫紧。

g.板式部件中的镜子可采用木框嵌板方式嵌装于板件裁出的方框内；也可装设于板面之上，用金属或木制边框固定，边框用木螺钉安装。

2）拼板结构

拼板结构板件简称拼板，是由数块实木板侧边拼接构成的板材。目前应用较广的指接集成板是实木拼板结构的一种较特殊的形式。传统框式家具的桌面板、台面板、柜面板、椅座面板、

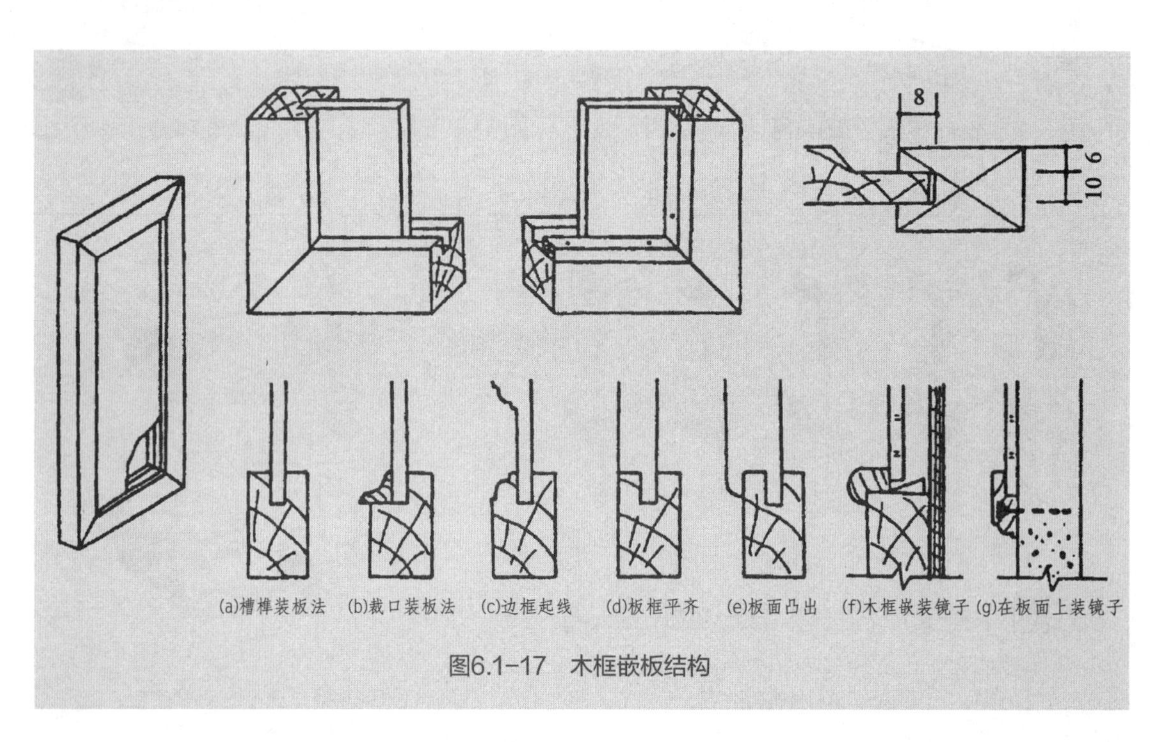

图6.1-17　木框嵌板结构

嵌板等都采用实木拼板结构。拼板的结构应便于加工，接合要牢固，形状、尺寸应稳定。为了保证形状、尺寸的稳定，尽量减少拼板的干缩和翘曲，单块木板的宽度应有所限制；树种、材质、含水率应尽可能一致且要满足工艺要求；拼接时，相邻两窄板的年轮内外方向应交错排列。

①拼板的接合方式

拼板的接合方式有平拼、裁口拼、斜口拼、插入榫拼等，表6.1-10为几种常用的接合方式及接合尺寸。

a.平拼：将窄板的侧边（接合面）刨平刨光，拼接时主要靠胶黏剂接合的拼接方法。平拼不需开榫打眼，加工简单，材料利用率高，生产效率也高。 如果窄板侧边加工精度很高，胶黏剂质量好及胶合工艺恰当，可以接合得很紧密。破坏时，接合面甚至可以比木材本身的接合力还要

表6.1-10　拼板的接合方式及接合尺寸　　mm

方　式	结构简图、接合方式	备　注
平拼		
企口拼		$b=0.3B$ $a=1.5b$ $A=a+2$
搭口拼		$b=0.5B$ $a=1.5b$
穿条拼		$b=0.3B$ （用胶合板条时可更薄） $a=B$ $A=a+3$
插入榫拼		$d=(0.4\sim0.5)B$ $l=(3\sim4)d$ $L=l+3$ $t=150\sim250$
明螺钉拼		$l=32\sim38$ $l_1=15$ $a=15°$ $L=l+3$ $t=150\sim250$
暗螺钉拼		$D=d_1+2$ $b=d_2+1$ $l=15$ $t=150\sim250$ d_1——螺钉头直径 d_2——螺钉杆直径

牢固。此法应用较广，但在拼合时，板面应注意对齐，否则表面易产生凹凸不平现象。

b.斜面拼：在平拼的基础上将平接合面改为斜面，加工也简单，比平拼稍费材料，斜面相接可以增加胶接面积，增强接合牢固度。

c.裁口拼：又称搭口拼、高低缝拼合。这是一种板边互相搭接的方法，搭接边的深度一般是板厚度的一半。裁口拼容易使板面对齐，材料利用上没有平拼接合经济，要多消耗6%～8%，耗胶量也比平拼略多。

d.企口拼：又称槽簧拼、凹凸拼。采用这种方法是将窄板的一侧加工成榫簧，另一侧开榫槽。企口拼操作简单，材料消耗同裁口拼，接合强度比平拼低。但此法拼合质量较好，当拼缝开裂时，一般仍可保证板面的整体性。企口拼常用于面板、密封包装箱板、标本柜的密封门板等处，还用于气候恶劣的情况下所使用的部件。

e.穿条拼：采用这种方法时，先要在窄板的两侧边开出凹槽，拼合时再向槽中插入涂过胶的木板条或胶合板条等。插入木板条的纤维方向应与窄板的纤维方向相垂直。穿条拼加工简单，材料消耗基本同平拼，是拼板结构中较好的一种，在工厂生产中应用较为广泛。

f.插入榫拼：在窄板的侧面钻出圆孔或长方形孔，拼合时，在孔中插入形状、大小与之相配的圆榫或方榫。榫的材料可用木材，也可用竹材等。我国南方地区也有用竹销代替圆榫的。方榫加工较复杂，生产中应用较少。此法要求加工精确，材料消耗同平拼。

g.金属片拼：将波纹形、“S”形等不同断面形状的金属片，垂直打入拼板接缝处即成。此法强度较小，常用在受力较小的拼板或有覆面板的芯板中。

②拼板的防翘结构

采用拼板时，由于木材含水率发生变化，拼板的干缩是不可避免的，为了防止和减少拼板发生翘曲的现象，应加防翘结构。方法是在拼板的两端设置横贯的木条，表6.1-11为几种常用的防

表6.1-11　拼板防翘结构

方法与结构简图	接合尺寸	备　注
穿带 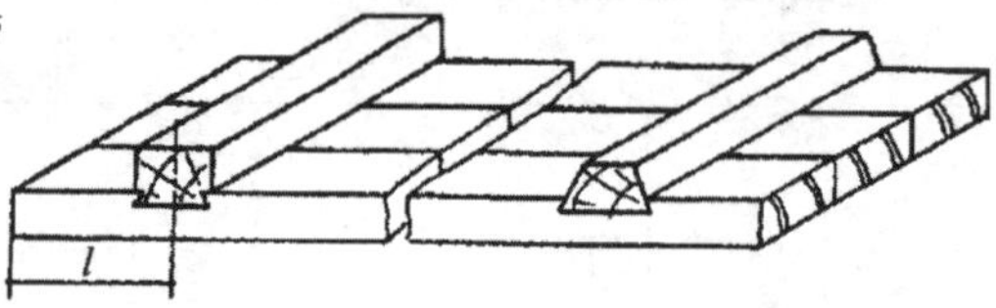 l	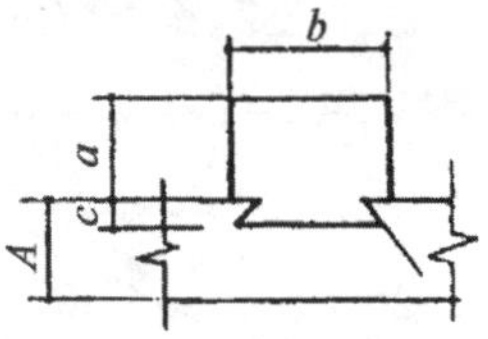 b, a, c, A	$c = 0.25A$ $a = A$ $b = 1.5A$ $l = 0.167L$ L =板长
嵌端 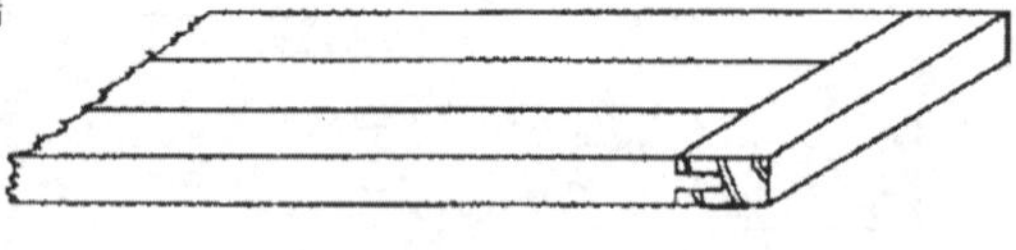	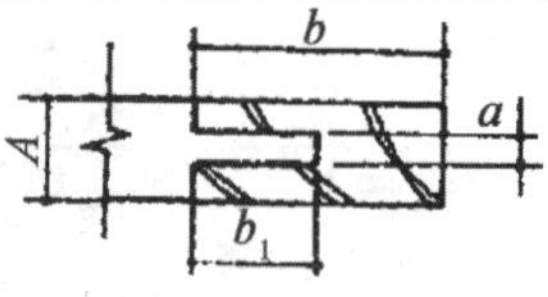 b, a, A, b_1	$a = 0.3A$ $b = 2A$ $b_1 = A$
嵌条 	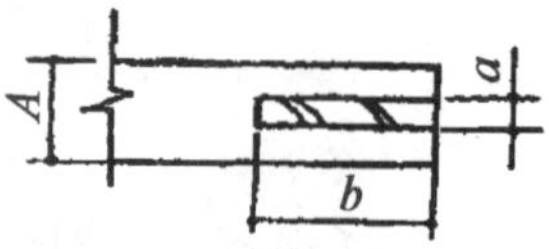 a, A, b	$a = 0.3A$ $b = 1.5A$
吊带 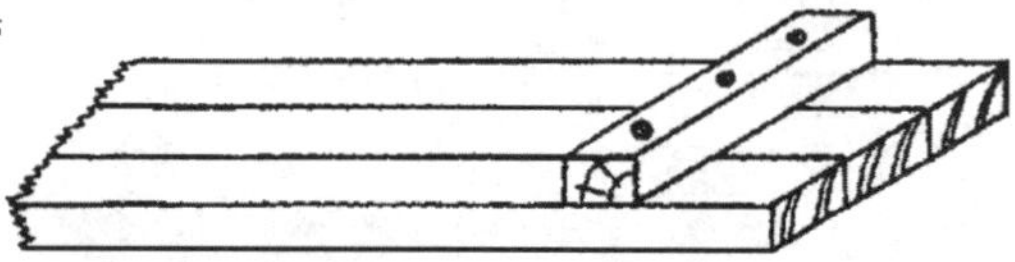	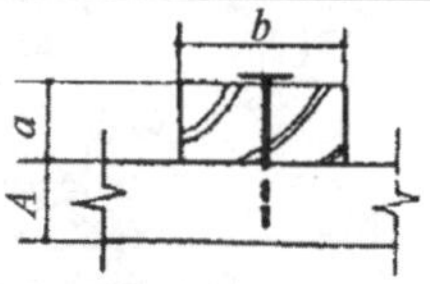 b, a, A	$a = A$ $b = 1.5A$

翘结构。其中以穿带结构的防翘效果最好，优先采用。防翘结构中，穿带、嵌端木条、嵌条与拼板之间不要加胶，以允许拼板在湿度变化时能沿横纤维方向自由胀缩。

3）箱框结构

箱框是四块以上的板材构成的框体。构成柜体的箱框，中部可能还设有中板。箱框结构主要用在仪器箱、包装箱及家具中的抽屉。箱框结构设计主要在于确定角部的接合方式和中板的接合方式。

①箱框角部接合方式

箱框角部的接合方式通常有直角接合和斜角接合两种，如图6.1-18所示。

②箱框中板接合方式

箱框中板，常用直角多榫、圆榫、槽榫等接合方式，如图6.1-19所示。

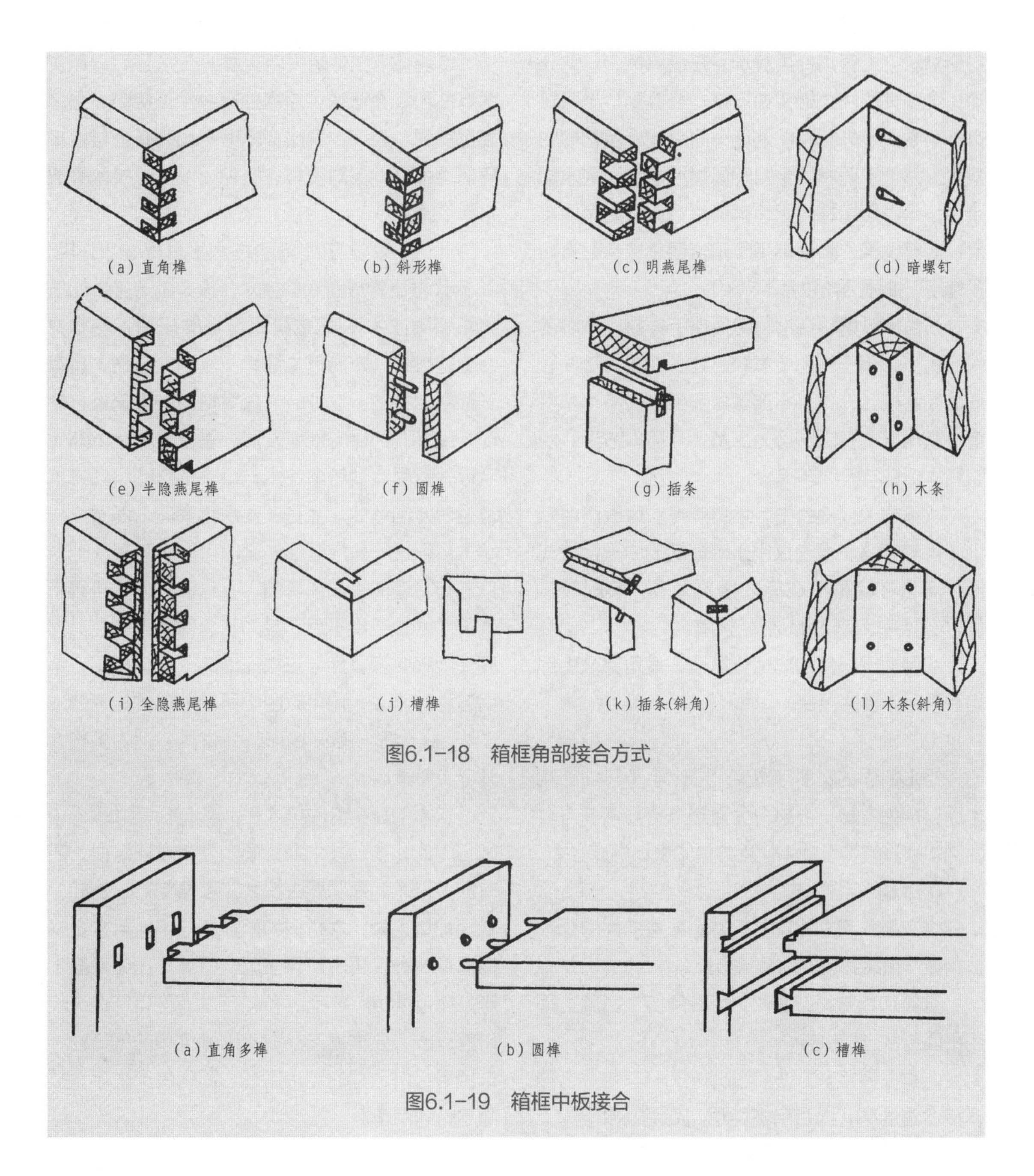

图6.1-18 箱框角部接合方式

图6.1-19 箱框中板接合

③箱框设计要点

a.承重较大的箱框，如衣箱、抽屉、仪器盒等宜用拼板，采用整体多榫接合。拼板与整体多榫都有较高的强度。主要作围护用的箱框，如柜体，宜用板式部件。板式部件有不易变形的优点，它不宜用整体多榫，可采用其他接合方式。

b.箱框角部接合中，接合强度以整体多榫为最高。在整体多榫中，又以明燕尾榫强度最高，斜形榫次之，直角榫再其次。在燕尾榫中，论外观，全隐榫的两个端头都不露，最美观；半隐榫有一个端头不外露，能保证一面美观。但它们的强度都略低于明榫。全隐燕尾榫用于包脚前角的接合；半隐燕尾榫用于包脚前角、包脚后角的接合；明燕尾榫、斜形榫用于箱盒四角接合；直角多榫用于抽屉后角接合。

c.各种斜角接合都有使板端不外露、外表美观的优点，用于外观要求较高处。但接合强度较低。如结构允许，可再加塞角加强，即与木条接合法联用。木条断面可为三角形，可为方形，用胶和木螺钉与板件连接。

d.箱框中板接合中，直角多榫对旁板削弱较小，也较牢固，但它仅用于拼板制的中板。板式部件可以在箱框构成后才插入中板，装配较方便，但对旁板有较大削弱，慎用。

e.用板式部件构成柜体箱框，其角部及中部均宜采用连接件接合。

4)方材

矩形断面的宽度与厚度尺寸比小于1：3的实木原料成为方材。方材分为直形方材与弯曲方材两种。家具结构设计中使用方材的设计要点：

①尽量采用整块实木加工。

②在原料尺寸比部件尺寸小或弯曲件的纤维被割断严重时，应改用短料接长。

③需加大方材断面时，可在厚度、宽度上采用平面胶合方式拼接。

④弯曲件接长方法如图6.1-20，其中，指形榫接合强度高，而且自然美观，应用效果最好，但必须有专用刀具。斜接强度也能达到要求，接合美观而较易加工，但木材加工损失较大，其他接合方式可用通用设备，加工也比较简单。以上各种方法在接合强度、外观效果上各有特点，可根据具体情况选择。但不管选用哪种方式，都必须注意零件的表面质量。

⑤直形方材的接长可采用与弯曲件同样的接长方法，通常直形件受力较大，优先采用指榫接、斜接和多层对接。

⑥整体弯曲件除采用实木锯制外,还可以用实木弯曲和胶合弯曲，这两种弯曲件无接口，强度高且美观，应用效果比实木锯制和所有短料接长弯曲件都好，但对木材、树种、设备、技术等要求都较高。

此外，实木压缩弯曲技术是丹麦在20世纪90年代推出的最新弯曲技术。该技术与传统的压缩木和弯曲木不同,它是采用纵向压缩，使木材细胞壁在长轴方向产生皱褶，从而使压缩木具有三维弯曲特性。这种特性极大地促进了家具、装饰、工艺等产品的创新发展，是目前国际上非常流行并广受欢迎的弯曲木材料。传统的弯曲技术都是单方向弯曲，而且还要趁热弯曲，而顺纹压缩木可以进行多向弯曲，同时可以极其轻易地对其进行冷弯曲（或热弯曲）。弯曲后的木料经空气干燥处理或烘干后，其形状会保持不变，其力度性能将会恢复到与未被压缩的干木材相同。运用这种技术，人们可以随心所欲地把木材弯曲成S形、螺旋形、渐开线形，为家具造型的多样化开辟了新天地。

实木的压缩弯曲技术在90年代后期才引入中国。因此，该项技术在我国尚处在发展阶段，还有很多技术问题需要去探索和不断完善。例如，我国地域辽阔，木材树种繁多，应不断寻求更多的适用树种，拓宽原料来源；另外，压缩弯曲木产品刚刚面世，产品品种和艺术造型有待进一步研究开发，要根据产品的不同厚度和曲率半径，选用最经济合理的制造工艺，简化生产程序，提高木材利用率。

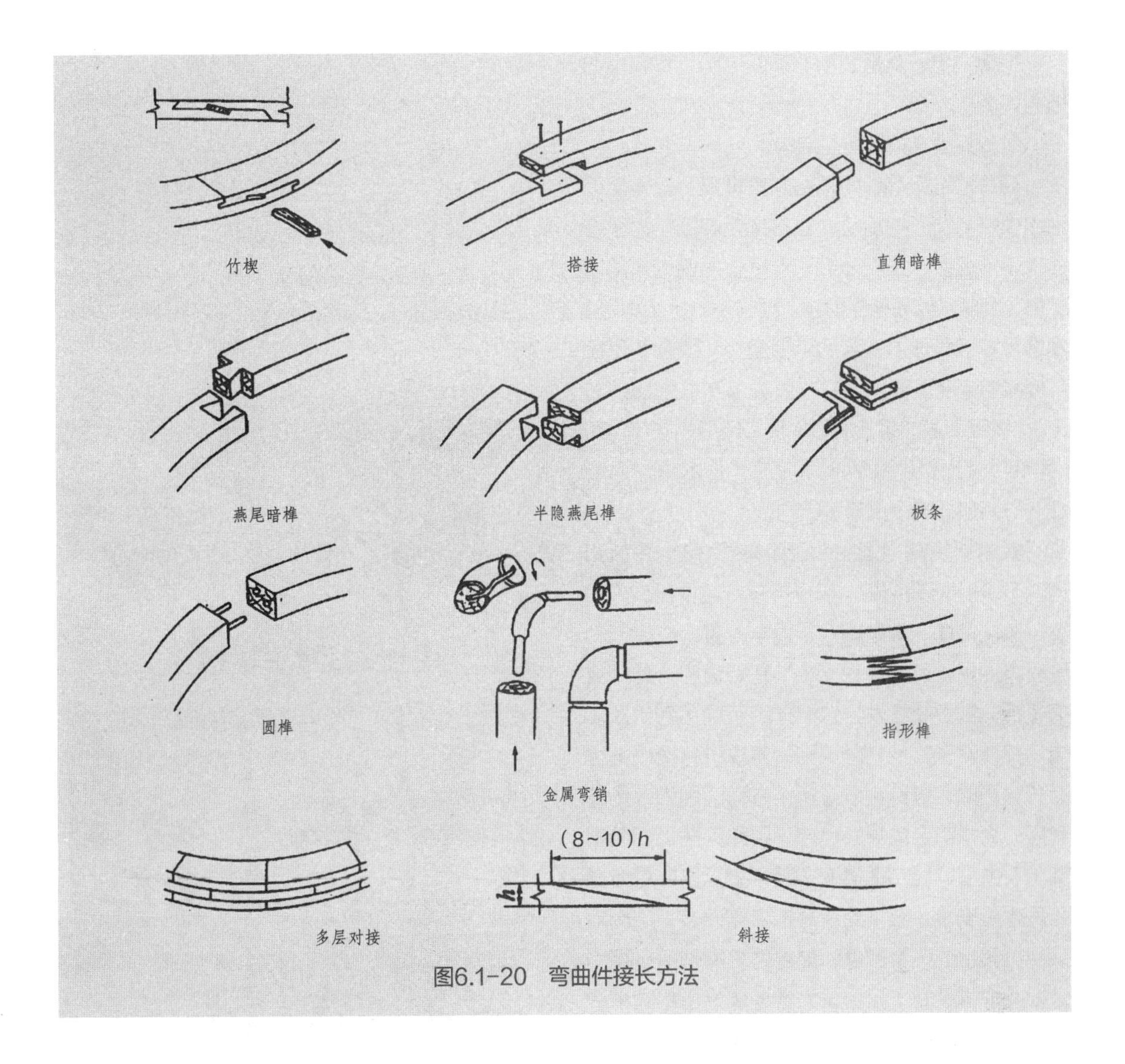

图6.1-20　弯曲件接长方法

（3）框式家具典型结构设计

传统实木家具又称框架式家具，它的原材料是实木，它是以榫接合的框架构件或是框架嵌板结构构件所组成的，框架为承重构件，嵌板镶嵌于框架之上只起围合空间或分隔空间的作用。结构为整体式，不可拆装。现代实木家具有框架式结构，又有板式结构。所用的原材料是实木或与实木有相近加工和连接特征的材料，如实木拼板、集成材、竹集成材等。结构既有整体式，又有拆装式，而拆装式结构的比例越来越高。整体式实木家具以榫接合为主，拆装式实木家具则采用连接件接合，或是榫接合和连接件接合并用。

1）框架式椅类家具典型结构

椅子一般由支架、座面、靠背板、扶手等零部件所构成。椅子支架的结构是否合理，直接影响椅子的使用功能与接合强度。如人坐在椅子上常会前后摆动或摇晃，这就要求椅子要有足够的稳定性和刚性。支架通常由前后腿、望板、拉档采用不贯通的直角榫连接所构成。为了增加强度，常在椅腿与望板间用塞角加固，其中金属角接件的接合强度大于木塞角。座面支撑负荷大，且装饰性强，适于用实木拼板制作。座面固定在望板上，从座面下用暗螺钉连接。座面的横纹边用3个螺钉；顺纹边用2个螺钉。

框架式椅子有拆装和非拆装结构，其典型的结构如下：

①非拆装式椅子典型结构

椅子的框架零件间采用直角榫接合，座面板用木螺钉与椅子的前后、左右望板连接。为了增强椅子的强度，在座面板下方框架的四个角部用三角（塞角）作为补强措施。图6.1-21（a）是用木螺钉将三角形木块与两望板连接，增强了望板与椅腿的连接强度。图6.1-21（b）是在图6.1-21（a）基础上增加了三角形木块与椅腿的连接。图6.1-21（c）是用金属件代替了三角形木块。

②拆装式椅子的典型结构

实木桌椅常用固定装配结构,为便于包装和运输,也采用拆装结构。椅子拆分应遵循包装体积小、装配简捷、繁则集合、力学考量、成本节约等基本原则。包装体积“小”是相对的，如果将椅子拆分到每个零件，包装体积可能达到了最小化，但违背了其他几个原则。所以进行椅子结构拆分分析时，应综合考虑各个方面的因素，扬长避短，力求综合效果最优化。装配简捷是指装配简单、方便、能实现快速安装，甚至连非专业的人员也能安装。繁则集合是指将零件多、结构复杂部分集合成一个部件，该部件内零件间采用固定式（非拆装式）接合。力学考量是指考虑椅子的力学性能，确保受力后结构稳定牢靠。一般非拆装式接合较拆装式接合容易获取相对高的力学性能。

常用椅子的拆分方法有左右拆分法、前后拆分法、上下拆分法。前后拆分法适用于靠背部分零件多，结构复杂的椅子。上下拆分法适用于脚架部件或底座部件、座面连靠背的部件整体度较高，难于拆分的椅子。左右拆分法适用于上述两种情况以外，特别是对强度要求高的椅子。

图6.1-22是拆装式结构的一个实例。采用左右拆分法将椅子分解成以下几个部件或零件：由椅子前后腿、侧望板和拉档组成的h型部件，靠背部件、座面、前望板、后望板。h型部件与靠背部件、前望板、后望板间采用拆装式接合，接合点用圆榫定位，通过螺杆与预埋螺母完成紧固连接。座面用木螺钉连接到前后望板上。图6.1-23是该椅子拆分后的全部零部件、定位圆榫、预埋螺母和螺杆。

图6.1-24是椅子拆装式结构的另一个实例。采用前后拆分法将椅子分解成以下几个部件或零件：由后腿、靠背、后望板组成的靠背部件，由前腿和前望板组成的门字形部件，座面、左右望板、左右拉档。靠背部件和门字形部件中零件间采用椭圆形榫接合，两部件与左右望板、左右拉档间采用拆装式接合，接合点用椭圆形榫定位，

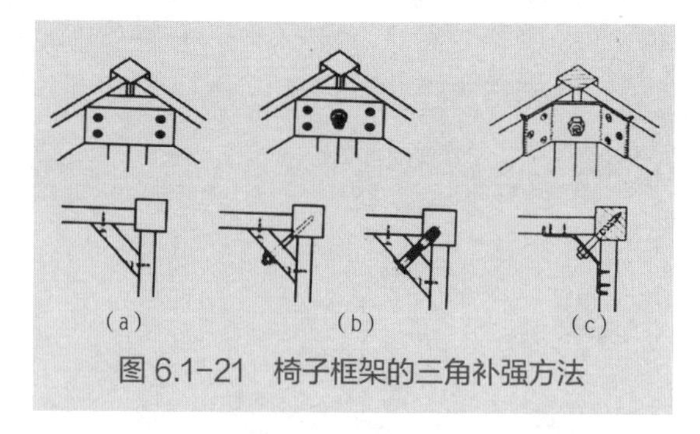

图 6.1-21　椅子框架的三角补强方法

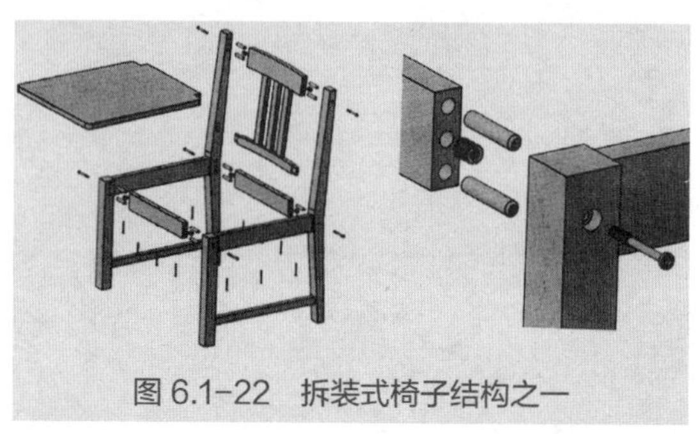
图 6.1-22　拆装式椅子结构之一

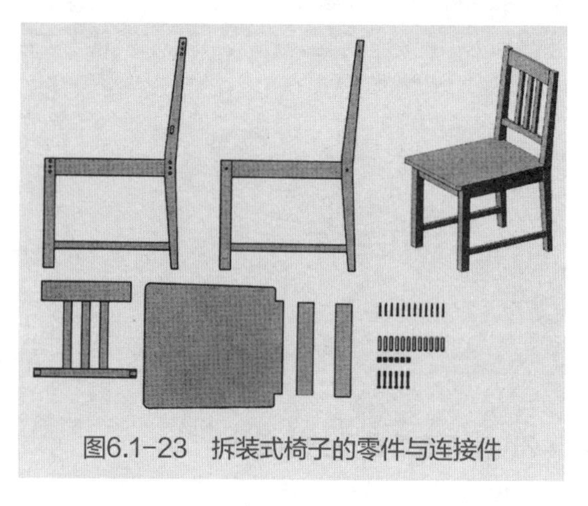
图6.1-23　拆装式椅子的零件与连接件

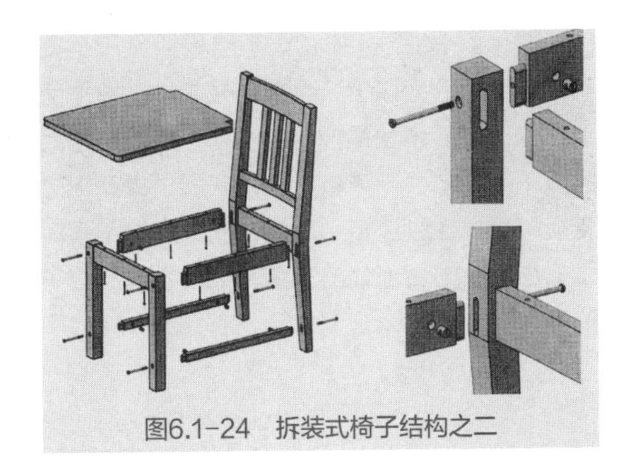
图6.1-24　拆装式椅子结构之二

通过螺杆与圆柱螺母完成紧固连接。座面用木螺钉连接到前后望板上。

许多板式部件的连接件都同样适用于椅子拆装结构。但椅子一般承重受力都较大，应该选用接合强度较高的连接件。两个零件用连接件接合，还需设置至少一个圆榫定位，以防止零件绕连接件转动。圆榫定位与椭圆形榫定位相比，有结构简单、加工方便的优点，但存在接合强度略低，对小断面零件无法实现拆装式结构。用椭圆形榫定位能使小断面零件实现拆装式结构，如图6.1-26的椅子拉档与靠背部件、门字形部件的连接。因此，在设计实践中，可以根据实际情况，择优选择定位方式。在椅子拆装式结构中，大多数情况采用圆榫定位、连接件紧固的方式。

实践表明，增加接合部位的零件断面尺寸、接合面的接触面积、合理安排榫头或连接件的位置等，对提高椅子的整体力学性能都十分有效。

2）框架式桌类家具典型结构

框架式桌类家具主要由桌面板、支架组成，有拆装结构和非拆装结构两种。

桌面用实心覆面板或实木拼板制作。前者变形小，但支撑能力，抗碰、抗水、抗化学药品性能不如后者，应酌情选用。覆面板和小尺寸拼板桌面用暗螺钉连接。拼板连接螺孔要略大，以备拼板胀缩。横纹边超过1000mm的拼板桌面，固定时需用长孔角铁，或燕尾木条－长孔角铁联用。长孔角铁用木螺钉固定，螺钉孔有一个为长孔，长向垂直木纹。长孔角铁在横纹方向每150～200mm一个；顺纹方向约300mm一个。开燕尾榫簧的木条横跨拼板木纹方向穿入，固定于望板上；拼板的另一边用长孔角铁，如图6.1-25所示。

①非拆装式桌子的典型结构

实木桌类家具结构设计时，也与实木椅子相同，要考虑5个方面的问题。在此，通过对一张简单桌子的结构解剖，分析桌子的结构设计。

图6.1-26是非拆装式桌子的一个实例。桌子由桌面板与桌框架两部分组成，桌框架由腿与望板组成。桌面板用木螺钉固定到望板上，腿与望板间采用直角榫接合，榫头在长度方向上相互交叉，提高接合强度。图6.1-27是非拆装式桌子结构的另一个实例，与图 6.1-26不同的是腿与望板间采用椭圆形榫接合，接合部位用三角块补强。

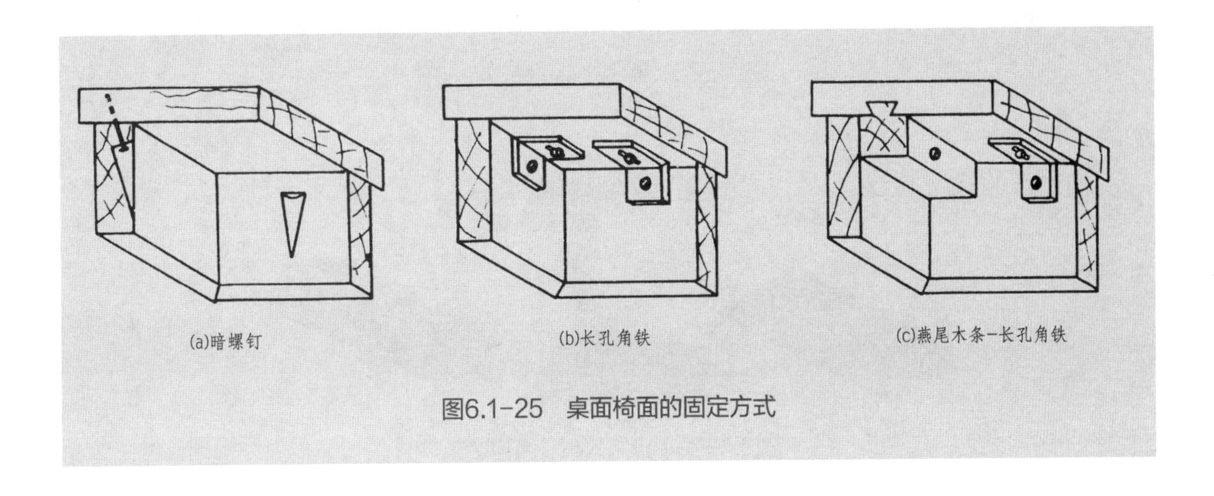

图6.1-25　桌面椅面的固定方式

②拆装式桌子的典型结构

图6.1-28是拆装式桌子结构的一个实例。桌子拆分为以下几个部件或零件：桌面板、由腿与望板组成的门字形部件、两望板零件。门字形部件中的腿与望板间采用榫接合，两望板零件与门字形部件间采用圆榫定位螺钉紧固的可拆装接合，桌面板用木螺钉固定到望板上。

图6.1-29是拆装式桌子结构的另一个实例。桌子拆分为以下几个部件或零件：由桌面板、望板与三角块组成的组合部件、四条相同的腿。组合部件中望板与三角块间、桌面板与望板间用木螺钉连接。腿通过两个螺钉和预埋螺母连接到组合部件的三角块上，实现了桌子的可拆装结构。

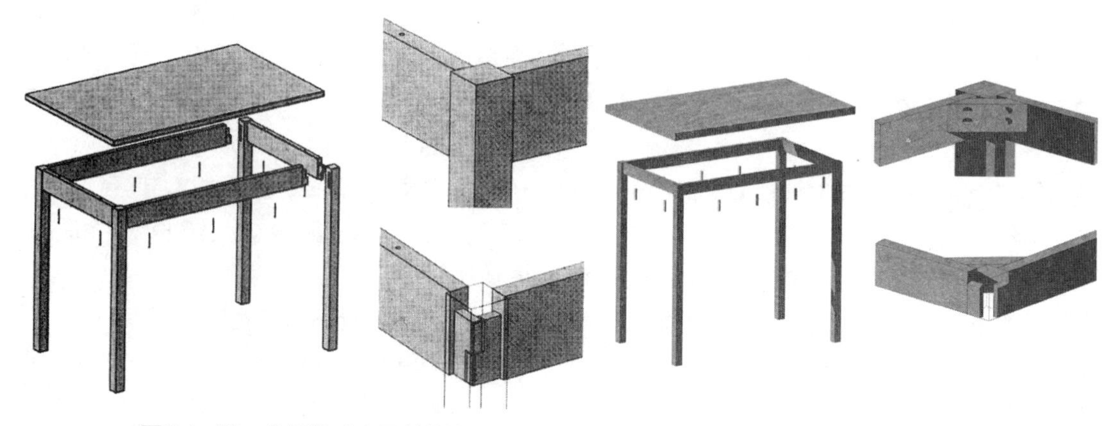

图6.1-26　非拆装式桌子结构之一

图6.1-27　非拆装式桌子结构之二

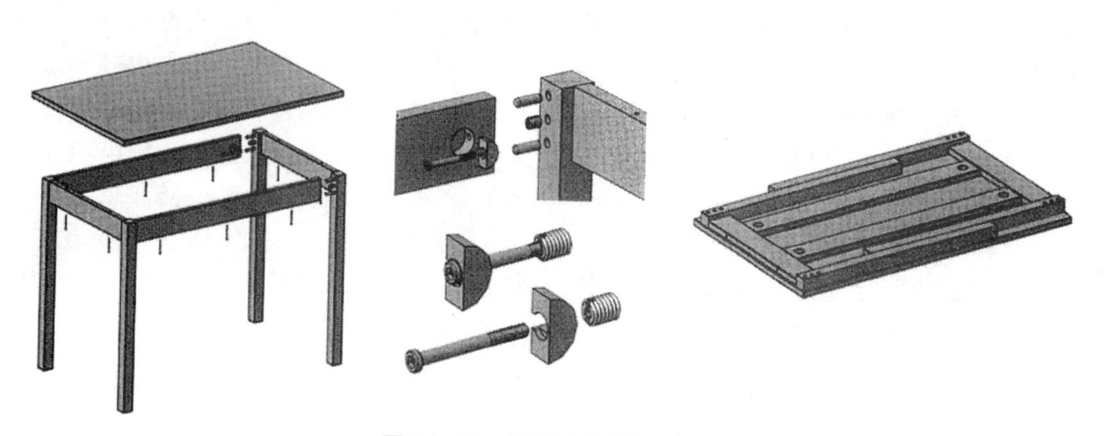

图6.1-28　拆装式桌子结构之一

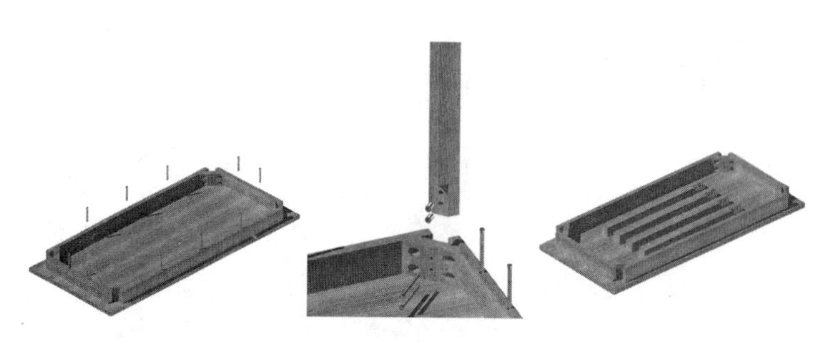

图6.1-29　拆装式桌子结构之二

总结评价

学生完成家具框式家具结构设计后，在学生进行自评与互评的基础上，由教师依据框式家具结构设计评价标准对学生的表现进行评价表6.1-12，肯定优点，并提出改进意见。

表6.1-12　框式家具结构设计评价标准

考核项目	考核内容	评价标准	备　注
1. 专业考核	结构设计技能（40%）	结构设计正确、合理、全面；零部件的接合方式选用正确、合理；五金件选用正确、合理、全面	
	绘图设计应用技能（15%）	图纸画面洁净、清晰、构图佳；结构与装配关系表达准确无误；尺寸标注全面、正确	
	编制材料单技能（15%）	填写项目齐全、准确、规范、书写工整	
2. 素能考核	团队合作能力（10%）	团队工作气氛好、沟通顺畅，团结和谐、学习工作态度积极活跃、展现超强的团队合作精神	
	职业品质（10%）	展示出优秀的敬业爱岗、吃苦耐劳、严谨细致、诚实守信的职业品质	
	展示、表达和评价能力（10%）	具有很强的自我展示能力、表达能力和评价能力	

思考与练习

1. 家具常用的接合方式及应用。
2. 榫接合的技术要求包括哪些?
3. 框式家具基本部件结构。
4. 框式桌椅典型结构。

巩固训练

根据框式家具效果图分析家具的内部接合结构，并能根据图片的比例尺度计算出制品的实际尺寸，绘制加工图纸，编制材料单。

任务6.2
板式家具结构设计

工作任务

任务目标

通过本任务的学习，熟悉板式家具基本部件、典型部件的结构特点；固定连接、活动连接及其他五金配件的连接方式；32mm系统特点及设计规范。掌握板式家具结构设计的方法，能根据功能及材料要求分析板式家具的结构并选择合理的接合方式进行结构设计与表达。

任务描述

本任务为通过知识准备部分内容的学习，完成设计性工作任务——板式家具结构设计。学生以个人为单位，以项目5.2、5.4完成的“学习性工作任务”为设计对象，进行家具结构设计，并采用A4图纸，按横向幅面布局，运用有关软件完成家具结构设计内容的表达，具体包括家具配料规格材料表、五金配件清单、结构装配图、零部件图（参考项目1.4有关图表）。要求注重家具接合方式的合理性，注意作图的规范性、美观性，设计产品为打印好的纸质家具配料规格材料表、五金配件清单、结构装配图、零部件图等。

工作情景

工作地点：家具设计理实一体化实训室或CAD实训室。

工作场景：采用项目导向、任务驱动、工学交替，教、学、做和理论实践一体化，实现在工作中学习，培养和锻炼学生家具结构设计职业能力和职业素质。教学全过程可虚拟家具企业工作活动，创建职业情境，学生将承担家具结构设计师角色，教师将承担家具企业设计总监，主要负责项目任务的下达、项目验收和技术指导工作。完成本次任务后，教师对学生工作过程和成果进行评价和总结，学生根据教师的指导进一步完善。

任务实施

（1）布置学习任务

明晰学习任务的内容、目标、要求，特别是学习性工作任务的内容、目标、要求及完成学习性工作任务所需要掌握的理论知识、方法、途径和步骤，明确可利用的学习与工作资源，要求学生课前按思考与练习要求完成知识准备部分内容的预习。

（2）理论知识的引导学习

通过教师引导，以学生为主体，采用理实一体化的教学方法完成知识准备部分理论知识的学习。

（3）确定结构设计方案

学生设计工作室的形式，以项目5.2、5.4完成的“学习性工作任务”为设计对象，在造型设计和功能尺寸设计的基础上从材料性能、力学强度、生产工艺性、装饰性等方面进行结构分析，研究32mm系统设计步骤、方法，选择五金件类型和参数，确定零部件的孔位。

（4）绘制结构装配图及零部件图

①在确定结构设计方案基础上，学生以个人为单位，绘制结构装配图。结构装配图主要描述家具的内外详细结构，包括零、部件的形状，以及它们之间的连接方法。内容主要有：视图、尺寸、局部详图、零部件明细表、技术条件等。

②根据结构装配图绘制零部件图。零部件图要求：家具零部件图主要是为了零件的工艺加工，必须满足“完整、清晰、简便、合理、正确、规范”的原则。

（5）编写材料明细单

修改完善根据结构装配图、零部件图编写家具配料规格材料表、五金配件清单。包括生产家具的所有零件、部件、附件、所需其他材料等内容的材料清单。

（6）与其他同学交流零部件结构图纸，提出、接收建议

（7）听取教师的意见

（8）修改完善，打印保存

修改完善家具配料规格材料表、五金配件清单、结构装配图、零部件图（参考项目1.4有关图表）后打印并保存好，以备下次学习任务及所有设计任务完成后统一装帧上交使用。

知识链接

1. 板式家具基本部件结构设计

板式部件主要有实心板件、空心板件两大类，常用的是实心板件。实心板主要以刨花板或中密度纤维板为芯板，面覆装饰材料，如薄木、木纹纸、防火板等。空心板根据芯板的结构不同，可以分为栅状空心板、格状空心板、网格空心板、蜂窝空心板等。目前最常用的为栅状空心板。

（1）实心板件结构

实心板件主要有实木拼版、人造板板件，目前常用的为后一种。人造板件主要有细木工板、饰面刨花板、饰面中密度纤维板，这类板件易于加工，便于机械化生产，很适合板式结构，但质量较重。实心板耐碰压，不但可作立面部件，也可作平面部件。细木工板质轻而尺寸稳定性、持钉力与加工性能较好，但成本略高。饰面中密度纤维板性能优于饰面刨花板。常用品种规格有：15mm、18mm厚中密度纤维板，16mm刨花板，16mm、18mm厚细木工板以及三聚氰胺浸渍纸饰面刨花板、中密度纤维板等。

①细木工板

是以拼接的木条做芯板的多层结构板件。其相邻层纹理互相垂直，相对于细木工板中心平面，其上下对应层在树种、厚度、纤维方向、层板制作方法等都完全一致。如图6.2-1所示。细木工板有三层、五层和七层，其中五层细木工板使用最广泛。

②饰面板

是以刨花板或中密度纤维板作基材（或称芯板），上下两面各贴一层饰面材料的板件，如图6.2-2所示。饰面材料可用薄木、单板、塑料贴面板、PVC薄膜、浸渍纸或直接在基材上印刷木纹。

（2）空芯板件结构

空芯板内部为框架结构，框架中间可为空芯结构也可填充各种材料，两面包覆薄板材而成。这类板件质量轻、形状稳定，但加工工艺较复杂，最常用的空心板有纸质蜂窝空心板、格状空心板、木条空心板和刨花板条空心板。纸质蜂窝空心板用厚纸板制作成蜂窝状，如图6.2-3所示。优质板的芯材要选用优质纸制作，蜂窝孔径小，并配以优质覆面材。

格状芯材是用板条（木条、胶合板条、纤维板条等）作材料，板条侧面开槽，立起纵横排列，相互嵌卡构成格状，如图6.2-4所示。

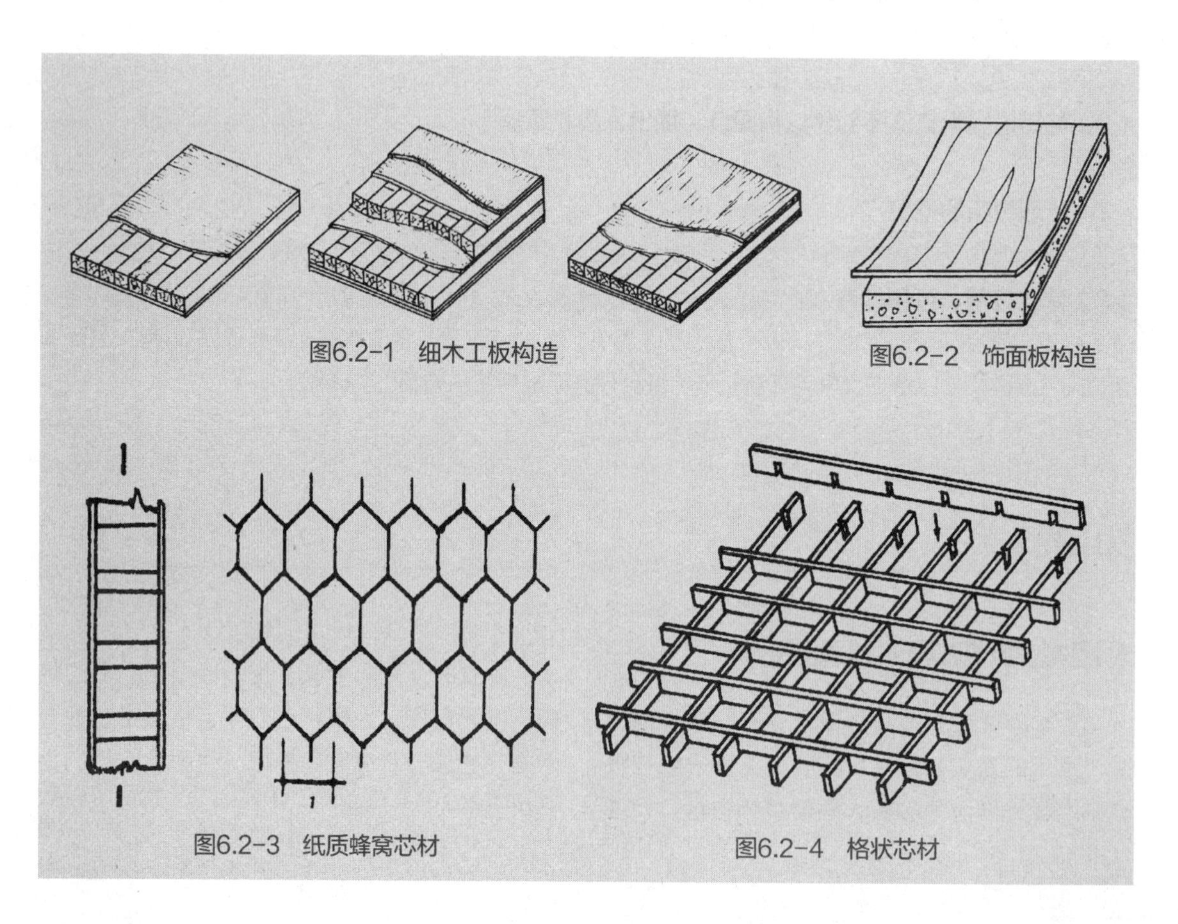

图6.2-1　细木工板构造

图6.2-2　饰面板构造

图6.2-3　纸质蜂窝芯材

图6.2-4　格状芯材

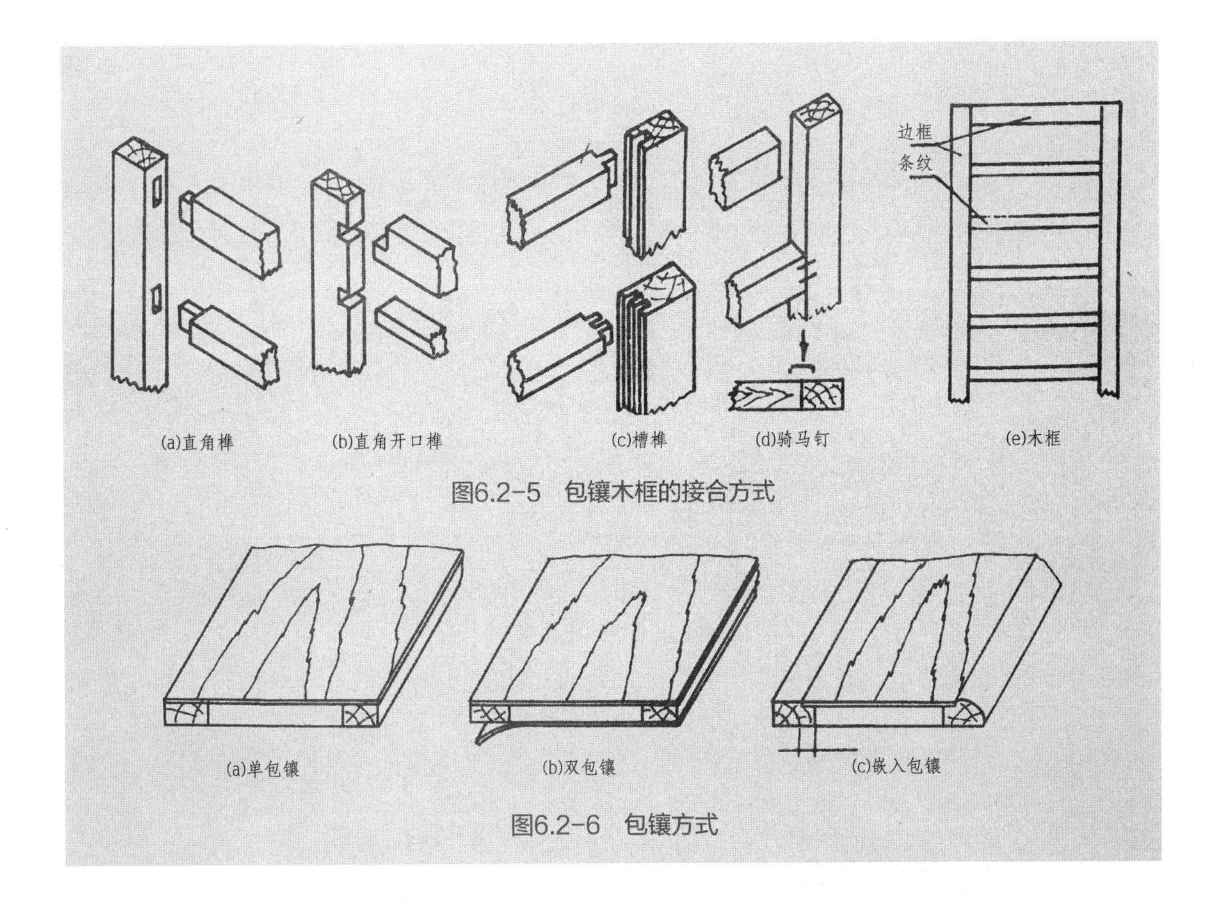

图6.2-5　包镶木框的接合方式

图6.2-6　包镶方式

木条空心板是一个中部含有栅状排列衬条的木框，如图6.2-5所示。木框两面包覆的木条空心板称为双包镶，只有一面包覆的称为单包镶，如果要求板边带有较复杂的成型装饰，则宜采用嵌入包镶，以利于边框的外露部分加工型面，如图6.2-6所示。

刨花板条芯材由刨花板条排成格状构成，用骑马钉接合，如图6.2-7所示。

空心板的边框接合强度不必很高，宜用简便的接合方式，但应便于板面齐平，边框宽度为40~50mm，如图6.2-8所示。

家具用空心板宜用美观而尺寸稳定的薄型人造板作覆面材料，其中以三层胶合板或其饰面制品最适宜。覆面板如果用热压胶合，空心板的芯材和边框都须留有透气孔，以使板内空腔中的气压在任何时候（包括热压过程）都与外界平衡。失衡则产生板面凹陷。边框与衬条的透气孔可用钻孔、锯口、降低中部榫肩等方法设置，孔径可取5mm，如图6.2-9所示。

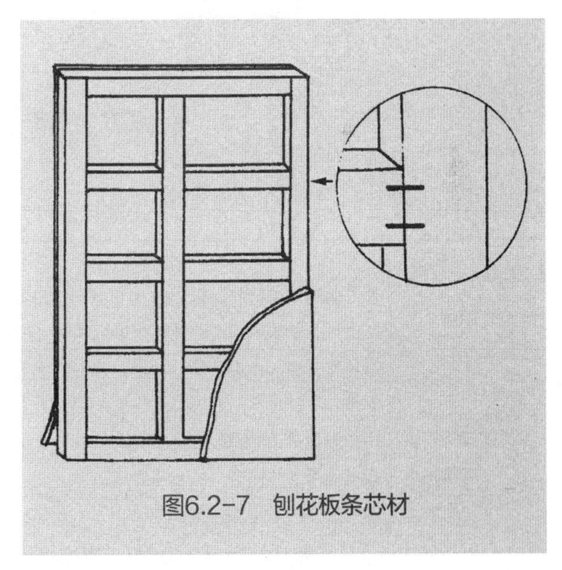

图6.2-7　刨花板条芯材

（3）板件封边结构

板式部件的封边有多种方法，各种方法的结构特点与适用范围如图6.2-10和表6.2-1所示。

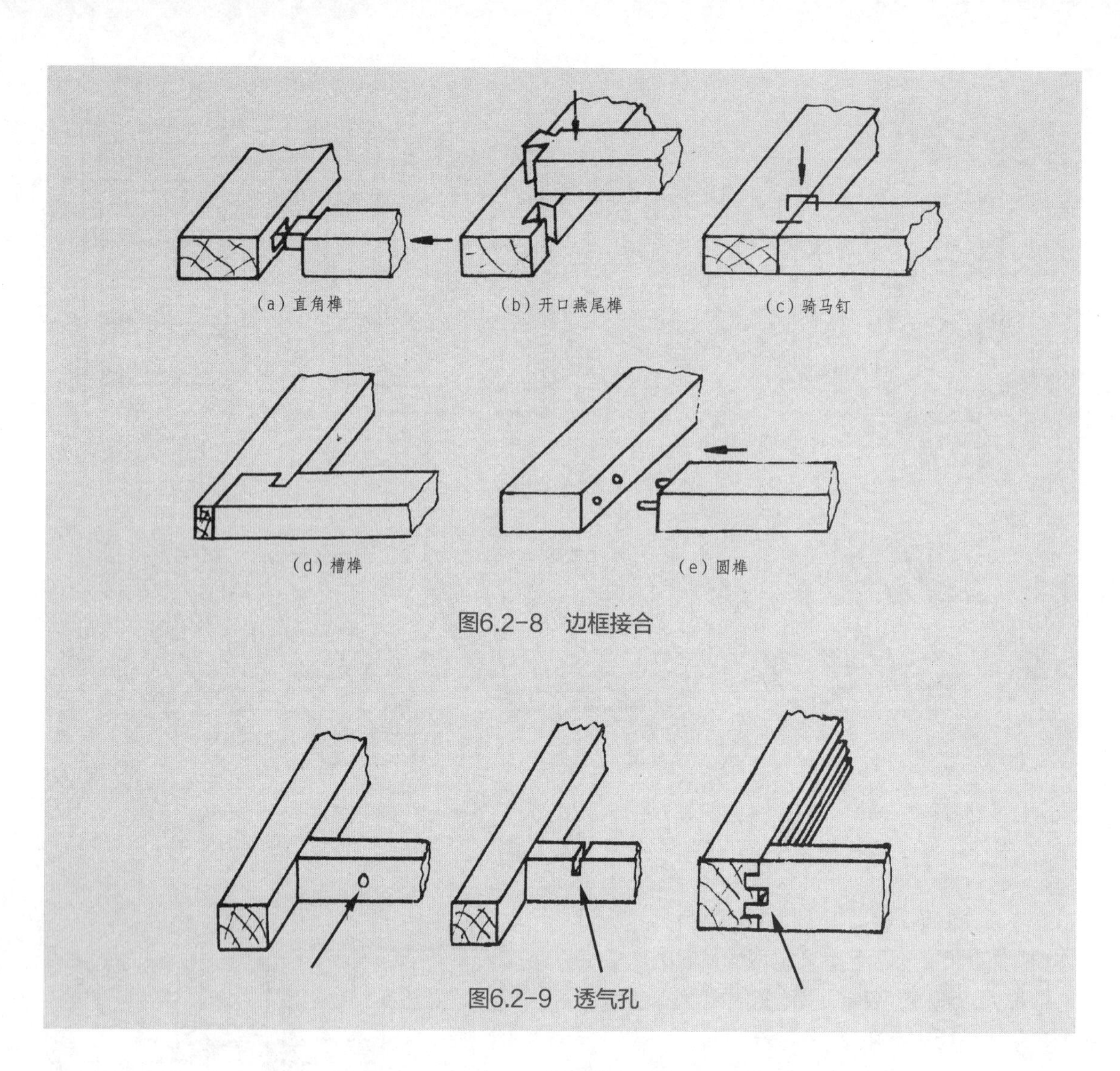

图6.2-8　边框接合

图6.2-9　透气孔

表6.2-1　封边法的特点

方　法		结构特点	应用范围
胶合封边法		完全靠胶将薄片材料粘于板边，薄片材料有薄木、单板、塑料贴面板、软质塑料封边条、装饰纸条等。加工简便、快捷	适宜于非型面的曲边、直边封边，型面封边需在专用机床上进行
实木封边法	企口接合	在板边开槽，木条开簧，并使木条在板面露出宽度尽量小。此法接合牢固紧密	宜用于具有复杂型面的直边与曲率不大的曲边封边，后者需在簧部锯出缺口
	穿条接合	用插入板条加胶接合。比企口接合省料	宜用于具有较宽大型面的直边封边
	圆榫接合	用插入榫加胶接合，接合强度高	宜用于具有特宽型面的直边封边
	胶钉接合	以厚5mm左右的薄板胶合于板边，或再用沉头圆钉加固	宜用于非型面或浅薄型面的直边封边
“T”形条镶边法		“T”形条有型面，常用硬塑料或铝合金制造。加胶嵌入板条槽中，方法简便	宜用于直边与曲率不大的曲边封边
金属薄板镶边法		常用铝合金薄板，用木螺钉固定，保护性强	常用于具有曲边的公用桌面封边
ABS塑料封边法		用溶剂溶解ABS塑料作涂料，涂刷于板边完成封边	宜用于具有复杂型面而又为曲边的板边封边
嵌角法	阶梯状	板角设台阶支承嵌角实木，用胶（或再加钉）紧固，抗压碰	宜用于易碰角部，如桌面
	圆弧状	用圆弧状实木加胶（或再加钉）紧固于板角，衔接圆润美观	宜用于碰撞较小处
包边法		覆面与封边用同一整幅材料胶粘	板面与板边间采用曲面过渡

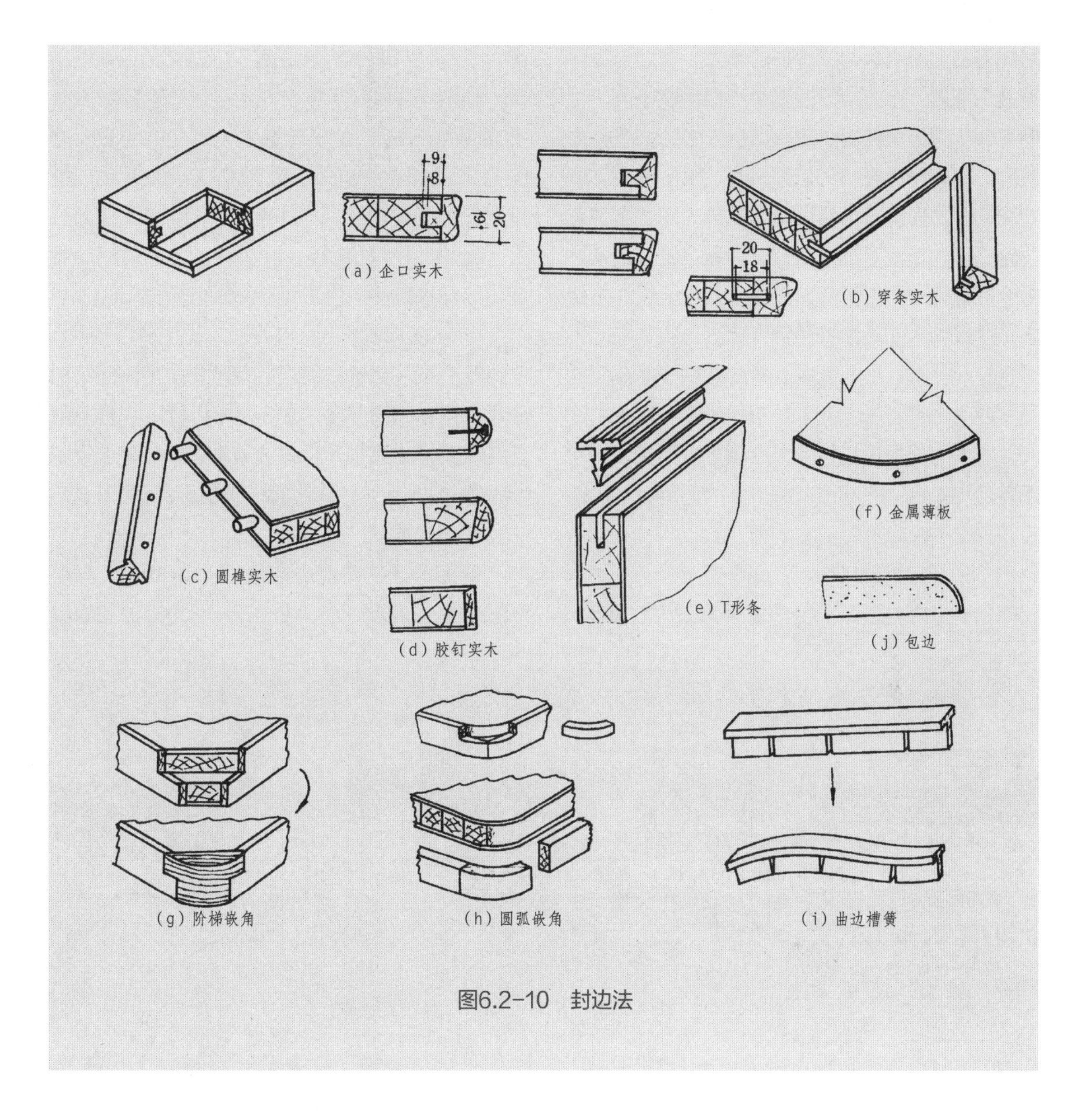

图6.2-10 封边法

2. 板式家具典型部件结构设计

板式家具是以人造板或实木拼板构成板式部件，再用连接件将板式部件接合装配而成的家具。板式家具分可拆和不可拆之分。柜类家具是最常见的板式家具品种，板式柜类是以人造板为基材，用连接件接合，以板件为主体结构的家具，可以做成固定的，但一般制成可拆装的。不论哪种结构，柜类家具基本都由柜体、底座、背板、门、隔板与搁板以及抽屉等部分组成。其典型部件结构有以下几种：

（1）柜脚

柜脚是由脚和望板构成的，主要用于支承家具柜体的部件。在传统柜类、拆装柜等许多柜类中，脚架都作为一个独立的部件。对脚架的要求是结构合理、形状稳定、外形美观。常见的柜类脚架有亮脚、包脚和旁板落地脚三种类型，如图6.2-11所示。亮脚轻快、包脚稳重、旁板落地脚简朴，各具特色。

①亮脚型脚架结构

亮脚由四腿构成，腿间常加望板连接。通

常先将四腿加望板构成单独的脚架，然后与柜体连接。床屏、床头柜等的腿也可直接装于屏、柜的下部，用直角榫或夹皮榫加钉连接，后者称为装脚。亮脚分为直脚和弯脚两类。直脚有圆脚、方脚、多边形脚、组合形脚等多种，形状上带有一定锥度、上大下小，安装时常装在脚架四角之内，并向外微张，可使家具造型显得轻快，能使人产生既稳定又活泼的感觉。弯脚与直脚相比，更是变化多端，形式繁多。弯脚四腿一般装配在柜下四角的尽端，使家具具有稳健感。

亮脚与望板、拉档的接合属于框架接合，常用普通榫接合，有时也在脚架四内角用钉、木螺钉等加贴木块加固。

②包脚型脚架结构

板式组合柜及存放书籍等较重物品的家具，常用包脚型结构。包脚的角部可用直角榫、圆榫、燕尾榫等形式接合。脚架钉好后，四角再用三角形或方形小木块作塞角加固，塞角与脚架的接合一般用螺钉加胶。为使柜体放置在不同地面上都能保持稳定，在脚架中间底部应开出大于3mm的凹档，或者在四角的脚底加脚垫，这样也可使柜体下面及背部的空气流通。

③旁板落地脚

是以向下延伸的旁板代替柜脚。两脚间常加望板相连，或仅在靠“脚”处加塞角，以提高强度与美观性。塞角一般做成线型板。与旁板采用全隐燕尾榫接合，并在塞脚的内部用三角形或方形木块来加固。

脚架的望板宽度一般为45~70mm，其形状根据造型需要设计。图6.2-12为几种望板典

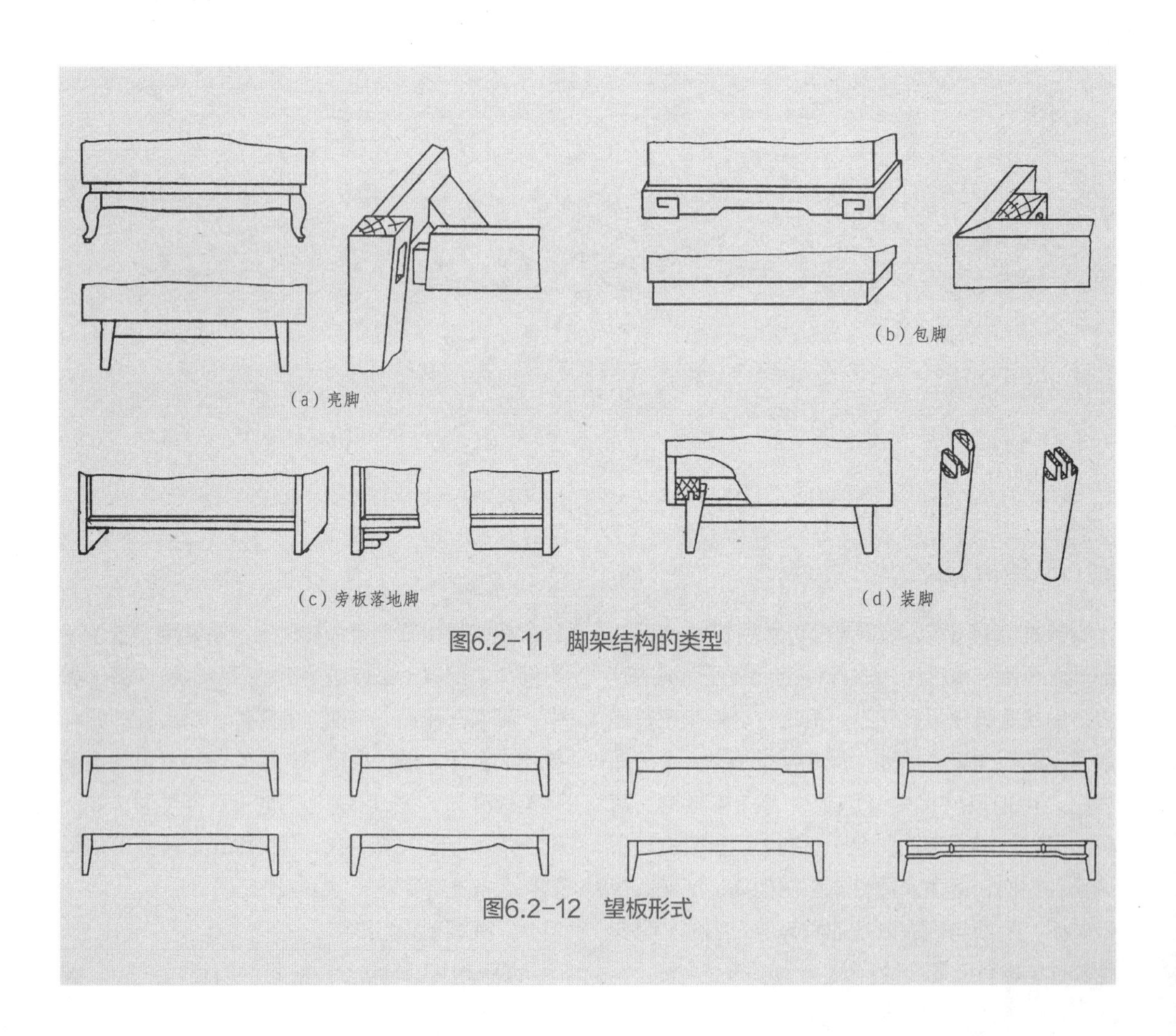

图6.2-11 脚架结构的类型

图6.2-12 望板形式

型形式。

（2）脚架与柜体底板间的连接

脚架通常与柜体的底板相连构成底座，然后再通过底板与旁板连接构成连脚架的柜体。脚架与底板之间通常采用木螺钉连接，木螺钉由望板处向上拧入。拧入方式因结构与望板尺寸而异，如图6.2-13所示。

① 望板宽度超过50mm时，由望板内侧打沉头斜孔，供木螺钉拧入固定。

② 望板宽度小于50mm时，由望板下面向上打沉头直孔，供木螺钉拧入固定。

③ 脚架上方有木线条时，可先用木螺钉将木线条固定于望板上，然后再由木线条向上拧入木螺钉将脚架固定于底板。

（3）柜体旁板与顶板、底板之间连接

柜类家具上部连接两旁板的板件称为顶板或面板，大衣柜、书柜等高型家具的上部板件高于视平线（约为1500mm）称为顶板；小衣柜、床头柜等家具的上部板件全部显现在视平线以下，则称为面板。

柜体的旁板、顶板和底板可采用框架部件结构或板式部件结构。根据不同用途，还可以用实木拼板或人造板。选用各类人造板可节省木材且尺寸稳定，但外露板边需进行边部处理。用拼板作旁板时，一般需做成木框嵌板结构，以允许其胀缩而保持制品整体尺寸与形状稳定。如顶板兼做工作表面时，常配以装饰贴面，以提高耐磨、耐热和耐腐蚀的性能。

板间靠接的搭盖关系随造型要求而定。可以顶板搭盖旁板，也可相反；搭头可平齐、凸出或缩入。底板与旁板间的搭盖关系也是如此，如图6.2-14所示。

顶（面）板、底板与旁板之间的接合，可根据容积大小、用户需要和结构形式采用固定接合和拆装接合。

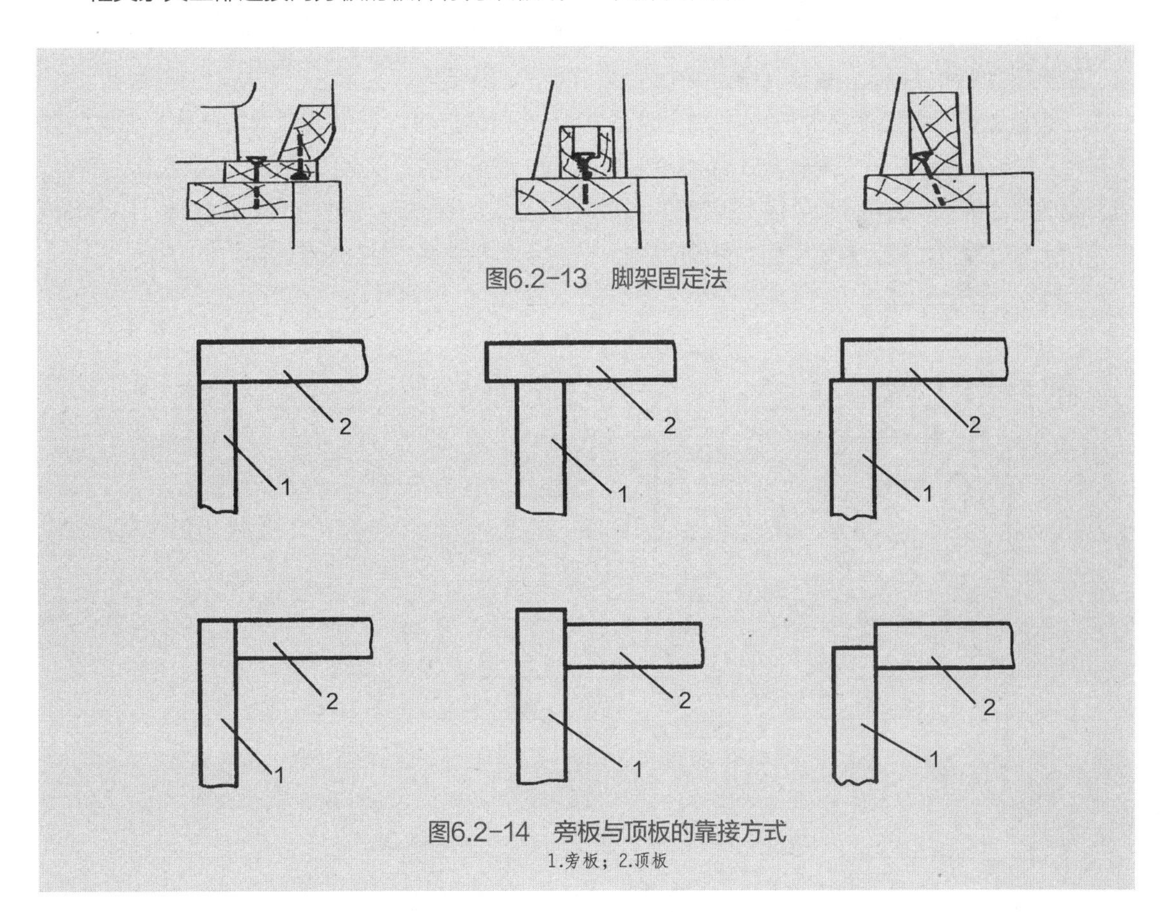

图6.2-13　脚架固定法

图6.2-14　旁板与顶板的靠接方式
1.旁板；2.顶板

①三维尺寸中有一项超过1500mm的柜体宜采用拆装结构，以利于加工、贮存、运输和用户的搬运。

拆装结构主要采用连接件接合。每个接合边用连接件2个，以保证足够的强度。一般的偏心式、带膨胀销的偏心式、空心螺柱式及直角式倒刺螺母连接件等在这里都适用。其中偏心连接件接合牢固，隐蔽性好,不影响外观，拆装也快捷简便，为常用形式。但偏心连接件定位性能差，需采用1～2个圆榫定位。

除此之外，对于大衣柜等高柜，还可采用一些简单的螺钉、螺栓式接合的连接件。空心定位螺钉（又称公母螺丝），即带有内螺纹的螺钉，它具有定位与连接双重作用。装配时先将空心定位螺钉从旁板上端预先加工好的螺纹孔拧入，然后将螺栓从顶板预先钻好的定位孔中穿入，与旁板空心定位螺钉相对应拧紧即可。此种接合装配简单、连接可靠，能反复拆装，应用较广。

垫板螺栓接合在用双包镶板制作柜类中应用较广。旁板上帽头需用硬杂木制作。 接合时首先采用三眼或五眼铁板嵌入旁板，并用木螺钉拧紧；为使接合平伏，需在旁板外表上端铲边，并在旁板上装好定位木销，最后将顶、旁板对应好后用螺栓拧紧即是。

对于小衣柜、床头柜之类的面板，为保证其表面的美观性，连接件不应暴露在其外表上。可采用推挂连接件接合。将推挂连接件的雌雄两板，用木螺钉分别嵌入旁板上端与面板端头的嵌槽中，并使雌板外表面略低于旁板端面约0.2mm。然后将面板盖上旁板，使雌、雄板相互对应， 用力将面板往后推进即可。此法装拆方便，接合强度高，应用较广。

②各向尺寸都不足1500mm的较小柜体，可用拆装结构，也可用非拆装结构。

非拆装结构有接合牢固、产品不易走形的优点。图6.2-15为非拆装结构的常用形式。其中，用圆榫胶接，圆榫孔中心距应不小于100mm，以保证强度和稳定性。圆榫接合外观好，但强度低。其他接合方式都在板面的某一侧有外露结构，需要置于隐蔽处，但接合强度较高，按需选用。

底板与旁板的接合参照顶（面）板与旁板的接合方法，中旁板的安装方法参照旁板与顶、底板的装配结构。

柜体还可以有很多种构成形式。有的将顶板、底板安放于两旁板之间，有的是将两旁板放于顶、底板之间，有的采用斜角接合，还有的柜体结构是将两旁板直接落地等。

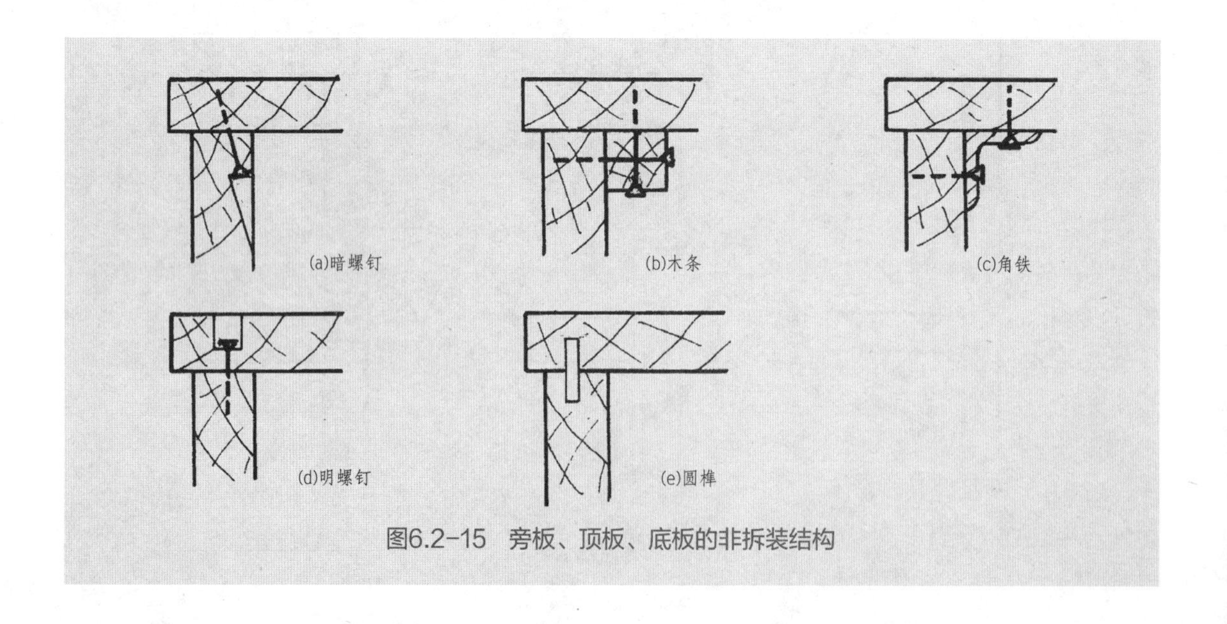

图6.2-15　旁板、顶板、底板的非拆装结构

（4）柜体背板及其固定

柜类家具中的背板有两个作用：一是用于封闭柜体后侧；二是增强柜体的刚度，使柜体稳固不变形。因此背板也是一个重要的结构部件，特别是对于拆装式柜类，背板的作用更不可忽视。背板所用的材料较广泛，如硬质纤维板、中密度纤维板、刨花板、胶合板以及细木工板等。背板可以是嵌板结构也可直接用胶合板或纤维板嵌在旁板及顶板、底板的槽中，背板侧面不可外露，需隐蔽安装。

现在常用的背板接合方式如图6.2-16所示。背板固定法中,裁口压条法适用于薄背板,方法简便,最为常用。双裁口适用于厚背板,背板搭接处应减薄至10mm左右，以便加钉。嵌装法的背板虽很稳固，但需要与柜体组装时同时装入，略有不便，但无需加钉，背板前后都较整齐美观，现已很少采用。预制木框法能构成平整的背面，适用于跨度较大的柜体，利用木框中部加挡支持薄背板。现代家具常用背板连接件固定背板，具有方便、快捷和灵活的特点，见表6.2-2。

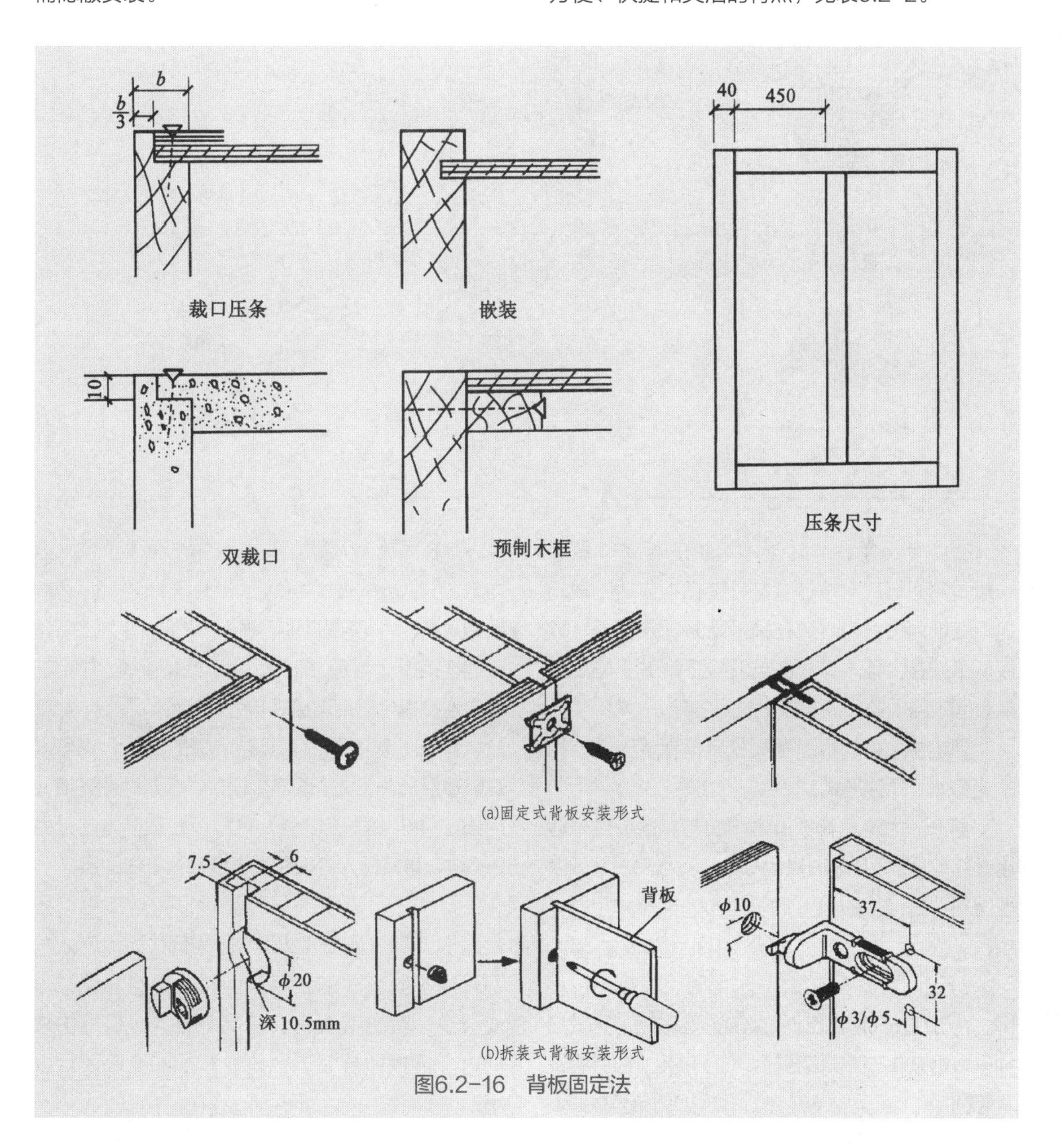

图6.2-16　背板固定法

表6.2-2　背板连接件的应用示例

种　类	应用示例

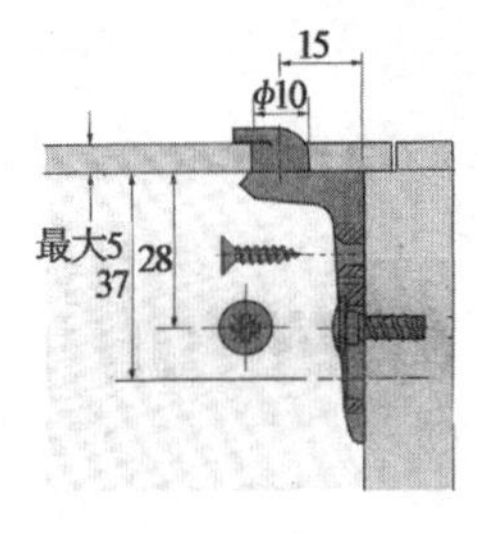

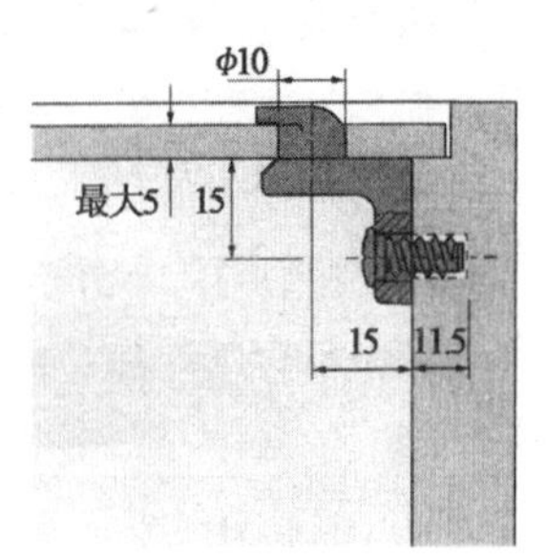

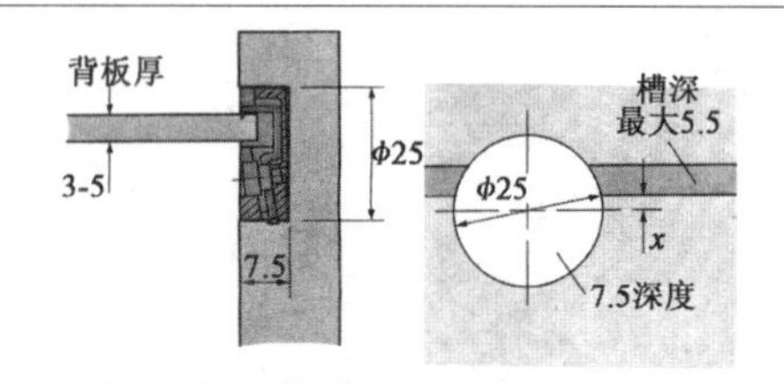

背板厚	x
3mm	4.5
4mm	3.5
5mm	2.5

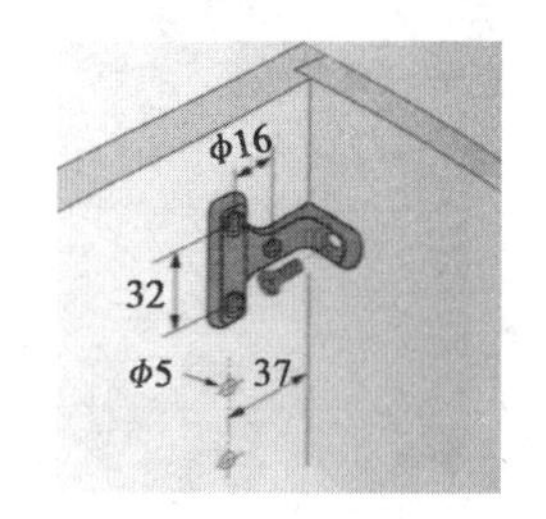

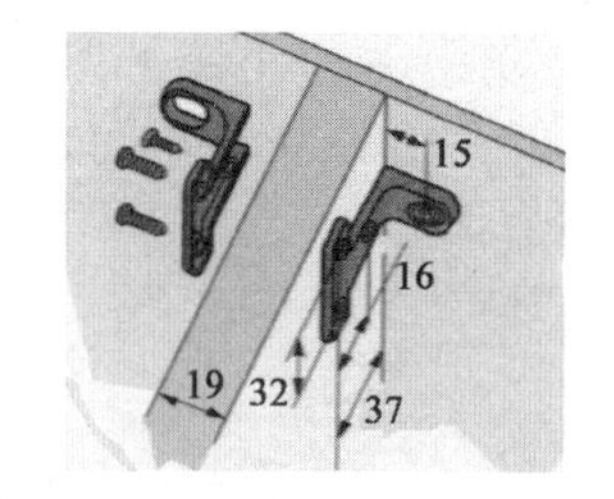

在实际运用中，对于不可拆的柜体，背板一般是用圆钉或木螺钉直接钉接在柜体后的裁口内，在四周边钉钉；或在顶板及旁板内开槽，背板从下端往上插入，仅在与背板下端齐平的底板或者固定的中搁（隔）板上钉钉固定。

目前生产中，拆装柜类家具背板的安装结构主要有如下几种形式：

第一，为避免背板过宽不便与其他板件一起用纸箱包装，可以将背板从中一分为二，用工字型塑料导槽连接中缝，然后插入旁板槽中与柜体接合。

第二，当背板长度大于1m时，在使用过程中，背板往往易翘曲出现离缝或局部脱落，因此必须采取相应办法来安装背板。对于书柜、文件柜以及陈列柜之类，可以将中部的搁板加到与旁板同深度，并在搁板上下两面开槽，将背板垂直方向一分为二，分别嵌装在搁板的上下部。对于中部没有搁板的大衣柜，可以在横向安装一块窄板作为上下背板的连接板，上下边开槽，用于嵌装背板。中部的横向连接板可以用连接件与旁板接合。

第三，对于柜内有垂直隔板的大柜，也可以在隔板后加1~2块垂直连接板条，板条两侧开槽并用连接件与中隔板接合，将背板在宽度方向分为2~3块，直接插入旁板和垂直连接板条内固定。

第四，可以全部采用塑料异型材夹接、固定背板。即在左右旁板、中隔板以及分缝处分别采用不同形式的塑料异型材。塑料异型材形式很多，有的带倒刺，将倒刺压入旁板或中隔板内，背板即被装进柜体。背板的安装还可以用扣件固定。

（5）门及其结构

柜类家具的门有开门、翻门、移门、卷门四种。这些门各具特点，但都应要求尺寸精确、配合严密，以便于开关。开门、移门、翻门等可采用木框嵌板结构或拼板。在采用拼板时，需加防翘结构。应尽量采用覆面板结构，并用单板条、塑料或板条等对门边进行装饰。

① 开门

绕竖轴转动而开闭的门称为开门。开门装设使用方便，为通常选用的形式。家具结构设计中开门的设计要点：

a. 门扇可嵌装于两旁板之间，也可盖设于旁板之上。前者称为嵌门或内开门；后者称为盖门或外开门，如图6.2-17所示。双扇内开门中缝可靠紧，也可相距20～40mm，另设掩线封闭；双扇外开门可与旁板齐平，也可内缩5mm左右。两门相距和内缩的装门法有利于门扇的互换装配，宜在大量生产中采用。

b. 铰链的选用。除考虑美观、成本外，还有门的开度、开启后的位置。开门的装配主要靠铰链连接，铰链有普通铰链（合页）、门头铰链、暗铰链、玻璃门铰链等多种类型，而每种类型又有多种形式。门装上柜体后，一般要求能旋转 90° 以上，且不妨碍门内抽屉的拉出，如图 6.2-18 所示。

c. 门板上所需安装铰链的个数与门板的高度及质量有关。除长铰链外，其他铰链每扇门一般用2个。门头铰装设于门的两端，其他铰链装在距门上下边缘约为门高的1／6处。门高超过1200mm时，用3个铰链；门高超过1600mm时，要用4个铰链。

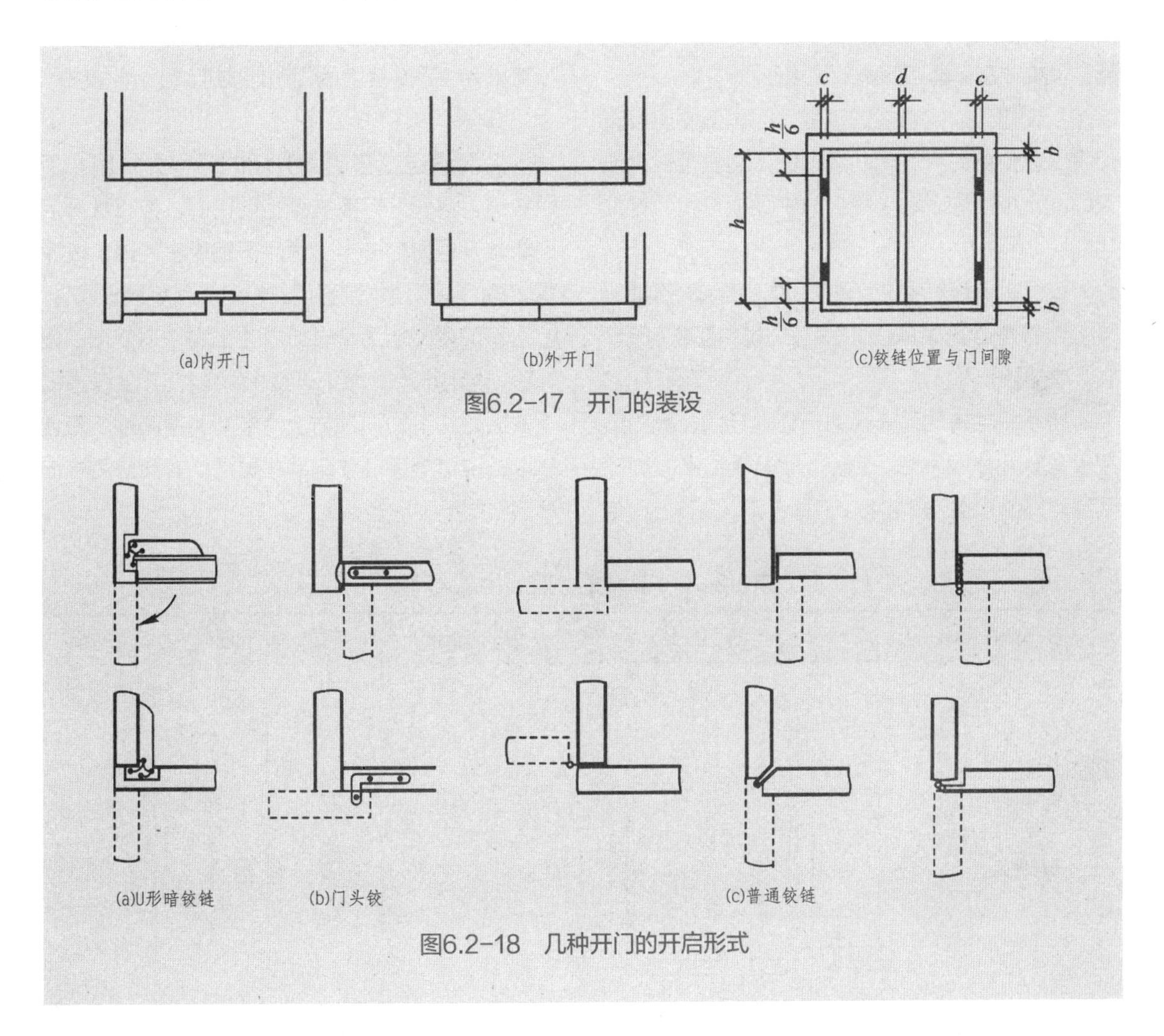

图6.2-17　开门的装设

图6.2-18　几种开门的开启形式

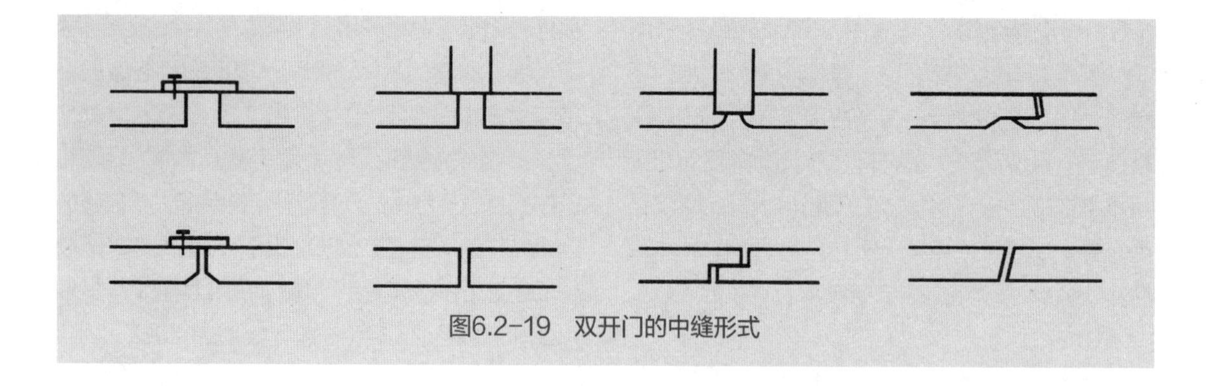
图6.2-19　双开门的中缝形式

d. 双扇门中间接缝可取多种形式，如图6.2-19所示。中缝设计应保证让右门先开。

门的安装还要求门与旁板、门与门、门与中隔板之间的间隙严密，因此常以各种形式加以遮掩，即门边的成型。根据设计要求，可用单板条、薄木、塑料等装贴门边，或铣削成型等。

e. 门洞与门扇间的间隙要相宜，既要开关顺畅，又要严密。适宜的间隙见表6.2－3。

f. 使用无锁紧功能的铰链，门扇里侧应设置门夹，以便自动将关闭门扇锁住。门后柜体上设置门的定位挡块。有中隔板时中隔板可代行定位功能。

g. 门外侧设拉手，位置在门扇中部或略偏上。

h. 按需要设插销、锁。锁设在门扇中部或偏下。

② 翻门

绕水平轴转动而开闭的门称为翻门。翻门适用于宽度远大于高度的门扇，分为下翻门和上翻门两种。其中下翻门较常用，因为它可以兼作临时台面，兼作临时工作台面的翻门应当用硬质材料贴面，使之既耐用又便于揩擦。如作为写字台面用，翻门应当与相连的搁板在同一水平面上，可采用门头铰连接，并设计合理的板边型面。下翻门容易定位，上翻门绝大多数用在高位。翻门的安装方法如图6.2-20所示。此外还应注意翻门打开时的可靠性，即它承受载荷的能力，这主要取决于吊门轨（支承件）的安装和吊门轨的形式。

③ 移门

沿滑道左右移动而开闭的门称为移门，又叫拉门。移门开启不占据柜前空间，但每次开启只能敞开柜橱的一半，适用于室内空间较小的家具。移门可以是木制移门，也可以是玻璃移门。

移门要经常滑动，所以应坚实、不变形。设计移门结构时，一要仔细选择材料；二要考虑便于安装和卸下，门顶与上滑道间要留间隙；三要采取各种措施保证移门滑移灵活。实际应用中，移门结构类型很多。

表6.2-3　门扇与门洞配合的最大间隙　　mm

地区条件	图　例	上边a	下边b	两边c	中缝d
潮湿地区	c　d　c　a　h　$\frac{h}{6}$　b	1	2	1	1
干燥地区		1	2	1	2

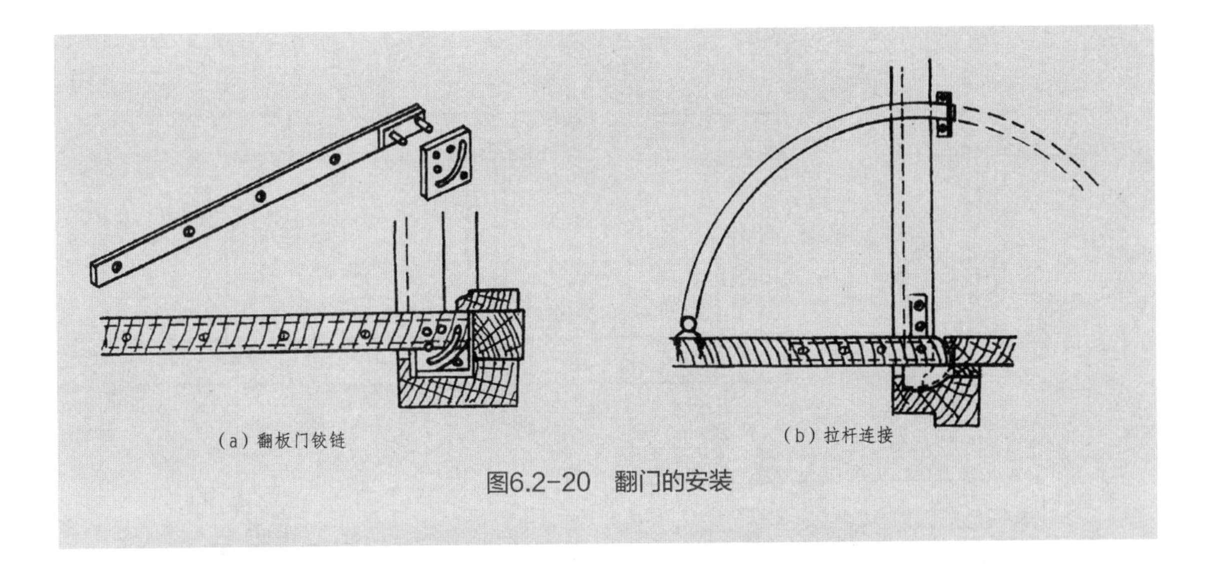

图6.2-20　翻门的安装

家具结构设计中移门的设计要点:

a. 一般来说，移门需同时设置双扇、双轨，以便能相错打开。如果不用特殊的滑轨，每扇移门的宽高比以1：1左右为宜，细高移门推拉时不稳。

b. 图6.2-21为移门轨道常用形式。其中，在柜体上直接开槽的方法简便，在槽底衬以塑料或竹片，可使推拉轻便，也可选用塑料、铝合金及滚子滑道。门扇开槽法适用于较厚的覆面板。吊轮宜用于门高在1500mm以上的重型门。

目前小型家具上多采用玻璃移门，它轻巧透明，具有一定的装饰效果。其装配主要采用塑料滑道或带滚轮的金属滑道等。装配时， 将塑料滑道或滚轮滑道等分别固定于顶板（或上搁板）、底板（或下搁板）的嵌槽中，有时也可在顶、底板的表面不开槽沟，而将滑道直接钉装或胶接在表面上。玻璃移门的上下边缘应当加圆并磨光。安装时，由于上滑道槽较深，将玻璃门上端插入上滑道内，使下端对准下槽，并轻轻放入即可。

c. 轨道的沟槽尺寸如图6.2-21所示，槽宽 b 略大于门板厚。覆面板过厚时，入槽部需减薄（开榫簧）至10mm。下槽深 a_1 略大于槽宽 b，取 $a_1=0.8b$。上槽移门伸入深度 $a_2=1.5a_1$。上槽深度 a_3 应能保证门扇可以抬起移离下槽，方便安装和更换，取 $a_3=2.5a_1+2$。

d. 移门宜设凹槽式拉手，以便于移门的开启。

④ 卷门

卷门是指能沿着弧形轨道置入柜体的帘状移门。卷门又叫百叶门或软门等，如图6.2-22所示。可以设计为左右移动，也可上下移动。卷门打开时既不占据室内空间又能使柜体全部敞开，传统的卷门风格别致，但是制造很费工，一般家具已很少使用。

家具结构设计中卷门的设计要点:

a. 卷门一般是由许多小木条排列起来，再用麻布胶贴在反面连接而成的。木条厚度常为10~14mm，木条间留缝0~2mm。要求木条必须纹理通直，没有节疤，含水率为10%~12%，需专门挑选木板配料加工，并将表面磨光。木条两端加工成8mm厚的单肩榫，以便入槽。卷门外端设木条作拉手和限位。

b.柜体上设导向槽。槽宽比榫厚大1~1.5mm；两槽间距比榫间距大3mm；导向槽转弯部分的曲率半径不小于100mm。

c. 卷门的木条方向按造型需要设计，有横竖两种。横条上下开启，竖条左右开启。门扇退入柜体，可卷曲贮存，也可平伸，贮存区常需用胶合板隔离。

d. 卷门前边弯曲处，通常需要设板或木条遮蔽。

e. 除木条外，卷门还可以用其他材料制造:

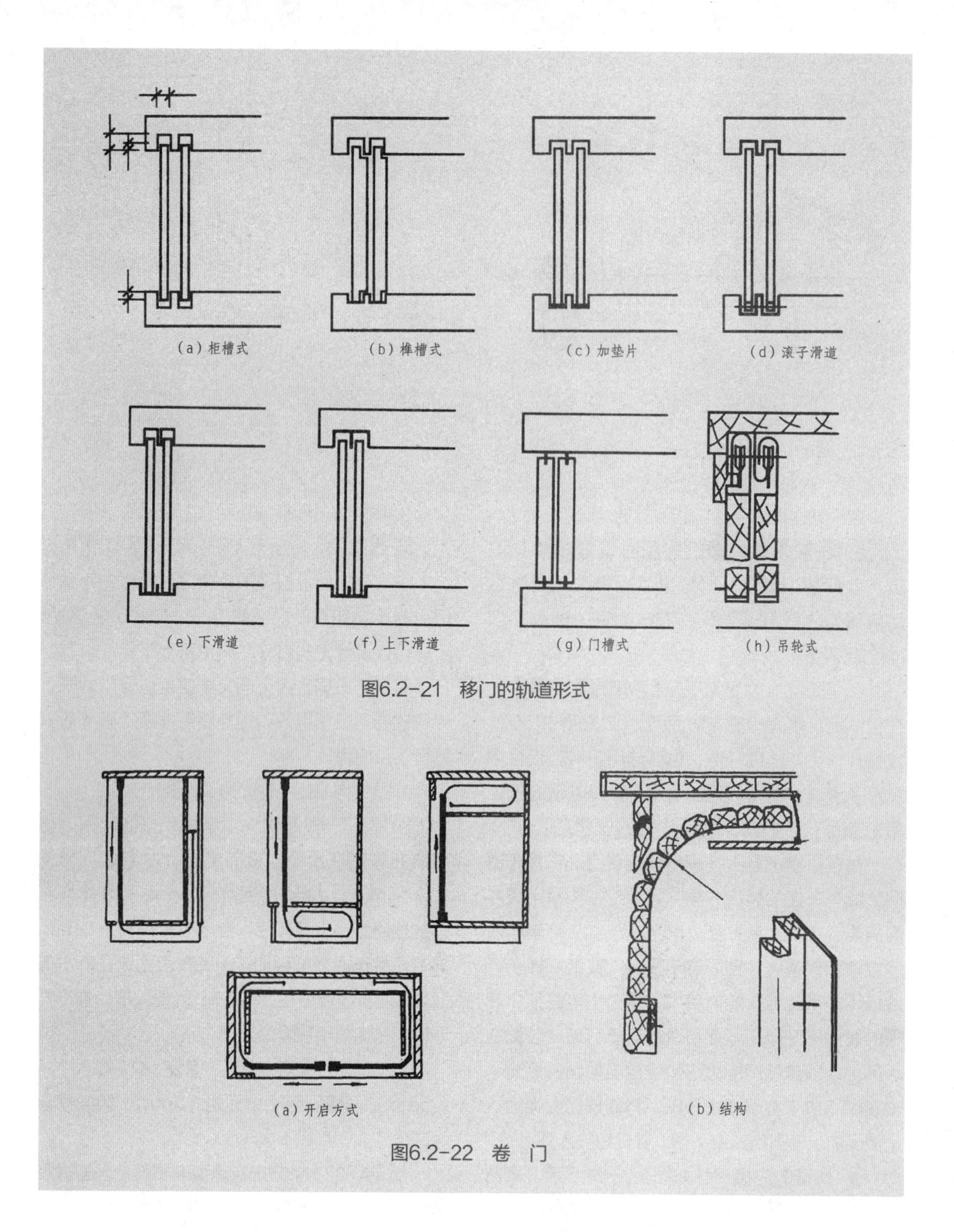

图6.2-21　移门的轨道形式

图6.2-22　卷　门

胶合板卷门是用动物胶将胶合板粘在帆布上，构成软性的可卷曲的卷门。铝箔卷门由3～4mm厚的中密度纤维板一面贴铝箔，一面贴树脂浸渍纸构成。

（6）抽屉的结构

抽屉是家具中用途极为广泛的部件，它开启比较频繁。抽屉的耐久性直接取决于所用的结构方式及加工与装配质量。

① 抽屉的结构

抽屉是家具中的一个重要部件，柜、台、桌、床之类家具常设抽屉。抽屉的种类很多，从功能上来划分，有装饰型、轻载型（普通型）和承重型3种。普通抽屉主要由屉面板、屉旁板、屉后板及屉底板组成。如果抽屉较宽大，则还需在抽屉下面装一根屉底档，屉底档前面与屉面板一般做成榫接合，后面用木螺钉或圆钉固定于屉后板下面。抽屉所用材料，在传统产品中，绝大多数用实木制做。在现代产品中，常选用中密度纤维板、细木工板等人造板制作；还有塑料抽屉或者塑料与人造板等材料配合制作等。抽屉结构与箱框结构基本相同，抽屉的主要接合属箱框的角接合。

抽屉箱框最好用拼板制造，屉面厚20mm，屉后、屉旁厚12mm。屉旁、屉后可用刨花板或中密度纤维板制造；屉面用覆面板或细木工板制造。覆面板不便开槽，可将开槽的小木条用胶和钉钉到屉面的里侧，以便插底板。

屉后与屉旁的接合方式，主要有直角开口多榫、明燕尾榫和槽榫结构等；屉面与屉旁的接合主要有半隐燕尾榫接合、圆钉接合和直榫接合等方式，屉面与屉旁也可用圆榫；还有用圆榫定位，偏心连接件紧固，应用很广泛。屉底板与屉框的接合，有钉接合、插接合及两者混用的接合，还有的用胶辅助接合。对于装饰型不可拆装抽屉，可直接用圆钉或骑马钉将屉底板钉在屉框上。有些产品，出于制作上的方便，屉面板底部与屉底板平齐，装配时，将屉底板嵌入屉面板及屉旁板的裁口中，再加钉或者加胶接合。拆装式的则是将屉底板镶在屉框中，如图6.2-23所示。

② 抽屉的安装结构

抽屉的安装方式有托屉支承式、吊屉式和滑道式等几种，如图6.2-24所示。托屉支承

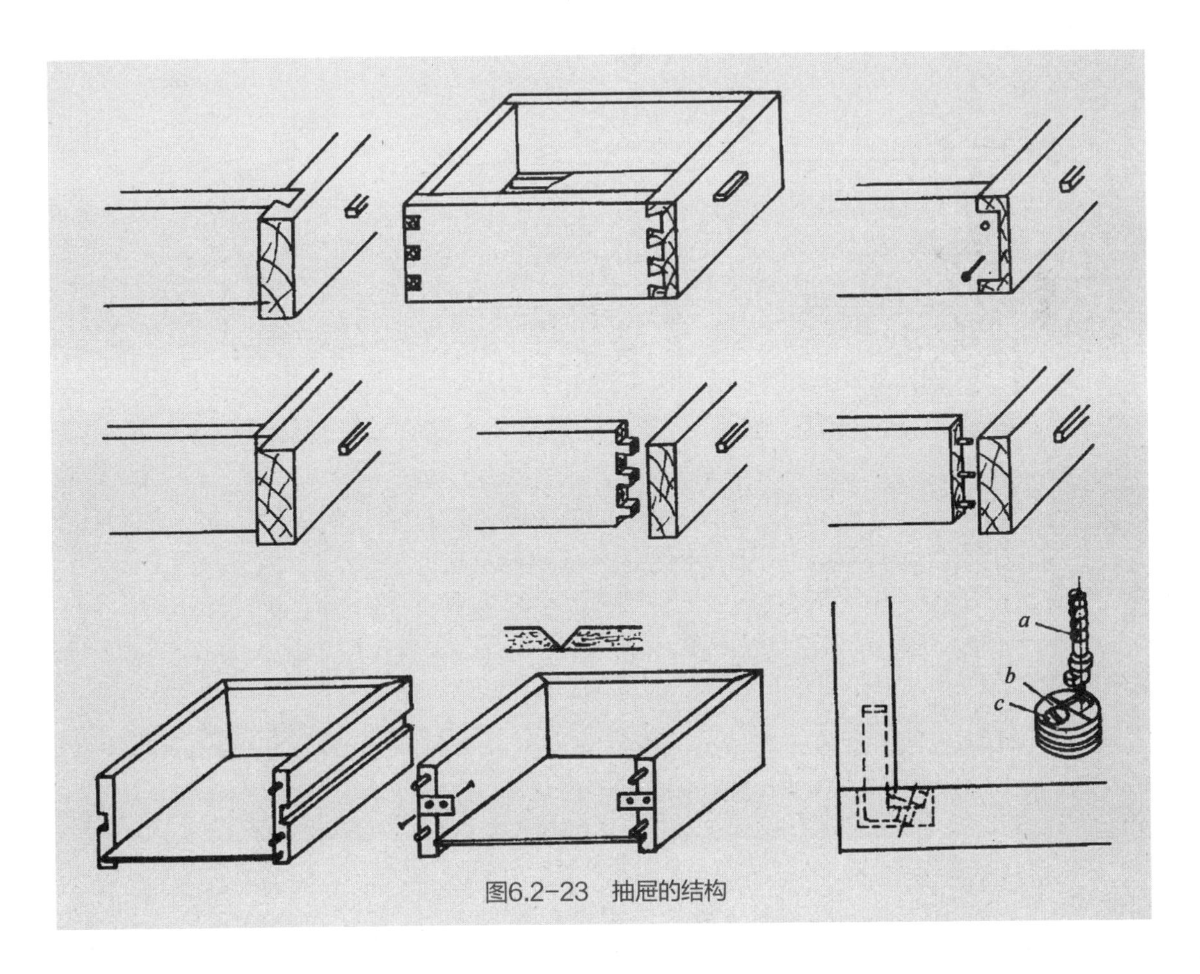

图6.2-23 抽屉的结构

式设有托屉撑、导向条和压屉撑。压屉撑与屉邦上缘间距离为2～3mm。饰面人造板间的抽屉，可以设置托屉撑和压屉撑，也可以设置滑道，还可以用吊装抽屉的方法。用后两种方式时安装结构就较为简单，吊屉式宜用于轻便抽屉与不便设托屉撑之处，如在孤立的桌面下设抽屉。现在最常用的方法就是设置抽屉滑道的方法，滑道（滑轨、路轨）的规格和型号很多，可以满足对抽屉的不同要求，选定时应按所设抽屉的承重以及滑道的长度选择，滑道式推拉很轻便，虽然成本较高，但仍被现代家具普遍采用。

（7）搁板的结构的设置

搁板为水平设置于柜体内的板件，用作水平分隔柜内空间和放置物品用，常用厚度为16～25mm，搁板分固定与活动两种。

固定搁板实际是箱柜结构中的箱框中板，其设计可参照箱框中板的接合方式，常用的连接方法有直角多榫、槽榫、圆榫和连接件。其中，直角多榫、槽榫接合适用于拼板型搁板，圆榫和连接件接合适用于人造板部件型搁板。偏心式连接件在搁板连接中有易隐蔽而又牢靠的优点，可优先选用。使用时每块搁板用偏心连接件4个，并配有4个圆榫定位。

活动搁板在使用时可随时拆装和随时变更高度，使用比较方便。搁板可选用实心覆面板或有防翘曲结构的拼板。陈列轻型物品的搁板也可用玻璃等不易变形的材料。

在设置搁板时，常采用套筒搁板销、金属搁板卡、木条、玻璃搁板卡等作支承，如图6.2-25所示。搁板设置的层数及高度可根据需要而定。

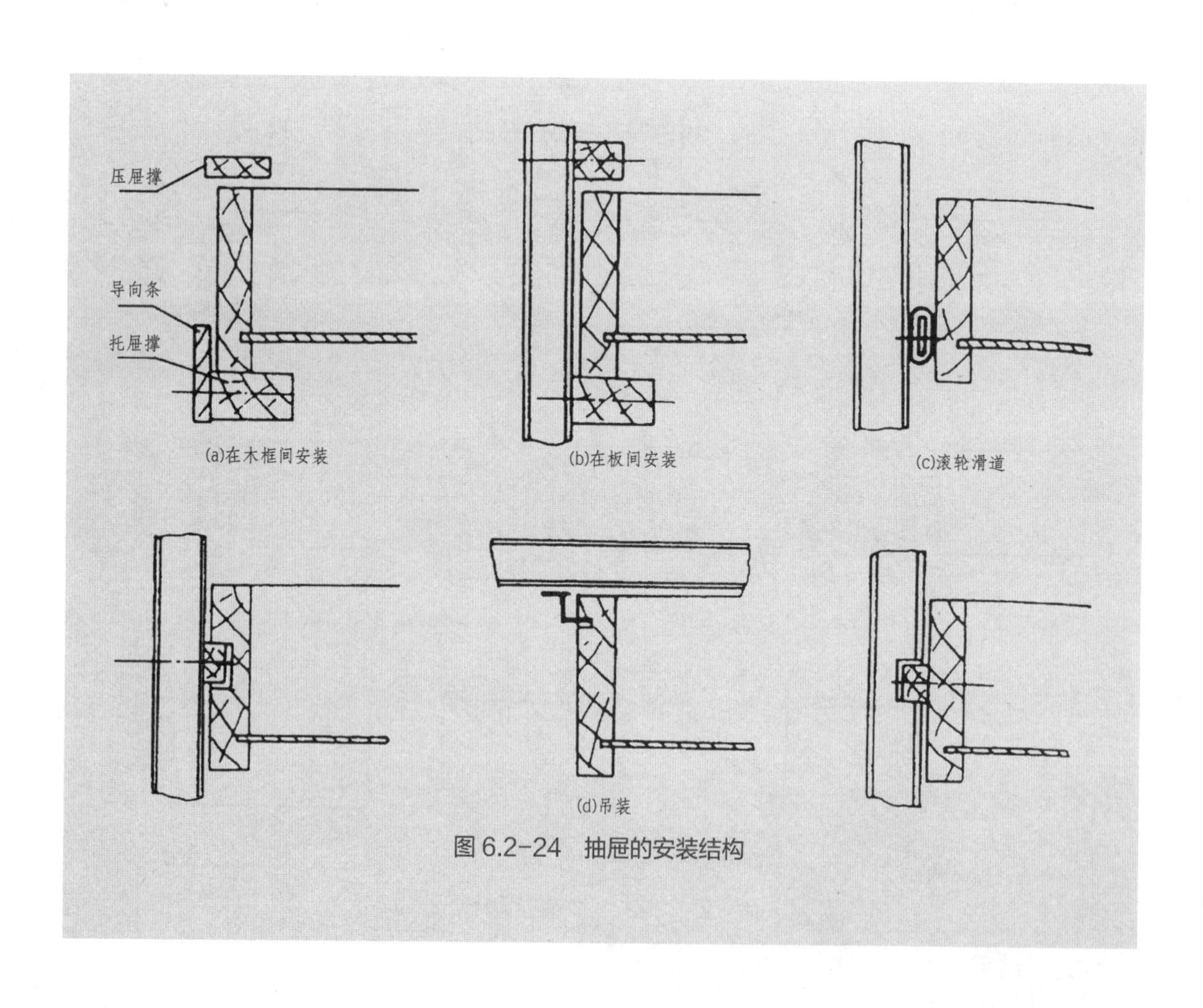

图 6.2-24　抽屉的安装结构

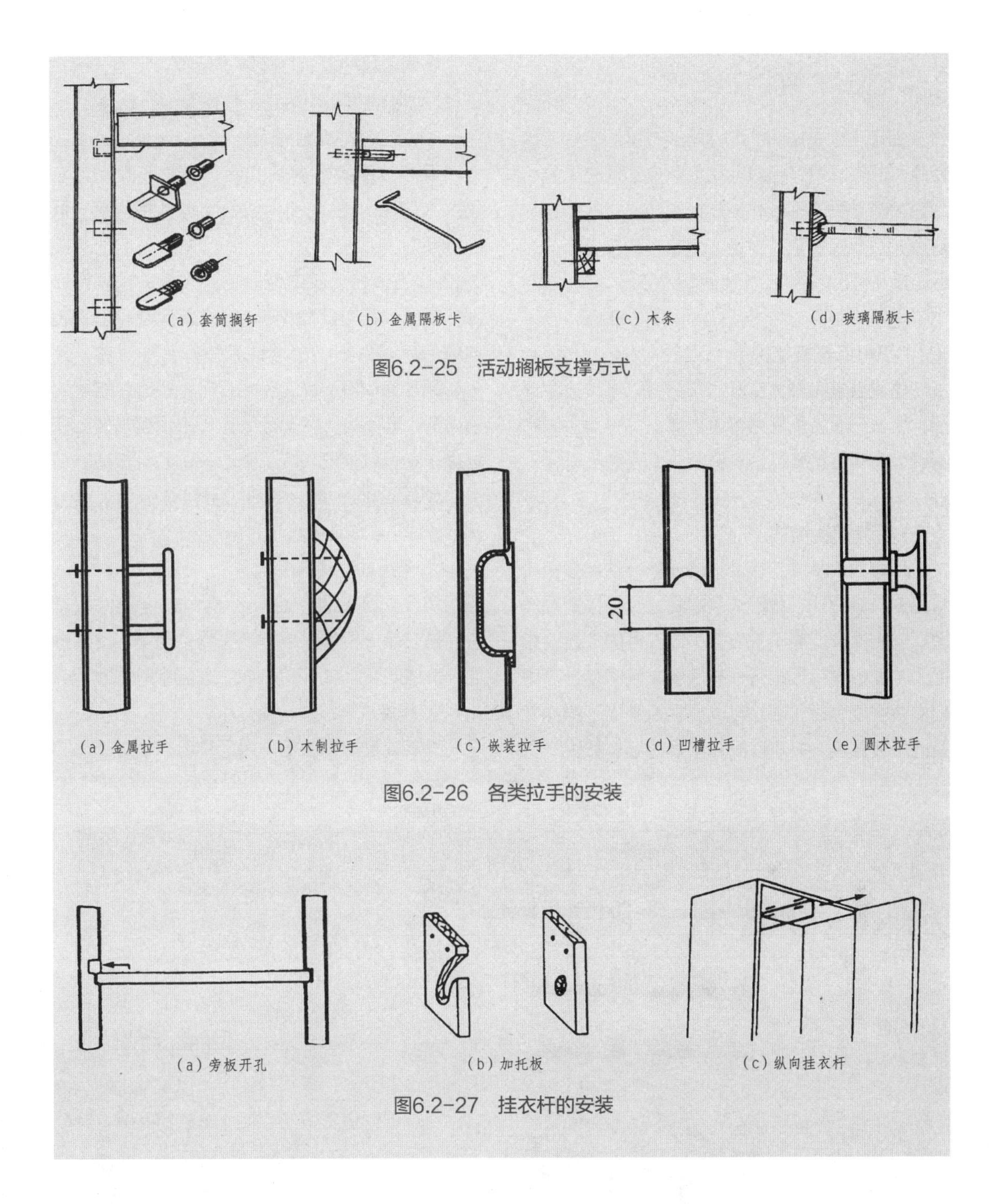

图6.2-25　活动搁板支撑方式

图6.2-26　各类拉手的安装

图6.2-27　挂衣杆的安装

（8）拉手的设置

门扇与抽屉都需要设置拉手。每扇门和每个抽屉设一个拉手，宽度超过600mm的抽屉设两个拉手，拉手高度一般居中偏上，拉手的安装方式因种类不同而有所区别。如图6.2-26所示。

（9）挂衣杆的设置

根据衣柜的深度不同，挂衣杆的安装方向也有所区别。当柜内深度大于500mm时，挂衣杆宜平行于柜门安装；当柜内深度小于500mm时，挂衣杆宜顺柜深方向安装。挂衣杆安装方法如图6.2-27所示。

3. 固定连接件结构设计

固定连接是指两零部件间形成紧固接合，接合后两部件间没有相对运动。家具部件之间的接合绝大多数是这种形式，如柜类、桌类的旁板与顶板、底板接合等。固定连接的方法主要有不可拆连接及可拆装连接、定位等几大类。

（1）不可拆连接结构

这类连接主要靠钉及木螺钉钉入零件之中连接，所以一般装配好后不可拆卸。其种类主要有圆钉、木螺钉、气钉、角码等，见表6.2-4。

（2）拆装连接结构

目前用于拆装连接结构的连接件种类很多，常见的有偏心式、角尺式、螺旋式、插挂式等类型。连接件广泛用于家具各种零部件的接合，如柜子的面板与旁板、旁板与底板之间的接合。不但接合强度可靠，而且可以反复拆装而不影响家具的接合强度，并可以简化家具的结构和生产工艺，方便家具的包装、运输、储存。常用于板式家具柜体板件间的可拆连接件见表6.2-5。

① 偏心式连接件接合

偏心式连接件拆装方便，不影响美观，应用最为广泛。 它是利用偏心结构件将连接旁板的连接杆与底板或顶（面）板夹紧而实现连接的,偏心连接件一般由偏心轮、拉杆、预埋件三部分组成，若拉杆为双向，则无需预埋件。快装式偏心连接件则将预埋件和拉杆合成一体，偏心轮直径有ϕ15、ϕ12、ϕ10几种规格，常用的为ϕ15。拉杆的长度规格很多，应根据需要合理选择，其有效长度决定了偏心轮中心至板边的距离。预埋件通常为一倒刺式塑料螺母，规格为$\phi 10\times 13$。表6.2-6所示为常用形式。

② 角尺式连接件接合

角尺式连接件接合又称直角式连接件。其特点是安装于柜体内部，不影响外观美；安装方便；价格低廉。常用于各种板式柜的装配。

③ 螺旋式连接件接合

螺旋式连接件系指采用牙螺母、螺钉螺母、

表6.2-4　不可拆连接件

名　称	结构图例	特点与应用
圆钉		（1）用于低档木制品的紧固连接 （2）不可拆装 （3）钉头外露，连接强度低
木螺钉		（1）用于配件安装 （2）可有限次地拆装，连接强度高于圆钉
气钉		（1）U形气钉主要用于钉制沙发和双面覆面空心板的框架接合 （2）T形气钉主要用于家具板式部件的实木封边条、实木框架、小型包装箱等的接合 （3）需用气钉枪钉入，钉制速度快，质量好，故应用日益广泛
角码		（1）用于重载木制品的连接 （2）与木螺钉配合使用

表6.2-5　柜体板件可拆连接件

<table>
<tr><th colspan="2">名　称</th><th>结构图例</th><th>特点与应用</th></tr>
<tr><td colspan="2">偏心式连接件</td><td>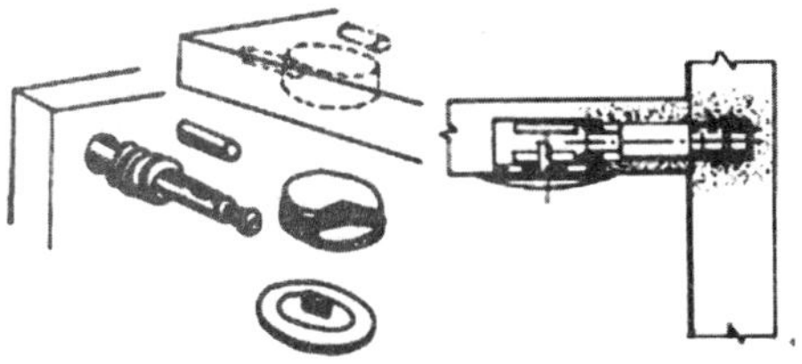</td><td>（1）常用于木制品板件直角接合
（2）拆装方便灵活
（3）有较大的接合强度
（4）隐藏式装配，不影响外观
（5）装配孔加工较复杂，精度要求高</td></tr>
<tr><td colspan="2">角尺式连接件
（又称直角式连接件）</td><td>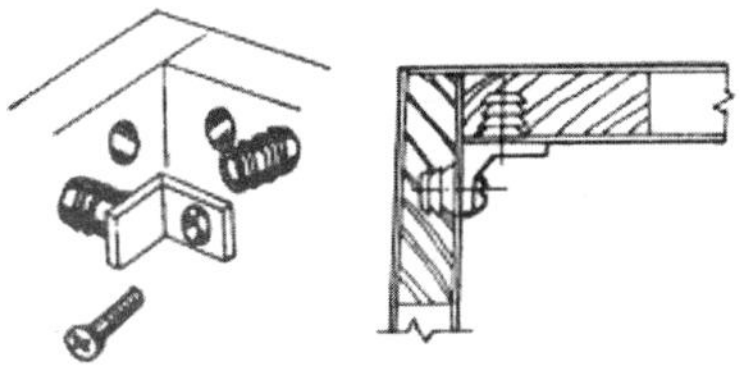</td><td>（1）用于各种柜类的板件连接
（2）安装于柜体内部，不影响美观
（3）安装使用方便，价格低廉</td></tr>
<tr><td rowspan="3">螺旋式连接件</td><td>倒牙螺母连接件</td><td>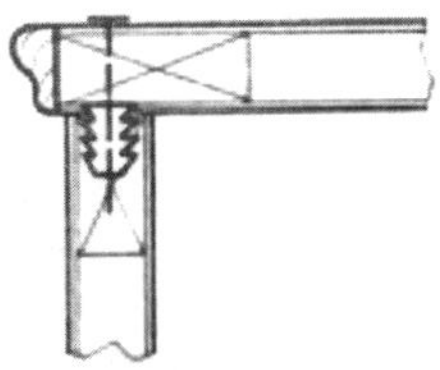</td><td rowspan="2">（1）用于高柜、文件柜等板件连接
（2）垂直方向安装，螺钉向上或向下；水平方向安装，螺钉外露，影响美观
（3）打入倒刺螺母的板件帽头须采用硬杂木</td></tr>
<tr><td>螺钉螺母连接件</td><td>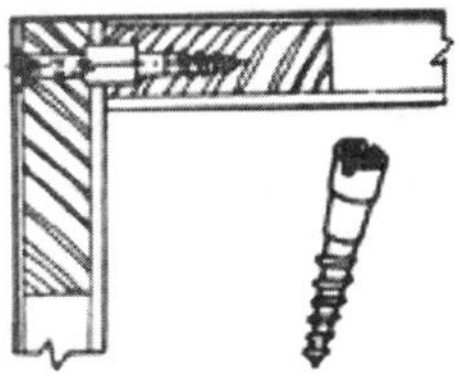</td></tr>
<tr><td>圆柱螺母连接件</td><td>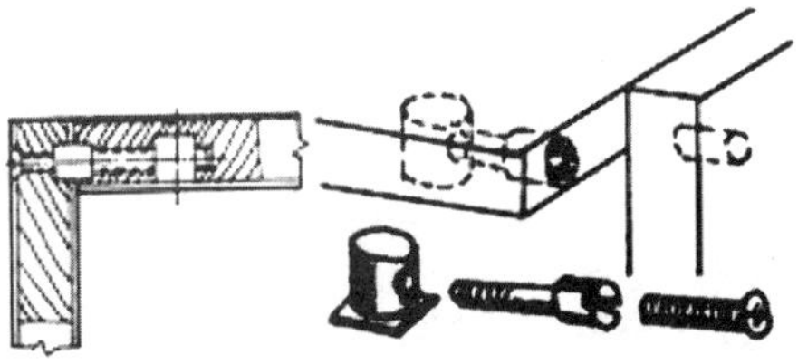</td><td>（1）用于高柜、文件柜等板件连接
（2）用于装圆柱螺母的孔应比圆柱螺母外径大0.5mm
（3）垂直方向安装，螺钉向上或向下；水平方向安装，螺钉外露，影响美观
（4）连接强度高
（5）打入倒刺螺母的板件帽头须采用硬杂木</td></tr>
<tr><td colspan="2">拉挂式连接件</td><td>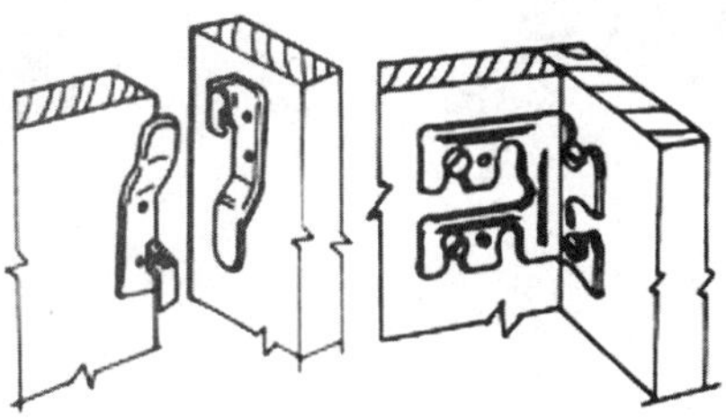</td><td>（1）常用于床梃和床架之间的连接
（2）装拆方便，且受力越大，接合越紧</td></tr>
</table>

表6.2-6　偏心连接件结构设计示例

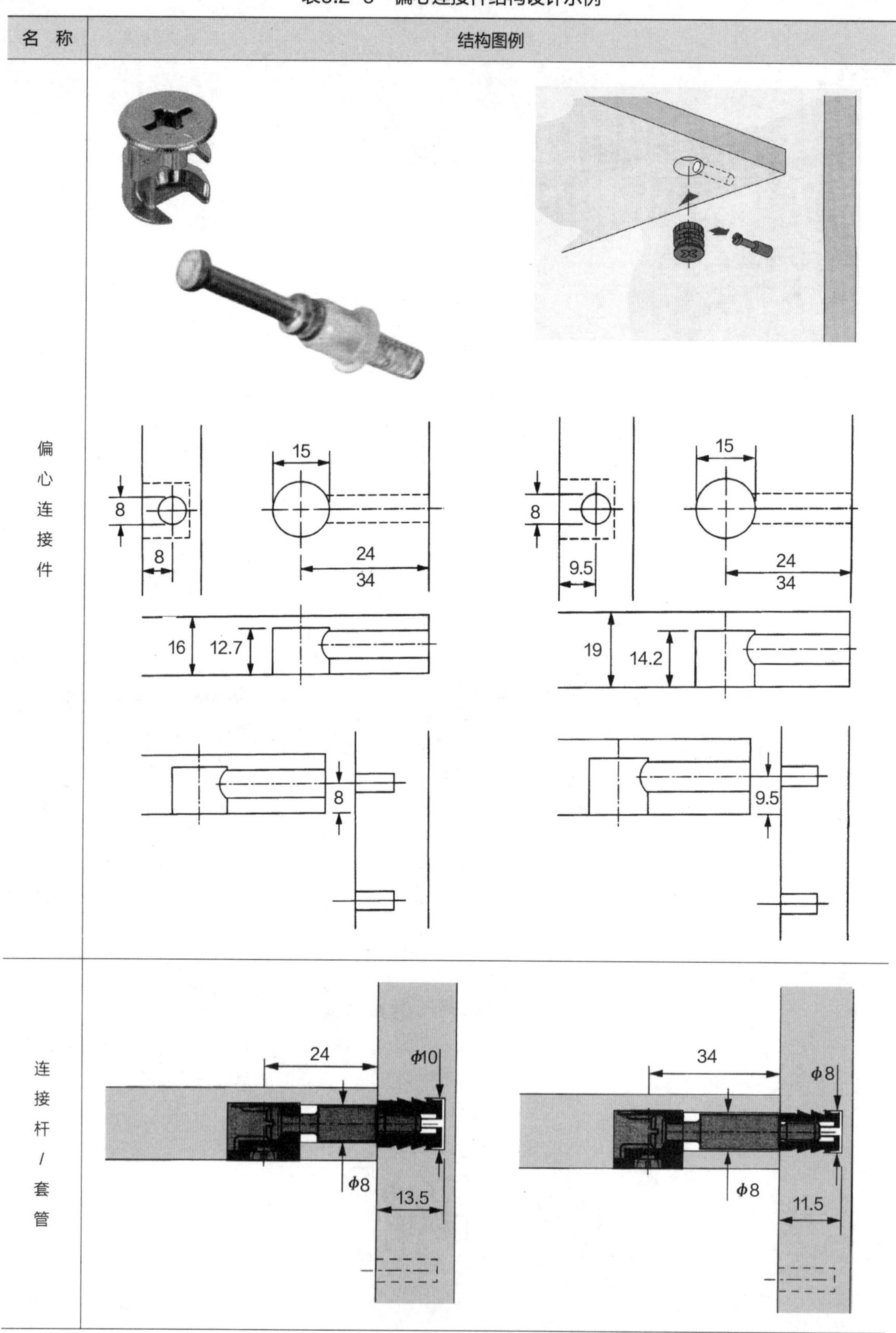

（续）

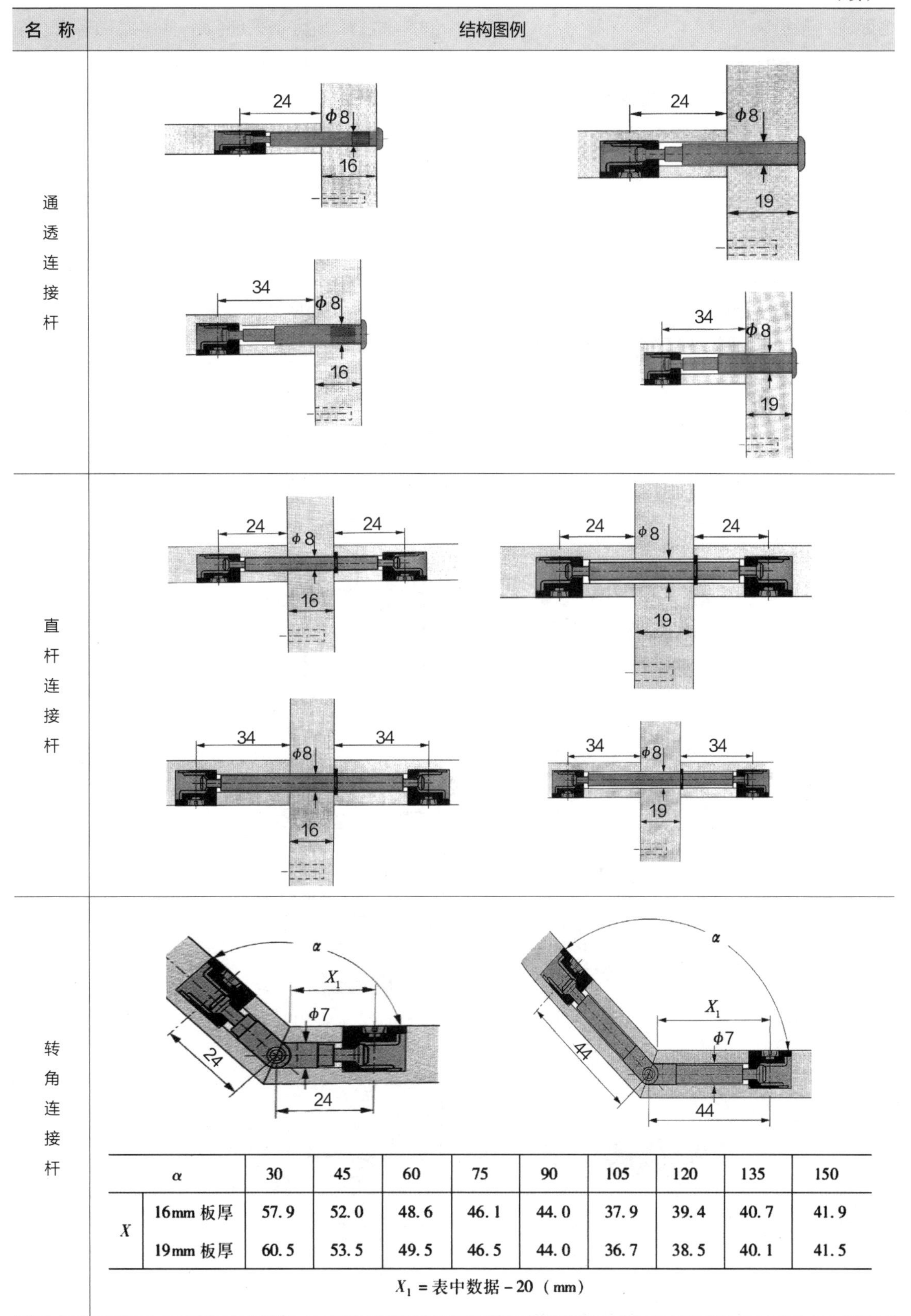

α		30	45	60	75	90	105	120	135	150
X	16mm 板厚	57.9	52.0	48.6	46.1	44.0	37.9	39.4	40.7	41.9
	19mm 板厚	60.5	53.5	49.5	46.5	44.0	36.7	38.5	40.1	41.5

X_1 = 表中数据 − 20（mm）

圆柱螺母、五眼板或三眼板螺母等分别跟螺栓组合而成的连接件。

a. 倒牙螺母连接件：又称倒刺、倒轮螺母连接件，即螺母外面具有倒轮的连接件。使用时，预先将螺母嵌入被连接件中，然后用螺栓跟另一被连接件连接在一起。

b. 螺钉螺母连接件：螺钉具有内螺纹，既可起紧固作用，又可起定位作用。应用于高柜、文件柜等板件的连接。

c. 圆柱螺母连接件：由圆柱螺母、螺栓、定位连杆组成。使用时，先在板内侧连接处钻好圆柱螺母孔，用于装圆柱螺母。再在其端面钻螺钉孔与螺母孔相通。接合时，将螺栓穿过螺栓孔，对准圆柱螺母上的螺孔旋紧即可。结构特点：连接强度高，不需要木材的握钉力，最适合于刨花板部件的连接。

d. 插挂式连接件接合：插挂式连接件由雌、雌配件组成，分别安装于两被连接件上，接合时将雄件插入雌件即可。 其特点是装拆方便，且受力越大，接合越紧。

e. 其他拆装件接合：在板式家具结构中，还用到许多其他拆装件，如搁板与旁板的连接、背板连接、床梃和床架的固定连接等，见表6.2-7。

表6.2-7　其他拆装件接合

名　称	结构图例	特点与应用
层板支撑件	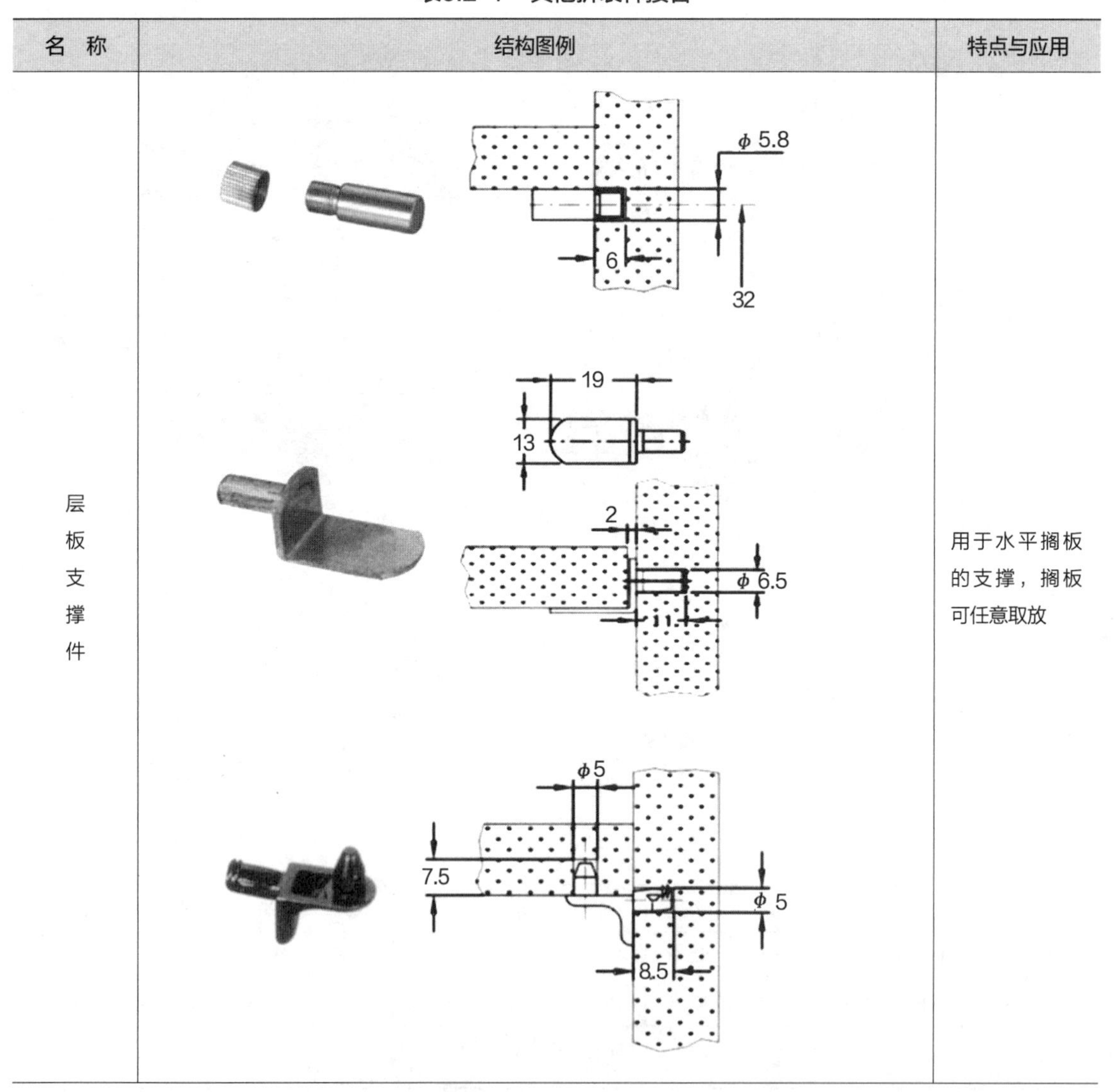	用于水平搁板的支撑，搁板可任意取放

（续）

名称	结构图例	特点与应用
层板支撑件	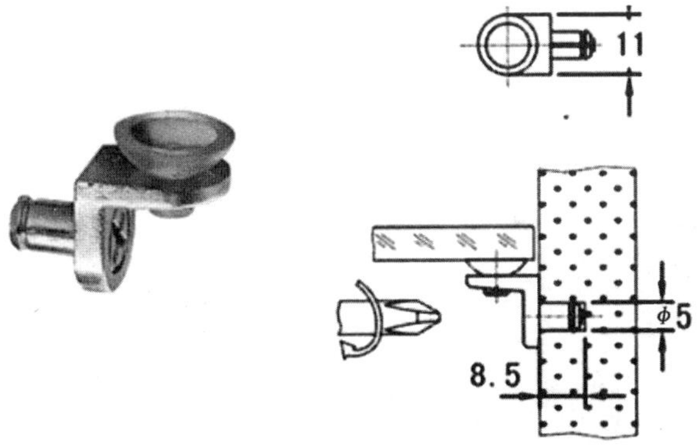 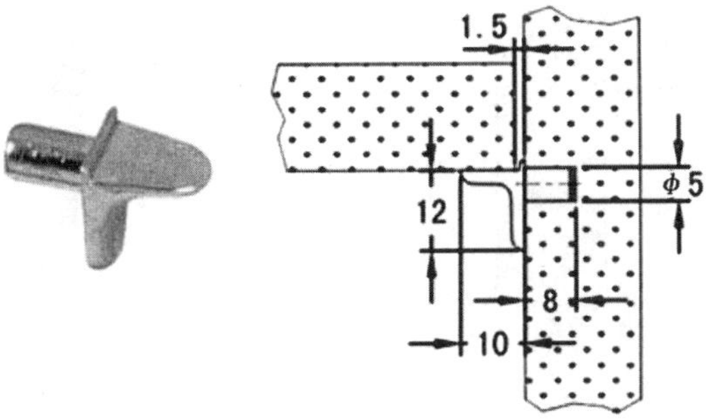 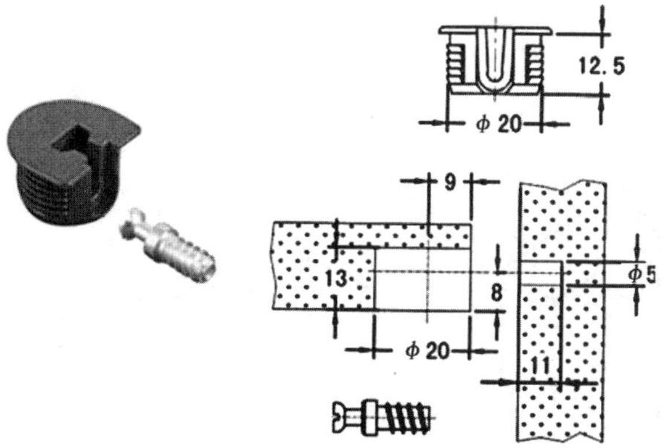 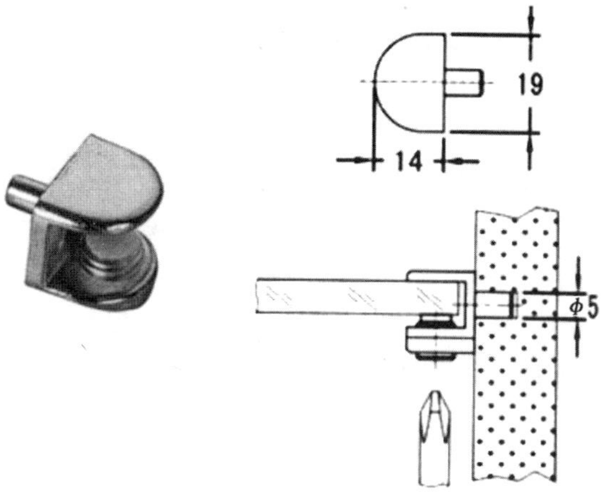	用于水平搁板的支撑，搁板可任意取放

（续）

名　称	结构图例	特点与应用
背板连接件	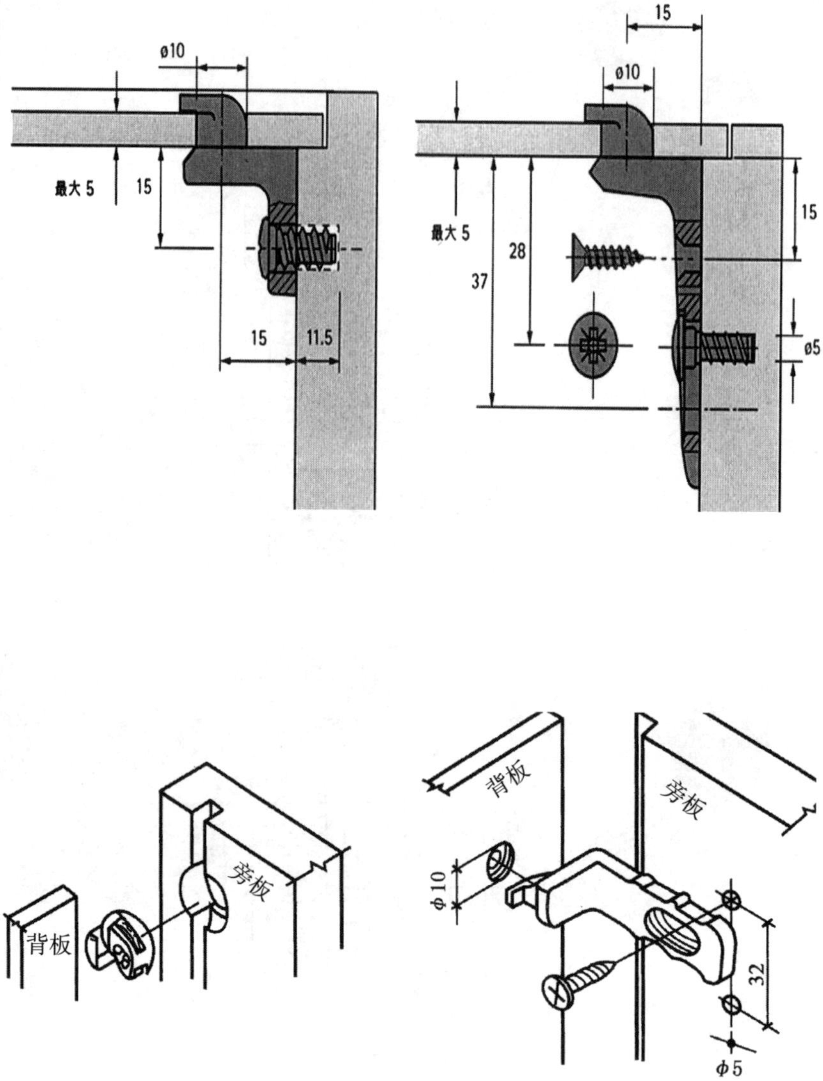	用于柜类背板的固定

（续）

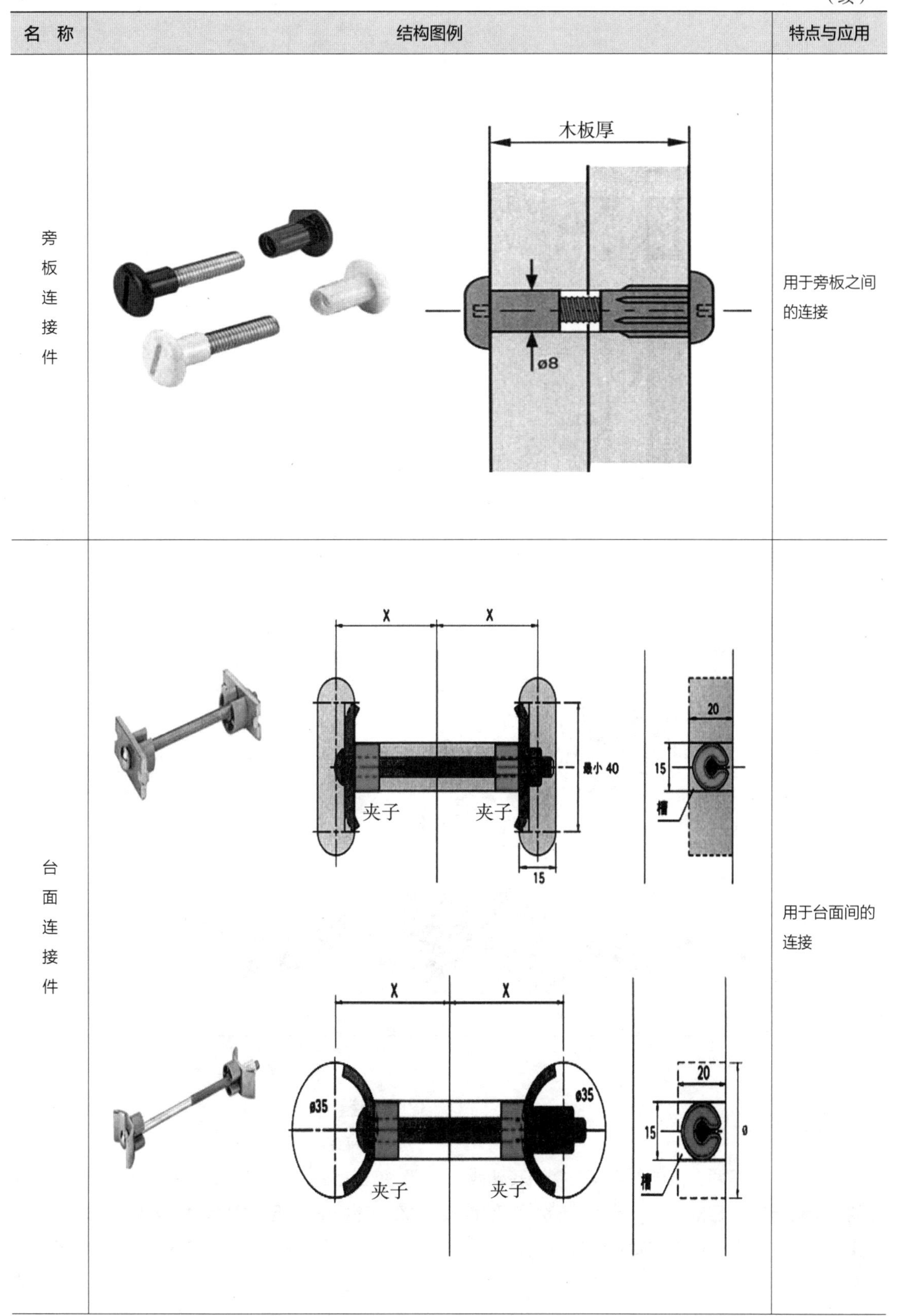

名 称	结构图例	特点与应用
旁板连接件		用于旁板之间的连接
台面连接件		用于台面间的连接

（续）

名 称	结构图例	特点与应用
桌架连接件	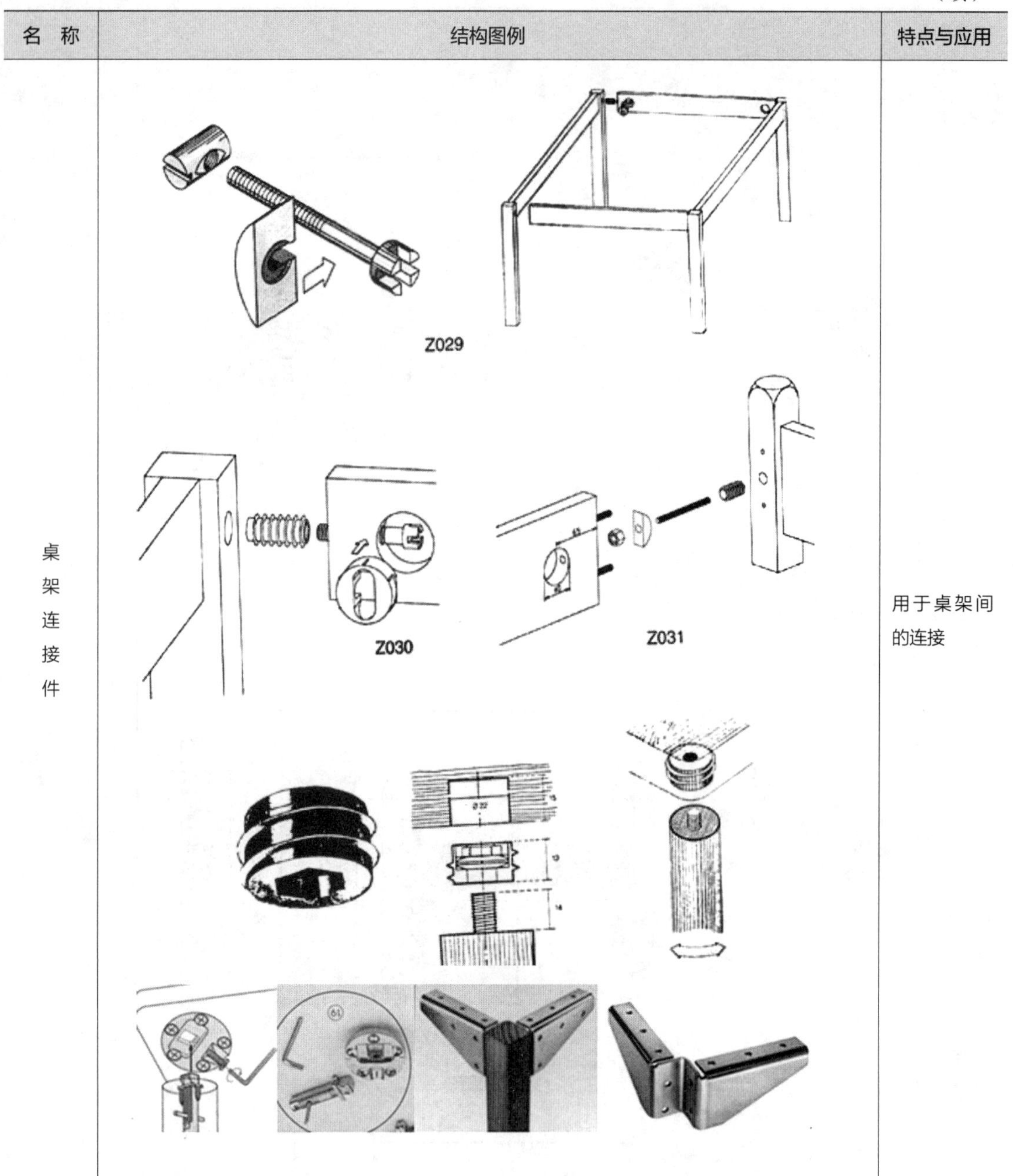	用于桌架间的连接

4. 活动连接件结构

活动连接是指两连接部件之间有相对转动或滑动的结构方式，它依赖于一些专门的活动连接件实现接合。活动连接件主要有各种铰链、抽屉导轨、滑动门轨等。

（1）铰链

① 种类

铰链的品种很多，有合页、门头铰、玻璃门铰、杯型暗铰链、专用特种铰链等，见表6.2-8。其中，最为常用且技术难度最大的为暗铰链。暗铰链有直臂、小曲臂和大曲臂之分（有不同的

表6.2-8　铰链图例

名 称	结构图例
合页	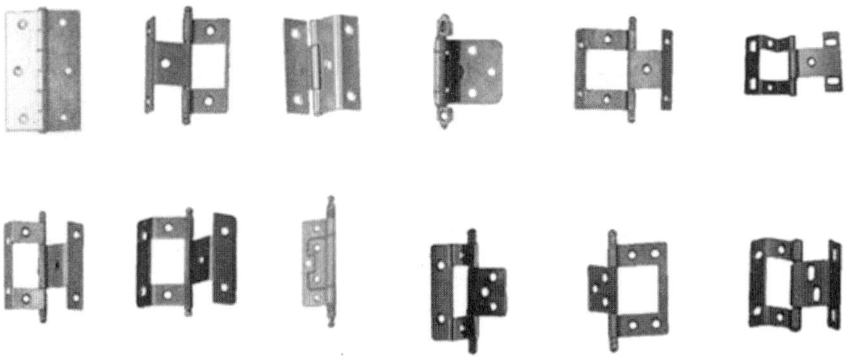
门头铰	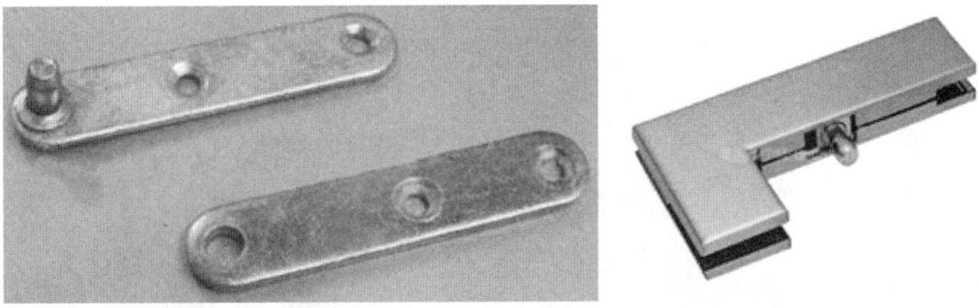
玻璃门铰	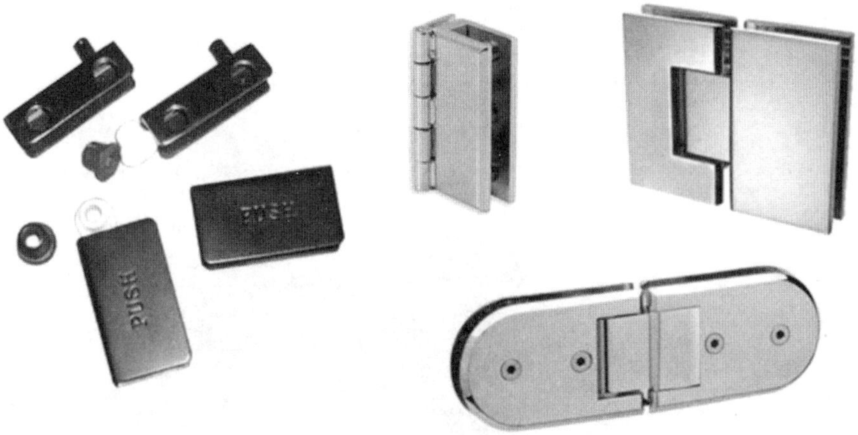
杯型暗铰链	

（续）

名　称	结构图例
翻门铰链	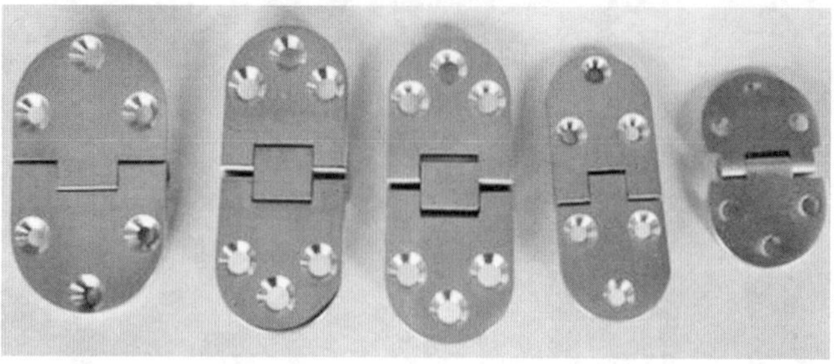
十字铰链	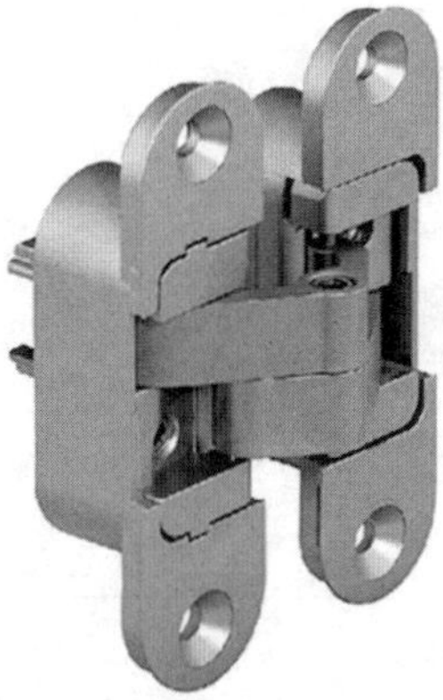  
带抽屉的门暗铰链	
专用特殊铰链	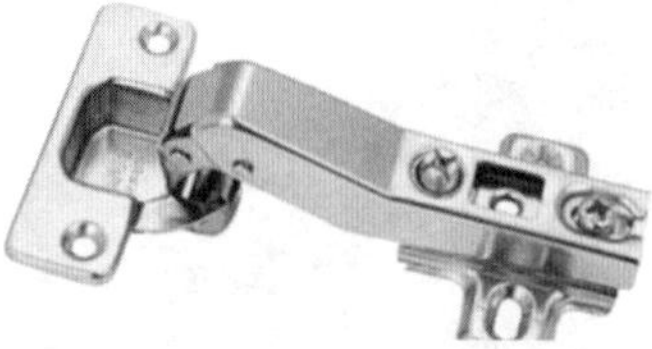 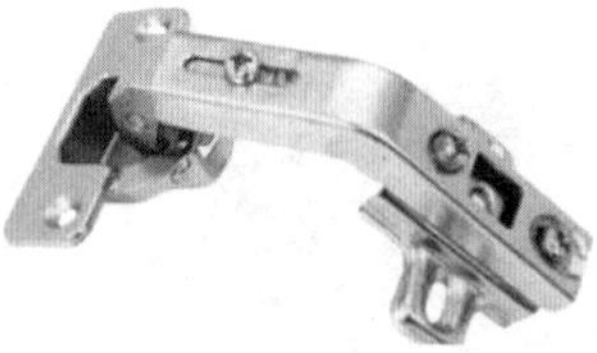

B值），分别适用于全盖门、半盖门和嵌门。以直径为25 mm及35 mm杯径产品为主（常用的为35 mm），开启角度为90° ~180° 。

② 结构特点

暗铰链靠四连杆机构转动，单四连杆的暗铰链门的开启角度为92°~130°；双四连杆最大可以开至180° 。一般情况下装暗铰链的门在开启过程中会向前移位，开成90°时，门的内侧面将超出旁板的内侧面，所以，在设计柜内的抽屉或放置衣盒时，要预留充分的空间。当然也有专门用于带抽屉柜的暗铰链。

为实现门的自弹与自闭，现在的暗铰链一般附有弹簧机构，有的弹簧机构可在开启角达到45° 以上时空中定位，以免松手时门猛烈弹回关闭而发出巨大声响，并损坏柜体。

③ 连接方式

a. 铰杯与门：门上预钻盲孔(35mm、26mm）嵌装铰杯，另通过铰杯两侧耳上的安装孔（两孔），利用螺钉接合与门连接。可在门上预钻3mm或5mm（6mm欧式螺钉）盲孔。

b. 铰杯与底座：有匙孔式（Key-hole）、滑配式（Slide-on）和按扣式（Clip-on）三种连接方式。

c. 底座与旁板：采用螺钉连接，标准在旁板“32 mm系统”5 mm的系统孔中安装6mm欧式螺钉。

在进行暗铰链的安装设计时，必须注意每种暗铰链的参数。对于不同的铰链，铰杯孔与门板边的距离（C）、暗铰链的底座高度（H）、门与旁板的相对位置（A），均有不同，如图6.2-28所示。

④ 技术要求与标准

用户在购买暗铰链时，可获得厂家提供的技术指导，包括不同种类的铰链的参数值、参数之间的关系值表，以及相应的坐标曲线等。用户可根据这些数值选取适合的铰链。但同时也应注意：暗铰链靠四连杆机构转动，因而没有固定的回转中心，门开启时，门上的点不是在做圆弧运动，而是做各不相同的曲线运动，并随不同品种的铰链而异。因此，对于不同的门厚，门上是否有凸起的装饰线条，门与门、门与旁板的间隙应多大，都要一一核对，才能作出正确的选择。

（2）抽屉导轨

抽屉滑道根据其滑动的方式不同，可以分为滑轮式和滚珠式；根据安装位置的不同，又可分为托底式、中嵌式、底部两侧安装式、底部中间安装式等；根据抽屉拉出距离柜体的多少可分为单节道轨、双节道轨、三节道轨等。三节道轨多用于高档家具或抽屉需要完全拉出的产品中。这些导轨具有抽动灵活轻便、承载能力强等优点，其产品有多种规格，一般用英制，可根据抽屉侧

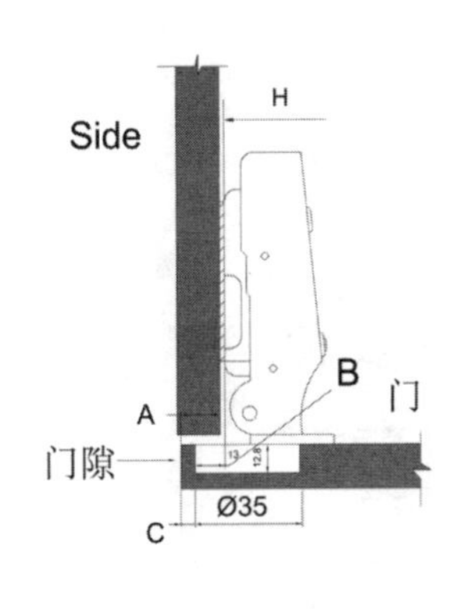

（a）直臂暗铰链（盖门）

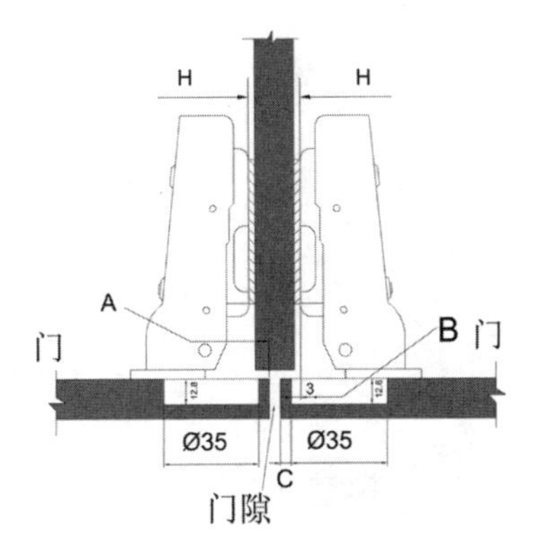

（b）小曲臂暗铰链（半盖门）

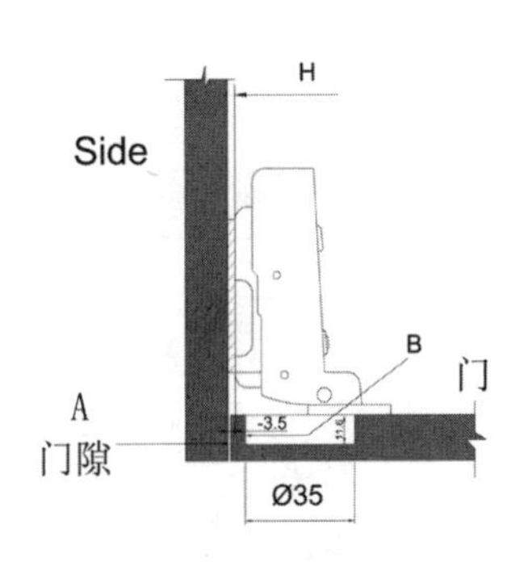

（c）大曲臂暗铰链（嵌蒙）

图6.2-28 暗铰链安装技术参数

板的长度自由选择。

托底滚轮式导轨安装结构及相关尺寸如图6.2-29所示，导轨由两部分组成，与旁板相接的部分有三种类型的孔，分别为自攻螺钉孔、欧式螺钉孔及便于调节上下位置的椭圆形孔。安装孔的位置均按“32mm 系统”设置，第一个孔离导轨端部26mm；第二个孔离导轨端部35 mm，加上2 mm的安全间隙（防止导轨头冒出旁板边缘），刚好适合“32mm 系统”28mm 或35mm 靠边距的系统安装孔；其他的孔距也均为32 mm 或其倍数，如图6.2-29 所示。与抽屉相接的部分，用自攻螺钉钉于抽屉侧板底部。为便于抽屉安装及拆卸，抽屉旁板顶面与上面的柜盖板间垂直距离应不小于16mm。

滚珠式导轨有二节式和三节式两种，其安装结构如图6.2-30所示。

（3）滑动门轨

家具的门，除采用转动开启方式外，还可用平移、转动平移、折叠平移（图6.2-31）等多种开启方式。采用平移或兼有平移功能的开启方式，可以节省转动开门时所必需的空间，所以门滑道在越来越多的产品中被广泛应用。

以最常用的移门滑道为例，它主要由滑轮、滑轨和限位装置组成，根据承载能力的安装方式不同，可选择多种不同形式的产品。在门板上下

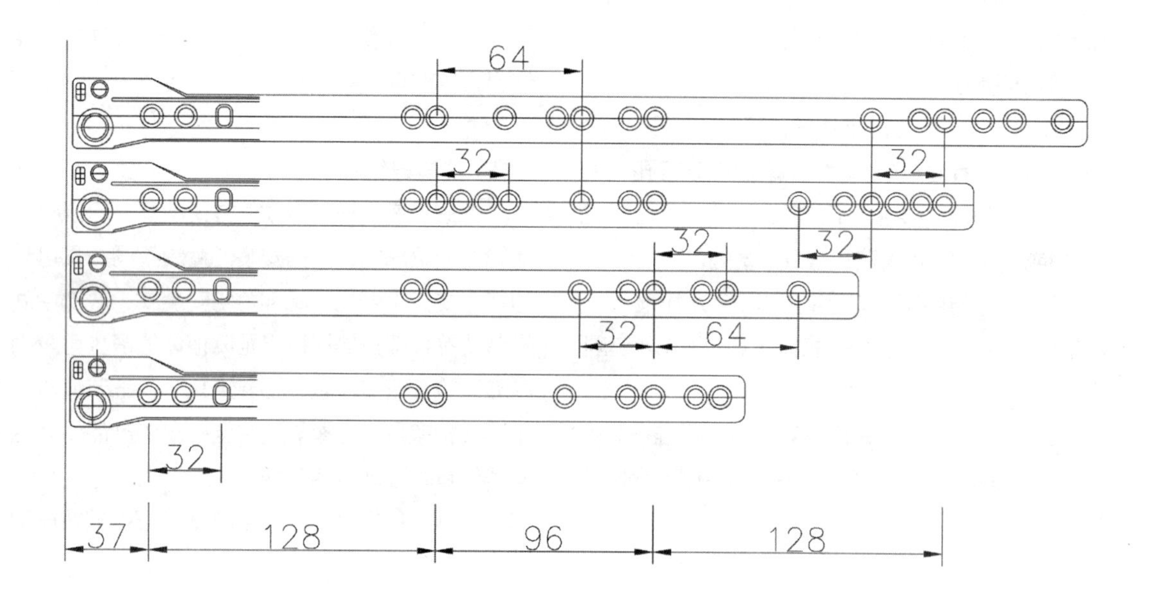

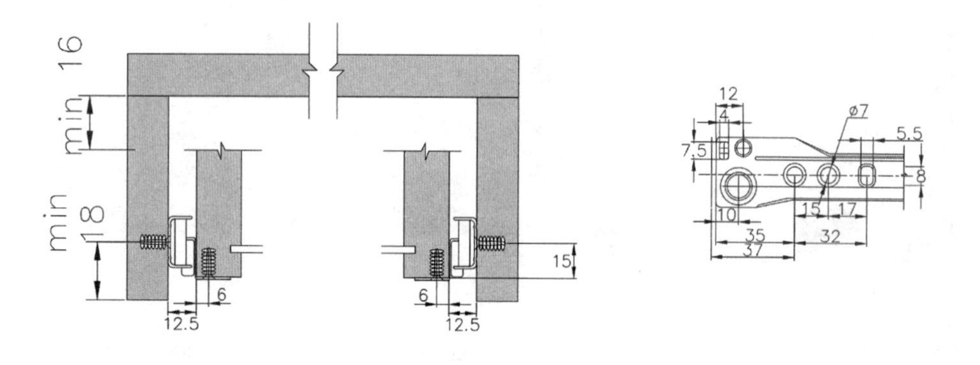

图6.2-29　托底式导轨安装结构及相关尺寸

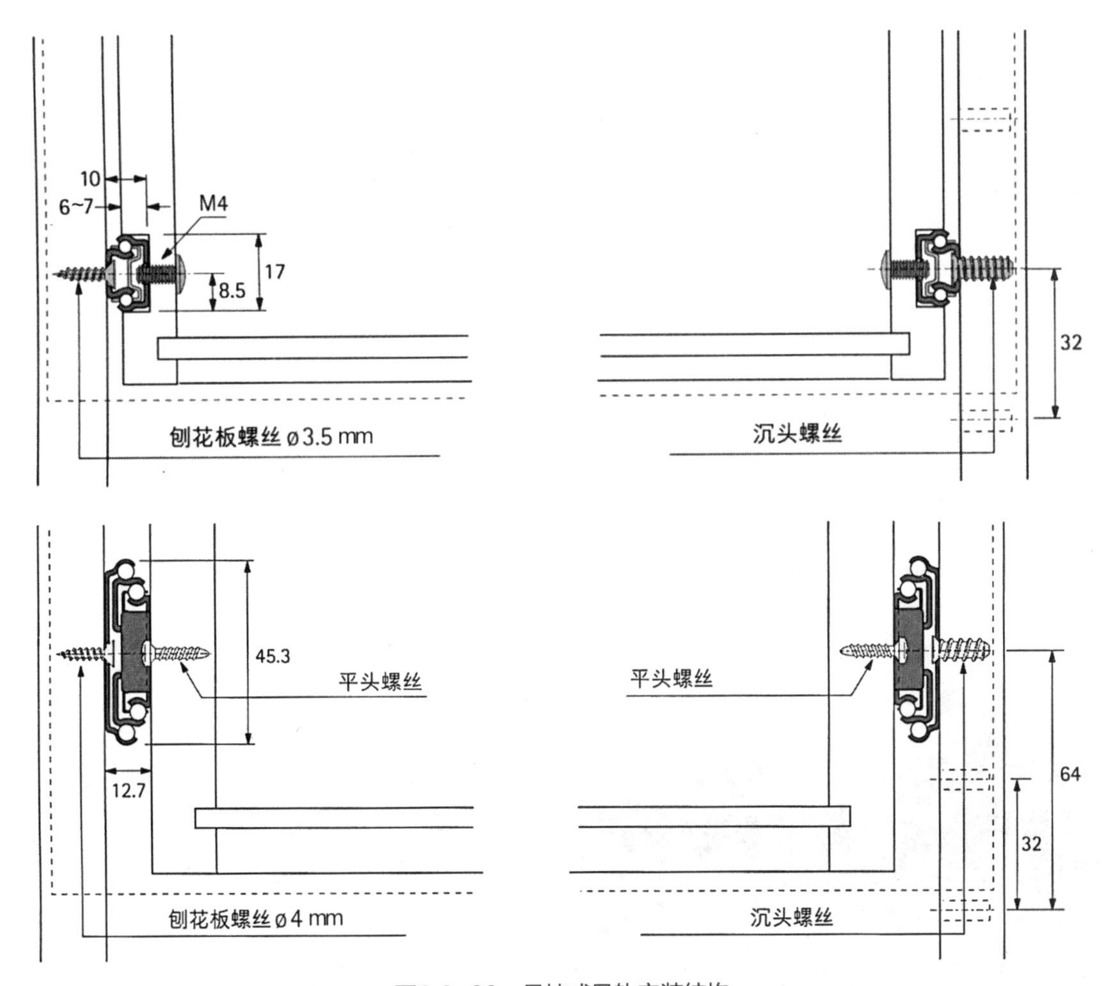

图6.2-30　悬挂式导轨安装结构

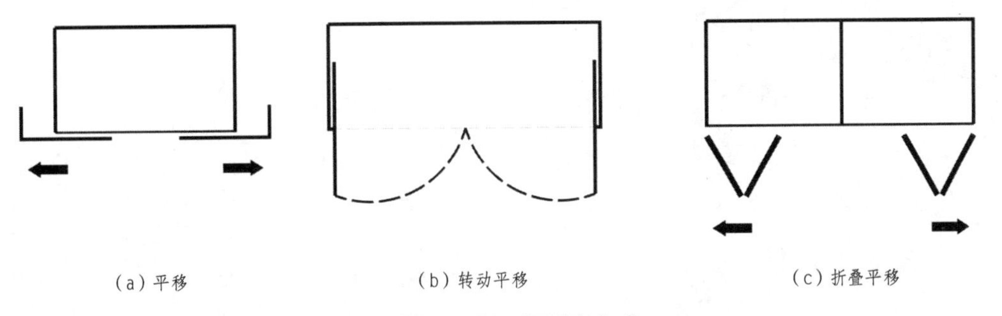

(a) 平移　(b) 转动平移　(c) 折叠平移

图6.2-31　门开启方式

钻孔装滚轮，并用螺钉固定在门板上。在柜体的顶板底面与底板面分别开槽，安装导轨及限位装置。安装具体技术要求尺寸如图6.2-32所示。

折叠平移开启方式，是将滑动装置与铰链结合起来，以实现柜门的开启，常用的配件、安装结构及技术要求，如图6.2-33所示。

（4）其他连接件结构

在板式家具结构中，还要使用一些其他的连接件，这些连接件主要用于家具部件的位置保持

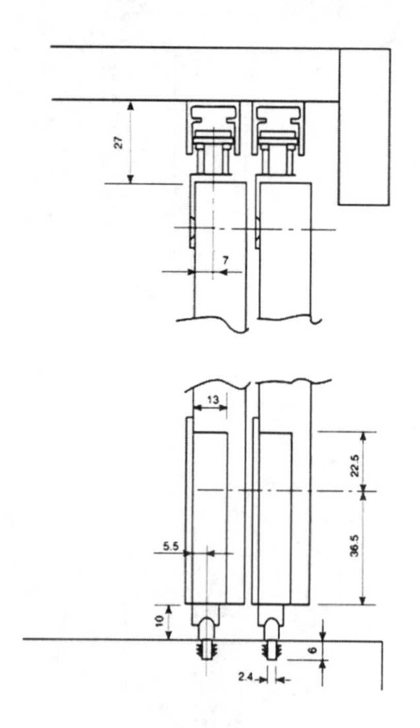

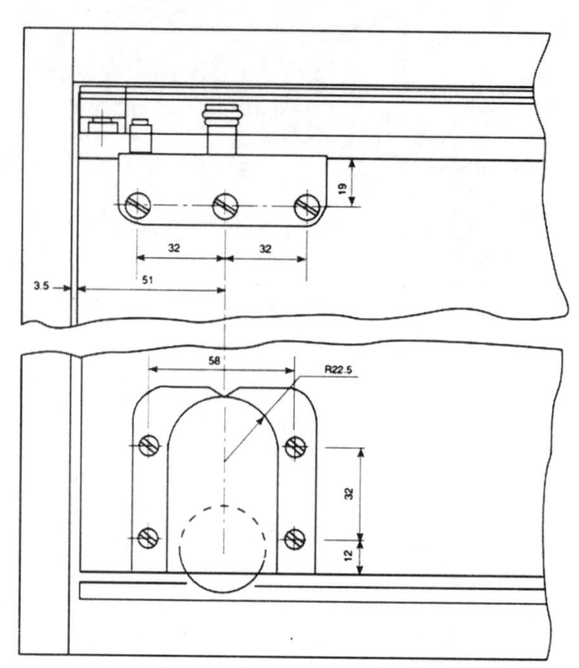

图6.2-32　移门道轨安装要求

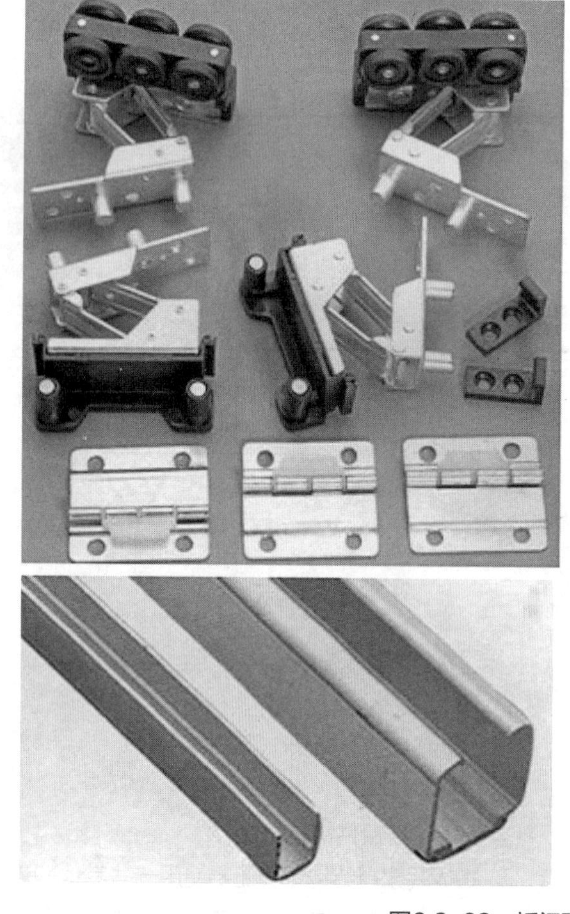

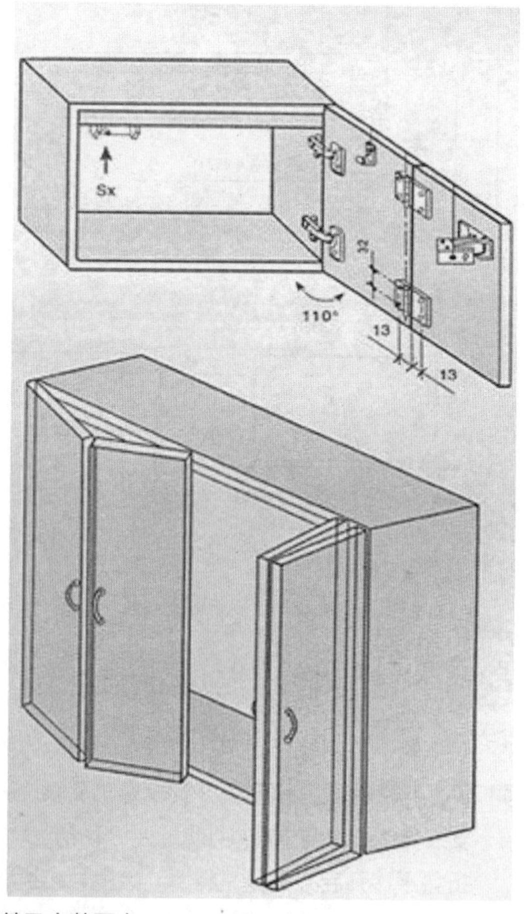

图6.2-33　折门配件及安装要求

表6.2-9　其他连接件

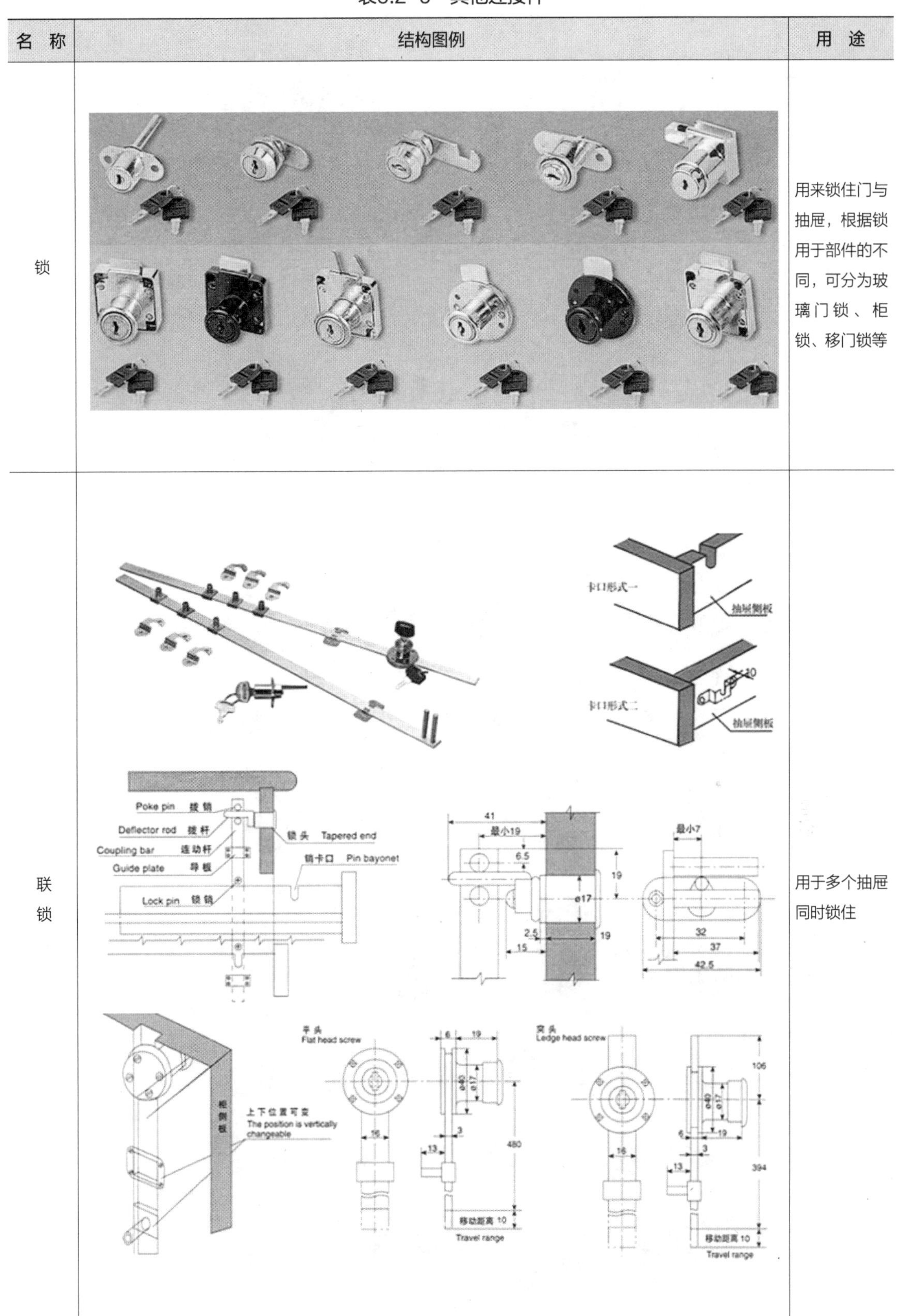

名　称	结构图例	用　途
锁		用来锁住门与抽屉，根据锁用于部件的不同，可分为玻璃门锁、柜锁、移门锁等
联锁		用于多个抽屉同时锁住

（续）

名 称	结构图例	用 途
位置保持装置	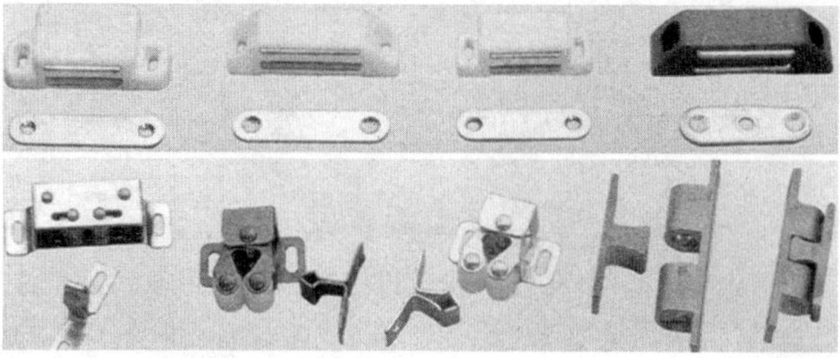	位置保持装置主要用于活动部件的定位，如门用磁碰、翻门用吊杆等
高度调整装置	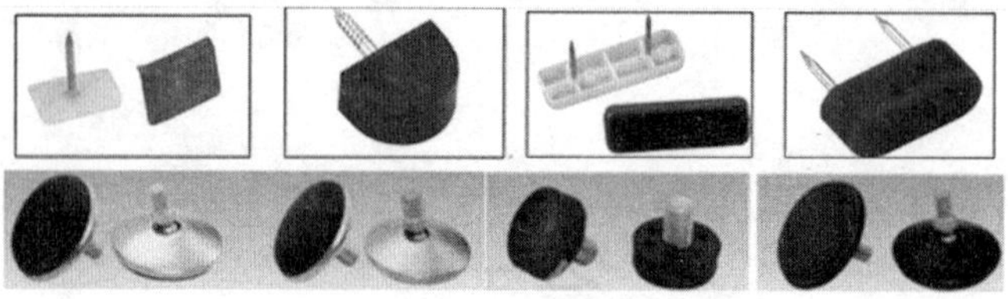	高度调整装置主要用于家具的高度与水平的调校等
拉手	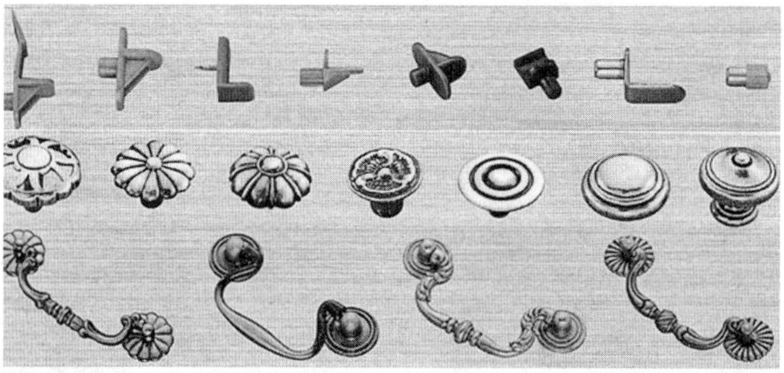	用于柜门打开及装饰
脚轮		脚轮常装于柜、桌的底部，以便移动家具
线盒	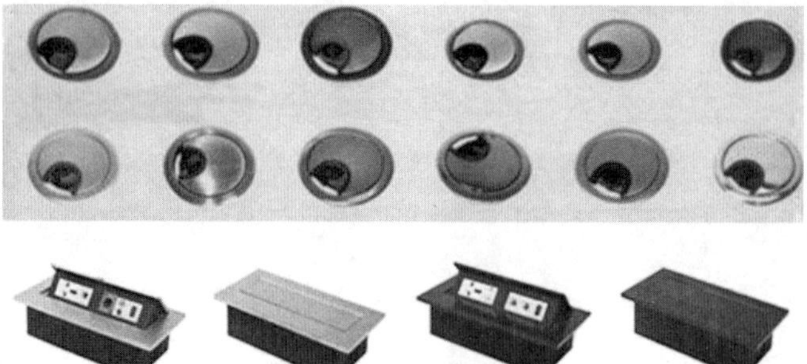	用于走各种线而设计的线槽、线盒

与固定、锁紧与闭合等，见表6.2-9。

5. 32mm系统

板式家具摒弃了框式家具中复杂的榫卯结构，而寻求新的更为简便的接合方式，这就是采用现代家具五金件与圆（棒）榫连接。而安装五金件与圆榫所必需的圆孔是由钻头间距为32 mm的排钻加工完成的。为获得良好的连接，诞生了“32 mm 系统”，并成为世界板式家具的通用体系，现代板式家具结构设计被要求按“32mm系统”规范执行。

（1）“32mm 系统”的概念和特点

所谓“32 mm 系统”是指一种新型结构形式与制造体系。简单来讲，“32 mm”一词是指板件上前后、上下两孔之间的距离是32mm 或32mm 的整数倍。在欧洲也被称为“EURO”系统，其中E（Essential knowledge）指的是基本知识；U（Unique tooling）指的是专用设备的性能特点；R（Required hardware）指的是五金件的性能与技术参数；O（Ongoing obility）指的是不断掌握关键技术。

“32 mm 系统”自装配家具，也称拆装家具（Knock Down Furniture，KD），并进一步发展成为待装家具（Ready to Assemble，RTA）及 DIY（Do It Yourself）家具。

“32 mm 系统”自装配家具，其最大的特点是产品就是板件，可以通过购买不同的板件，自行组装成不同款式的家具，用户不仅仅是消费者，同时也参与设计。因此，板件的标准化、系列化、互换性应是板式家具结构设计的重点。

另外，“32 mm 系统”自装配家具，在生产上，因采用标准化生产，便于质量控制，且提高了加工精度及生产率。在包装贮运上，采用板件包装堆放，有效地利用了贮运空间，减少了破损和难以搬运等麻烦。

（2）“32mm 系统”的设计准则

“32 mm 系统”以旁板的设计为核心。旁板是家具中最主要的骨架部件，顶板（面板）、底板、层板以及抽屉道轨都必须与旁板接合。因此，旁板的设计在“32mm系统”家具设计中至关重要，其他部件的设计，通常在旁板结构拟定后进行。表6.2-10是32mm系统的结构设计规范,表6.2-11是32mm系统方格网点表，表6.2-12是应用32mm系统的家具结构设计示例。

表6.2-10　32mm系统的结构设计规范　mm

项　目		要　求
基本要求	接口形式	板件一律采用钻孔作为接口，中间通过圆榫、五金件相互连接，配件直接装于圆孔中
	接口位置	全部接口都设在点距为32的方格网点上（表6.2-11）
	零部件的加工精度	需达到0.1～0.2
接口孔径系列	第一级	ϕ=3，用于拧入紧固螺钉
	第二级	ϕ=5、8、10，用于嵌装连接杆件
	第三极	ϕ=15、20、25、30，用于嵌装连接母件
	第四级	ϕ=26、35，用于嵌装暗铰链
配件		必须用接口与精度均符合要求的32系统专用配件
板件※	材料	适用饰面刨花板、饰面中密度纤维板、细木工板等实心板以及实木拼板
	厚度	≥16，常用16~25（最常用20）
	形状、结构	优先采用上下、左右轴对称的设计，以便于钻孔等加工

※ 此处板件仅指承重件，包括旁板、面板、底板、搁板、隔板等。背板因需而定，不受此限。

表6.2-11　32mm系统方格网点表

十位数	个位数									
	0	1	2	3	4	5	6	7	8	9
0	0	32	64	96	128	160	192	224	256	288
1	320	352	384	416	448	480	512	544	576	608
2	640	672	704	736	768	800	832	864	896	928
3	960	992	1024	1056	1088	1120	1152	1184	1216	1248
4	1280	1312	1344	1376	1408	1440	1472	1504	1536	1568
5	1600	1632	1664	1696	1728	1760	1792	1824	1856	1888
6	1920	1952	1984	2016	2048	2080	2112	2144	2176	2208
7	2240	2272	2304	2336	2368	2400	2432	2464	2496	2528
8	2560	2592	2624	2656	2688	2720	2752	2784	2816	2848
9	2880	2912	2944	2976	3008	3040	3072	3104	3136	3168

表6.2-12　应用32mm系统的家具结构设计示例　　mm

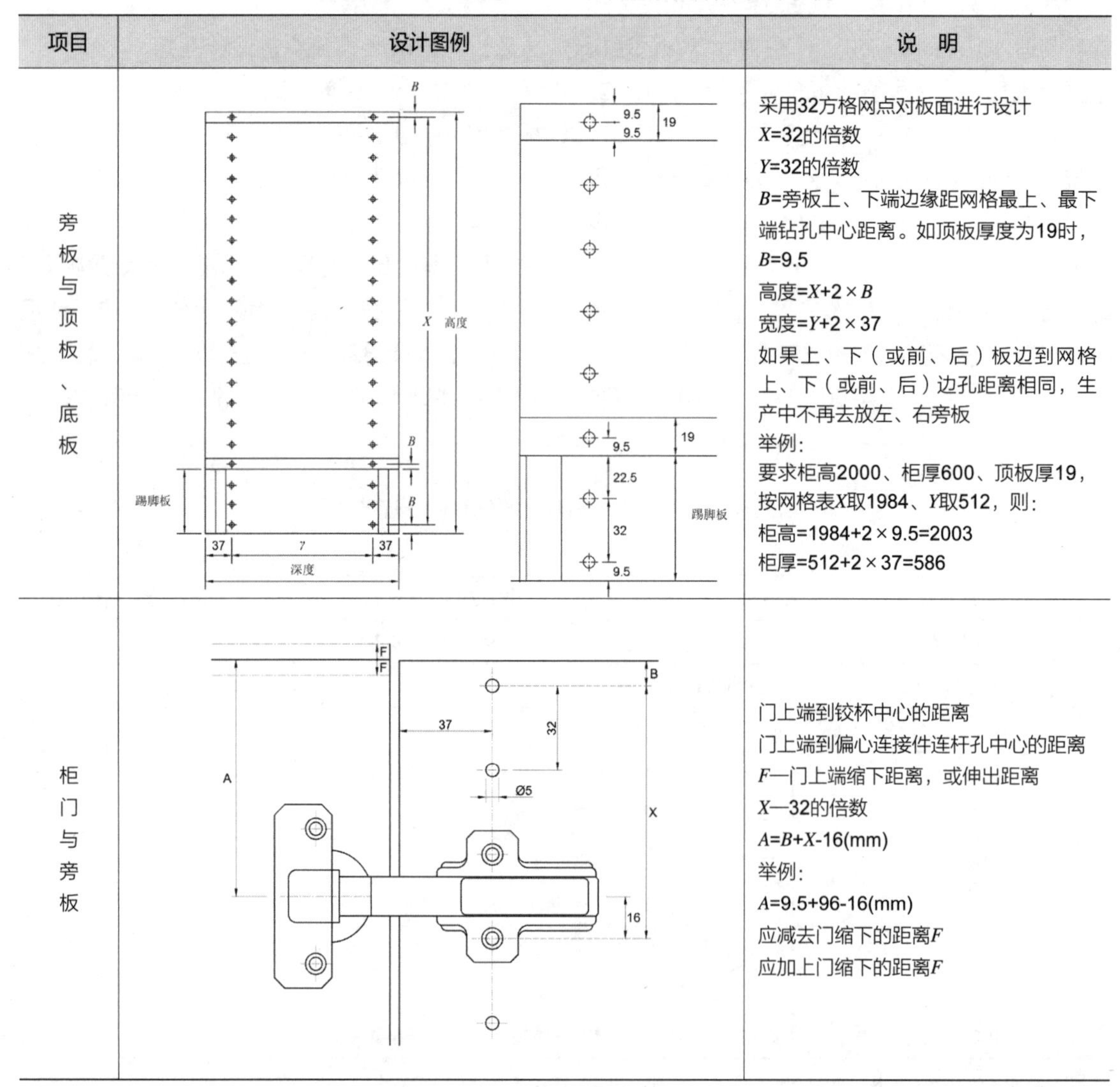

项目	设计图例	说　明
旁板与顶板、底板		采用32方格网点对板面进行设计 X=32的倍数 Y=32的倍数 B=旁板上、下端边缘距网格最上、最下端钻孔中心距离。如顶板厚度为19时，B=9.5 高度=X+2×B 宽度=Y+2×37 如果上、下（或前、后）板边到网格上、下（或前、后）边孔距离相同，生产中不再去放左、右旁板 举例： 要求柜高2000、柜厚600、顶板厚19，按网格表X取1984、Y取512，则： 柜高=1984+2×9.5=2003 柜厚=512+2×37=586
柜门与旁板		门上端到铰杯中心的距离 门上端到偏心连接件连杆孔中心的距离 F—门上端缩下距离，或伸出距离 X—32的倍数 A=B+X-16(mm) 举例： A=9.5+96-16(mm) 应减去门缩下的距离F 应加上门缩下的距离F

在设计中，旁板上主要有两类不同概念的孔：结构孔、系统孔。结构孔是形成柜类家具框架体所必需的结合孔；系统孔用于装配搁板、抽屉、门板等零部件，两类孔的布局是否合理，是“32mm 系统”成败的关键。

①系统孔

系统孔一般设在垂直坐标上，分别位于旁板前沿和后沿，见表6.2-12。若采用盖门，前轴线到旁板前沿的距离（K）为37（或28）mm；若采用嵌门或嵌抽屉，则应为37（或28）mm 加上门板的厚度。后轴线也同原理计算。前后轴线之间及其辅助线之间均应保持32mm整数倍距离。通用系统孔孔径为5mm，孔深度规定为13mm，当系统孔用作结构孔时，其孔径根据选用的配件要求而定，一般常为5mm、8mm、10mm、15mm、25mm 等。

②结构孔

结构孔设在水平坐标上。上沿第一排结构孔与板端的距离及孔径根据板件的结构形式与选用配件具体情况确定。若采用螺母、螺杆连接，其结构形式为旁板盖顶板（面板），如图6.2-34（a）所示，结构孔与旁板端的距离$A=1/2\times d_1+S$，孔径为5mm；若采用偏心连接件连接，其结构形式为顶板盖旁板，如图6.2-34（b）所示，则A 应根据选用偏心件吊杆的长度而定，一般A=25mm，孔径为15mm。

下沿结构孔与旁板底端的距离（B），则与踢脚板高度（H）、底板厚度（d_2）及连接形式有关，如图6.2-34（c）所示，$B=1/2\times d_2+H$。

③旁板的尺寸设计

旁板的宽尺寸（W）按对称原则确定为$W=2K+32n$；

旁板的长度$L=A+B+32n$。

(a)

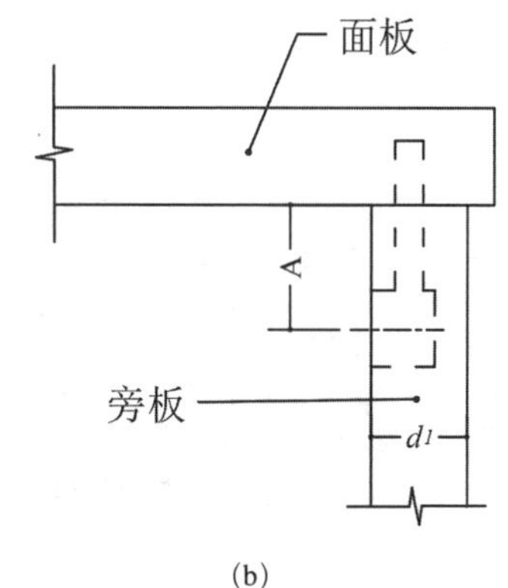

(b)

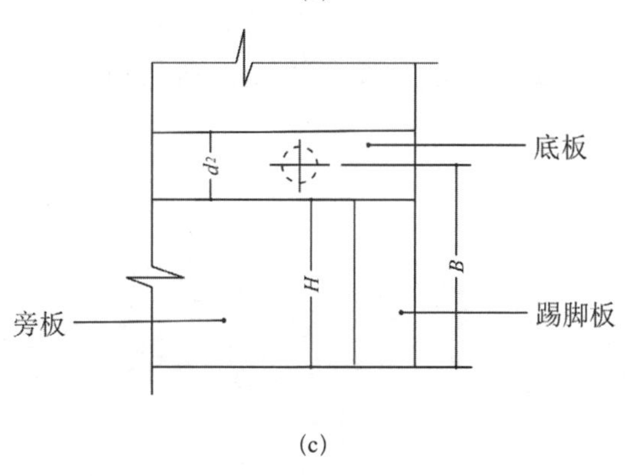

(c)

图6.2-34　结构孔的定位方法

总结评价

学生完成家具板式家具结构设计后，在学生进行自评与互评的基础上，由教师依据板式家具结构设计评价标准对学生的表现进行评价（表6.2-13），肯定优点，并提出改进意见。

表6.2-13　板式家具结构设计评价标准

考核项目	考核内容	评价标准	备　注
1. 专业考核	结构设计技能（40%）	结构设计正确、合理、全面；零部件的接合方式选用正确、合理；五金件选用正确、合理、全面，板件孔位设计合理、准确、全面	
	绘图设计应用技能（15%）	图纸画面洁净、清晰、构图佳；结构与装配关系表达准确无误；尺寸标注全面、正确	
	编制材料单技能（15%）	填写项目齐全、准确、规范、书写工整	
2. 素能考核	团队合作能力（10%）	团队工作气氛好、沟通顺畅，团结和谐，学习工作态度积极活跃，展现超强的团队合作精神	
	职业品质（10%）	展示出优秀的敬业爱岗、吃苦耐劳、严谨细致、诚实守信的职业品质	
	展示、表达和评价能力（10%）	具有很强的自我展示能力、表达能力和评价能力	

思考与练习

1. 板式家具基本部件的结构特点及结构设计方法。
2. 板式家具典型部件的结构特点及结构设计方法。
3. 板式家具零部件固定连接的方法与结构设计。
4. 板式家具零部件活动连接的方法与结构设计。
5. 板式家具其他配件的结构特点与连接方式。
6. 32mm系统家具的定义、特点及设计规范。

巩固训练

根据板式家具效果图能熟练分析出板式家具的结构，并能根据设计原则和图片效果设计出生产图纸和材料单。

任务6.3
软体家具结构设计

工作任务

任务目标

通过本任务的学习，熟悉软体家具的结构特点及零部件的连接方式，掌握软体家具结构设计的方法，能根据功能及材料要求分析软体家具的结构并选择合理的接合方式进行结构设计与表达。

任务描述

本任务为通过知识准备部分内容的学习，完成学习性工作任务——软体家具结构设计。学生以个人为单位，以项目5.1完成的“学习性工作任务”为设计对象，进行家具结构设计，并采用A4图纸，按横向幅面布局，运用有关软件完成家具结构设计内容的表达，具体包括家具配料规格材料表、五金配件清单、结构装配图、零部件图（参考项目1.4有关图表）。要求注重家具接合方式的合理性，注意作图的规范性、美观性，设计产品为打印好的纸质家具配料规格材料表、五金配件清单、结构装配图、零部件图等。

工作情景

工作地点：家具设计理实一体化实训室或CAD实训室。

工作场景：采用项目导向、任务驱动、工学交替，教、学、做和理论实践一体化，实现在工作中学习，培养和锻炼学生家具结构设计职业能力和职业素质。教学全过程可虚拟家具企业工作活动，创建职业情境，学生将承担家具结构设计师角色，教师将承担家具企业设计总监，主要负责项目任务的下达、项目验收和技术指导工作。完成本次任务后，教师对学生工作过程和成果进行评价和总结，学生根据教师的指导进一步完善。

任务实施

（1）布置学习任务

明晰学习任务的内容、目标、要求，特别是学习性工作任务的内容、目标、要求及完成学习性工作任务所需要掌握的理论知识、方法、途径和步骤，明确可利用的学习与工作资源，要求学生课前按思考与练习要求完成知识准备部分内容的预习。

（2）理论知识的引导学习

通过教师引导，以学生为主体，采用理实一体化的教学方法完成知识准备部分理论知识的学习。

（3）确定结构设计方案

学生设计工作室的形式，以项目5.1完成的“学习性工作任务”为设计对象，在造型设计和功能尺寸设计的基础上从材料性能、力学强度、生产工艺性、装饰性等方面进行结构分析，选择合理的材料及结构类型，根据沙发的结构特点，确定相应的连接方式，绘制结构图草图。

（4）绘制结构装配图及零部件图

①在确定结构设计方案基础上，学生以个人为单位，绘制结构装配图。结构装配图主要描述家具的内外详细结构，包括零、部件的形状，以及它们之间的连接方法。内容主要有：视图、尺寸、局部详图、零部件明细表、技术条件等。

②根据结构装配图绘制零部件图。零部件图要求：家具零部件图主要是为了零件的工艺加工，必须满足“完整、清晰、简便、合理、正确、规范”的原则。

（5）编写材料明细单

根据结构装配图、零部件图编写家具配料规格材料表、五金配件清单。包括生产家具的所有零件、部件、附件、所需其他材料等内容的材料清单。

（6）听取其他同学意见

与其他同学交流零部件结构图纸，提出、接收建议。

（7）听取教师的意见

（8）修改完善，打印保存

修改完善家具配料规格材料表、五金配件清单、结构装配图、零部件图（参考项目1.4有关图表）后打印并保存好，以备下次学习任务及所有设计任务完成后统一装帧上交使用。

知识链接

凡坐、卧类家具中与人体接触的部位由软体材料制成或由软性材料饰面的家具称为软体家具。如我们常见的沙发、床垫都属于软体家具，如图6.3-1所示。

1. 支架结构的设计

坐、卧具既要承受静载荷，又要承受动载荷以及冲击载荷，因此，应满足强度要求。一般来说，软体家具都有支架结构作为支承，支架结构

图6.3-1　软体家具

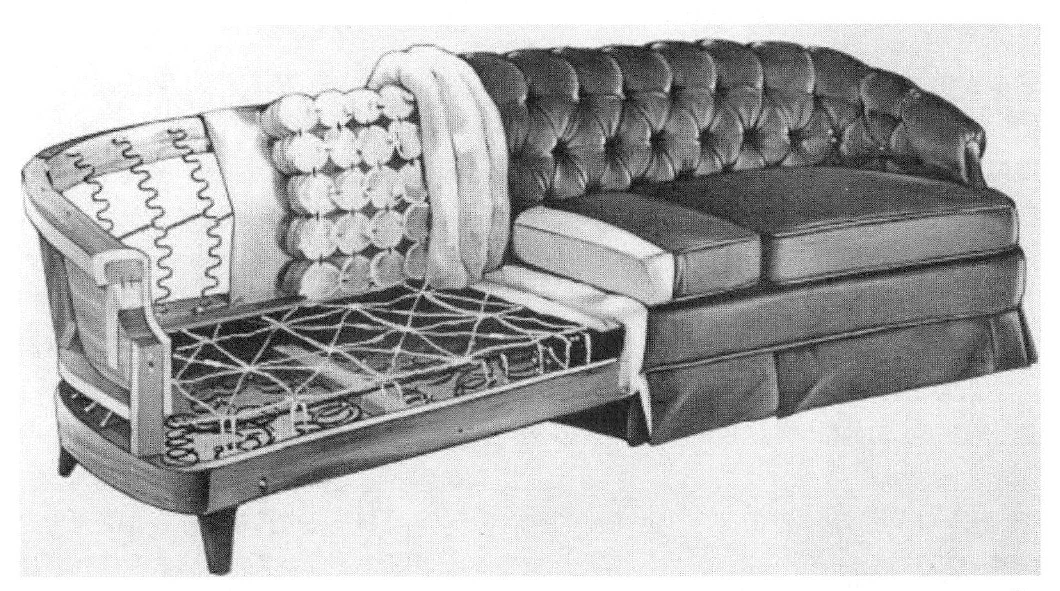

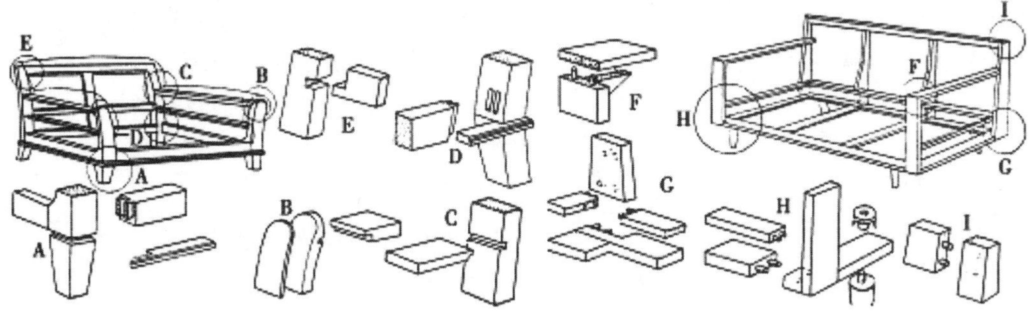

图6.3-2　软体家具的解剖与支架结构

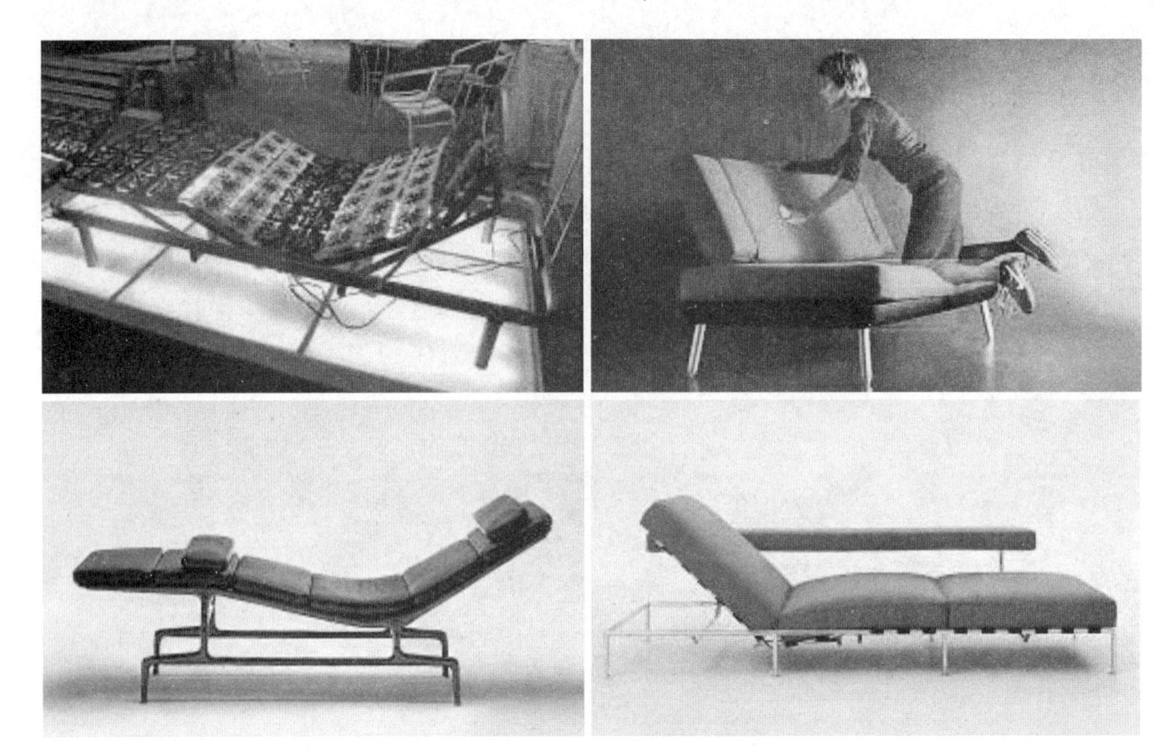

图6.3-3　软体家具的钢架结构

有传统的木结构、钢制结构、塑料成型支架及钢木结合结构。但也有不用支架的全软体家具。

木支架为传统结构，一般属于框架结构，采用明榫接合、螺钉接合、圆钉接合以及连接件接合等方式连接，如图6.3-2所示。受力大的部件，需挑选木质坚硬、弹性较好的材料且无虫眼、木节等缺陷，有缺陷的木材，应安排在受力小的部位。因为有软体材料的包覆，除扶手和脚型等外露的部件，其他构件的加工精度要求不高。

钢架结构一般采用焊接或螺钉接合，也可采用弯管成型，如图6.3-3所示。

塑料支架结构，由于塑料的特点，可注塑、压延成型，常与软体结构一次成型。

2. 软体部位结构

（1）软体结构的种类

①按软体部位的厚薄分

a. 薄型软体结构：这种结构也叫半软体结构，如用藤、绳、布、皮革、塑料纺织面料、棕绷面等制成的产品，也有部分用薄层海绵制作。这些半软体材料有的直接编织在座椅框上，有的缝挂在座椅框上，有的单独编织在木框上再嵌入座椅框内。

b. 厚型软体结构：可分为两种形式。一种是传统的弹簧结构，利用弹簧作软体材料，然后在弹簧上包覆棕丝、棉花、泡沫塑料、海绵等，最后再包覆装饰布面。弹簧有盘簧、拉簧、弓（蛇）簧等。另一种为现代沙发结构，也叫软垫结构，整个结构可以分为两部分，一部分是由支架蒙面（或绷带）而成的底胎；另一部分是软垫，由泡沫塑料（或发泡橡胶）与面料构成。

② 按构成软体部位的主体材料分

软体部位的结构可分为螺旋弹簧、蛇簧和泡沫塑料三大类，它们的特点与应用见表6.3-1。

（2）使用螺旋弹簧的沙发结构

图6.3-4是使用螺旋弹簧为主体的全包沙发软体部分的典型结构。

表6.3-1 软件结构的特点与应用

主体材料	特 点	应 用
螺旋弹簧	弹性最好，坐用舒适，材料工时消耗较多，造价较高	高级软体家具
蛇簧	弹性尚佳，坐用较舒适，材料工时消耗与造价较螺旋弹簧低	中档软体家具
泡沫塑料	弹性和舒适性均不如前两者，但省料、省工、造价低	简易软体家具及单纯装饰性包覆

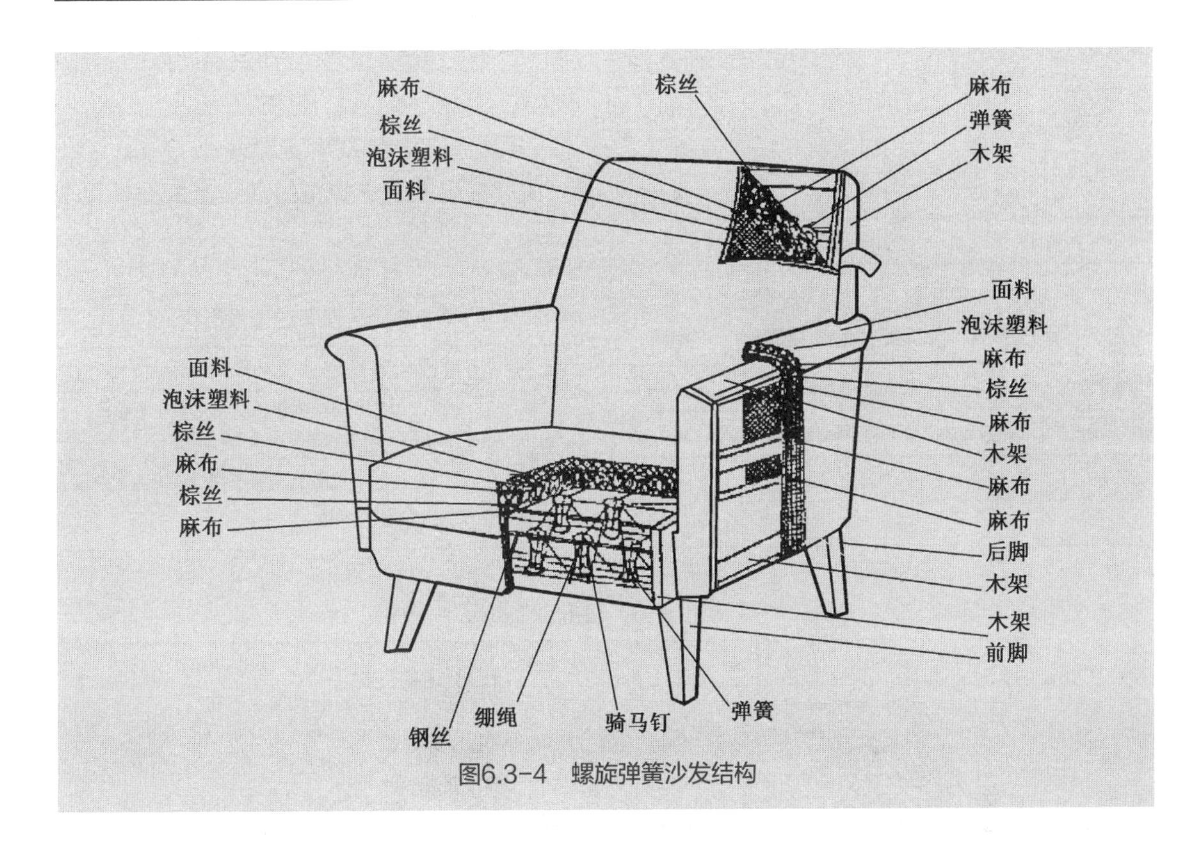

图6.3-4 螺旋弹簧沙发结构

结构设计要点如下：

① 全包沙发的软体结构分为座、背和扶手三部分，其中座、背均含有螺旋弹簧。螺旋弹簧下部缝连或钉固于底托上，上部用绷绳绷扎连接并固定于木架上，使其能弹性变形而又不偏倒。在绷扎好的弹簧上面先覆盖固定头层麻布，再铺垫棕丝，然后覆盖固定二层麻布，再铺垫少量棕丝后包覆泡沫塑料或棉花，最后蒙上表层面料。其中弹簧的作用是提供弹性。棕丝、泡沫塑料、棉花等填料的作用在于将大孔洞的弹簧圈表面逐步垫衬成平整的座面。加两层麻布有利于绷平，减少填料厚度。一般家具可酌情减免头层麻布上面的材料层次。填料除上述典型的材料外，也可选用其他种类。根据产品档次和填料的回弹性能选用。回弹性能好的用于高档家具。

② 沙发的弹簧用量见表6.3-2。

③ 弹簧规格选用见表6.3-3。

④ 软体高度设计。软体部分的高度由弹簧高度和填料厚度构成，填料厚度应小于25mm。弹簧绷扎后的高度据弹簧软度而定，见表6.3-4。不过，弹簧绷扎压缩量不得超过弹簧自由高度的25%，为此，应适当选配弹簧高度，以满足这一要求。

⑤ 弹簧高出座望上边至少75mm，如图6.3-5所示。

⑥ 座背的表面形状见表6.3-5。

表6.3-2　单人沙发弹簧最少用量　　个

结　构	背	座
螺旋弹簧	4	9
蛇簧	3	4

表6.3-3　弹簧规格

部　位		弹簧规格选用范围	
		高（mm）	钢丝号
座	可用	102～267	11～8
	常用	178～203	11～10.5
靠背		102～254	14～12

表6.3-4　弹簧绷扎后的高度　　mm

弹簧软度	弹簧绑扎后的高度
硬	弹簧自由高度即弹簧标准高度+（25～38）
中	弹簧标准高度－25
软	弹簧标准高度－50

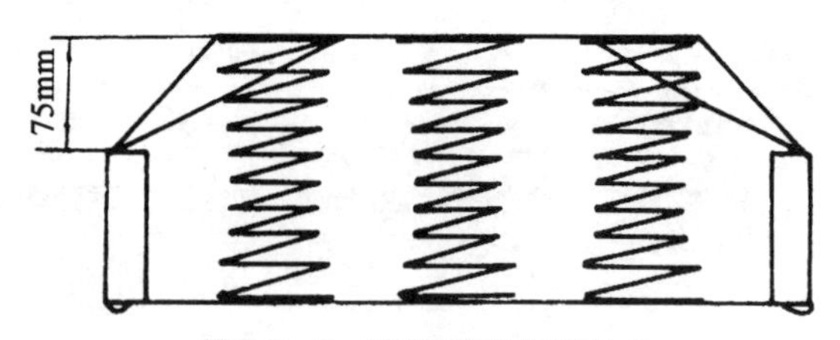

图6.3-5　弹簧超出座面高度

⑦ 用于螺旋弹簧结构的底托有四种：绷带、整网式、板带、整板式。见表6.3-6。

⑧ 单人沙发绷带常用数量见表6.3-7。

⑨ 聚醚型泡沫塑料的最小密度要求见表6.3-8。

表6.3-5　座背的表面形状

类　型	形状特点	结构特点
平面	表面近于平面	座与背的靠外周边各设一根圈边的弹簧边钢丝
		边钢丝绑接于螺旋弹簧的上外侧
弧面	表面呈弧形	不加边钢丝

表6.3-6　底托的形式

类　型	简　图	结构特点	应　用
绑带		由相互交织的多行绷带构成，绷带常用麻织物，也可用尼龙橡胶或钢丝制做，绷带钉固于木架上	回弹性好，用于中、高级家具，钢绷带用于普级家具
整网式		整网用纤维材料纺织或用麻布制成，四周用螺旋弹簧牢牢固于木架上	回弹性好，用于中、高级家具
板带		在每行（或列）弹簧下，设置一木条构成，钉固于木架上	无弹性，用于普级家具
整板式		用钻有透气孔的整块木质材料构成，钉于木架上	无弹性，用于普级家具

表6.3-7　单人沙发绷带常用数量

部　位	常用数量与排列	注
座	竖七、横七	
靠背	竖三、横三	配9个螺旋弹簧
	竖三、横二	配6个螺旋弹簧

表6.3-8　聚醚型泡沫塑料的最小密度

用　途	最小密度（kg/m^3）
用于底座	25
用于其他部位	22
用泡沫塑料作主要弹性材料时	30

（3）使用蛇簧的沙发结构

沙发可以用蛇簧作为软体结构主体，充作座与靠背的主要材料。数根蛇簧使用专用的金属支板或钉子固定于木框上。座簧固定于前望后望，背簧固定于上下横档，各行蛇簧用螺旋穿簧连接成整体，中部各行间也可用金属连接片或拉杆代替螺旋穿簧。

蛇簧上下部的结构与螺旋弹簧沙发相同，即上部有麻布填料和面料，下部设底布。

（4）泡沫塑料软垫结构

泡沫塑料外面包覆面料就可作成软垫直接使用。

以泡沫塑料为主要弹性材料的椅座、椅背，在泡沫塑料下需设底托支撑。底托种类同螺旋弹簧结构，上面覆棉花与面料，如图6.3-6所示。

（5）床垫结构

床垫的结构有多种（图6.3-7），一种是弹簧结构，利用盘簧、泡沫塑料、海绵、面料等制成，弹簧软床垫有弹簧芯两面覆盖衬垫材料构成，要求弹簧覆盖率应不低于52%。

根据弹簧芯的不同，弹簧软床垫分为四种结构：

①螺旋弹簧为主体，两面用螺旋穿簧连接，如图6.3-7（a）所示。

②螺旋弹簧为主体，结构与沙发座雷同，即周边设木框，弹簧固定于框下底托上，弹簧上部用绷带绷扎，如图6.3-7（b）所示。

③螺旋弹簧为主体，两面用专用铁卡连接，如图6.3-7（c）所示。

④将弹簧置于织物缝制的袋中，如图 6.3-7（d）所示。

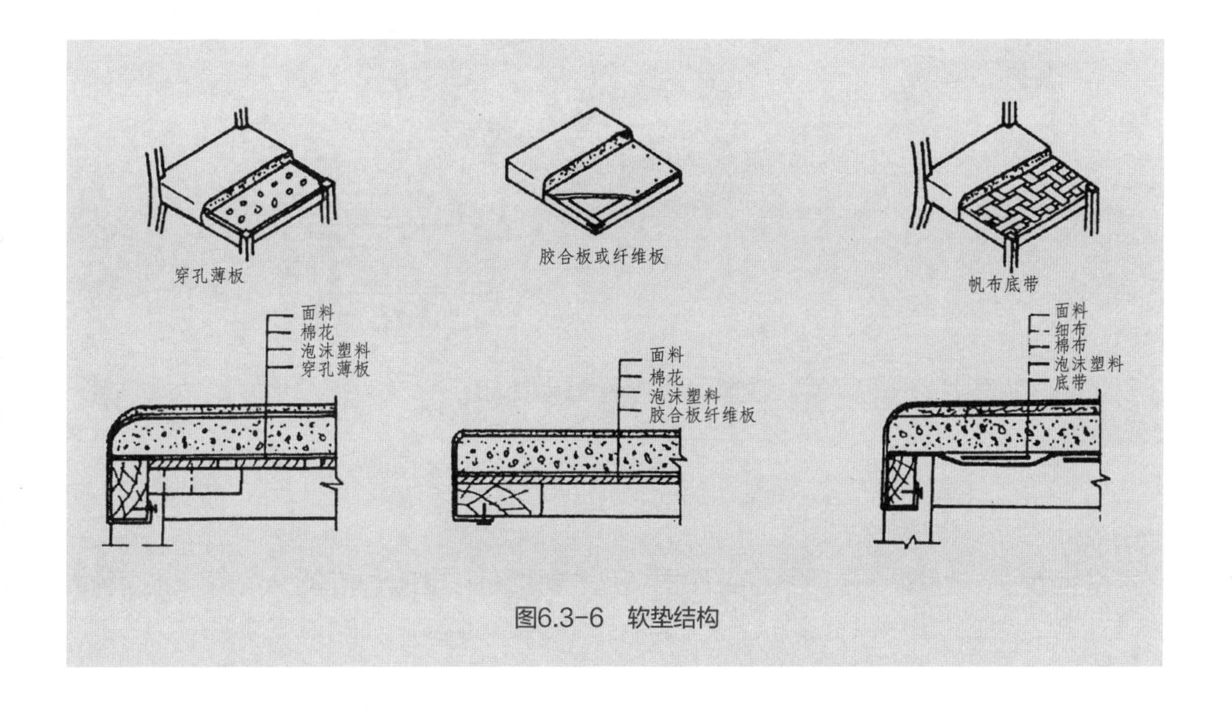

图6.3-6　软垫结构

在这种结构的基础上，针对床垫中间受力最大、易塌陷等因素，又开发出独立袋装弹簧床垫，高碳优质钢丝制成直桶形或鼓槌形的弹簧，分别装入经特殊处理的棉布袋中，可独立承受压力，弹簧之间互不影响，使相邻的睡者不受干扰，且有效预防和避免摩擦。全棕结构是利用棕丝的弹性与韧性作软性材料加面料等制成，如图6.3-7（e）所示。另外，还有磁性床垫等。

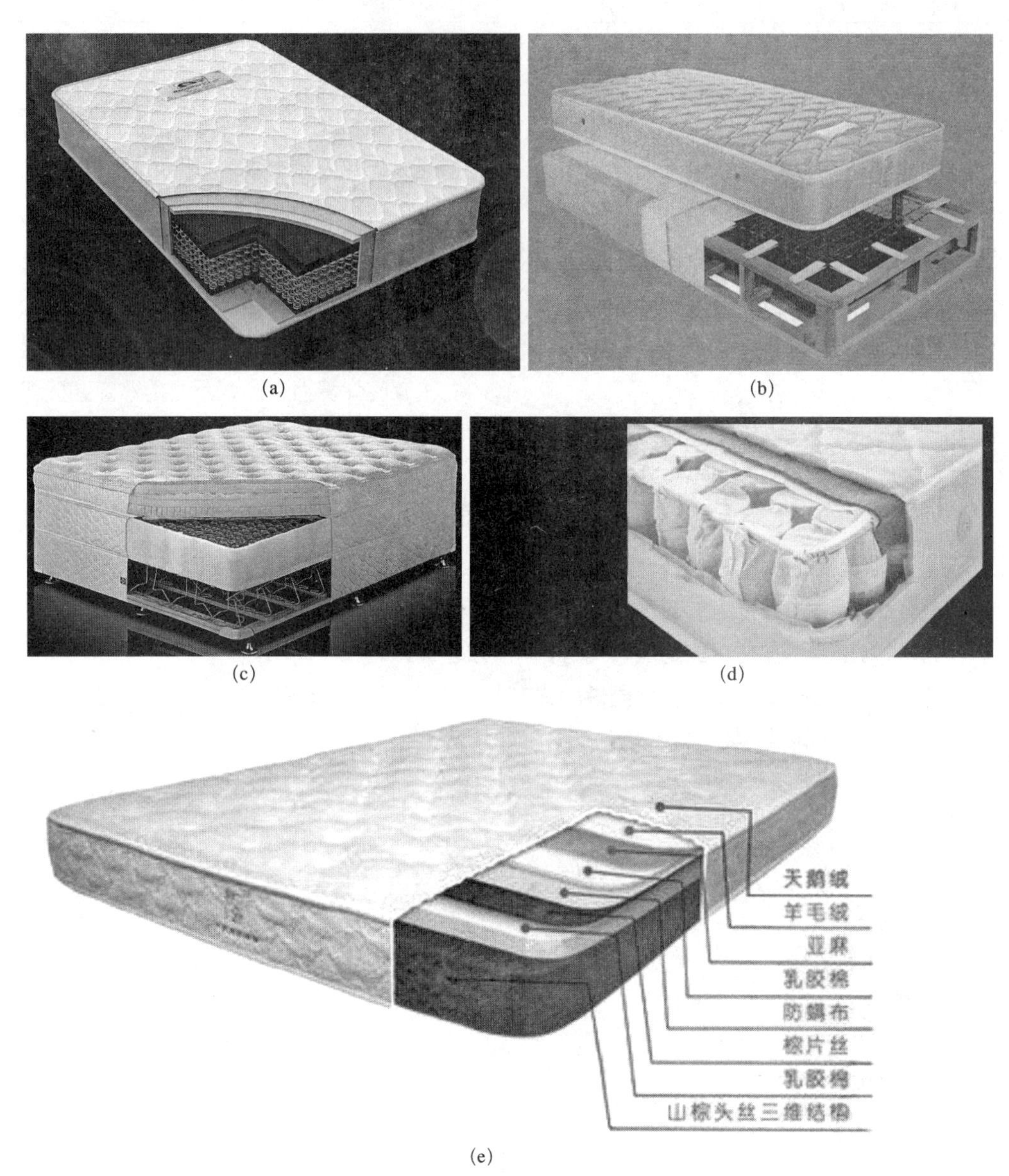

(a) (b) (c) (d) (e)

图6.3-7　床垫结构

总结评价

学生完成沙发结构设计后，在学生进行自评与互评的基础上，由教师依据软体家具结构设计评价标准对学生的表现进行评价（表6.3-9），肯定优点，并提出改进意见。评价标准见表6.3-9。

表6.3-9　软体家具结构设计评价标准

考核项目	考核内容	评价标准	备　注
1. 专业考核	结构设计技能（40%）	软体部位结构设计正确、合理、全面；支架的接合方式选用正确、合理	
	绘图设计应用技能（15%）	图纸画面洁净、清晰、构图佳；结构与装配关系表达准确无误；尺寸标注全面、正确	
	编制材料单技能（15%）	填写项目齐全、准确、规范、书写工整	
2. 素能考核	团队合作能力（10%）	团队工作气氛好、沟通顺畅，团结和谐、学习工作态度积极活跃、展现超强的团队合作精神	
	职业品质（10%）	展示出优秀的敬业爱岗、吃苦耐劳、严谨细致、诚实守信的职业品质	
	展示、表达和评价能力（10%）	具有很强的自我展示能力、表达能力和评价能力	

思考与练习

1. 软体家具支架结构特点及结构设计方法。
2. 软体家具软体结构特点及结构设计方法。

巩固训练

选择软椅、软凳或软床垫效果图分析软体部位的结构，并根据图片效果设计出生产图纸和材料单。

项目7
家具的成本核算

知识目标

1. 熟悉家具原材料的计算内容，掌握原材料的计算方法；

2. 了解家具成本的构成、计算及控制方法，掌握家具成本的计算方法。

技能目标

1. 能够进行家具的原材料计算；

2. 能够进行家具的成本计算。

家具成本预算是家具产品设计的主要组成部分。编制家具成本预算就是以家具产品生产的生产内容、制作工艺要求和所选用的原材料、辅助材料为依据，计算相关费用。编制家具成本预算的做法是以设计内容为依据，按家具工程的项目，逐项分别列编零部件的名称、品牌、规格型号、等级、单价、数量（含损耗率）、金额、原材料（含辅料）、人工等。

任务7.1
原材料的计算

工作任务

任务目标

通过本任务的学习，熟悉家具原材料的计算内容，掌握原材料用量计算方法，能够运用所学知识进行家具产品的用料计算。

任务描述

本任务为通过知识准备部分内容的学习，完成学习性工作任务——家具的原材料计算。学生以个人为单位，以任务6.1、6.2、6.3完成的“设计性工作任务”为对象，进行家具的原材料计算，并采用A4图纸，按横向幅面布局，按照表7.1-1至表7.1-7运用Word或Excel完成表格的编写，具体包括家具基材用量计算明细表、原材料清单、涂胶面积计算表、涂饰面积计算表、胶料消耗计算表、涂饰材料消耗计算表、辅助材料消耗明细表。要求注意文字字号、字体的使用及版面的排版美观性，设计产品为打印好的纸质家具基材用量计算明细表、原材料清单、涂胶面积计算表、涂饰面积计算表、胶料消耗计算表、涂饰材料消耗计算表、辅助材料消耗明细表等。

工作情景

工作地点：家具设计理实一体化实训室或CAD实训室。

工作场景：采用项目导向、任务驱动、工学交替，教、学、做和理论实践一体化，实现在工作中学习，培养和锻炼学生家具设计职业能力和职业素质。教学全过程可虚拟家具企业工作活动，创建职业情境，学生将承担家具设计师角色，教师将承担家具企业设计总监，主要负责项目任务的下达、项目验收和技术指导工作。完成本次任务后，教师对学生工作过程和成果进行评价和总结，学生根据教师的指导进一步完善。

任务实施

（1）布置学习任务

明晰学习任务的内容、目标、要求，特别是学习性工作任务的内容、目标、要求及完成学习性工作任务所需要掌握的理论知识、方法、途径和步骤，明确可利用的学习与工作资源，要求学生课前按思考与练习要求完成知识准备部分内容的预习。

（2）理论知识的引导学习

通过教师引导，以学生为主体，采用理实一体化的教学方法完成知识准备部分理论知识的学习。

（3）家具产品材料核算演示

教师以某个家具为例，结合所学理论知识进行家具产品材料计算演示。

（4）家具的材料计算及编写

学生以个人为单位，以任务6.1、6.2、6.3完成的“学习性工作任务”为对象，进行家具的原材料计算，并采用A4图纸，按横向幅面布局，按照表7.1-1至表7.1-7运用WORD或EXCEL完成表格的编写，具体包括家具基材用量计算明细表、原材料清单、涂胶面积计算表、涂饰面积计算表、胶料消耗计算表、涂饰材料消耗计算表、辅助材料消耗明细表。要求注意文字字号、字体的使用及版面的排版美观性。

（5）听取其他同学意见

与其他同学交流家具材料的计算及编写，提出、接收建议。

（6）听取教师的意见

（7）修改完善，打印保存

修改完善家具基材用量计算明细表、原材料清单、涂胶面积计算表、涂饰面积计算表、胶料消耗计算表、涂饰材料消耗计算表、辅助材料消耗明细表后打印并保存好，以备下次学习任务及所有设计任务完成后统一装帧上交使用。

知识链接

进行家具设计，在完成了结构的施工图设计之后，就可以根据施工图进行各种材料消耗量的预算。在家具的生产成本中，原材料费用占有相当大的比重，因此，合理地计算和使用原材料是实现高效率、降低消耗生产的主要环节。

1. 基材用量的计算

进行木材耗用量计算时，不论是按照精确的生产计划还是折算的生产计划，都要计算所有制品的木材消耗用量。过去，在我国林产工业设计院和大部分工厂都是采用概略计算法，即首先计算出制品的净材积，然后除以各种原料的净料出材率，而求得所需各种木材（包括人造板等）的耗用量。但由于净料出材率在各地大都是估计的，所以出入颇大，故宜按照表7.1-1进行木材耗用量计算。计算顺序如下：

①根据制品的结构装配图上的零件明细表填写表7.1-1中的第1～6栏。

②计算出一件制品中每种规格零件的材积V，填入第7栏。

③确定长度、宽度、厚度上的余量上的余量填入第8、9、10栏。

④将净料尺寸和余量分别相加得到毛料尺寸，填入第11、12、13栏。

⑤计算出各种规格零件在一件产品中的毛料材

积 V_1，乘以制品中的零件数以后，即可填入第 14 栏，将第 14 栏中的数字乘以生产计划中规定的产量，得到按计划产量计算的毛料材积，填入第 15 栏。

⑥家具零件生产中各工序都可能出现加工废品，其确定的废品率以及考虑废品率时的毛料材积V_2分别填入第16、17栏。

⑦确定配料时的毛料出材率，计算出锯材材积，净料出材率分别填入第18、19、20栏。

⑧编制出木材消耗清单(表7.1-2)

⑨主要数据的确定

在零件加工过程中，各个工序都有可能出现废品，但在一般情况下，随着加工过程的进行，废品率是逐渐降低的，其总值K通常不应超过5%，而且对于小型零件或次要零件可以不考虑其报废率。确定报废率以后填入第16栏。

按下列公式计算按计划产量并考虑报废率后的毛料材积，填入第17栏：

$$V_2=\frac{V_1(100+K)}{100} \quad (m^3)$$

在第18栏中填入配料时的毛料出材率N，再按下式求出需要的原料材积，填入第19栏：

$$V=\frac{V_2 A \cdot 100}{N} \quad (m^3)$$

式中 V_2——1件制品中的该种零件材积 (m^3)；

A——生产计划规定的产量；

V——原料材积 (m^3)。

最后根据以上的计算编出必需耗用的原料清单（表7.1-2）。为使配料时的加工剩余物最少，应当根据零件的具体情况，选用最佳规格尺寸的原料。在原料清单中，各种木质材料应当分类填写。

2. 其他材料的计算

其他材料主要是指各种家具产品生产中的装饰材料、连接件及其他消耗材料，主要包括胶料、涂料、饰面材料、封边材料、玻璃镜子和金属（塑料）配件等。

表7.1-1　××（制品名称）基材用量计算明细表

产品名称：　　　　　　　　　　　　计划用量：

零件名称	材种与树种	制品中的零件数	净料尺寸（mm）			一件制品中的零件材积（m^3）	加工余量（mm）			毛料尺寸（mm）			一件制品中的毛料材积（m^3）	按计划产量计算的毛料材积（m^3）	报废率（%）	按计划产量并考虑报废率计算的毛料材积（m^3）	配料时的毛料出材率（%）	原料材积（m^3）	净料出材率（%）
			长度	宽度	厚度		长度上	宽度上	厚度上	长度	宽度	厚度							
1	2	3	4	5	6	7	8	9	10	11	12	13	14	15	16	17	18	19	20

表7.1-2　××（制品名称）原材料清单

木质材料的种类与等级	树　种	规格尺寸（mm）			数　量	
		长度	宽度	厚度	材积（m^3）	材料块数
1	2	3	4	5	6	7

（1）主要材料的计算

计算时，先根据实木家具的结构装配图来确定材料的数量，或确定一个制品或零件的涂胶和涂饰面积。再按生产计划计算出全年的需要量。见表7.1-3、表7.1-4。

涂胶面积按下式计算：

$$F = n \cdot n'L \cdot b / 10^6 \ (\mathrm{m}^2)$$

式中　n——制品中的零件（部件）数；

n'——1个零件（部件）的涂胶面数目；

L，b——相应的涂胶面的长和宽。

上表计算完后，再按年生产计划折算出制品总面积，计算时，要按不同的种类分别进行计算和总计。

制品涂饰面积，须按表7.1-4的形式，根据不同的涂饰要求分别计算，然后再汇总。

根据以上计算的涂胶面积和涂饰面积，分别乘以胶料或涂料的消耗定额（kg/m^2）按表7.1-5、表7.1-6算出胶料与涂料的消耗量。

胶料消耗定额按工艺技术要求、胶种及涂胶方法而定。在计算时，必须根据先进企业的先进指标及实际生产条件加以标定。在合计中要按不同胶种进行累计。

涂料的消耗定额要按设计中的工艺技术要求进行计算标定，并可参照先进企业中同等条件的消耗定额进行校正。在合计中应按不同材料种类进行累计。

其他材料则根据制品设计中的具体要求和规定，并考虑留有必要的余量进行计算，然后列表说明。

（2）辅助材料的计算

辅助材料是加工过程中必须使用的材料，如砂纸、拭擦材料、棉花、纱头等。根据生产过程中使用的实际情况汇总到辅助材料消耗明细表（表7.1-7）。

表7.1-3　××（制品名称）涂胶面积计算表

编号	胶种	零件或部件名称	涂胶面尺寸		零件或部件数	面积（m^2）	
			长（mm）	宽（mm）		胶合	胶贴
1	2	3	4	5	6	7	8

表7.1-4　××（制品名称）涂饰面积计算表

编号	零件（部件）名称或涂饰表面名称	涂饰材料种类	涂饰面尺寸				面积（m^2）	
			外表面		内表面		外表面	内表面
			长L（mm）	宽b（mm）	长L（mm）	宽b（mm）		
1	2	3	4	5	6	7	8	9

表7.1-5　××（制品名称）胶料消耗明细表

编号	零件或部件名称	胶种	涂胶面（m^2）	消耗定额（kg/m^2）	耗用量（kg）	
					每一制品	年消耗量
1	2	3	4	5	6	7

表7.1-6　××（制品名称）涂饰材料消耗明细表

编号	涂饰面名称	材料种类	涂胶面积		消耗定额（kg/m^2）	耗用量（kg）	
			外表面	内表面		每一制品	年消耗量
1	2	3	4	5	6	7	8

表7.1-7　××（制品名称）辅助材料消耗明细表

材料类别	材料名称	规格	单位	数量	批量	总量	备注

总结评价

学生完成家具产品材料用量计算后，在学生进行自评与互评的基础上，由教师依据不同家具产品的材料构成对学生的表现进行评价（表7.1-8），肯定优点，并提出改进意见。

表7.1-8　家具产品介绍与评价任务评价标准

<table>
<tr><th>考核项目</th><th>考核内容</th><th>考核标准</th><th>备　注</th></tr>
<tr><td>1.基材用量的计算</td><td>（1）基材用量的计算
（2）耗用原料的计算</td><td rowspan="3">优：材料用量计算正确，名词解释准确熟练，家具制品所需材料清单分析准确到位；原材料计算表的编写与排版整齐、美观，文字字号、字体使用合理
良：材料用量计算较正确，名词解释准确熟练，家具制品所需材料清单分析较到位；原材料计算表的编写与排版整齐、美观，文字字号、字体使用合理
及格：材料用量计算基本正确，名词解释准确、基本熟练，描述无大错误；原材料计算表的编写与排版较整齐、美观，文字字号、字体使用基本合理
不及格：考核达不到及格标准</td><td></td></tr>
<tr><td>2.其他材料的计算</td><td>（1）涂胶面积的计算
（2）涂饰面积的计算
（3）胶料消耗的计算
（4）涂饰材料消耗的计算
（5）辅助材料消耗的计算</td><td></td></tr>
<tr><td>3.原材料计算表的编写</td><td>（1）基材用量计算明细表的编写
（2）原材料清单的编写
（3）涂胶面积计算表的编写
（4）涂饰面积计算表的编写
（5）胶料消耗计算表的编写
（6）涂饰材料消耗计算表的编写
（7）辅助材料消耗明细表的编写</td><td></td></tr>
</table>

思考与练习

1. 家具原材料计算的内容。
2. 家具基材用量及耗用原料的计算方法。
3. 家具涂胶面积、涂饰面积、胶料消耗、涂饰材料消耗的计算方法。
4. 辅助材料消耗的计算方法。
5. 运用Word或ExceL进行家具原材料计算表的编制。

巩固训练

选择不同家具进行家具原材料耗用分析并完成家具原材料耗用的计算。

任务7.2
家具成本的计算及成本控制方法

工作任务

任务目标

通过本任务的学习，了解家具成本的构成、计算及成本控制方法，掌握家具成本的计算方法，能够运用所学知识完成家具的成本计算。

任务描述

本任务为通过知识准备部分内容的学习，完成学习性工作任务——家具成本的计算。学生以个人为单位，以任务7.1完成的“学习性工作任务”为对象，结合项目5、项目6及任务7.1完成的学习性工作任务，进行家具成本的计算，并采用A4图纸，按纵向幅面布局，参照任务1.4中家具材料成本核算表，运用Word或Excel完成家具成本计算表的编写，要求注意文字字号、字体的使用及版面的排版美观性，设计产品为打印好的纸质家具成本计算表。

工作情景

工作地点：家具设计理实一体化实训室或CAD实训室。

工作场景：采用项目导向、任务驱动、工学交替，教、学、做和理论实践一体化，实现在工作中学习，培养和锻炼学生家具设计职业能力和职业素质。教学全过程可虚拟家具企业工作活动，创建职业情境，学生将承担家具设计师角色，教师将承担家具企业设计总监，主要负责项目任务的下达、项目验收和技术指导工作。完成本次任务后，教师对学生工作过程和成果进行评价和总结，学生根据教师的指导进一步完善。

任务实施

（1）布置学习任务

明晰学习任务的内容、目标、要求，特别是学习性工作任务的内容、目标、要求及完成学习性工作任务所需要掌握的理论知识、方法、途径和步骤，明确可利用的学习与工作资源，要求学生课前按思考与练习要求完成知识准备部分内容的预习。

（2）理论知识的引导学习

通过教师引导，以学生为主体，采用理实一体化的教学方法完成知识准备部分理论知识的学习。

（3）家具产品成本计算演示

教师以某个家具为例，结合所学理论知识进行家具成本构成分析及成本计算演示。

（4）家具产品的成本计算及编写

学生以个人为单位，以任务7.1完成的“学习性工作任务”为对象，结合项目5、项目6及任务7.1完成的学习性工作任务，进行家具成本的计算，并采用A4图纸，按纵向幅面布局，参照任务1.4中家具材料成本核算表运用Word或Excel完成家具成本计算表的编写，要求注意文字字号、字体的使用及版面的排版美观性。

（5）听取其他同学意见

与其他同学交流家具成本的计算及编写，提出、接收建议。

（6）听取教师的意见

（7）修改完善家具成本计算表后打印并保存好，以备所有设计任务完成后统一装帧上交使用

（8）将项目3～7所完成的学习性工作任务，按如下顺序进行装帧并上交

①封面（包含家具设计学习性工作任务作品集、学生姓名、班别、学号、指导教师等信息，并注意封面设计的美观性）。

②目录（注意排版的美观性）。

③家具设计学习性工作任务作品集具体内容（以家具为序，按设计效果图（色彩装饰后）、设计图、拆装图或结构装配图、配料规格材料表、五金配件清单、零部件图、原材料计算、成本计算的顺序进行排序）。

④后记（注意排版的美观性）。

⑤封底（注意封底设计的美观性）。

知识链接

家具产品的成本是反映家具企业的生产过程、经济管理、产品设计各方面工作质量的一个综合性指标。家具产品的设计不仅仅是一个艺术或技术问题，更是一个经济问题，家具设计对产品的成本起决定性作用，每次家具产品设计的成功与否，必将直接面向市场的检验，充分认识家具设计的经济性是很有必要的。

1. 家具成本的构成

企业在生产过程中必然要消耗原材料、燃料、动力和磨损机器设备等，还要支付职工工资及其他管理费用。按照经济设计的要求，家具企业要对生产消费和劳动成果进行全面、系统的反映和监督，就必须对这些消费和支出，以货币形

式加以计算。

费用是企业生产经营过程中发生的各种活劳动和物化劳动的消耗。家具成本是指企业在某一时间内为生产家具而发生的各种消耗与支出的各种费用。企业生产经营中发生的全部费用可以分为直接费用、间接费用和期间费用。

（1）直接费用

直接费用是指直接为生产商品和提供劳务等发生的各项费用。工业企业的直接费用包括企业生产中实际消耗的直接材料、直接工资和其他直接支出。直接材料包括企业生产经营中实际消耗的原材料、辅助材料、外购半成品、燃料、动力、包装物以及其他直接材料。直接工资包括企业直接从事产品生产人员工资、奖金、津贴和补贴。其他直接支出包括直接从事产品生产人员的职工福利费用等。

家具生产的直接费用包括：

①为制作家具而耗用的各种原材料、辅助材料和外购半成品，如生产家具用的主要材料：锯材、人造板、石材、软材料等；辅助材料：铰链、门锁、胶剂、涂料等；外购半成品：座板、饰面面板、脚架、弯曲成型件等。

②为生产家具而耗用的燃料和动力，如锯材干燥、木材蒸煮、漂白等工艺热源所消耗的燃料及各种机床所耗用的动力等。

③生产工人的工资、奖金、质量奖、出勤奖、津贴和补贴，生产工人的福利费等。

④产品包装费用，如包装纸箱、纤维织品、包装绳以及商标和产品技术资料等 。

（2）间接费用

间接费用是指应由产品成本负担，但不能直接计入各产品成本的有关费用，即工业企业生产过程中发生的制造费用。其包括：企业各个生产单位为组织和管理生产所发生的生产单位管理人员的工资、职工福利费、办公费；生产单位房屋建筑、机器设备的折旧费及修理费；低值易耗品摊销；运输费、检验费、季节性及修理期间的停工、误工损失以及其他制造费用。

家具生产的间接费用包括：

①管理人员的工资、职工福利费、办公费等。

②生产车间、办公用房、仓储房及机器设备等的折旧费、修理费。

③低值易耗品摊销费用(如砂带纸、棉纱、手工工具等)和产品检验费用。

④季节性及设备修理期间的停工、误工费用等。

（3）期间费用

期间费用只与企业当期实现收入有关，必须从当期营业收入中得到补偿。工业企业的期间费用包括企业行政管理部门为组织和管理生产经营活动而发生的管理费用、财务费用，以及为销售和提供劳务而发生的销售费用等。

家具生产的期间费用包括：

①家具销售的场地费用、广告费用、运杂费用、专设销售机构经费、保险费、展览费等。

②企业主管部门为组织和管理生产经营活动而发生的费用，如管理费用、工会经费、职工教育费、劳动保险费、技术转让费、无形资产摊销、坏账损失、存货盘亏、毁损及报废等。

③企业为筹集资金而发生的各项费用，如利息净支出、汇兑净损失、银行手续费等。

成本指企业为生产各种产品、自制材料、自制工具、自制设备等发生的各种费用。按制造成本法的概念，制造成本指企业生产经营过程中实际消耗的直接材料、直接工资、其他直接费用和制造费用等。前三项直接费用，应直接计入生产经营成本。制造费用属于间接费用，应按一定的标准分配计入生产经营成本。管理费用、财务费用和销售费用属期间费用，与产品产量关系不密切，因此不计入产品的制造成本，直接作为当期费用处理。上述费用与成本的关系如图7.2-1所示。

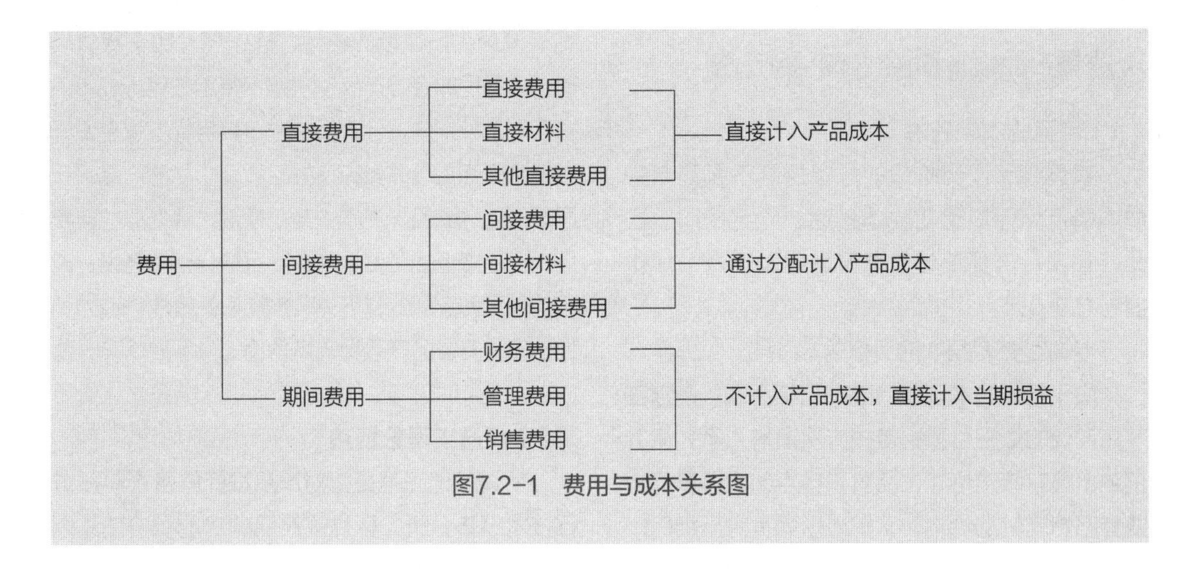

图7.2-1　费用与成本关系图

2. 家具成本的计算

成本核算是指记录、计算生产费用的支出和各种家具产品的实际成本，反映成本计划的执行和完成情况。成本核算对设计者来说主要应做的工作有主要材料的消耗计算、辅助材料的统计与计算及合理规划生产线和生产组织等。

成本核算方法主要有：简单成本计算法、分批成本计算法、分步成本计算法、定额成本计算法等。

（1）简单成本计算方法

这种方法适用于单阶段生产，这种生产类型的生产过程短，一般没有半成品，如果生产的产品只有一种，全月的生产费用（区分成本项目），除以当月的产品产量，就可以计算出当月产品的单位成本。生产费用既不必在不同产品之间，也不必在同一产品的完工产品与在产品之间进行分配。家具产品由于规格多，生产批量少不宜使用此方法计算家具成本。

（2）分步家具产品计算法

此法适用于大批量生产的家具产品，在生产过程中，将各基本核算环节归集的生产费用，紧紧追踪半成品的流向转移向下一基本核算环节结转，逐步增大各生产阶段的半成品成本，最后形成最终产品的成本。

（3）分批家具成本计算法

即由生产计划部门根据订货单位的订单中所要求的家具产品品种、数量、规格来组织生产，并以此作为生产过程中领用材料、登记工时的依据。零部件投产的批量同产品出产的批量在这种条件下是一致的。自装配式家具可根据此方法计算成本。

（4）定额比例成本计算法

就是以每一品种（类别）的家具产品为成本核算对象。开设家具产品成本计算单，归集生产费用，每月末根据材料消耗定额与工时定额，来统计生产各项该家具产品所耗用的材料定额与定额总工时（这些材料消耗定额与工时定额是以家具产品的零件为计算基础的），然后将归集的生产费用，按定额与实际比，计算出分配率，在产品与产品之间进行分配。

采用定额比例法计算成本的前提是必须建立健全定额管理制度，全面制定零件的消耗定额和工时定额的企业。此方法是计算家具产品成本的传统方法。

3. 家具产品设计阶段成本控制方法

（1）目标成本规划法

家具产品设计阶段的成本控制不是简单的成本降低，而应重在成本避免，立足预防。因此，在家具产品设计阶段可采用以下两种成本控制方法。

① 规划产品层次的目标成本

由于目标成本=目标售价-目标利润，所以在产品设计的最初阶段，首先应从销售入手，研究预测出具有特定性能、品质和特点的家具产品消费者愿意支付的价格，了解市场竞争对手相同产品或类似产品的性能、品质、特点和价格，制定出目标售价。然后根据企业中长期的目标利润计划，并考虑货币时间价值来确定目标利润率，从而倒推出目标成本。产品目标成本制定后，应对竞争对手的成本进行估计和分析，推断出竞争对手的成本。当竞争对手的产品总成本及成本结构被确定下来后，将其与本企业产品目标成本相比较，如本企业的目标成本高于竞争对手的实际成本，应找出具体的原因，从而修改目标成本。

② 规划零部件层次和产品生命周期各阶段的目标成本

产品目标成本制定后，进行目标成本的分解和传递。首先按零部件进一步细分，按上述同样的方法计算分解出每种零部件的单位目标成本。然后按产品的结构层次，再将各零部件的目标成本分解并传递给第二层次的零部件，以此类推下去，直到最后层次。这样就将产品目标成本的压力传递给各零部件，实现目标成本的分层控制。除了按零部件分解外，还应按产品生命的周期分解，将目标成本分解为产品设计阶段目标成本，生产阶段目标成本、销售阶段目标成本和顾客使用阶段目标成本。将成本压力分解和传递到具体部门，形成多方位、多角度的成本控制。

目标成本最终确定以后，应将其作为与产品的基本功能和性能要求同等重要的一个必达要求列于设计任务书中，作为设计、评价和决策的一个依据。设计人员在设计结构、确定尺寸和选择材料时，必须同时考虑产品的功能、特点和目标成本。对于零部件结构设计人员来说，其目标不仅是设计出符合顾客需求并具有良好品质及功能的产品，且同时必须达到目标成本。至于是通过降低原材料费用，还是降低加工费用来达到目标，则由各设计部门的创意而定。这样可充分发挥设计者的创造力，促使设计开发的产品具有竞争性。

（2）价值工程分析法

所谓价值工程是指对产品设计的各个阶段进行技术经济分析，以提高产品的功能和价值及以降低成本为目的的技术经济方法。相应的价值工程分析法就是以提高实用价值为目的，以功能分析为核心，以科学的分析方法为工具，用最低的成本去实现产品的必要功能。

将价值工程分析的原理用于家具设计，首先要确定影响家具销售的主要因素(如造型、风格、用材、耐久性、价格等)和影响企业利润的主要因素(如成本、批量、生产率、销售价格、其他费用等)，然后以功能为中心，对技术、经济进行综合分析，运用系统工程的原理，从总体最优出发，全面考虑问题的系统。将价值工程的思想贯穿于设计的始终，并将定性分析和定量分析相结合，充分发挥定性分析的灵活性和定量分析的精确性，确保以最低的成本实现产品的必要功能，分析可根据价值评估指标进行。

价值评估指标：

$$V=\frac{F}{C}$$

式中 V——价值评估指标；

F——功能评估值；

C——成本值。

在家具设计中运用价值评估指标进行功能分析，提高产品价值的设计方案有五种：

①成本不变，设法提高功能

一般可通过改进设计，改进工艺等实现成本不变的情况下提高产品功能。

②功能不变，设法降低成本

这是提高价值的一条常用途径，一般在保持原有功能的前提下，通过改变实现功能的手段来降低成本。如用标准件代替非标准件或在保证技术指标要求的前提下，寻找低价替代材料，或提高工作质量减少废品、减少物耗，均可使成本降低。

③既提高功能，又降低成本

这是最理想的方案。随着科技的进步，提高功能并不一定意味着要提高成本，有的反而会降低成本。如有了新的发明创造，应用了新的科技成果，使设计上采用先进的结构，既可改进产品性能，又可提高劳动生产率，节约原辅材料。从而达到降低成本的目的。

④成本略有提高，功能有较大增强

这也是常用到的方案，如通过技术改造，工艺革新，使用了新设备、新材料，产品成本有所提高，但使产品地功能得到大大地提高，因此价值也相应提高了。

⑤功能稍下降，但成本大幅度降低

在不影响产品主要功能、基本使用功能的前提下，适当降低一些次要功能，可使成本有较大幅度下降，同样可以达到提高价值的目的。如针对不同层次的消费者的需要，取消一些他们认为多余的功能，从而节约成本。

产品的功能和成本主要是在设计阶段决定的。在设计阶段同时开展价值工程分析，能引导设计人员从整体认识设计对象，有助于设计获得最佳效果并在产品设计中控制产品成本，预防和弥补产品设计工作的不足和失误，从而提高产品的设计质量、增强其市场竞争力。

实践证明，在产品设计过程中，采用目标成本规划法和价值工程分析法进行成本控制，是一种行之有效的科学的方法，它将成本管理和产品设计有机地结合起来，避免了设计工作的盲目性，有利于提高新产品的竞争优势。

总结评价

学生完成家具产品的成本计算后，在学生进行自评与互评的基础上，由教师依据不同家具产品的成本计算方法对学生的表现进行评价（表7.2-1），肯定优点，并提出改进意见。

表7.2-1 家具成本的计算任务评价标准

<table>
<tr><th>考核项目</th><th>考核内容</th><th>考核标准</th><th>备 注</th></tr>
<tr><td>1. 家具成本构成分析</td><td>（1）家具产品直接费用
（2）家具产品间接费用
（3）家具产品期间费用</td><td rowspan="4">优：家具产品成本构成分析准确，名词解释准确熟练，家具成本计算正确，对家具产品在设计阶段对成本控制的方法采用恰当；家具成本计算表的编写与排版整齐、美观，文字字号、字体使用合理
良：家具产品成本构成分析较准确，家具成本计算较准确、家具产品设计阶段成本控制的方法采用较适宜；家具成本计算表的编写与排版整齐、美观，文字字号、字体使用合理
及格：家具产品成本构成分析基本准确，分析无大错误，可以对家具成本进行计算；家具成本计算表的编写与排版较整齐、美观，文字字号、字体使用基本合理
不及格：考核达不到及格标准</td><td></td></tr>
<tr><td>2. 家具成本的计算</td><td>（1）简单成本计算法
（2）分步家具产品计算法
（3）分批家具成本计算法
（4）定额比例成本计算法</td><td></td></tr>
<tr><td>3. 家具产品设计阶段成本控制的方法</td><td>（1）目标成本规划法
（2）价值工程分析法</td><td></td></tr>
<tr><td>4. 家具成本计算表的编写</td><td>各个家具成本计算表的编写</td><td></td></tr>
</table>

思考与练习

1. 家具成本的构成。
2. 家具成本的计算。
3. 家具成本描述常用名词术语。
4. 家具产品在设计阶段对产品的成本控制方法。
5. 运用Word或Excel进行家具成本计算表的编写。

巩固训练

选择不同家具，从家具成本构成、家具成本计算及在设计阶段怎样控制家具产品的成本等方面分析，并从完成家具成本的计算及成本计算表的编写。

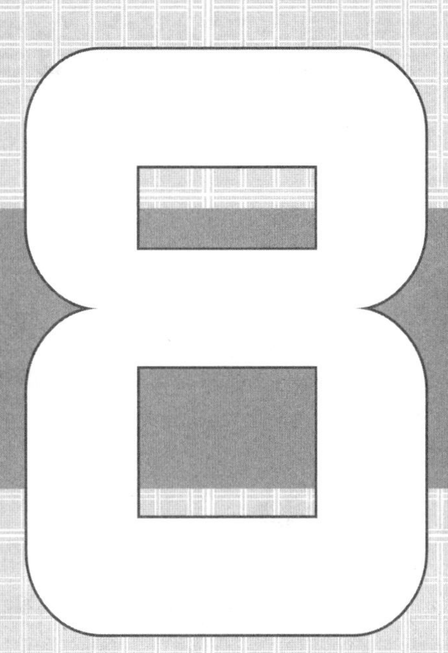

项目 8 家具设计综合实训

知识目标

1. 理解系列家具设计的内涵、特点，掌握系列家具的设计方法；
2. 熟悉家具装饰及色彩设计的内容，掌握家具装饰及色彩设计的方法；
3. 熟悉家具功能尺寸设计要素，掌握家具功能尺寸设计的方法；
4. 熟悉实木、板式、软体家具的结构特点，掌握实木、板式、软体家具的结构设计方法；
5. 熟悉家具原材料、成本计算的内容，掌握家具原材料、成本计算的方法；
6. 掌握家具设计的表达方法。

技能目标

1. 能够进行系列家具造型设计、装饰设计、色彩设计、功能尺寸设计、结构设计、原材料及成本计算；
2. 能够运用相应的软件或方法进行家具设计表达。

家具设计综合实训

工作任务

任务目标

通过本任务的学习，熟悉家具设计的内容，掌握家具设计的方法，能够综合运用家具设计的理论知识与实践技能，完成系列家具的设计。

任务描述

本任务为通过知识准备部分内容的学习，完成学习性工作任务——系列家具设计。学生以个人为单位，利用1～2周的家具设计综合实训时间，从任务3.2完成的“学习性工作任务”中选择1套实木或板式系列家具为设计对象，参照项目4～7的学习性工作任务要求完善后续设计，内容包括家具装饰及色彩设计、功能尺寸设计、结构设计及成本核算等。要求注意设计内容的完整性、合理性、创新性及版面布局的合理性、美观性。设计产品为装帧好后的系列家具设计作品集。

工作情景

工作地点：家具设计理实一体化实训室或CAD实训室。

工作场景：采用项目导向、任务驱动、工学交替，教、学、做和理论实践一体化，实现在工作中学习，培养和锻炼学生家具设计职业能力和职业素质。教学全过程可虚拟家具企业工作活动，创建职业情境，学生将承担家具设计师角色，教师将承担家具企业设计总监，主要负责项目任务的下达、项目验收和技术指导工作。完成本次任务后，教师对学生工作过程和成果进行评价和总结，学生根据教师的指导进一步完善。

任务实施

（1）布置学习任务

明晰学习任务的内容、目标、要求，特别是学习性工作任务的内容、目标、要求及完成学习性工作任务所需要掌握的理论知识、方法、途径和步骤，明确可利用的学习与工作资源，要求学生课前按思考与练习要求完成知识准备部分内容的预习。

（2）理论知识的引导学习

通过教师引导，以学生为主体，采用理实一体化的教学方法完成知识准备部分理论知识的学习。

（3）确定系列家具设计方案

学生按设计工作室的形式，从任务3.2完成的“学习性工作任务”中选择1套实木或板式系列家具为设计对象，在造型设计的基础上从材料性能、力学强度、生产工艺性、装饰性、结构及生产成本等方面进行设计分析，确定系列家具设计方案。

（4）参照项目4～7学习性工作任务要求，进行系列家具设计

①系列家具装饰设计。

②系列家具色彩设计。

③系列家具功能尺寸设计。

④系列家具结构设计。

⑤系列家具原材料计算。

⑥系列家具成本计算。

（5）与其他同学交流系列家具设计内容，提出、接收建议

（6）听取教师的意见

（7）修改完善系列家具设计内容

（8）完成系列家具设计内容的修改完善后，按如下顺序进行装帧并上交

①封面（包含系列家具设计作品集、学生姓名、班别、学号、指导教师等信息，并注意封面设计的美观性）。

②目录（注意排版的美观性）。

③家具设计学习性工作任务作品集具体内容（以家具为序，按设计效果图（色彩装饰后）、设计图、拆装图或结构装配图、配料规格材料表、五金配件清单、零部件图、原材料计算、成本计算的顺序进行排序）。

④后记（注意排版的美观性）。

⑤封底（注意封底设计的美观性）。

知识链接

系列家具造型设计详见任务3.2。

家具装饰及色彩设计详见项目4。

家具功能尺寸设计详见项目5。

家具的成本核算详见项目7。

家具结构设计详见项目6。

总结评价

学生完成家具产品介绍与评价后，在学生进行自评与互评的基础上，由教师依据系列家具设计的评价标准对学生的表现进行评价（表8-1），肯定优点，并提出改进意见。

表8-1　系列家具设计任务评价标准

考核项目	考核内容	评价标准	备　注
1. 专业考核	设计技能（40%）	设计正确、合理、全面，功能尺寸设计、接合方式选用正确、合理	
	绘图技能（15%）	图纸画面洁净、清晰、构图佳；表达准确无误；尺寸标注全面、正确	
	配料规格材料表、五金配件明细表、原材料计算表、成本计算表等编制技能（15%）	填写项目齐全、准确、规范、版面工整美观	
2. 素能考核	团队合作能力（10%）	团队工作气氛好、沟通顺畅，团结和谐、学习工作态度积极活跃，展现超强的团队合作精神	
	职业品质（10%）	展示出优秀的敬业爱岗、吃苦耐劳、严谨细致、诚实守信的职业品质	
	展示、表达和评价能力（10%）	具有很强的自我展示能力、表达能力和评价能力	

思考与练习

1. 系列家具设计的内涵、特点及设计方法。
2. 家具装饰的类型、各种装饰要素及家具装饰设计的方法。
3. 家具色彩的构成与设计方法。
4. 家具功能尺寸设计的要素与设计方法。
5. 家具接合方式的种类、特点及应用。
6. 实木、板式、软体家具的结构特点及设计方法。
7. 家具原材料计算的内容与方法。
8. 家具成本的构成、计算及控制方法。

巩固训练

按不同的要求展开系列家具设计，进一步熟悉系列家具的开发及设计方法，掌握家具设计的表达方法。

参考文献

曹上秋，戴向东, 2010. 家具设计[M]. 武汉：武汉理工大学出版社.
曾东东, 2002. 家具设计与制造[M]. 北京：高等教育出版社.
陈望衡, 2000. 艺术设计美学[M]. 武汉：武汉大学出版社.
冯昌信, 2006. 家具设计[M]. 北京：中国林业出版社.
胡景初，戴向东, 1999. 家具设计概论[M]. 北京：中国林业出版社.
黄国松, 1984. 实用美术[M]. 上海: 上海人民美术出版社.
江功南, 2011. 家具制图及其工艺文件[M]. 北京：中国轻工业出版社.
江功南, 2013. 家具生产制造工艺[M]. 北京：中国轻工业出版社.
江寿国, 2009. 家具设计基础[M]. 武汉：武汉大学出版社.
李凯夫，彭文利, 2012. 现代家具设计[M]. 武汉：武汉理工大学出版社.
刘文金，邹伟华, 2012. 家具造型设计[M]. 北京：中国林业出版社.
逯海勇, 2008. 家具设计[M]. 北京：中国电力出版社.
吕苗苗, 2011. 家具设计[M]. 北京：北京大学出版社.
彭亮，胡景初, 2003. 家具设计与工艺[M]. 北京：高等教育出版社.
彭亮，许柏鸣，江敬艳, 2009. 家具设计师[M]. 北京：高等教育出版社.
任康丽，李梦玲, 2011. 家具设计[M]. 武汉：华中科技大学出版社.
隋震，吕在利, 2008. 家具设计[M]. 济南：黄河出版社.
孙亮, 2008. 系列家具产品设计与实训[M]. 上海：东方出版中心.
唐开军, 2000. 家具设计技术[M]. 武汉：湖北科学技术出版社.
唐开军, 2004. 家具装饰图案与风格[M]. 北京：中国建筑工业出版社.
吴智慧, 2012. 家具设计[M]. 北京：中国林业出版社.
许柏鸣, 2009. 家具设计[M]. 北京：中国轻工业出版社.
于伸, 2004. 家具造型与结构设计[M]. 哈尔滨：黑龙江科学技术出版社.
余肖红, 2011. 室内与家具人体工程学[M]. 北京：中国轻工业出版社.
翟芸, 2007. 家具设计[M]. 合肥：合肥工业大学出版社.
张仲凤，张继娟, 2013. 家具结构设计[M]. 北京：机械工业出版社.